Praktische Mathematik mit MATLAB, Scilab und Octave

Frank Thuselt • Felix Paul Gennrich

Praktische Mathematik mit MATLAB, Scilab und Octave

für Ingenieure und Naturwissenschaftler

 Springer Spektrum

Prof. Dr. Frank Thuselt
Hochschule Pforzheim, Bereich
    Elektrotechnik/ Informationstechnik
Pforzheim, Deutschland

Dr. Felix Paul Gennrich
Innsbruck, Österreich

OnlinePLUS Material und DozentenPLUS Material zu diesem Buch finden Sie auf
http://www.springer-spektrum.de/978-3-642-25824-4

ISBN 978-3-642-25824-4
DOI 10.1007/978-3-642-25825-1

ISBN 978-3-642-25825-1 (eBook)

Die Deutsche Nationalbibliothek verzeichnet diese Publikation in der Deutschen Nationalbibliografie;
detaillierte bibliografische Daten sind im Internet über http://dnb.d-nb.de abrufbar.

Springer Spektrum

Planung und Lektorat: Dr. Vera Spillner, Stella Schmoll
Redaktion: Alexander Reischert (Redaktion ALUAN)

Gedruckt auf säurefreiem und chlorfrei gebleichtem Papier

Springer Spektrum ist eine Marke von Springer DE. Springer DE ist Teil der Fachverlagsgruppe Springer
Science+Business Media.
www.springer-spektrum.de

Vorwort

Dieses Buch befasst sich mit „praktischer Mathematik". Was ist darunter zu verstehen? Eine diffuse Vorstellung davon hat wohl jeder. Ganz sicher ist nicht die Mathematik gemeint, die sich mit Existenz- und Eindeutigkeitssätzen befasst. Diese sind ohne jeden Zweifel ganz wichtig. Darüber hinaus ist es aber für das Erlernen mathematischer Grundlagen unerlässlich, sich mit Hilfe von Beispielen und Grafiken eine grobe Vorstellung von den mathematischen Funktionsbildern und numerischen Zusammenhängen zu machen. Die einfachste Grafik ist zweifellos die Handskizze, aber wünschenswert wäre weiterhin eine schnell zu erstellende Darstellung, die die zahlenmäßigen Ergebnisse bereits korrekt widerspiegelt.

Außerdem möchte man sowohl einfache als auch komplizierte Rechnungen mit nicht zu viel Aufwand durchführen. Einiges davon erledigt bereits der Taschenrechner, doch für umfangreichere Aufgaben reicht dieser nicht mehr aus. Für solche Zwecke gibt es heute Standardsoftware, die auf jedem gängigen PC eingesetzt werden kann. Das vorliegende Buch soll zunächst einmal Sicherheit im Umgang mit solcher Software vermitteln. Dazu wollen wir gleichberechtigt die drei wichtigsten Programme MATLAB®, Scilab™ und GNU Octave behandeln.[1]

Sie können sich für eine dieser Programmiersprachen entscheiden. Welche Sie auswählen, ist eine Frage des gewünschten Funktionsumfangs – und des Geldbeutels. Während Scilab und Octave Freeware sind, ist MATLAB zwar in günstigen Studentenversionen erhältlich, kostet jedoch für professionelle Anwendungen richtig viel Geld.

Mathematische Programmiersprachen sind notwendiges Handwerkszeug. Zusätzlich muss man aber auch lernen, dieses richtig anzuwenden. Es nützt nichts, einen Hammer zu besitzen, man muss auch in der Lage sein, damit Nägel einzuschlagen. Neben dem Grundwissen zu den mathematischen Programmpaketen stellen wir deshalb auch dar, wie man mit diesen Werkzeugen an häufig auftretende Fragestellungen der Numerischen Mathematik herangehen kann. Zahlreiche Übungsaufgaben und Programme unterstützen Sie dabei.

Somit werden Sie in die Lage versetzt, Ihre erworbenen Kenntnisse zur Lösung vielfältiger mathematischer, physikalischer und insbesondere ingenieurwissenschaftlicher Aufgaben einzusetzen.

---

[1] MATLAB® ist eingetragenes Warenzeichen von The MathWorks, Inc., Scilab™ ist Warenzeichen der Inria, Frankreich.

Bevor wir Sie nun mit diesen Themen vertraut machen, möchten wir als Autoren unseren Dank aussprechen:

- Frank Thuselt seinen Kollegen Prof. Dr.-Ing. Wolf-Henning Rech, Dipl.-Phys. Michael Bauer, Prof. Dr. Stefan Hillenbrand sowie weiteren Kollegen und Mitarbeitern der Hochschule Pforzheim für viele Hinweise und Diskussionen,

- Felix Paul Gennrich seinen Professoren und Kollegen an der Universität Innsbruck, besonders Herrn Prof. Dr. Alexander Kendl,

- den Kollegen Prof. Dr. Franz-Karl Schmatzer und Dipl.-Ing. Andreas Matt von der AKAD Bildungsgesellschaft für ihre Unterstützung,

- Israel Herraiz, PhD, Assistant Professor an der Technischen Universität Madrid, der die sehr einfach zu installierende Version Octave UPM entwickelt und uns freundlicherweise zur Verfügung gestellt hat,

- den zahlreichen Studenten, die immer wieder deutlich gemacht haben, wie wichtig eine gute didaktische Aufbereitung des Materials ist,

- und nicht zuletzt unseren Frauen Henriette und Nadia, die unsere fortdauernde Arbeit mit Gelassenheit ertragen und uns unterstützt und geholfen haben.

Bei der AKAD Bildungsgesellschaft bedanken wir uns für die Einräumung von Veröffentlichungsrechten.

Die Autoren wünschen ihren Lesern bei der Arbeit mit diesem Buch viel Erfolg und hoffentlich auch ein bisschen Spaß.

Neulußheim und Innsbruck, im Mai 2013

Frank Thuselt und Felix Paul Gennrich

Inhaltsverzeichnis

Einleitung

In den Natur- und Ingenieurwissenschaften ist die Benutzung mathematischer Hilfsmittel unumgänglich. Hierzu zählen insbesondere Programme zum Verarbeiten numerischer Daten, zum Beispiel Messdaten. Auch Simulationen stellen ein großes Anwendungsfeld dar. Auf der anderen Seite gibt es auch Aufgaben, die eine formelmäßige Lösung erfordern. Deshalb unterscheidet man *numerische Programme* von sogenannten *Computeralgebra-Systemen*.

Ein Computeralgebra-System kann nicht nur (wie der Taschenrechner) mit Zahlen rechnen, sondern vor allem auch mit symbolischen Ausdrücken umgehen.

Numerikprogramme haben ein anderes Ziel. Sie dienen vorwiegend der Auswertung numerischer Daten und nicht der Umformung mathematischer Ausdrücke. In unserem Buch behandeln wir die drei wichtigsten Programme für diesen Zweck, MATLAB, Scilab und Octave.[1]

Die Anwendungsbereiche von Numerikprogrammen sind neben den zahlreichen grafischen Darstellungsmöglichkeiten beispielsweise

- das Lösen von linearen und nichtlinearen Gleichungssystemen beliebig hoher Dimension,
- die Optimierung und Simulation komplizierter Zusammenhänge,
- die Signalanalyse und -verarbeitung,
- das Lösen von Integralen und Differentialgleichungen durch numerische Integration ("Quadratur").

Zu den Aufgaben von Computeralgebra-Systemen gehören dagegen unter anderem

- das Vereinfachen und Vergleichen von mathematischen Ausdrücken sowie das formale Lösen von Gleichungen,
- das formale Differenzieren und Integrieren von Funktionen – hierdurch erspart man sich zum Beispiel das Nachschlagen in einer Integraltafel.

An einem einfachen Beispiel kann der Unterschied zwischen Computeralgebra-Systemen und Numerik-Systemen deutlich gemacht werden. Mit einem Computeralgebra-System können wir die Gleichung

---

[1] MATLAB® ist eingetragenes Warenzeichen von The MathWorks, Inc., Scilab ist Warenzeichen der Inria, Frankreich.

$$x^2 + px + q = 0$$

nach x auflösen. Im Ergebnis erhalten wir damit die Formeln

$$x_1 = \frac{p}{2} + \sqrt{\frac{p^2}{4} - q} \, , \; x_2 = \frac{p}{2} - \sqrt{\frac{p^2}{4} - q} \, ,$$

die natürlich jeder bestens kennt. Als Lösung der mit Zahlenwerten versehenen Gleichung

$$x^2 + 3x - 10 = 0$$

erhält man mit einem Computeralgebra-System die exakten Ausgabewerte

$$x_1 = -5, \quad x_2 = 2 \, .$$

Ein Numerikprogramm kann demgegenüber keine Lösungsformeln, sondern allein die Zahlenwerte ausgeben, zum Beispiel in der Form

```
x1 = -5.000 und x2 = 2.000.
```

Numerisches Rechnen war bereits vor über 200 Jahren von Bedeutung. Mit der Entwicklung von Taschenrechnern und geeigneter PC-Software ist es nun aber auch an jedem Büroarbeitsplatz möglich, anspruchsvolle numerische Probleme zu lösen. Das Haupteinsatzgebiet der Numerikprogramme findet sich jedoch in Industrie und Wissenschaft. Diesen Zielgruppen gilt die vorwiegende Aufmerksamkeit der Entwickler.

Unter den Numerikprogrammen hat sich im professionellen Bereich MATLAB weitgehend durchgesetzt. Insbesondere in der Signalverarbeitung und der Regelungstechnik ist es nahezu unangefochten. Allerdings gibt es mit Octave und Scilab auch freie Software, die ebenfalls immer leistungsstärker wird und für das Studium wie auch für nicht zu umfangreiche Aufgabenstellungen durchaus in Frage kommt.

Der große Vorteil beim Arbeiten mit den genannten drei Numerikprogrammen ist, dass sie gleichzeitig mit großen Zahlengruppen, Vektoren oder Matrizen, operieren. Bei MATLAB drückt sich dies bereits im Namen aus: MATLAB ist die Abkürzung für *Matrix Laboratory*.

Zu MATLAB, dem Profi-System, gibt es über 100 verschiedene ergänzende

Toolboxen. Eine der wichtigsten ist Simulink[2]. Dabei handelt es sich um ein grafikorientiertes Programm zum numerischen Lösen von Differentialgleichungen. Ein wichtiges Strukturelement von Simulink sind Grafik-Module für Übertragungsfunktionen. Neben seinen numerischen Fähigkeiten erlaubt MATLAB dennoch auch symbolische Formelmanipulationen. Dazu bietet es ein eigenes Werkzeug mit dem Namen Symbolic Math Toolbox an, das von dem Computeralgebra-System MuPAD zur Verfügung gestellt wird.

Octave ist fast durchweg befehlskompatibel zu MATLAB, allerdings stellt es nur eine Untermenge an Kommandos bereit, und die Leistungsfähigkeit der zahlreichen MATLAB-Toolboxen steht (noch) nicht zur Verfügung. Dennoch gibt es auch für Octave zusätzliche Toolboxen für verschiedenste Anwendungsfälle, sogenannte Pakete, die in Form der Paketsammlung Octave-Forge in wachsendem Umfang bereitgestellt werden.

Auch Scilab stellt ähnlich wie MATLAB Toolboxen bereit. Deren Funktionsumfang ist momentan größer als der von Octave, reicht jedoch ebenfalls nicht an den von MATLAB heran. Immerhin besitzt auch Scilab mit Xcos eine zu Simulink ähnliche Toolbox. Die Scilab-Kommandosprache unterscheidet sich von der MATLAB-Sprache allerdings teilweise beträchtlich, die Handhabungsweise (Syntax) entspricht eher derjenigen einer klassischen Informatiksprache wie zum Beispiel C.

Dieses Buch soll eine Einführung und kein Programmierhandbuch sein. Da jedes der drei Numerikprogramme seine Vorzüge hat, haben wir sie gleichberechtigt behandelt. Unser Ziel ist es, zu den wichtigsten numerischen Fragestellungen möglichst gut nachvollziehbare Lösungen für Einsteiger anzubieten.

Zunächst befassen wir uns mit MATLAB, Scilab oder Octave als interaktivem System. Zum Einstieg lernen wir das Arbeiten auf Kommandozeilenebene mit Zahlen und Variablen kennen. Wir benutzen Vektoren und Matrizen und können die Ergebnisse grafisch darstellen. Wichtig ist auch der Umgang mit komplexen Zahlen und Polynomen. Zur Programmierung verwenden wir Script-Dateien und Funktionen. Wir arbeiten dabei mit sogenannten Kontrollstrukturen, zum Beispiel mit den Kommandos IF, SWITCH, FOR und WHILE.

Danach werden grundlegende numerische Techniken vorgestellt, unter anderem

- zur Lösung von linearen Gleichungssystemen,
- zur Lösung von nichtlinearen Gleichungen,
- zur Interpolation und Approximation von Zahlenreihen,
- zur FOURIER-Analyse und zu Wavelets,
- zur numerischen Integration und
- zum Lösen von Differentialgleichungen.

---

[2] Simulink© ist ein eingetragenes Warenzeichen von The MathWorks, Inc.

Schließlich wird noch ein Einblick in die grafischen Tools Simulink und Xcos vermittelt.

Sollten Leser bereits mit den Grundzügen eines dieser Programme vertraut sein, so können sie unser Buch hoffentlich dennoch zum Nachschlagen gut gebrauchen. Für sie wird es sicher möglich sein, einige Abschnitte zu überschlagen, um an späterer Stelle sofort „durchzustarten".

Zum Abschluss dieser Einführung wollen wir uns nun noch mit einigen Möglichkeiten vertraut machen, wie dieses Buch am zweckmäßigsten genutzt werden kann. Die Darstellungsweise und die verwendeten Bezeichnungen gehen aus der folgenden Grafik hervor.

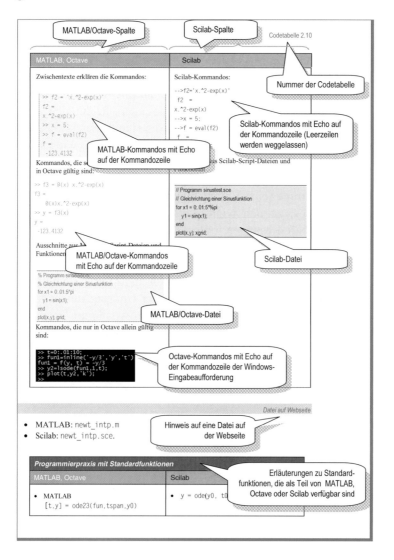

Um den Umgang mit dem gewählten Programm zu lernen, sollten die im Text dargestellten Eingaben nach Möglichkeit jeweils selbst in die Kommandozeile eingetippt werden. Zur Sicherheit sind trotzdem die meisten Kommandofolgen, nach Buchabschnitten geordnet, in den jeweiligen Verzeichnissen „Codedateien" auf der zum Buch gehörigen Webseite kapitelweise aufgelistet. Diese Webseite finden sie unter der Adresse

www.springer.com   *Dateien auf Webseite*

Auf diesen Webseiten stehen zahlreiche Dateien für MATLAB/Octave zur Verfügung. Wenn Sie diese herunterladen und in der vorgegebenen Verzeichnisstruktur unverändert auf Ihren PC kopieren, können Sie mit dem Kommando `userpath_set` eine Datei aufrufen, die den Zugang (Pfad) zu allen Unterverzeichnissen des von Ihnen gewählten Verzeichnisses `MATLAB Scilab` ermöglicht. Zuvor sollten Sie allerdings in Ihrem Windows-Icon mit der rechten Maustaste unter `Eigenschaften > Verknüpfungen > Ausführen in` den Ort angeben, unter dem diese Dateien gespeichert sind. Sie können dann alle Dateien aus diesen Verzeichnissen aufrufen und ausführen. Unter Scilab gibt es diese einfache Möglichkeit leider nicht. Bei der Wiedergabe im Buch werden einzelne Codezeilen leider manchmal umgebrochen, da die zur Verfügung stehende Spaltenbreite oft nicht ausreicht. Im Zweifelsfalle sollte deshalb die von der Webseite ladbare Originaldatei zugrunde gelegt werden.

Die Codedateien unter MATLAB, Scilab oder Octave kann man auch automatisch ablaufen lassen. Dies ist natürlich vom didaktischen Gesichtspunkt aus gesehen nicht sinnvoll, gibt aber vielleicht eine gewisse Sicherheit, falls es einmal mit den eigenen Versuchen überhaupt nicht klappen sollte. Bei Scilab/Xcos ist es wichtig, die von den Codedateien benötigten weiteren Dateien ins gleiche Verzeichnis „Codedateien" zu kopieren. Werden sie dagegen im übergeordneten Verzeichnis belassen, so sollte unter MATLAB und Octave der Zugriffspfad so gewählt werden, dass alle Verzeichnisse und Unterverzeichnisse Ihrer Dateien gleichzeitig erfasst werden.

Die erzeugten Grafiken können in unserem Buch leider nur zweifarbig wiedergegeben werden. Wenn Sie sie selbst erzeugen, werden Sie stattdessen die passenden Farben erhalten.

Am Ende eines jeden Buchabschnitts finden Sie Übungsaufgaben. Ihre Lösungen können auch im Internet abgerufen werden, so wie die im Buch beschriebenen Programme. Es ist jedoch zu beachten, dass Letztere lediglich der Demonstration und Übung dienen. Für professionelle Anwendungen sollten dagegen stets Standardfunktionen aus MATLAB, Octave oder Scilab beziehungsweise Programme aus Programmbibliotheken herangezogen werden. Neben den Programmen der einzelnen Numerik-Softwareanbieter gibt es umfangreiche Softwarebibliotheken, die im Internet unter den Namen EISPACK, LAPACK, LINPACK, NAG und IMSL angeboten werden. Diese Bibliotheksprogramme sind vorwiegend in Fortran, der ältesten numerischen Programmiersprache, oder in C geschrieben. Auf sie kann bei Bedarf von MATLAB, Scilab oder Octave aus zugegriffen werden.

Im Allgemeinen werden von MATLAB, Scilab und Octave ähnliche Abbildungen erzeugt. Sofern sie sich nicht in wesentlichen Gesichtspunkten unterscheiden, stellen wir hier nur die mit MATLAB erzeugten Abbildungen dar.[3]

Die dem Buch zugrunde liegenden Programmversionen sind:

- MATLAB R2013b,
- Scilab 5.4.1,
- Octave 3.6.2 (unter Windows mit Microsoft Visual Studio sowie unter Linux) beziehungsweise Octave UPM R8.2, welches auf Octave 3.6.2 beruht.

Nun können Sie aufatmen, denn wir wollen die Vorbetrachtungen abschließen, damit das eigene Arbeiten endlich beginnen kann...

---

[3] Dabei lassen wir, um die Darstellung zu verbessern, den grauen Hintergrund, der dort standardmäßig hinzugefügt wird, weg.

1 Einstieg in MATLAB, Scilab und Octave

1.1 Installation der Programme

Starten wir jetzt unsere Tour durch die praktische Mathematik und beginnen damit, die zur Verfügung stehenden Programme näher kennenzulernen. Dabei wollen wir als Erstes einfache Rechenoperationen nutzen, ohne uns näher mit der eigentlichen Numerischen Mathematik zu befassen. Diese lernen wir erst später kennen – und hoffentlich auch schätzen. Wenn Ihnen unsere Tour durch die elementaren Rechenoperationen zu langwierig ist, können Sie ohne Probleme den einen oder anderen Abschnitt weglassen und auch bald mit dem „Programmieren", das heißt der Erstellung von Script-Dateien, in Kapitel 2 beginnen. Die fortgelassenen Teile der Einführung lassen sich auch später noch nachholen.

1.1.1 Installation von MATLAB

MATLAB ist direkt von der gelieferten CD oder durch Download aus dem Internet installierbar. Seit etlichen Jahren ist eine Online-Aktivierung erforderlich. Dadurch wird leider eine gleichzeitige Installation auf PC und Notebook verhindert. Es ist auch möglich, eine kostenlose Demo-Version zum Kennenlernen von der Webseite der Firma The MathWorks zu laden und diese erst später zu aktivieren, damit sie nicht verfällt [MathWorks 2012].

Die MATLAB-Bedienoberfläche, die sich nach dem Programmstart öffnet, besteht aus drei Teilen (Abb. 1.1). Der wichtigste Teil ist das Kommandofenster (*Command Window*) mit der Kommandozeile in der Mitte. In diesem Fenster werden Sie vorwiegend arbeiten. Neben dem Kommandofenster finden wir im rechten unteren Teil eine Auflistung der Operationen, die bisher ausgeführt wurden (*Command History*), darüber wird der Arbeitsspeicher (*Workspace*) mit den Inhalten der aktuellen Variablen angezeigt. Beim ersten Aufruf steht dort natürlich noch nichts. Im oberen linken Teil finden wir die Liste der Dateien im aktiven Verzeichnis (*Current Directory*). Alle Fenster können bei Bedarf umgeordnet werden – natürlich werden wir dies zu Beginn erst einmal unterlassen.

Sie können das MATLAB-Programm entweder, wie unter Windows üblich, mit dem entsprechenden Kreuz im Fenstersymbol schließen oder mit einem der Kommandos `quit` oder `exit`.

Die MATLAB-Dokumentation und -Hilfe existiert im PDF- und HTML-Format, beide sind zusätzlich auch online verfügbar. Darüber hinaus erhält man

Hilfe auf Kommandozeilenebene über das Kommando help *name*. Mittels doc *name* wird dagegen direkt die MATLAB-Hilfedatei aufgerufen. Die Hilfen sind wie das Programm selbst grundsätzlich in Englisch verfasst.

Mit dem Kommando demos lassen sich zum Beispiel zusätzliche Dateien oder Videos aufrufen. Zusätzlich bietet MATLAB einen integrierten Editor an, den wir später benötigen.

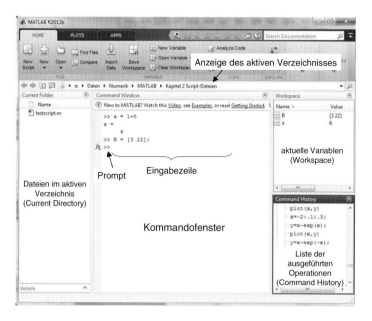

Abb. 1.1 Die MATLAB-Bedienoberfläche

Die vorgegebenen Einstellungen können je nach Vorlieben des Benutzers geändert werden. Dazu rufen Sie das Dialogfenster Environment > Preferences auf. Empfehlenswert, aber nicht zwingend notwendig ist es zum Beispiel, in der Einstellung für „Command Window" einen engen Zeilenabstand zu wählen (Numeric display: compact).

MATLAB ist mittlerweile auch für das Smartphone (iPhone, iPad oder Android) erhältlich. Es läuft dann jedoch extern in einer „MathWorks Cloud" oder auf dem eigenen PC.

1.1.2 Installation von Scilab

Das Numerikprogramm *Scilab* ist ein freies wissenschaftliches Programmpaket, das von Mitarbeitern eines französischen Informatik-Instituts entwickelt wurde.

Da es als freie Softwarelizenz im Sinne der CeCILL[1] angeboten wird, bietet es sich als günstige Alternative zu MATLAB an. Es arbeitet sowohl auf Unix/Linux-Rechnern als auch auf Windows-PCs.

Scilab für Windows und Mac OS[2] wird am besten von der Webseite von Scilab Enterprices [Scilab 2013] heruntergeladen. Falls Sie Linux verwenden, ist das Programm sehr wahrscheinlich bereits in den Paketquellen Ihrer Distribution enthalten und Sie können die Installation bequem über den jeweiligen Paketmanager vornehmen (gegebenenfalls ist das Einbinden zusätzlicher Paketquellen notwendig). Im Gegensatz zu MATLAB ist Scilab auch mit deutscher Bedienoberfläche installierbar.[3] Die Hilfe ist allerdings auch hier nur in Englisch verfügbar. Neben der Online-Hilfe [Scilab Doku 2012] oder [Scilab Tutorial 2012] kann auch die automatisch mitinstallierte Hilfe über die Kommandozeile in Anspruch genommen werden. Sie wird über das Kommando help *name* aufgerufen.

Die Scilab-Bedienoberfläche ist in den neueren Versionen ähnlich aufgebaut wie die von MATLAB (Abb. 1.2). Sie besteht aus Kommandofenster (*Command Window*), *Command History*, Arbeitsspeicher (*Workspace*) und Dateiverzeichnis (*Current Directory*). Der Scilab-Editor trägt den Namen *Scilab Notes*; Demos werden ebenfalls mit dem Kommando demos aufgerufen.

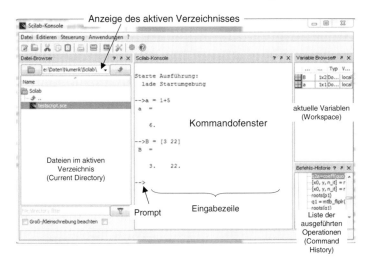

Abb. 1.2 Die Scilab-Bedienoberfläche

---

[1] Siehe unter http://www.gnu.org/licenses/license-list.html

[2] Aufgrund der großen Verbreitung werden wir in diesem Buch in erster Linie auf die Windows-Version der Programme eingehen. Die mathematischen Inhalte und Befehle gelten jedoch unabhängig von der verwendeten Plattform und können unter allen Betriebssystemen gleichermaßen angewendet werden. Bei Fragen zur Installation kann man weitergehende Informationen im Internet finden.

[3] Dabei sind einige Teile derzeit noch nicht übersetzt.

Alternativ zu Scilab kann man auch das Programm ScicosLab [ScicosLab 2011], [Scicos 2012] installieren. Dessen Entwickler haben sich aus der Gruppe von Scilab zurückgezogen und das ursprüngliche Programm parallel weiterentwickelt. Wir beziehen uns in diesem Buch jedoch vorwiegend auf Scilab. Die meisten Aufgaben können ohne Probleme auf ScicosLab übertragen werden.

1.1.3 Installation von Octave

Die Entwicklung von Octave begann im Jahre 1992 unter der Leitung von J. W. EATON, Computeradministrator an der Universität von Wisconsin-Madison. Sie baute auf einem Programm auf, das zuvor zwei Studenten für Berechnungen chemischer Prozesse geschrieben hatten. Im Gegensatz zu Scilab wurde bei Octave eine weitgehende Kompatibilität zu MATLAB angestrebt.

Octave wurde eigentlich für Linux-Systeme entwickelt. Darüber hinaus gibt es Linux-Emulationen, *shells* genannt, womit Octave auch unter anderen Betriebssystemen lauffähig ist, zum Beispiel unter Mac OS X, Sun Solaris und Windows. Octave ist wie Scilab Open-Source-Software. Am einfachsten ist die Installation unter Linux zu bewerkstelligen. Hier lässt sich Octave im Normalfall direkt über den Paketmanager der Distribution installieren. Für die Installation unter Windows und Mac OS möchten wir auf die Webseite des Projekts verweisen [Octave 2013]. Dort können Sie ausführliche Installationshinweise für die jeweils aktuelle Version finden. Unter Windows sei allerdings die Verwendung der mit Microsoft Visual Studio kompilierten Pakete empfohlen, da die Installation nach unserer Erfahrung damit problemlos durchgeführt werden kann.

Octave beinhaltet mehrere Pakete („Packages") – sie entsprechen weitgehend den Toolboxen in MATLAB. Die Packages werden unter dem Namen Octave-Forge angeboten. Eine einfachere Installation bietet sich an, wenn zuvor Microsoft Visual Studio installiert wurde. Eine Simulink-ähnliche Toolbox ist jedoch bei Octave nicht vorhanden.

Besonders zu empfehlen ist die Version *Octave UPM*. Sie kann von der spanischen Webseite [Herraiz 2013] heruntergeladen werden und ist besonders leicht zu installieren. Bei der Abfrage während der Installation sollten alle angebotenen Pakete mit erfasst werden. Um das Programm lauffähig zu machen, muss nach der Installation die Datei `vcredist_x86.exe` ausgeführt werden. Sie stellt die passende Windows-Umgebung wieder her.

Auch Octave ist, wie MATLAB, schon als Android-Version für das Smartphone erhältlich [Google 2013].

Obwohl sich die Installation von Octave weitgehend von der von MATLAB unterscheidet, bestehen beim praktischen Rechnen nur geringe Unterschiede. Wenn wir im Weiteren zwischen MATLAB und Scilab unterscheiden, so schließt die Programmierung von MATLAB stets auch die unter Octave mit ein. Wichtige Differenzen werden allerdings gekennzeichnet.

Das Octave-Kommandofenster erscheint zunächst erschreckend nüchtern (Abb. 1.3). Octave läuft unter Windows standardmäßig nur in der DOS-Umgebung (auch unter „Eingabeaufforderung" bekannt). Hinweise auf grafische Benutzeroberflächen finden sich zum Beispiel unter [Wikipedia: GNU Octave 2013]. Besonders komfortabel und weit gediehen ist die Oberfläche von Octave UPM, die in Abb. 1.4 dargestellt ist. Für die nächste Version 4.0 von Octave ist angekündigt, die grafischen Bedienmöglichkeiten auszubauen [Wikipedia: GNU Octave 2013].

Abb. 1.3   Nackte Form des Octave-Kommandofensters unter der „Eingabeaufforderung" von Windows

Abb. 1.4 Einfache grafische Bedienoberfläche bei Octave UPM

Hilfe zu Octave ist im Internet als PDF- oder HTML-Version zu bekommen [Eaton 2013], [Eaton 2011].

1.2 Das Arbeiten auf Kommandozeilenebene (Taschenrechner-Funktion)

Die einfachste Anwendung eines Numerikprogramms ist seine Verwendung als komfortabler Taschenrechner. Was macht man mit einem Taschenrechner? Man gibt auf seiner Tastatur eine mathematische Formel ein und bekommt das Ergebnis auf dem Display angezeigt. Ein PC besitzt ebenfalls eine Tastatur und sogar ein viel komfortableres Display als der Taschenrechner. Warum also nicht gleich auf dem PC rechnen?

Mit unseren Numerikprogrammen lässt sich auch all das erledigen, was mit einem Taschenrechner bearbeitet werden kann. Je nach Computerausstattung kann der Aufruf bei MATLAB oder Scilab allerdings ein paar Sekunden dauern. Die Ursache ist darin zu suchen, dass die Java-Laufzeitumgebung eine längere Ladezeit benötigt. Lediglich das „nackte" Octave steht sofort bereit.

> Die vorherrschende Arbeitsweise ist bei MATLAB, Octave und Scilab das Arbeiten auf der Ebene der *Kommandozeile* (auch *Konsole* genannt).

Diejenige Zeile, auf der das aktuelle Kommando einzugeben ist, wird durch das „Prompt"-Symbol am linken Rand gekennzeichnet. Bei MATLAB sowie Octave UPM ist es das Symbol >>, bei den übrigen Octave-Versionen ist es `octave-3.6.2.exe:x >` („x" steht für eine fortlaufende Nummerierung der Kommandozeilen; die Versionsnummer, hier 3.6.2, wird natürlich aktualisiert.). Bei Scilab ist das Prompt-Symbol ein Pfeil `-->`.

Jede Eingabe wird durch `Return` abgeschlossen. Wenn die Länge einer Kommandozeile nicht ausreicht, lässt sich die Eingabe auf der nächsten Zeile fortsetzen. Dazu wird die vorhergehende Zeile mit drei Punkten am Ende abgeschlossen.

Für Windows-Benutzer ist möglicherweise das Arbeiten im Kommandozeilenmodus ungewohnt. Von anderen Windows-Programmen her ist man eher mit Pulldown-Menüs oder bestimmten Icons vertraut. Scilab und insbesondere MATLAB sind jedoch in erster Linie auf professionelle Anwendungen erfahrener Programmierer ausgerichtet, denen die Eingaben auf der Kommandozeile angenehmer sind, weil man damit Zeit sparen kann. Wer die Menü-orientierte Darstellung unbedingt haben möchte, ist dann auf das MuPAD-Interface angewiesen, das auch Teil der Studentenversion von MATLAB ist. Auf diese wollen wir hier jedoch nicht vorrangig eingehen, denn wir haben mit der Standardversion bereits ein anspruchsvolles Programm vor uns.

Im Gegensatz zu Programmiersprachen wie C oder Visual Basic arbeiten MATLAB, Octave und Scilab mit Interpreter. Das heißt, jedes Kommando wird unmittelbar nach dem Einlesen ausgeführt.

1.2.1 Einfache Operationen mit Zahlen und Variablen

Im Folgenden werden wir einige der einfachsten Kommandos für MATLAB, Scilab und Octave anhand von Beispielen ausführen und vergleichen. Die Kommandos lassen sich zwar auch von unserer Webseite herunterladen, aber es ist grundsätzlich besser, sie abzutippen und dabei ruhig auch einmal Fehler zu machen. Bekannterweise lernt man ja aus Fehlern besonders gut!

Die Addition der beiden Zahlen 3 und 4 wird hinter dem Prompt-Symbol wie folgt eingegeben und durch Return abgeschlossen:

■ Codetabelle 1.1

MATLAB, Octave[4]	Scilab
```\n>> 3+4\nans =\n 7\n>> ans/2\nans =\n 3.5000\n```	```\n-->3+4\nans =\n 7.\n-->ans/2\nans =\n 3.5\n```

Die Ergebnisse der Berechnungen sind in der Variablen ans (steht für *answer*) gespeichert. Der Inhalt dieser Variablen wird mit jeder neuen Eingabe immer wieder überschrieben.

Mit dem jeweils aktuellen Inhalt können wir nun auch weiterarbeiten, beispielsweise ans/4 berechnen. Empfehlenswert ist es jedoch, für ein Verknüpfungsergebnis gleich eine eigene Variable vorzusehen. Mit ihr kann man dann auch noch später weiterrechnen.

---

[4] *Hinweis*: Um Platz zu sparen, werden wir bei der Wiedergabe der MATLAB- oder Scilab-Kommandos unter Umständen einzelne Leerzeichen oder Leerzeilen weglassen. Sie sollten sich also nicht wundern, wenn Sie beim Nacharbeiten eine geringfügig andere Darstellung erhalten. Ebenso kann sich das Schriftbild von dem von Ihnen benutzten unterscheiden. Es lässt sich sowohl in MATLAB als auch in Scilab vom Benutzer einstellen. Dies soll für uns jedoch hier keine vorrangige Aufgabe sein. Wenn Sie ausreichend lange mit Ihrem Programm gearbeitet haben, werden Sie von selbst darauf gestoßen sein, wie Sie dafür vorgehen müssen.

■ Codetabelle 1.2

MATLAB, Octave	Scilab
>> a = 2; b = 12.4; c = pi/4;	-->a = 2; b = 12.4; c = %pi/4;
>> quot = (a+b) / c	-->quot = (a+b) / c
quot =	quot =
18.3346	18.3346

Beachten Sie, dass MATLAB und Scilab einen Dezimalpunkt anstelle des uns vertrauten Kommas verwenden, wie in englischsprachigen Ländern üblich.

Die Variablenzuweisung in diesem Beispiel suggeriert, dass es sich um eine mathematische Gleichung handeln könnte. Wie Sie möglicherweise bereits aus anderen Programmiersprachen wissen, ist das aber nicht der Fall. So dürfen wir beispielsweise folgende Zuweisung vornehmen:

■ Codetabelle 1.3

MATLAB, Octave, Scilab
>> a = a/3
a =
0.6667

Das kann unmöglich eine mathematische Gleichung sein, denn in der Mathematik ist ja $a = a/3$ nur im speziellen Fall $a = 0$ erfüllt. Bei Programmiersprachen wie den von uns verwendeten bedeutet diese Zuweisung lediglich, dass der Wert $a/3$ (= 0,6667) wieder unter dem gleichen Namen gespeichert wird wie vorher a (= 2).

> Zuweisungen in Numerikprogrammen dürfen nicht als mathematische Gleichungen interpretiert werden. Sie besagen lediglich, dass das Ergebnis der Operation auf der rechten Seite des „Gleichheitszeichens" der Variablen auf der linken Seite des „Gleichheitszeichens" zugewiesen wird.

Im letzten Beispiel haben wir übrigens auf die Wiedergabe der Scilab-Darstellung verzichtet. Das werden wir auch in Zukunft überall dort so handhaben, wo zwischen MATLAB und Scilab bis auf das Prompt-Symbol kein wesentlicher Unterschied besteht.

Variablen brauchen nicht nur aus einem einzelnen Zeichen zu bestehen. Sie dürfen aus mehreren Buchstaben, Zahlen und Zeichen zusammengesetzt sein – wählen Sie aussagekräftige, aber nicht zu lange Bezeichnungen! Eine Differenz zweier Werte a und b könnte beispielsweise als diff = a - b benannt werden, die Summe von n verschiedenen Messwerten könnte sum_n heißen. Die Werte einer Variablen bleiben während der gesamten Sitzung in einer Arbeitsebene erhalten.

Bestimmte *Schlüsselwörter* (*keywords*) sind in MATLAB vordefinierten Konstanten vorbehalten. Hierzu gehören zum Beispiel `pi` oder die imaginäre Einheit `i` oder `j`. In Scilab werden solche Konstanten dagegen mit vorangestelltem Prozentzeichen dargestellt, z.B `%pi`, `%eps`.

■   Codetabelle 1.4

MATLAB, Octave	Scilab
```\n>> pi\nans =\n 3.1416\n>> pi/4\nans =\n 0.7854\n```	```\n-->%pi\n %pi =\n 3.1415927\n-->%pi/4\n ans =\n 0.7853982\n```
Die EULERsche Zahl e gehört in MATLAB nicht zu den vordefinierten Konstanten, sie muss durch das Kommando `exp(1)` erzeugt werden: ```\n>> exp(1)\nans =\n 2.71828182845905\n```	EULERsche Zahl e ```\n %e =\n 2.7182818\n```

Die Schlüsselwörter in MATLAB können jedoch überschrieben werden, was am Anfang leider des Öfteren Anlass zu Fehlern gibt. Gewöhnen Sie sich also an, niemals eine Variable mit dem Namen `pi` zu definieren. Gleichfalls sollten Sie Zählvariablen nicht, wie es oft üblich ist, mit dem Symbol `i` oder `j` bezeichnen. Verwenden Sie dazu eine andere Bezeichnung wie `k` oder `n` oder vielleicht `ii`. In Scilab verhindert das vorangestellte Prozentzeichen eine solche Neudefinition der Konstanten.

Auch die Funktionsnamen wie `sin` (für Sinus), `cos` (Kosinus), `sqrt` (Quadratwurzel) sind Schlüsselwörter.

Obwohl sich die möglichen Operationen in MATLAB und Octave weitgehend entsprechen, existieren in Octave doch einige Kommandos, die in MATLAB nicht verfügbar sind. Hierzu gehört zum Beispiel das Weiterzählen einer Variablen mit Hilfe des Symbols `++` wie folgt:[5]

---

[5] Spezialisten der Programmiersprache C kennen diese Operation gut, denn auch dort wird sie verwendet.

■ Codetabelle 1.5

```
>> x = 1
x =  1
>> x++
ans =  1
>> x++
ans =  2
>> x++
ans =  3
>> x++
ans =  4
>>
```

Wir probieren nun noch einige weitere Beispiele durch:

■ Codetabelle 1.6

MATLAB, Octave	Scilab
>> sin(pi/4)	-->sin(%pi/4)
ans =	ans =
0.7071	0.7071068
>> pi/4	-->%pi/4
ans =	ans =
0.7854	0.7853982
>> sin(ans)	-->sin(ans)
ans =	ans =
0.7071	0.7071068
>> sqrt(2)	-->sqrt(2)
ans =	ans =
1.4142	1.4142136
Mit dem Kommando sqrt wird die Quadratwurzel gezogen.	
>> 2^3	-->2^3
ans =	ans =
8	8.
alternativ (nur in Octave):	alternativ:
`>> 2**3` `ans =  8`	-->2**3
	ans =
	8.

1.2.2 Darstellung von Zahlenkolonnen als Vektoren und Matrizen

Variablen brauchen nicht nur aus einem einzelnen Zahlenwert zu bestehen, sondern können auch einen *Vektor* darstellen. Solch ein Vektor ist Ihnen aus der Geometrie als Zahlenreihe mit drei Komponenten bekannt. In der Mathematik verallgemeinert man diesen Begriff auf beliebige Mengen von Elementen. Unter MATLAB/Scilab werden diese Zahlen in der Regel in eckigen Klammern eingegeben:

■ Codetabelle 1.7

MATLAB, Octave, Scilab

```
>> x = [0 1 2 3 4 5 6 7 8 9 10]
x =
    0    1    2    3    4    5    6    7    8    9   10
```

Bei Vektoren unterscheidet man *Zeilenvektoren*, wie eben dargestellt, und *Spaltenvektoren*. Um einen Spaltenvektor zu erzeugen, müssen wir nach jedem Wert ein Semikolon eingeben – das Ergebnis erscheint in einer Spalte:

■ Codetabelle 1.8

MATLAB, Octave, Scilab

```
>> x = [0; 1; 2; 3; 4; 5; 6; 7; 8; 9; 10]
x =
    0
    1
    2
    3
    4
    5
    6
    7
    8
    9
   10
```

Eine Erweiterung des Vektors stellt die *Matrix* dar. Das ist eine Anordnung von Zahlen in einem quadratischen Schema, bestehend aus mehreren Zeilen und Spalten, zum Beispiel[6]

$$\mathbf{M} = \begin{pmatrix} 1 & 3,34 & 5 \\ 3 & 2 & 6,03 \end{pmatrix}. \tag{1.1}$$

In MATLAB oder Scilab wird diese Matrix wie folgt eingegeben:

■ Codetabelle 1.9

MATLAB, Octave, Scilab

```
>> M = [1  3.34  5; 3  2  6.03]
M =
   1.0000    3.3400    5.0000
   3.0000    2.0000    6.0300
```

---

[6] In der Mathematik werden Matrizen und Vektoren häufig mit fetten Buchstaben dargestellt.

Beide, Matrix und Vektor, werden oft unter dem Begriff *Array* zusammengefasst. Mit Matrizen und Vektoren befassen wir uns später noch ausführlicher. An
dieser Stelle sollen uns die jetzigen Kenntnisse erst einmal genügen.

> Die Verwendung eines Vektors eröffnet uns die komfortable Möglichkeit,
> eine Rechenoperation gleichzeitig auf alle seine Elemente anzuwenden.

Das wollen wir in den folgenden Beispielen illustrieren.

■ Codetabelle 1.10

MATLAB, Octave, Scilab

```
>> x = 0:.5:3
x =
        0    0.5000    1.0000    1.5000    2.0000    2.5000    3.0000
>> y1 = exp(x)
y1 =
    1.0000    1.6487    2.7183    4.4817    7.3891   12.1825   20.0855
>>  y2 = sqrt(x)./(x+1)
y2 =
        0    0.4714    0.5000    0.4899    0.4714    0.4518    0.4330
```

Der Punkt vor dem Divisionssymbol ./ ist übrigens ganz wichtig. Damit geben wir an, dass die Operationen Element für Element ausgeführt werden sollen.
Ohne den Punkt werden alle Rechenoperationen wie Multiplikation, Division,
Potenzieren (.*, ./ und .^) von MATLAB/Scilab grundsätzlich als sogenannte
Matrizenoperationen ausgeführt. Diese werden wir erst später kennenlernen. Um
eine „normale" (nämlich elementweise) Multiplikation oder Division zu veranlas-
sen, müssen Sie unbedingt diesen Punkt vor das Operationssymbol setzen. Ihn
darf man nur weglassen, wenn lediglich einfache Zahlen miteinander verknüpft
werden sollen. Sobald jedoch ganze Zahlenreihen, also Vektoren, verknüpft werden, ist er zwingend erforderlich. Das unbeabsichtigte Fortlassen ist einer der
häufigsten Fehler.

Manchmal benötigt man einen Zählindex, mit dessen Hilfe man auf einzelne
Elemente des Vektors zugreifen kann. Mittels x(2) erhalten wir auf diese Weise
zum Beispiel den Wert 0.5, mittels y1(3) den Wert 2.7183.

Zur Illustration zeigen wir, wie man gleichzeitig durch alle Elemente einer
Zahlenreihe dividieren kann. Allerdings unterscheiden sich dabei die Schreibwei-
sen zwischen MATLAB und Scilab. Bei Scilab wird ein Punkt nach einer Zahl
grundsätzlich immer als Dezimalpunkt interpretiert. Ein weiterer Punkt oder ein
Leerzeichen zwischen der ganzen Zahl und dem Punkt ist deshalb nötig, um die
Operation als solche zu kennzeichnen, die Element für Element ausgeführt wird.
Beachtet man dies nicht, können unter Umständen überraschend falsche Ergebnis-
se entstehen.

■ Codetabelle 1.11

MATLAB, Octave	Scilab
| ```
>> x = [-1 -.5 .5 1]
x =
   -1.0000 -0.5000 0.5000 1.0000
>> 1 ./x.^2
ans =
     1    4    4    1
``` | ```
-->x = [-1 -.5 .5 1]
 x  =
  - 1.   - 0.5    0.5    1.
-->1 ./x.^2
 ans  =
   1.    4.    4.    1.
``` |
| Vergessen Sie den Punkt vor dem Divisionszeichen, so erhalten Sie eine Fehlermeldung: | Das Leerzeichen vor dem Kommando ./ sichert die Interpretation des Punktes als zum Divisionssymbol gehörig. Vergessen Sie es, dann erhalten Sie folgendes Resultat: |
| ```
>> 1./x.^2
ans =
     1    4    4    1
>> 1/x.^2
??? Error using ==> mrdivide
Matrix dimensions must agree.
``` | ```
-->1./x.^2
 ans  =
   0.4705882
   0.1176471
   0.1176471
   0.4705882
``` |
| Die Fehlermeldung bei MATLAB bewahrt vor Irrtümern, ganz im Gegensatz zu Scilab, wo etwas Unkontrollierbares berechnet wird. | Das hatten wir offensichtlich nicht beabsichtigt. Statt des Leerzeichens kann man auch zwei Punkte setzen – einer steht für die Division und der vorherige ist der Dezimalpunkt. Wenn Sie das Leerzeichen oder den Punkt weglassen, wird dabei leider nicht, wie in MATLAB, eine Fehlermeldung erzeugt.[7] |

Im Workspace-Fenster von MATLAB werden uns die Inhalte der Variablen angezeigt. Durch Doppelklick auf das Variablensymbol öffnet sich der *Array-Editor*, eine Tabelle, in der man die Zahlenwerte der Matrix anschauen und auch verändern kann. In unserem Fall erscheint für das M zum Beispiel die Anzeige entsprechend Abb. 1.5. Auf die zahlreichen Möglichkeiten, die Anordnung der Fenster unter MATLAB zu verändern, wollen wir hier nicht eingehen. Es genügt für den Anfang, die vorgegebene Anordnung beizubehalten – alles andere werden Sie finden, wenn Sie es benötigen.

---

[7] ab Scilab, Version 5.4.1 erscheint an dieser Stelle eine Warnung, die zumindest auf die Gefahr des fehlenden Leerzeichens hinweist:
```
Warning: "1./ ..." is interpreted as "1.0/ ...". Use "1 ./ ..." for element wise operation
```

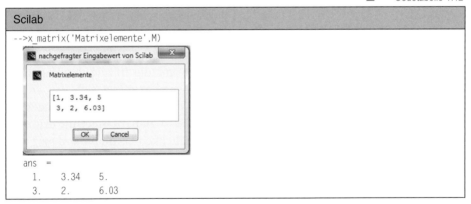

Abb. 1.5 Anzeige der Variablen M im Array-Editor (MATLAB) und im Variablen-Editor (Scilab)

Auch Scilab besitzt einen ähnlichen Editor. Er wird hier *Variable Editor* genannt. Man gelangt zu ihm über das Menü `Applications > Variable Browser`. Alternativ kann auch das Kommando `browsevar()` auf der Kommandozeile eingegeben werden. Durch Doppelklick auf die Zeile, die die entsprechende Variable enthält, wird der Variable Editor für die gewünschte Variable ausgewählt.

Scilab erlaubt es aber auch, Matrizen anschaulich darzustellen und gegebenenfalls zu verändern. Dieses Fenster wird mit dem Kommando `xmatrix` erzeugt:

■ Codetabelle 1.12

Scilab
| ```
-->x_matrix('Matrixelemente',M)
``` |

nachgefragter Eingabewert von Scilab

Matrixelemente

```
[1, 3.34, 5
 3, 2, 6.03]
```

OK   Cancel

```
ans   =
  1.    3.34   5.
  3.    2.     6.03
```

Um wie bei der oben eingegebenen Zahlenreihe für x nicht immer alle Zahlen einzeln eintippen zu müssen, können Sie bei gleichen Abständen zwischen den Zahlen auch die folgende kürzere Schreibweise benutzen. Dabei geben Sie nur den Anfangswert, die Schrittweite und den Endwert ein:

■ Codetabelle 1.13

MATLAB, Octave (Scilab analog)
| ```
>> x = 0:1:10
x =
     0    1    2    3    4    5    6    7    8    9    10
``` |

Das Doppelpunktsymbol bedeutet hier: „Schreibe alle Werte zwischen 1 und 10 in Einerschritten auf." Anstelle der Einerschritte könnten jedoch auch andere Unterteilungen verwendet werden, zum Beispiel 0:0.01:10. Damit haben wir eine weitere Möglichkeit kennengelernt, um Vektoren einzugeben. Diese Schreibweise verwenden wir sogleich, um Funktionswerte zu vorgegebenen x-Werten zu berechnen. Als Beispiel wählen wir die Funktion sin(x):

■   Codetabelle 1.14

MATLAB, Octave (Scilab analog)
>> x = 0:.1:4*pi; >> y = sin(x);

Ein Semikolon nach der Eingabe verhindert das Echo auf der nächsten Zeile der Konsole. Das ist besonders wichtig bei Variablen, die aus sehr vielen Einzelwerten (z.B. Vektoren oder Matrizen) bestehen, wie in dem eben gezeigten Beispiel. Ohne Semikolon „müllt" MATLAB leider unter Umständen das gesamte Kommandofenster mit Zahlenwerten zu. Zum guten Programmierstil gehört es, solche unnützen Zahlenausgaben zu unterdrücken.

Interessant sind Funktionsberechnungen vor allem dann, wenn Sie sich den Verlauf grafisch veranschaulichen wollen. Durch das Kommando plot(x,y) wird eine Funktion $y = f(x)$ als Grafik ausgegeben.

■   Codetabelle 1.15

MATLAB, Octave	Scilab
>> x = 0:.1:4*pi; >> y = sin(x); >> plot (x,y); grid on;	-->x = 0:.1:4*%pi; -->y = sin(x); -->plot(x,y); -->plot(x,y); xgrid;

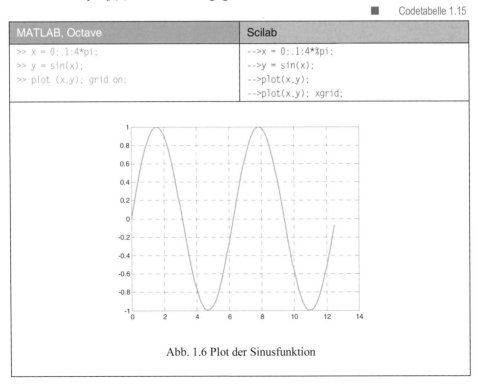

Abb. 1.6 Plot der Sinusfunktion

Es ist wichtig, die x-Werte als Basis der Funktionsberechnungen möglichst dicht zu wählen. Unsere Numerikprogramme zeichnen nämlich mit dem `plot`-Kommando keine glatten Kurven, sondern verbinden zwei benachbarte Punkte stets durch Geradenstückchen. Wählen wir den Abstand der berechneten Punkte zu groß, so sind die Geraden sichtbar. Sie können die einzelnen Kurvenabschnitte sehen, wenn Sie im Grafikfenster auf das Lupensymbol klicken und in einen Teil der Kurve hineinzoomen.

Es ist empfehlenswert, alle Zeichnungen stets mit Gitterlinien zu versehen, denn auf diese Weise können Sie den Funktionsverlauf viel besser beurteilen. Gitterlinien werden in MATLAB mit dem Kommando `grid on` erzeugt. Mittels `grid off` kann man sie wieder zum Verschwinden bringen. Mit `grid` alleine können Sie diese Funktion „toggeln", das heißt umschalten: Nach der ersten Eingabe von grid werden Gitterlinien erzeugt, nachdem Sie `grid` ein weiteres Mal eingegeben haben, verschwinden sie wieder, und so weiter. In Scilab existiert hierfür die Funktion `xgrid`. Probieren Sie das selbst aus!

Falls Sie bereits mit der Programmiersprache C vertraut sind, wissen Sie sicher, dass Sie dort die Variablen vor ihrer Benutzung deklarieren müssen, das heißt, Sie müssen festlegen, ob es sich zum Beispiel um eine Gleitkommazahl oder eine ganze Zahl handelt. In den von uns betrachteten Numerikprogrammen ist das nicht nötig, da grundsätzlich alle Zahlen als Gleitkommazahlen behandelt werden![8]

Wir müssen nun noch festlegen, in welcher Form einzelne Zahlenwerte, insbesondere mit Zehnerpotenzen, eingegeben werden können. In der folgenden Tabelle sind einige Beispiele gezeigt.

Tabelle 1.1 Zahlendarstellungen in MATLAB und Scilab

Zahl	Darstellung in MATLAB oder Scilab
$1,3$	`1.3`
$3 \cdot 10^{12}$	`3e12`
$4,42 \cdot 10^{-34}$	`4.42e-34`
5^2	`5^2`
$0,35$	`0.35` oder `.35` (Die Null vor dem Punkt darf man weglassen.)

Unter MATLAB lässt sich das Format der Kommandozeilenausgabe sowohl im Menü unter `Preferences > Command Window` als auch durch das Kommando `format xxx` verändern. In der zugehörigen Hilfedatei, die wir zum Beispiel mittels `help format` aufrufen können, finden sich Erklärungen zu diesen Formaten. Las-

---

[8] Mögliche Ausnahmen sollen uns in diesem Buch nicht interessieren.

sen Sie sich doch in Aufgabe 1 einmal die Zahl π (pi) und einige andere Zahlen in diesen verschiedenen Formaten anzeigen.

Unter Scilab können wir das Kommando format ebenfalls nutzen. Es erlaubt aber im Gegensatz zu MATLAB nur zwei Einstellungen: type für variables Format, long für die Zahl der auszugebenden Stellen. Details können Sie aus den Hilfedateien oder aus der Kurzreferenz am Ende des Buches erfahren. Auch für Scilab-Formate sei Aufgabe 1 empfohlen.

Trotz unterschiedlicher Anzeige auf dem Bildschirm bleibt übrigens intern stets die gleiche Zahl erhalten. Bei MATLAB und Scilab handelt es sich um eine *Zahlendarstellung in doppelter Genauigkeit*. Das Hexadezimalformat (format hex) in MATLAB zeigt an, in welcher Form die Zahl im Computer gespeichert wird.

Noch ein Hinweis: Bereits früher verarbeitete Anweisungen können auf der Ebene der Kommandozeile mit Hilfe der Pfeiltasten ↑ und ↓ erneut ausgewählt und unter Umständen auch abgewandelt werden. Auf diese Weise ersparen wir es uns, die Anweisungen nochmals komplett neu einzugeben. Natürlich lässt sich für diesen Zweck auch das Fenster *Command History* nutzen.

Aufgabe 1   Datenformate

MATLAB/Octave: Stellen Sie die folgenden Zahlen in den Formaten long, shortg, shorteng und hex dar: π; 12/7; 10/3; $1,3 \cdot 10^{-12}$.

Scilab: Stellen Sie die folgenden Zahlen im „variablen Format" mit 4 und 20 Stellen sowie im „Exponentialformat" mit 16 Stellen dar. π; 12/7; $1,3 \cdot 10^{-12}$, EULERsche Zahl e.

Richten Sie am Schluss in jedem Fall das Standardformat wieder ein. Benutzen Sie zur Lösung der Aufgabe die Hilfedateien. ■

Aufgabe 2   Vertraut werden mit MATLAB und Scilab

Formulieren Sie für folgende Ausdrücke Kommandos, mit denen sich die Werte berechnen lassen, und werten Sie sie zum Beispiel für $x = 2$ und $x = 4,6$ aus.

a) $y = \dfrac{\sin x - x}{3 + x^2}$, b) $y = \dfrac{1}{\left(3 + x^2\right)^3}$ ■

1.3 Elementare Funktionen einer Variablen

Bereits im letzten Abschnitt wurde mit einfachen Funktionen wie dem Sinus gearbeitet. In der Mathematik benötigt man sehr oft analytische Funktionen einer Variablen

$$y = f(x).\tag{1.2}$$

Zu den elementaren Funktionen zählt man Potenzfunktionen, weiterhin rationale Funktionen des Typs $y = Z(x)/N(x)$, wobei Zähler und Nenner jeweils aus einem Polynom bestehen, sowie trigonometrische und Exponentialfunktionen und deren Umkehrungen. In der „normalen" Mathematik ist es naheliegend, zunächst Potenzfunktionen und rationale Funktionen zu behandeln. Wir wollen hier aber eine andere Reihenfolge wählen und uns die Potenzfunktionen für den Schluss dieses Abschnitts aufheben, da für sie eine besondere Schreibweise existiert.

Zahlreiche vordefinierte Funktionen werden bereits als Teile der Programmpakete von MATLAB, Octave oder Scilab mitgeliefert. Mit ihnen können Sie ohne Probleme sofort arbeiten.

1.3.1 Winkelfunktionen und ihre Umkehrung

Die Winkelfunktionen Sinus, Kosinus und Tangens werden durch die Kommandos `sin`, `cos`, `tan` aufgerufen, wenn das Argument im Bogenmaß (als Radiant) vorliegt. Die Kotangensfunktion braucht nicht eigens vorgegeben zu werden, da ihre Werte als Reziprokwerte des Tangens entstehen. Oft liegt aber der Winkel in Grad vor, in diesem Fall können die Funktionen `sind`, `cosd`, `tand` verwendet werden (das „d" steht für engl. „degree", Grad).

Die Umkehrfunktionen sind Arkussinus, Arkuskosinus und Arkustangens, also `asin`, `acos`, `atan` und, mit der Ausgabe in Grad, `asind`, `acosd`, `atand`. Das illustrieren wir gleich durch einige Anwendungen.

■ Codetabelle 1.16

MATLAB, Octave	Scilab
`>> a = pi/4`	`-->a = %pi/4`
`a =`	`a =`
`   0.7854`	`   0.7853982`
`>> b = sin(pi/4)`	`-->b = sin(%pi/4)`
`b =`	`b =`
`   0.7071`	`   0.7071068`
`>> asin(b)`	`-->asin(b)`
`ans =`	`ans =`
`   0.7854`	`   0.7853982`
`>> a_deg = a*180/pi`	`-->a_deg = a*180/%pi`
`a_deg =`	`a_deg =`
`   45`	`   45.`
`>> b1 = sind(a_deg)`	`-->b1 = sind(a_deg)`
`b1 =`	`b1 =`
`   0.70711`	`   0.7071068`

MATLAB, Octave	Scilab
Beachten Sie aber:	
``>> pi/4+2*pi
ans =
7.0686
>> c = sin(pi/4+2*pi)
c =
0.7071
>> asin(c)
ans =
0.7854```	```-->%pi/4+2*%pi
ans =
7.0685835
-->c = sin(%pi/4+2*%pi)
c =
0.7071068
-->asin(c)
ans =
0.7853982```
Achtung: Die Umkehrfunktionen der Winkelfunktionen liefern nur den sogenannten Hauptwert!	

1.3.2 Exponentialfunktionen und ihre Umkehrung

Zahlreiche Probleme aus Physik, Technik und Statistik führen auf Exponential-funktionen. Wachstums- oder Zerfallsvorgänge beispielsweise erzeugen einen funktionalen Zusammenhang der Form $y = e^x$. Diese Funktion und ihre Umkeh-rung, der natürliche Logarithmus $y = \ln x$, stehen selbstverständlich unter MAT-LAB und Scilab ebenfalls als „Taschenrechner-Funktion" bereit, sind also immer sofort abrufbar:

- exp   - Exponentialfunktion
- log   - Natürlicher Logarithmus (Basis e)
- log10   - Dekadischer Logarithmus (Basis 10)
- log2   - Dualer Logarithmus (Basis 2)

Natürlich wissen wir, wie das Bild einer Exponentialfunktion und ihrer Umkeh-rungen, der Logarithmusfunktion, aussieht. Da wir damit aber anschließend noch ein wenig hantieren wollen, erzeugen wir es schon einmal. Zum Vergleich zeich-nen wir die Funktion $y = 2^x$ gleich mit ein.

■ Codetabelle 1.17

MATLAB, Octave	Scilab
``>> x = -4:.01:4;
>> y1 = exp(x);
>> y2 = 2.^x;
>> plot(x,y1,x,y2); grid on;
>> title('y = exp(x) und y = 2^x');```	```-->x = -4:.01:4;
--> y1 = exp(x);
-->y2 = 2.^x;
-->plot(x,y1,x,y2); xgrid;
-->title('2 Exponentialfunktionen');```

MATLAB, Octave	Scilab

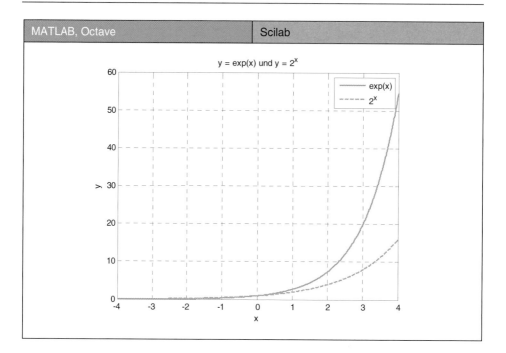

Sozusagen „nebenher" haben wir auch noch gelernt, wie durch das Kommando title eine Überschrift zu einer Abbildung hinzugefügt werden kann.

Eng mit den Exponentialfunktionen hängen auch die Hyperbelfunktionen zusammen. Sie sind einschließlich ihrer Umkehrfunktionen wie folgt definiert:

- Hyperbelsinus und Hyperbelkosinus:

$$\sinh x = \frac{1}{2}\left(e^x - e^{-x}\right) \qquad \cosh x = \frac{1}{2}\left(e^x + e^{-x}\right) \text{ durch } \mathsf{sinh} \text{ und } \mathsf{cosh}$$

Die zugehörigen Umkehrfunktionen sind asinh und acosh.

- Hyperbeltangens und Hyperbelkotangens:

$$\tanh x = \sinh x / \cosh x \qquad \coth x = \cosh x / \sinh x \text{ durch } \mathsf{tanh} \text{ und } \mathsf{coth}$$
(nicht unter Octave verfügbar)

Die zugehörigen Umkehrfunktionen sind atanh und acoth
(ebenfalls nicht unter Octave verfügbar).

1.3.3 Grafische Darstellungen von Funktionen

Die Funktionsbilder oder die Ergebnisse von numerischen Rechnungen werden häufig erst dann anschaulich, wenn wir sie grafisch darstellen. Sie können als zwei- und dreidimensionale farbige Grafik ausgegeben werden. Für eine zweidimensionale Liniengrafik wird, wie wir bereits sahen, der Befehl `plot` benutzt. Scilab kennt darüber hinaus das Kommando `plot2d`, dessen Syntax sich von `plot` unterscheidet. Einige Möglichkeiten, die in MATLAB alle für das Kommando `plot` möglich sind, stehen in Scilab nur bei Verwendung von `plot2d` zur Verfügung – allerdings ist dessen Verwendung etwas „sperriger". Zur besseren Ablesbarkeit sollten wir jeder Grafik ein Liniengitter hinzufügen. Es wird mittels `grid` oder `grid on` (Scilab: `xgrid`) gezeichnet.

In MATLAB wird mit jeder neuen Grafik das vorherige Grafikfenster gelöscht. Manchmal möchte man aber vermeiden, dass das passiert. Für diesen Fall muss im Anschluss an den `plot`-Befehl das Kommando `hold on` ausgeführt werden. Die Wirkung von `hold on` wird durch `hold off` aufgehoben.

In Scilab dagegen bleibt eine Grafik prinzipiell erhalten, solange man sie nicht mittels `clf`, `xdel` oder `close` löscht.

Zur Bezeichnung der Achsen oder für eine Überschrift steht eine Vielzahl weiterer Grafikfunktionen zur Verfügung:

■ Codetabelle 1.18

Programmierpraxis mit Standardfunktionen	
MATLAB, Octave	Scilab
• `title` für die Überschrift	• `title` für die Überschrift
• `xlabel`, `ylabel` für die Achsenbezeichnungen	• `xlabel`, `ylabel` für die Achsenbezeichnungen
• `legend` für die „Legende", also die Zuordnung der einzelnen Linientypen	• `xtitle` für die Überschrift und die Achsenbezeichnungen (fasst `title`, `xlabel` und `ylabel` zusammen)
	• `legend` für die „Legende"

Diese „Verschönerungen" müssen Sie nicht sofort beherrschen. Wenn Sie sie benötigen, können Sie anhand der Referenztabelle am Schluss unseres Buches oder in der Hilfefunktionen von MATLAB oder Scilab danach suchen. Bei der Benutzung von MATLAB können Sie jedoch auch einen Grafik-Editor aufrufen, mit dessen Hilfe Sie eine Menge zusätzlicher Informationen zum Bild hinzufügen können, zum Beispiel auch die erwähnten Achsenbezeichnungen.

Häufig benötigt man grafische Darstellungen in einem System, dessen Achsen logarithmisch geteilt sind. Dabei können sowohl die x-Achse als auch die y-Achse oder auch beide logarithmisch sein. Dadurch werden zum einen mehrere Größenordnungen (Zehnerpotenzen) erfasst und zum anderen entstehen unter geeigneten Bedingungen aus gekrümmten Kurven sogar Geraden. Zur Auswertung von Messdaten kann eine solche Darstellung ausgesprochen nützlich sein [Thuselt 2010]. Die Kommandos, mit denen logarithmische Grafiken erzeugt werden, unterscheiden sich nun bei MATLAB und Scilab erheblich. In Scilab wird hierzu das vorher erwähnte alternative Kommando `plot2d` herangezogen. MATLAB hingegen bietet vollkommen eigenständige Kommandos speziell für diesen Zweck an. In der folgenden Tabelle sind sie zusammengestellt.

■ Codetabelle 1.19

Programmierpraxis mit Standardfunktionen	
MATLAB, Octave	Scilab

• Lineare Achseneinteilung: `plot(x,y)`
 	
• *x*-Achse logarithmisch: `semilogx(x,y)`
 	
• *y*-Achse logarithmisch: `semilogy(x,y)`
 	
• Beide Achsen logarithmisch: `loglog(x,y)`
 	
Beispiel: Halblogarithmische Darstellung der Exponentialfunktion
 	
`>> x = -4:.01:4;`
`>> y=exp(x);`
`>> semilogy(x,y) ; grid on;`
 	
	• Lineare Achseneinteilung: `plot(x,y)`
	oder `plot2d (x,y)`
	oder `plot2d(x,y,logflag='nn')`
	
	• *x*-Achse logarithmisch:
	`plot2d(x,y,logflag='ln')`
	
	• *y*-Achse logarithmisch:
	`plot2d(x,y,logflag='nl')`
	
	• Beide Achsen logarithmisch:
	`plot2d(x,y,logflag='ll')`
	
	Beispiel: Halblogarithmische Darstellung der Exponentialfunktion
	
	`-->x = -4:.01:4;`
	`-->y=exp(x);`
	`-->plot2d(x,y,logflag='nl'); xgrid;`

Programmierpraxis mit Standardfunktionen	
MATLAB, Octave	Scilab

Die für eine logarithmische Darstellung benötigten x-Werte müssen natürlich positiv sein, sonst lässt sich kein Logarithmus bilden. Unter MATLAB werden die nicht zulässigen Werte automatisch abgeschnitten, unter Scilab muss der Anwender hingegen selbst dafür sorgen. Dies kann „rezeptmäßig" durch folgende Kommandos geschehen:

```
-->ii=find(x>0); xp=x(ii);yp=y(ii);
-->plot2d(xp,yp,logflag='ln')
```

Jetzt sind nur noch positive x-Werte vorhanden, und mit xp und yp lassen sich ohne Probleme logarithmische Darstellungen erzeugen.

Folgende Optionen (in Hochkommas eingeschlossen) können im Zusammenhang mit der Grafikausgabe von Interesse sein:

- Linienfarbe[9]

b blau, Standardwert („Default-Wert")
r rot, c cyan, g grün, m magenta, r rot, y gelb („yellow"), k schwarz („black")

Beispiel:	Beispiel:

```>> x = 0:0.01:3*pi;```
```>> y1 = sin(x); y2 = cos(x);```
```>> plot(x,y1,'m',x,y2,'c'); grid on;```
```>> legend('sin(x)','cos(x)');```
```>> title('Sinus- und Kosinusfunktion')```
```>> xlabel('x');ylabel('y')```
	```-->x = 0:0.01:3*%pi;```
	```-->y1 = sin(x); y2 = cos(x);```
	```-->plot(x,y1,'m',x,y2,'c');xgrid;```
	```-->legend('sin(x)','cos(x)');```
	```-->title('Sinus- und Kosinusfunktion')```
	```-->xlabel('x');ylabel('y')```

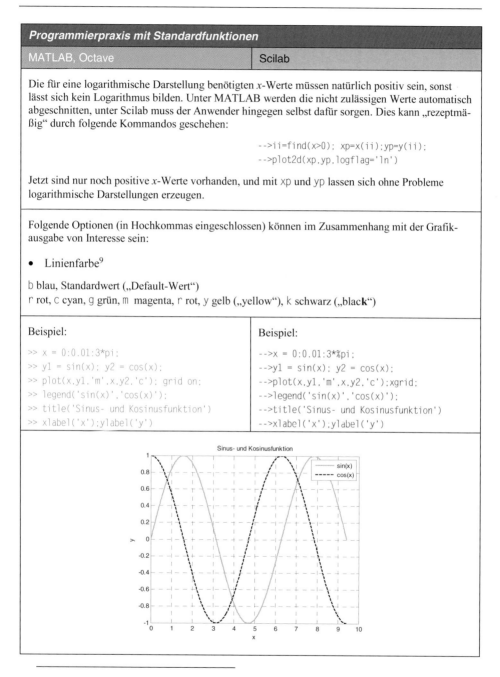

---

[9] Beim plot-Kommando muss nicht notwendigerweise die Linienfarbe spezifiziert sein. Bei Scilab ist dies jedoch trotzdem sinnvoll, da ansonsten zuweilen unerwartete Fehler auftreten können (Stand Scilab 5.4.0). In unserem Buch können, bedingt durch die nur zweifarbige Darstellung, die Linienfarben natürlich nicht original wiedergegeben werden.

Programmierpraxis mit Standardfunktionen	
MATLAB, Octave	Scilab

- Linientyp

- durchgezogen, -- gestrichelt, : punktiert, -. strichpunktiert

- Einzelwerte: o Kreis, + Plus, * Stern, x Kreuz

	Bei `plot2d` unter `Scilab` sind unter anderem folgende Zuordnungen für Einzelwerte vorgesehen:
	o Kreis - `Style=-9`
	+ Plus - `Style=-1`
	* Stern - `Style=-10`
	x Stern - `Style=-1`
	Beispiel:
	`-->x = 0:1:10;`
	`-->y=exp(x);`
	`-->plot2d(x,y,style=-9); xgrid;`
	Weitere Optionen sind in der Kurzreferenz am Ende des Buches aufgelistet.

- „Höhere Schule" des Arbeitens mit Abbildungen (kann beim ersten Durchlesen übersprungen werden)

Zuweilen ist es erforderlich, beliebige Grafikeigenschaften zu ändern. Eine neue (zunächst noch leere) Abbildung wird mittels `figure` erzeugt. Die Eigenschaften einer bestehenden Abbildung können wir mit dem Kommando `get` auslesen und mit `set` ändern. Wir werden sie später erst benötigen (Kapitel 4 und 7). Weitere Informationen sollten jedoch mit der Hilfefunktion erschlossen werden.

Oft steht man vor der Aufgabe, die grafischen Darstellungen in andere Programme wie Word oder PowerPoint zu übernehmen.

Eine MATLAB-Grafik kopieren wir, indem wir im Fenster `Figure`, in dem die Abbildung erzeugt wurde, das Pull-down-Menü `Edit > Copy Figure` aufrufen. Wurde unter dem Menüpunkt `Edit > Copy Options` als Format `Windows Bitmap` aktiviert[10], so wird die Zeichnung entsprechend unserer Abbildung übernommen. Wenn Sie dagegen einen der darüber liegenden Menüpunkte `Metafile` oder `Preserve Information` aktiviert haben, so wird nur die eigentliche Grafik als Strichzeichnung (Vektorgrafik) übernommen, ohne den grauen Rahmen. Diese Grafik

---

[10] Unter Linux steht der Menüpunkt `Copy Options` leider nicht zur Verfügung. Hier muss zum Kopieren als Vektorgrafik die Export-Funktion und ein entsprechendes Dateiformat (z.B. PostScript) genutzt werden.

können Sie dann zum Beispiel in PowerPoint oder einem anderen Grafikprogramm wie jede andere Strichzeichnung weiterbearbeiten.

Unter Scilab gibt es im Grafikfenster die beiden Menüpunkte Datei > Exportieren nach... beziehungsweise Datei > Vectorial Export to... Während das erste Verfahren reine Bitmaps (Pixelbilder) exportiert, lässt sich die zur Weiterbearbeitung geeignete Vektorgrafik mit der zweiten Methode erzeugen.

Der Export von Octave-Grafiken ist leider nicht so einfach möglich.

1.3.4 Potenzfunktionen

Eine besonders häufig verwendete Klasse von Funktionen sind Potenzfunktionen. Potenzfunktionen mit ganzzahligen Exponenten werden durch Polynome gebildet. Ein Polynom n-ten Grades kann prinzipiell in der Form

$$p(x) = a_n x^n + a_{n-1} x^{n-1} + \ldots + a_0 = \sum_{k=0}^{n} a_k x^k \tag{1.3}$$

dargestellt werden. Das Symbol für das Potenzieren ist der Operator ^. Die Quadratwurzel aus x könnte zwar als Potenz x^(1/2) dargestellt werden, üblich ist jedoch der Befehl sqrt(x).

Schauen wir uns zum Beispiel das Polynom

$$y = x^3 + 3x^2 - 15x \tag{1.4}$$

an. Für x-Werte zwischen -6 und $+6$ wollen wir uns den Verlauf dieser Funktion verdeutlichen:

■ Codetabelle 1.20

MATLAB, Octave	Scilab
>> x = -6: 0.01: 6; % x-Werte	-->x = -6: 0.01: 6; // x-Werte
>> y = x.^3 + 3*x.^2 - 15*x;	-->y = x.^3 + 3*x.^2 - 15*x;
% Polynom	// Polynom
>> plot (x,y); grid on; % Grafik	-->plot(x,y); xgrid; // Grafik

Der Funktionsverlauf ist in Abb. 1.7 für MATLAB gezeigt, in Scilab erhalten wir eine ähnliche Darstellung.

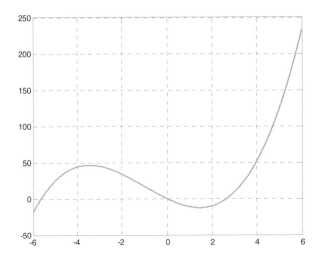

Abb. 1.7 Grafische Darstellung des Beispiel-Polynoms (1.4)

In unseren kurzen Kommandozeilen in der obigen Tabelle sind rechts Kommentare hinzugefügt worden, um die verwendeten Kommandos zu erläutern. Kommentare bekommen vor allem bei der Entwicklung von selbstständig ablaufenden *Programmen* Bedeutung. Das Schreiben von Programmen wird uns später noch beschäftigen.

> *Kommentare* können in MATLAB und Octave nach einem Prozentzeichen % eingefügt werden, in Scilab nach einem doppelten Schrägstrich //. Octave akzeptiert statt des Prozentzeichens übrigens auch das Rautenzeichen #. Vom Interpreter wird alles, was nach dem Kommentarzeichen steht, ignoriert.

Hier haben wir die Polynome unter Verwendung des Dach-Symbols ^ für die Potenzen dargestellt. Bald werden wir noch eine andere Schreibweise kennenlernen, die viel zweckmäßiger ist.

Am Beispiel der Polynome können wir schon einmal üben, wie wir das Minimum einer Funktion ermitteln. Sicher kennen Sie aus der Schule noch das Verfahren, Minima und Maxima einer Funktion $y = f(x)$ mit Hilfe einer Extremwertberechnung zu bestimmen. Dazu bildet man bekanntlich die erste Ableitung der Funktion und setzt diese gleich null. Numerisch lässt sich das Minimum einer Funktion (hier am Beispiel einer Potenzfunktion) jedoch sehr viel leichter ermitteln, und zwar ohne Ableitung. Numerikprogramme sind schnell in der Lage, den kleinsten Wert auf andere Weise herauszufinden. Dazu greifen wir noch einmal auf die Funktion (1.4) zurück. Wir suchen einfach:

```
>> min(y)
ans =
   -18
```

Das Minimum der Funktion liegt also bei $y = -18$. Den zugehörigen x-Wert finden wir wie folgt: Die Anwendung des Befehls

```
>> [ymin,ii] = min(y)
ymin =
    -18
ii =
    1
```

liefert uns nämlich außer dem y-Wert auch noch die Nummer ii des Matrixelements $x(ii)$, das diesen y-Wert erzeugt. Als x-Wert, der das Minimum erzeugt, ergibt sich daraus:

```
>> x(ii)
ans =
   -6
```

Damit erhalten wir in unserem Fall das absolute Minimum der Funktion, aber nicht den Wert, den wir in der Mulde im rechten Teil der Abbildung suchen würden. Durch Einschränken des Definitionsbereichs auf den Abschnitt zwischen -4 und 6 blendet man das absolute Minimum aus und erhält das gewünschte lokale Minimum.

```
>> x = -4:0.01:6;
>> y = x.^3 + 3*x.^2 - 15*x;

>> [ymin,ii] = min(y)
ymin =
  -12.3939
ii =
   546
x1 = x(ii)
x1 =
    1.4500
```

Das lokale Minimum wird also bei $x = 1{,}45$ erreicht. Wir prüfen das Ergebnis durch Einsetzen in die Funktion.

```
>> y1 = x1.^3 + 3*x1.^2 - 15*x1
y1 =
  -12.3939
```

Natürlich hätten wir diese Werte auch schon aus der Grafik ablesen können. In der zugehörigen Menüleiste von MATLAB finden Sie eine Lupe mit einem Pluszeichen darin. Es symbolisiert eine Zoom-Funktion. Nachdem Sie auf dieses Symbol geklickt haben, können Sie Ausschnitte der Zeichnung immer weiter vergrößern. Das kann man so weit treiben, dass der Minimalwert ziemlich genau abgelesen werden kann. Bei dieser Prozedur wird auch deutlich, dass die einzelnen Punkte in MATLAB oder Scilab einfach durch Geradenstückchen miteinander verbunden werden (Abb. 1.8).

Mit noch feinerer Unterteilung der x-Werte (z.B. x = -4:0.001:6 statt x = -4:0.01:6) kann man dieses „relative" oder „lokale" Minimum ebenfalls sehr genau finden. Wir halten fest, dass mit unseren numerischen Verfahren in jedem Fall das absolute Minimum einer Funktion innerhalb eines konkreten Datensatzes ermittelt wird. Es hängt natürlich von der gewählten Schrittweite ab. Die „Ableitungsvariante" dagegen wird in der Analysis für den kontinuierlichen Fall genutzt, und damit kann man das lokale Minimum theoretisch exakt ermitteln.

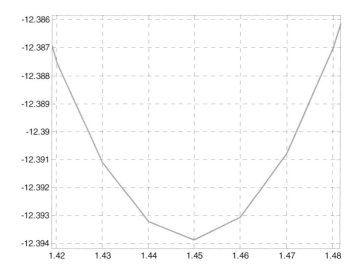

Abb. 1.8 Ausschnitt zur Minimumsuche, gewonnen durch geschickten Zoom aus Abb. 1.7

Aufgabe 3   Elementare Funktionen

Berechnen Sie folgende Ausdrücke:

a) $y = \dfrac{\sqrt{3}}{6} \cdot \tan(45°)$; b) $y = e^{-(5/2)} \cdot \sin(\pi/3)$; c) $y = \dfrac{\lg(1+x)}{\sqrt[3]{x}}$ für $x = 1, 2, 3, 4$;

d) $^2\log(x)$ für $x = 1, 3, 10$; e) $4 \cdot \arctan(1)$; f) die EULERsche Konstante e (in MATLAB über exp(1) zu definieren) ∎

Aufgabe 4   Einfache Grafiken

Zeichnen Sie die Funktionen

a) $y = \sqrt{x}$,

b) $y = \ln(x+1) / (x+1)$,

in den Grenzen zwischen 0 und 10. Erzeugen Sie dazu gleichmäßig verteilte x-Werte im Intervall. Geben Sie Achsenbezeichnungen und einen Titel an. ∎

Aufgabe 5   Linear und logarithmisch verteilte x-Werte

a) Erzeugen Sie einen Vektor aus 100 Elementen, die gleichmäßig zwischen 1 und 10 verteilt sind. Verwenden Sie dazu das Kommando `linspace` und lassen Sie sich durch `help linspace` die Syntax dieses Befehls erläutern.

b) Erzeugen Sie analog einen Vektor, dessen 100 Elemente zwischen 1 und 10 logarithmisch verteilt sind. Suchen Sie selbst nach dem erforderlichen Kommando. ∎

Aufgabe 6   Lineare und logarithmische Grafik

Zeichnen Sie die Grafik der Funktion $y = \sqrt{x}$ für x-Werte zwischen 0 und 10 in a) linearer und b) zwischen 0 und 10 in doppelt-logarithmischer Darstellung. Nutzen Sie die Erkenntnisse aus Aufgabe 5. Zeigen Sie, dass eine Funktion $y = x^n$ in logarithmischer Darstellung immer eine Gerade ergibt. ∎

Aufgabe 7   Eine Hyperbel zeichnen

Die Gleichung einer zweiseitigen Hyperbel in Parameterdarstellung ist durch

$x = \pm a \cosh t$ und $y = b \sinh t$

gegeben. a ist der Abstand der Brennpunkte vom Zentrum. Ihre Asymptotengleichungen lauten

$$y = \pm \frac{b}{a} x \ .$$

Dabei gilt der Zusammenhang $b = a\sqrt{\varepsilon^2 - 1}$. ε ist die Exzentrizität. Zeichnen Sie beide Äste der Hyperbel mit den Brennpunkten und den Asymptoten für $a = 0{,}1$ und $\varepsilon = 5$. ∎

1.4   Weitere wichtige Funktionen

Die Bezeichnung der Winkel- und Exponentialfunktionen sowie der reellen und rationalen Funktionen als „elementare Funktionen" ist ziemlich willkürlich. Einem Numerikprogramm ist es durchaus gleichgültig, welche Werte es ausgibt, sofern nur die Berechnung in „seinem Innern" genügend gesichert ist. So gibt es eine ganze Reihe weiterer Funktionen, die teilweise ebenso häufig benötigt werden und auch bereits vorgegeben bereitstehen. Reicht das immer noch nicht aus, so haben die Anwender – in der Regel nach einiger Erfahrung – die Möglichkeit, sich selbst

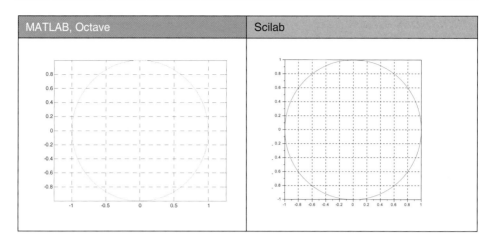

Allgemein lassen sich Kurven in der Ebene in der Form

$$x = x(t), \quad y = y(t) \tag{1.7}$$

schreiben. Bei unserem Kreis wurde der Parameter t durch φ dargestellt.

In einer solchen Parameterform können wir auch Raumkurven darstellen. Nehmen wir als Beispiel eine Schraubenlinie:

$$x = R\cos(t), \quad y = R\sin(t), \quad z = t \tag{1.8}$$

Zur Visualisierung (hier wieder mit $R = 1$) wollen wir eine farbige *dreidimensionale Liniengrafik* heranziehen. Dafür steht der Befehl plot3 (Scilab: param3d) zur Verfügung.

■ Codetabelle 1.25

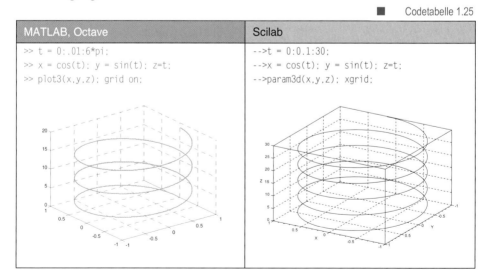

Der Blickwinkel, unter dem die Abbildungen dargestellt werden, lässt sich in beiden Programmen manuell verändern (MATLAB: Icon „Rotate 3D", Scilab: „Tools > 2D/3D Rotation").

Kurven in der Ebene und im Raum lassen sich am besten mittels Parameterdarstellung, häufig in krummlinigen Koordinaten, erzeugen.

Aufgabe 8 Dreidimensionale Kurve

Die Gleichung einer Hyperbel in Parameterdarstellung ist durch

$$x = \pm a \cosh t \text{ und } y = b \sinh t$$

gegeben. a ist der Abstand der Brennpunkte vom Zentrum. Ihre Asymptotengleichungen lauten

$$y = \pm \frac{b}{a} x \ .$$

Dabei gilt der Zusammenhang $b = a\sqrt{\varepsilon^2 - 1}$. ε ist die Exzentrizität. Zeichnen Sie beide Äste der Hyperbel mit den Brennpunkten und den Asymptoten für $a = 0,01$ und $\varepsilon = 5$. Wählen Sie den Parameterbereich $-2,5 \le t \le 2,5$ ∎

1.6 Funktionen von zwei Variablen und Darstellung von Flächen im Raum

Funktionen von zwei Variablen

$$z = f(x, y) \tag{1.9}$$

werden durch eine Fläche über der (x,y)-Ebene visualisiert. Wie diese Fläche mit MATLAB oder Scilab realisiert wird, machen wir uns am besten an einem Beispiel deutlich. Wir ziehen dazu die Funktion

$$z = \frac{1}{1 + x^2 + y^2} \tag{1.10}$$

heran.

Für die Darstellung von Flächen $z = z(x,y)$ ist entscheidend, dass auch sie wieder als Puzzle aus sehr kleinen Elementen dargestellt werden. In diesem Fall handelt es sich um kleine ebene Flächen. Dazu müssen jeweils die Koordinaten ihrer Eckpunkte bekannt sein. An allen diesen Punkten muss die abzubildende Funktion berechnet werden. Hierzu ist ein Gitternetz in der (x,y)-Ebene erforderlich. Es wird mittels meshgrid erzeugt. Wir wollen dies an einem sehr einfachen Beispiel, das noch ein ganz grobes Gitternetz hat, illustrieren.

Die *x*- und *y*-Vektoren

■   Codetabelle 1.26

```
>> x = [-2 -1  0 1 2];
>> y = [-1 0 1];
```

erzeugen mittels meshgrid die folgende Matrix:

```
>> [Xgrid Ygrid] = meshgrid(x,y)
Xgrid =
     -2    -1     0     1     2
     -2    -1     0     1     2
     -2    -1     0     1     2
Ygrid =
     -1    -1    -1    -1    -1
      0     0     0     0     0
      1     1     1     1     1
```

Das durch meshgrid in der *xy*-Ebene erzeugte Gitter ist in der folgenden Abbildung (Abb. 1.9) dargestellt.

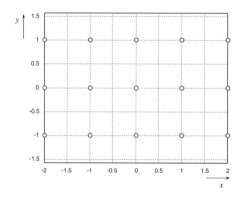

Abb. 1.9 Durch meshgrid erzeugtes Gitternetz in der *xy*-Ebene

Auf diesen Gitterpunkten können nun die Funktionswerte berechnet werden.

```
>> z = 1./(1+(Xgrid.^2+Ygrid.^2))
z =
    0.1667    0.3333    0.5000    0.3333    0.1667
    0.2000    0.5000    1.0000    0.5000    0.2000
    0.1667    0.3333    0.5000    0.3333    0.1667
```

Diese Werte verdeutlichen wir uns am besten dreidimensional, wie in Abb. 1.10 gezeigt.[12]

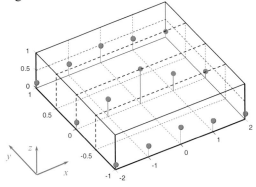

Abb. 1.10 Dreidimensionale Darstellung der z-Werte

Schließlich kommen wir zu der gewünschten, allerdings vorerst noch sehr groben Darstellung der Oberfläche der Funktion $z(x, y)$, indem die einzelnen z-Werte durch Flächenstückchen verbunden werden (Abb. 1.11). Zum Zeichnen der Grafik steht in beiden Programmen das Kommando surf zur Verfügung.

Mit feinerer Unterteilung ergibt sich natürlich eine Darstellung der Funktion, bei der die einzelnen Flächenstückchen schließlich kaum noch zu erkennen sind. Dies erreichen wir durch folgende Wertepaare:

```
>> x = -2:.5:2;
>> y = -1:.5:1;
```

Damit werden nun sehr viele Funktionswerte erzeugt. Sie sollen deshalb hier nicht noch einmal dargestellt werden. Es entsteht jetzt wiederum ein Gitternetz, welches nun feiner ist.

---

[12] *Hinweis für „Experten":* Wie viele andere Abbildungen in diesem Buch wurde auch diese mit MATLAB (bzw. Scilab) erzeugt und anschließend grafisch aufbereitet. Dazu wird unter MATLAB die folgende Kommandosequenz benutzt:
```
stem3(Xgrid,Ygrid,z, 'filled');
view(-31.5000, 70) % Richtet den Betrachtungswinkel ein
```

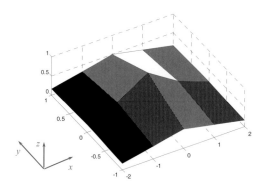

Abb. 1.11 Approximation der *z*-Fläche, hier noch sehr grob und mit modifiziertem Blickwinkel

■ Codetabelle 1.27

MATLAB, Octave	Scilab
| ```
>> x = -2:.5:2;
>> y = -1:.5:1;
>> [Xgrid Ygrid] = meshgrid(x,y);
>> z = 1./(1+(Xgrid.^2+Ygrid.^2));
>> surf(Xgrid,Ygrid,z);
``` | ```
-->x = -2:.5:2;
-->y = -1:.5:1;
-->[Xgrid Ygrid] = meshgrid(x,y);
-->z = 1 ./(1+(Xgrid.^2+Ygrid.^2));
-->surf(Xgrid,Ygrid,z)
-->xgrid    //zeichnet das Gitternetz
``` |

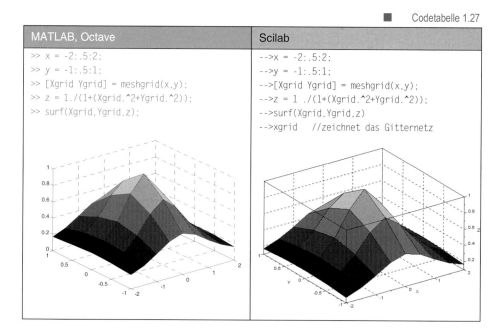

Mit einer noch feineren Unterteilung der *x*- und *y*-Intervalle sieht dann das Ergebnis wie folgt aus:

■ Codetabelle 1.28

MATLAB, Octave	Scilab
| ```
>> x = -2:.1:2;
>> y = -1:.1:1;
>> [Xgrid Ygrid] = meshgrid(x,y);
>> z = 1./(1+(Xgrid.^2+Ygrid.^2));
>> surf(Xgrid,Ygrid,z);
``` | ```
-->x = -2:.1:2;
-->y = -1:.1:1;
-->[Xgrid Ygrid] = meshgrid(x,y);
-->z = 1 ./(1+(Xgrid.^2+Ygrid.^2));
-->surf(Xgrid,Ygrid,z);
-->xgrid    //zeichnet das Gitternetz
``` |

MATLAB, Octave	Scilab
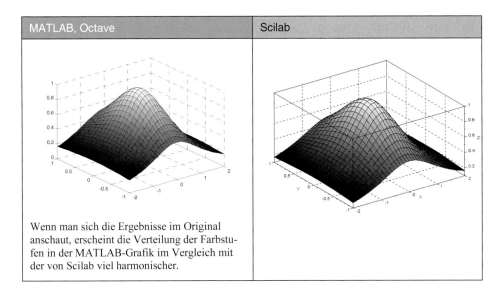	
Wenn man sich die Ergebnisse im Original anschaut, erscheint die Verteilung der Farbstufen in der MATLAB-Grafik im Vergleich mit der von Scilab viel harmonischer.	

Zur Darstellung einer Funktion $z = f(x,y)$ als Fläche im Raum eignet sich das Kommando surf. Zuvor muss mittels meshgrid ein Gitternetz erzeugt werden, über dem kleine Ebenenstückchen zur Approximation der Fläche aufgespannt werden.

Mit dem Kommando

```
>> contour3 (Xgrid,Ygrid,z)
```

entstehen in MATLAB dreidimensionale Höhenlinien. Mittels colormap kann die Farbe sowohl des surf-Plots als auch des contour3-Plots verändert werden. In MATLAB lässt sich die Oberfläche glätten, so dass sie etwas gefälliger anzuschauen ist. Dazu wird das Kommando shading interp benutzt. Probieren Sie es aus; wir hoffen, Sie sind unserer Meinung und finden auf diese Weise auch ein bisschen Spaß an der Numerik! In Scilab ist – leider – eine solch komfortable Behandlung der Grafik nicht möglich. Da es sich im vorliegenden Buch lediglich um eine erste Einführung handelt, wollen wir diesen Aspekt auch nicht weiter vertiefen und verweisen auf die Hilfe. Einige Aspekte werden auch später im Abschnitt 7.4.2, Codetabelle 7.9, angesprochen.

Bei der dreidimensionalen Grafik entfalten MATLAB und Octave ihre Stärken. Mit dem Kommando ezsurf können wir ohne unsere bisherigen Prozeduren sehr anwenderfreundlich sofort eine anschauliche Darstellung der Funktion bekommen (Abb. 1.12). Analog gibt es als vereinfachtes plot-Kommando den Befehl ezplot.

■   Codetabelle 1.29

MATLAB, Octave
```>> ezsurf('1./(1+(x.^2+y.^2)')```

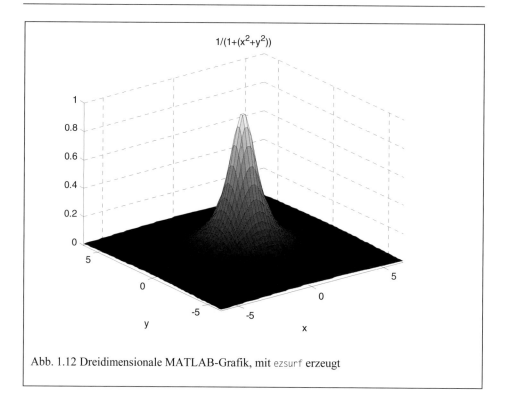

Abb. 1.12 Dreidimensionale MATLAB-Grafik, mit ezsurf erzeugt

Wir haben uns soeben etwas ausführlicher mit der Darstellung von Grafik befasst. Zur Ergänzung wollen wir noch einige weitere, häufiger benötigte Grafikbefehle zusammenstellen.

- figure - erzeugt ein neues Grafikfenster ohne Inhalt. (Bei Scilab muss als Parameter figure(Nummer,'background',-2) eingestellt werden, um einen weißen Hintergrund zu erzeugen.)
- close - schließt das aktuelle Grafikfenster,
  close all unter MATLAB löscht alle vorhandenen Grafiken.
- xdel   - löscht ein Grafikfenster unter Scilab,
  speziell: xdel(winsid()) löscht alle vorhandenen Scilab-Grafiken.
- clf   - löscht den Inhalt des aktuellen Grafikfensters, ohne es zu schließen.
- text   - schreibt einen Text in das aktuelle Grafikfenster.

Aufgabe 9   Dreidimensionale Beispielgrafik

Vollziehen Sie die in Codetabelle 1.28 aufgeführten Schritte nach und wählen Sie anschließend in MATLAB verschiedene Farbverläufe mittels colormap. Zeichnen Sie am Schluss auch das Höhenlinienbild. (Unter Scilab wird die Angelegenheit deutlich schwieriger sein. Versuchen Sie, auf die Hilfe oder auf Abschnitt 7.4.2 zurückzugreifen.) ∎

Aufgabe 10   Fläche im Raum

Visualisieren Sie die Funktion $y = e^y \sin(x)$ durch eine dreidimensionale Grafik im Bereich $-4 \leq x \leq 4$ und $-3 \leq y \leq 3$. ∎

Aufgabe 11   Schnelle Grafik (nur für MATLAB oder Octave)

Erzeugen Sie die Funktion die Fläche entsprechend Aufgabe 10 als „schnelle Grafik" mittels `ezsurf`. ∎

1.7   Rechnen mit komplexen Zahlen

Mittels MATLAB, Octave oder Scilab können wir sehr schön und schnell mit komplexen Zahlen arbeiten. Komplexe Zahlen sind ein überaus nützliches Hilfsmittel in vielen Gebieten der Physik und Ingenieurwissenschaften. Leider gehört der Umgang mit ihnen in der Regel nicht zu den Wissensgebieten, die zu Beginn des Hochschulstudiums bereits vorhanden sind. Deshalb wollen wir hier den Umgang mit ihnen noch einmal kurz zusammenfassen. Für ein tiefer gehendes Studium sollten Sie jedoch auf Standard-Lehrbücher der Mathematik zurückgreifen oder sich zum Beispiel in Wikipedia [Wikipedia: Komplexe Zahlen 2012] informieren.

Was sind komplexe Zahlen? Grob gesprochen handelt es sich dabei um Vektoren in der Ebene. Bekanntlich sind bei „richtigen" Vektoren jedoch die Multiplikation, die Division, das Potenzieren und Logarithmieren nicht erlaubt (die Multiplikation zumindest eingeschränkt). Anders bei komplexen Zahlen: Für sie gelten die gleichen Rechengesetze und Operationen, wie wir sie von reellen Zahlen her kennen. Darüber hinaus lässt sich mit ihnen der Zahlenraum so erweitern, dass nunmehr auch bisher verbotene Operationen der reellen Zahlen möglich werden. Zum Beispiel lässt sich die Gleichung $x^2 = -1$ im reellen Zahlenbereich nicht lösen. Komplexe Zahlen erweitern diesen Bereich so, dass nun auch eine solche Gleichung lösbar ist.

Zum Veranschaulichen komplexer Zahlen reicht leider der Zahlenstrahl, wie er gewöhnlich zur Visualisierung rationaler oder reeller Zahlen herangezogen wird, nicht mehr. Eine komplexe Zahl z kann man stattdessen als Zeiger in einer Ebene, der sogenannten GAUßschen Zahlenebene, darstellen (Abb. 1.13). Geschrieben wird sie als Zahlenpaar (x,y) in folgender Form:

$$\boxed{z = x + \mathrm{i}y}$$

(1.11)

Von dieser Zeigerdarstellung macht man unter anderem in der komplexen Wechselstromrechnung reichlich Gebrauch.

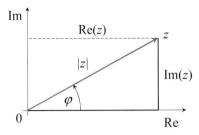

Abb. 1.13 Zusammenhang von Betrag und Phase einer komplexen Zahl mit Real- und Imaginärteil in der GAUßschen Zahlenebene

Der Buchstabe i ist die *imaginäre Einheit*. Sie wird in der Elektrotechnik meist
mit j bezeichnet. Mit komplexen Zahlen rechnet man nach den üblichen Regeln
der Algebra. Wenn es erforderlich ist, darf man stets

$$i^2 = -1 \tag{1.12}$$

setzen, ja, die „Zahl" i ist sogar ausdrücklich so definiert, dass ihr Quadrat zu −1
wird.

> Der Bestandteil $x = \text{Re}(z)$ der komplexen Zahl z ist ihr *Realteil*, der Bestand-
> teil $y = \text{Im}(z)$ ihr *Imaginärteil*. Dabei müssen wir beachten, dass x und y
> selbst ganz normale reelle Zahlen sind.

In MATLAB oder Octave werden komplexe Zahlen in der Form z = -5 + 5i
oder z = -5 + 5j dargestellt. Die Buchstaben i und j für die imaginäre Einheit
sind demnach, wie auch zum Beispiel die Zahl pi, vordefiniert. In Scilab dagegen
muss der imaginären Einheit i wie allen vordefinierten Größen ein Prozentzeichen
vorangestellt werden: %i. Die Bezeichnung j für die imaginäre Einheit ist in
Scilab nicht vorgesehen.

Komplexe Zahlen kann man, wie schon erwähnt, bezüglich der Addition wie
Ortsvektoren in der Ebene behandeln. Nur beim Multiplizieren und Potenzieren
hört die Analogie auf, bei diesen Operationen sind komplexe Zahlen viel mächti-
ger als Vektoren. Umgekehrt können komplexe Zahlen nicht auf räumliche Probleme angewandt werden. Wie bei Vektoren definiert man den Betrag einer komplexen Zahl nach dem Satz des Pythagoras:

$$|z| = \sqrt{x^2 + y^2} \tag{1.13}$$

Der Betrag gibt, wie Abb. 1.13 zeigt, die Länge des Ortsvektors z an.

Indem wir x und y mittels Polarkoordinaten r, φ in der Form

$$x = |z| \cos \varphi \quad \text{und} \quad y = |z| \sin \varphi$$

ausdrücken, erhalten wir aus (1.11) sofort

$$\boxed{z = |z| \left(\cos \varphi + \mathrm{i} \sin \varphi \right)}. \tag{1.14}$$

Eine andere, möglicherweise noch ungewohnte Schreibweise ist die *Exponenti-aldarstellung*

$$\boxed{z = |z| e^{\mathrm{i}\varphi}}. \tag{1.15}$$

Die Darstellungen unter Benutzung von Polarkoordinaten (1.14) und (1.15) sind vollkommen gleichberechtigt zur Komponentendarstellung (1.11). Es hängt von der Aufgabenstellung ab, welche im Einzelfall zu bevorzugen ist. Die imaginäre Einheit i hat den Betrag eins und liegt auf der imaginären Achse, sie ist also gegenüber der Eins auf der reellen Achse um $\pi/2$ gedreht. Demnach kann man $\mathrm{i} = |\mathrm{i}| e^{\mathrm{i}\pi/2} = e^{\mathrm{i}\pi/2}$ schreiben. Daraus erkennen wir, was die Multiplikation einer beliebigen komplexen Zahl mit i bedeutet: Sie entspricht einfach einer Drehung des Zeigers um $\pi/2$, denn es ist $\mathrm{i}z = e^{\mathrm{i}\pi/2} |z| e^{\mathrm{i}\varphi} = |z| e^{\mathrm{i}(\varphi+\pi/2)}$.

Wenn wir die Exponentialdarstellung (1.14) mit (1.13) vergleichen, finden wir leicht einen Zusammenhang zwischen den Winkelfunktionen und komplexen Exponenten:

$$\boxed{e^{\mathrm{i}\varphi} = \cos \varphi + \mathrm{i} \sin \varphi} \tag{1.16}$$

Diese Beziehung ist als *EULERsche Formel* bekannt, sie wurde schon vor über 250 Jahren von dem berühmten Mathematiker Leonhard EULER eingeführt. Indem wir im Exponenten das Pluszeichen durch ein Minuszeichen ersetzen, ergibt sich

$$e^{-\mathrm{i}\varphi} = \cos \varphi - \mathrm{i} \sin \varphi \,. \tag{1.17}$$

Durch Addition beziehungsweise Subtraktion von (1.16) und (1.17) kommen wir zu einer Darstellung der Winkelfunktionen $\cos \varphi$ und $\sin \varphi$ mittels komplexer Exponenten:

$$\cos\varphi = \frac{1}{2}\left(e^{i\varphi} + e^{-i\varphi}\right)$$
$$\sin\varphi = \frac{1}{2i}\left(e^{i\varphi} - e^{-i\varphi}\right)$$

(1.18)

Die Zahl

$$z^* = x - iy$$

(1.19)

ist die zur Zahl $z = x + iy$ *konjugiert komplexe Zahl.* Sie hat denselben Realteil, aber den entgegengesetzt gerichteten Imaginärteil. Die Multiplikation von z und $z*$ liefert mit Hilfe der dritten binomischen Formel

$$z \cdot z^* = (x + iy)(x - iy) = x^2 - (iy)^2 = x^2 - (-y)^2 = x^2 + y^2,$$

(1.20)

also das Quadrat des Betrags von z. Richtig, z und $z*$ haben ja nach dem Satz des PYTHAGORAS (1.13) tatsächlich den gleichen Betrag. Die konjugiert komplexe Zahl zu z ermitteln wir mit dem Kommando conj(z). Bei einfachen Zahlen (nicht Vektoren oder Matrizen) genügt auch die Operation z'.

Nun schauen wir einmal, wie sich die eben eingeführten Darstellungen einer komplexen Zahl z mit MATLAB oder Scilab realisieren lassen. Als Beispiel berechnen wir für $z = -5 + 5i$ den Real- und Imaginärteil, die konjugiert komplexe Zahl sowie Betrag und Phase.

■ Codetabelle 1.30

MATLAB, Octave	Scilab

```>> z = -5 + 5i```
```z =```
```   -5 + 5i```
	```-->z = -5 + 5*%i```
	```z =```
	``` - 5. + 5.i```

Real- und Imaginärteil:	Real- und Imaginärteil:

```>> real(z)```
```ans =```
```   -5```
```>> imag(z)```
```ans =```
```   5```
	```-->real(z)```
	```ans =```
	``` - 5.```
	```-->imag(z)```
	```ans =```
	``` 5.```

Konjugiert komplexe Zahl:	Konjugiert komplexe Zahl:

```>> conj(z)```
```ans =```
```   -5 - 5i```
	```-->conj(z)```
	```ans =```
	``` - 5. - 5.i```

Betrag:	Betrag:

```>> r = abs(z)```
```r```
```   7.0711```
	```-->r = abs(z)```
	```r =```
	``` 7.0710678```

MATLAB, Octave	Scilab

Phasenwinkel:
 	
```\n>> phi = angle(z)\nphi =\n   2.3562\n```
 	
Die Exponentialform ergibt wieder unsere ursprüngliche Darstellung der Zahl z:
 	
```\n>> z1 = r * exp(i*phi)\nz1 =\n -5.0000 + 5.0000i\n```
	Phasenwinkel:
	
	Den Phasenwinkel einer komplexen Zahl kann man gemeinsam mit dem Betrag über das Kommando polar berechnen:
	
	```\n-->[r,phi] = polar(z)\n phi =\n 2.3561945 + 1.110D-16i\n r =\n 7.0710678\n```
	
	Der Phasenwinkel in Scilab kann, wie in unserem Fall, infolge von Rundungsfehlern einen kleinen imaginären Anteil enthalten. Dieser wird hier abgeschnitten:
	
	```\n-->phi = real(phi)\n```
	
	Den Phasenwinkel in Grad erhalten wir mittels
	
	```\n-->phi_1 = phasemag(z)\n phi_1 =\n 135.\n```
	
	Die Exponentialform ergibt wieder das ursprüngliche z:
	
	```\n-->z1 = r * exp(phi*%i)\n z1 =\n - 5. + 5.i\n```

Die grafische Darstellung in der komplexen Ebene erfolgt mit dem Befehl plot und alternativ dazu mit compass in MATLAB oder polarplot in Scilab. MATLAB bildet direkt die komplexe Zahl z ab, während in Scilab erst nach Real- und Imaginärteil getrennt werden muss.

■ Codetabelle 1.31

MATLAB, Octave	Scilab
Automatische Darstellung in der komplexen Zahlenebene: ```\n>> plot(z,'*'); grid;\n```	Komplexe Zahlenebene: ```\n-->plot(real(z), imag(z),'*'); xgrid;\n```

MATLAB, Octave	Scilab

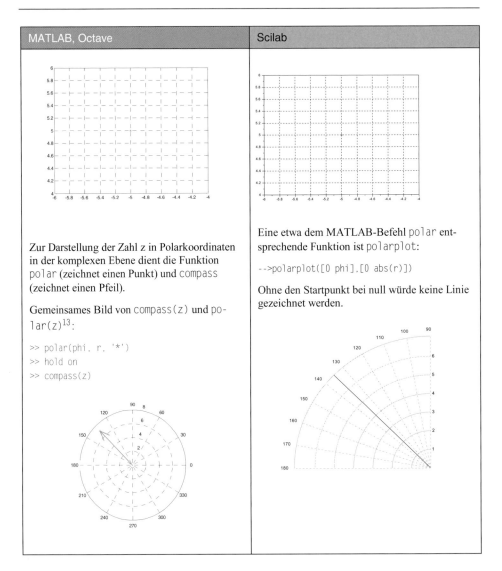

Zur Darstellung der Zahl z in Polarkoordinaten in der komplexen Ebene dient die Funktion polar (zeichnet einen Punkt) und compass (zeichnet einen Pfeil).

Gemeinsames Bild von compass(z) und polar(z)[13]:

```
>> polar(phi, r, '*')
>> hold on
>> compass(z)
```

Eine etwa dem MATLAB-Befehl polar entsprechende Funktion ist polarplot:

```
-->polarplot([0 phi],[0 abs(r)])
```

Ohne den Startpunkt bei null würde keine Linie gezeichnet werden.

In den folgenden Beispielen schauen wir uns an, wie man mit komplexen Zahlen rechnen kann. Beim Durcharbeiten sollten Sie, ebenso wie beim Lösen der anschließenden Aufgaben, sowohl die algebraischen Umformungen selbst als auch die Operationen mit MATLAB oder Scilab Schritt für Schritt nachvollziehen. Eines dürfen wir aber nicht vergessen: Numerikprogramme sind zwar ein sehr

---

[13] Der kleine Stern am Ende des Pfeils.

nützliches Tool, aber sie sollten nicht dazu verführen, das elementare algebraische Umformen zu verlernen.

- *Beispiel 1* $|3-4\mathrm{i}|\,|4+3\mathrm{i}| = \sqrt{3^2+4^2}\cdot\sqrt{4^2+3^2} = \sqrt{25}\cdot\sqrt{25} = 25$

■ Codetabelle 1.32

MATLAB, Octave	Scilab

>> abs(3-4i)*abs(4+3i)
ans =
      25
	-->abs(3-4*%i)*abs(4+3*%i)
	ans =
	     25.

- *Beispiel 2* $\left|\dfrac{1}{1+3\mathrm{i}}-\dfrac{1}{1-3\mathrm{i}}\right| = \left|\dfrac{1-3\mathrm{i}-(1+3\mathrm{i})}{(1+3\mathrm{i})(1-3\mathrm{i})}\right| = \left|\dfrac{6\mathrm{i}}{(1+3\mathrm{i})(1-3\mathrm{i})}\right| = \left|\dfrac{6\mathrm{i}}{(1+9)}\right| = \dfrac{6}{10} = 0,6$

Einen komplexen Nenner beseitigen wir, indem wir mit der konjugiert komplexen Zahl erweitern.

■ Codetabelle 1.33

MATLAB, Octave	Scilab

>> abs(1/(1+3i) - 1/(1-3i))
ans =
     0.6000
 	
Das ergibt gerade 3/5.
	-->abs(1/(1+3*%i) - 1/(1-3*%i))
	ans =
	     0.6

- *Beispiel 3* $\left(-1+\sqrt{3}\,\mathrm{i}\right)^{10}$

Um diesen Ausdruck umzuformen, bringen wir ihn am besten in die EULERsche Form $z = |z|e^{\mathrm{i}\varphi}$:

$$\left(-1+\sqrt{3}\,\mathrm{i}\right)^{10} = \left(|z|\exp(\mathrm{i}\varphi)\right)^{10} = \left(\sqrt{1^2+3}\cdot\exp(\mathrm{i}\varphi)\right)^{10} = \left(\sqrt{4}\cdot\exp(-\mathrm{i}\tfrac{2}{3}\pi)\right)^{10} =$$

$$= 1024\cdot\exp\left(-0,66667\pi\mathrm{i}\right).$$

Dabei haben wir verwendet, dass $\tan\varphi = \dfrac{\sqrt{3}}{-1}$ ist – das ergibt $\varphi = \dfrac{2}{3}\pi =$

$\dfrac{2}{3}\pi\cdot\dfrac{180°}{\pi} = \dfrac{360°}{3} = 120°$.

■ Codetabelle 1.34

MATLAB, Octave	Scilab
>> z=(-1+sqrt(3)*i)^10 ans = -5.1200e+002 +8.8681e+002i	-->z=(-1+sqrt(3)*%i)^10 ans = - 512. + 886.81001i

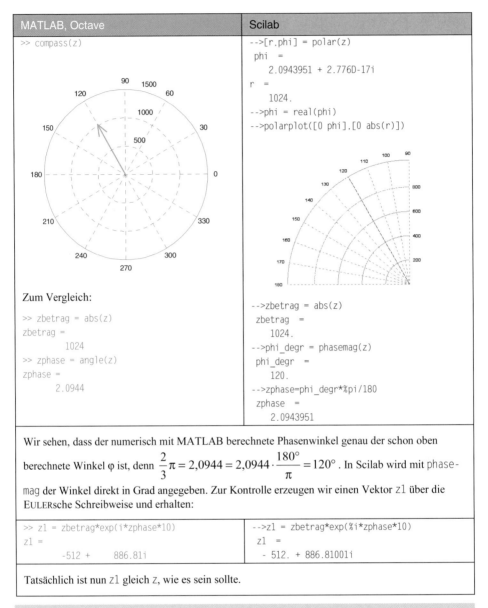

MATLAB, Octave	Scilab

`>> compass(z)`	`-->[r.phi] = polar(z)`
	`phi =`
	`   2.0943951 + 2.776D-17i`
	`r =`
	`   1024.`
	`-->phi = real(phi)`
	`-->polarplot([0 phi].[0 abs(r)])`

Zum Vergleich:

```
>> zbetrag = abs(z)
zbetrag =
      1024
>> zphase = angle(z)
zphase =
      2.0944
```

```
-->zbetrag = abs(z)
 zbetrag =
      1024.
-->phi_degr = phasemag(z)
 phi_degr =
      120.
-->zphase=phi_degr*%pi/180
 zphase =
      2.0943951
```

Wir sehen, dass der numerisch mit MATLAB berechnete Phasenwinkel genau der schon oben berechnete Winkel φ ist, denn $\dfrac{2}{3}\pi = 2{,}0944 = 2{,}0944 \cdot \dfrac{180°}{\pi} = 120°$. In Scilab wird mit phasemag der Winkel direkt in Grad angegeben. Zur Kontrolle erzeugen wir einen Vektor z1 über die EULERsche Schreibweise und erhalten:

`>> z1 = zbetrag*exp(i*zphase*10)`
`z1 =`
`      -512 +      886.81i`
	`-->z1 = zbetrag*exp(%i*zphase*10)`
	`z1 =`
	`  - 512. + 886.81001i`

Tatsächlich ist nun z1 gleich z, wie es sein sollte.

Datei auf Webseite

Eine zu compass analoge Funktion existiert in Scilab leider nicht. Ersatzweise haben wir hier die Funktion polarplot benutzt. Unter den Funktionsdateien, die diesem Buch als Ergänzung beigefügt sind, gibt es jedoch eine Datei comps.sce, die die MATLAB-Grafik-Funktion compass nachbildet.

Ihre eigentliche Leistungsfähigkeit offenbaren komplexe Zahlen übrigens erst im Zusammenhang mit der Differentiation und Integration von Funktionen.

Aufgabe 12   Umformung eines komplexen Ausdrucks

Leiten Sie die Beziehung $z \cdot z^* = x^2 + y^2$ entsprechend (1.20) mit Hilfe der Exponential-schreibweise her. Zeigen Sie dies mit MATLAB/Scilab am Beispiel von $z = 3 + 2i$. ∎

Aufgabe 13   Zeichnen von komplexen Zahlen

Stellen Sie die komplexe Zahl $z = 1 - 1{,}7321i$ mit dem Befehl `compass` (Scilab: `polarplot`) in Polarkoordinaten dar und lesen Sie aus der Grafik den Betrag und den Phasenwinkel ab. Rechnen Sie auch zahlenmäßig mittels MATLAB/Scilab nach. ∎

1.8   Vektoren und Matrizen

Im Abschnitt 1.2.2 hatten wir bereits Bekanntschaft mit Matrizen und Vektoren gemacht. Bisher haben wir sie einfach benutzt, um Zahlenkolonnen bequem dar-zustellen und kompakt zu handhaben. In Physik und Technik werden jedoch Vek-toren und auch Matrizen sehr häufig benötigt. Von Vektoren wissen wir ja, dass durch sie Koordinaten und andere Größen im Raum dargestellt werden. Aber auch Matrizen sind für viele Anwendungen unentbehrlich. Trägheitsmomente, Span-nungstensoren und Elastizitätsmodule lassen sich durch Matrizen darstellen. In der Physik fußt sogar auf der einen Seite eine ganze Betrachtungsweise der Quanten-theorie, die Matrizenmechanik, auf diesem Modell. Auch die allgemeine Relativi-tätstheorie baut darauf auf. Viele Methoden der Regelungstechnik beruhen auf Matrizen, und in der Mathematik lassen sich lineare Gleichungssysteme ebenfalls sehr schön mittels Matrizen darstellen und lösen.

Das alles ist Grund genug, uns mit der Darstellung und Anwendung von Matri-zen genauer zu befassen.

Eine Matrix besteht aus Zeilen und Spalten. Besitzt sie m Zeilen und n Spalten – eine sogenannte ($m \times n$)-Matrix –, so werden ihre Elemente wie folgt numme-riert:

$$\mathbf{M} = \begin{pmatrix} a_{11} & a_{12} & \cdots & a_{1n} \\ a_{21} & a_{22} & \cdots & a_{2n} \\ \vdots & \vdots & & \vdots \\ a_{m1} & a_{m2} & \cdots & a_{mn} \end{pmatrix} \tag{1.21}$$

Vektoren sind in diesem Bild nichts anderes als spezielle Matrizen. Ein Spal-tenvektor ist demnach eine Matrix mit $m = 1$, ein Zeilenvektor eine Matrix mit $n = 1$. Sogar eine einzelne Zahl lässt sich als Spezialfall von Matrizen auffassen, bestehend aus lediglich einer Zeile und einer Spalte ($m = n = 1$).

Um in Numerikprogrammen mit Matrizen gut umgehen zu können, müssen wir uns ihre Handhabung genauer anschauen. Tatsächlich ist die numerische Matrizenrechnung die wesentliche Zielsetzung des Programms MATLAB. Bereits sein Name („*Matrix Laboratory*") weist darauf hin. Einige der zahlreichen Handhabungsmöglichkeiten werden wir herausgreifen. Es lohnt nicht, sich alle einprägen zu wollen – im Laufe der Zeit werden Sie im Umgang damit von allein Sicherheit gewinnen. Allerdings sollten Sie zumindest die Beispiele und Aufgaben nacharbeiten und so allmählich mit der Wirkung der jeweiligen Operationen vertraut werden.

1.8.1 Schreibweise von Vektoren und Matrizen

Wie wir schon gesehen haben, werden Zeilenvektoren durch Zahlenreihen gebildet, deren Elemente bei der Eingabe durch Leerzeichen voneinander getrennt werden. Statt der Leerzeichen ist auch ein Komma möglich:

■ Codetabelle 1.35

MATLAB, Octave	Scilab
```>> a = [1 2 3 2 4 6]```	```-->a = [1 2 3 2 4 6]```
```a =```	```a =```
``` 1 2 3 2 4 6```	``` 1. 2. 3. 2. 4. 6.```
```>> b = [2.4, 3.2, 6e-12, 8.22 11 .1]```	```--> b = [2.4, 3.2, 6e-12, 8.22 11 .1]```
```b =```	```b =```
``` 2.4 3.2 6e-12 8.22 11 0.1```	``` 2.4 3.2 6.000D-12 8.22 11. 0.1```

Hinweis: Zusätzliche Leerzeichen dürfen in jedem Fall noch eingefügt werden, übrigens auch zwischen einzelnen Operatoren. Sie werden vom Interpreter ignoriert. So ist es unerheblich, ob wir

```
>> quot = (a+b)/3
```

oder

```
>> quot = (a + b) / 3
```

schreiben.

Spaltenvektoren können wir erzeugen, indem wir die einzelnen Elemente nicht durch ein Komma, sondern durch ein Semikolon (oder Return) trennen.

MATLAB, Octave	Scilab
```>> d = [2.4; 3.2; 6e-12; 8.22]```	```-->d = [2.4; 3.2; 6e-12; 8.22]```
```d =```	```d =```
``` 2.4```	``` 2.4```
``` 3.2```	``` 3.2```

MATLAB, Octave	Scilab
6e-012 8.22	6.000D-12 8.22
oder	oder

>> d = [2.4
3.2
6e-12
8.22]
d =
    2.4
    3.2
    6e-12
    8.22
	-->d = [2.4
	-->3.2
	-->6e-12
	-->8.22]
	d =
	    2.4
	    3.2
	    6.000D-12
	    8.22

> Bei der Eingabe werden Elemente einer Zeile der Matrix durch Zwischenraum oder Komma voneinander abgetrennt, Spalten trennt man durch Semikolon oder die Return-Taste.

Matrizen sind, wie schon gesagt, Zahlenanordnungen aus mehreren Zeilen und Spalten. Zur Illustration geben wir zwei (3 x 3)-Matrizen **A** und **B** ein:

$$\mathbf{A} = \begin{pmatrix} 1 & 2 & 3 \\ 2 & 4 & 6 \\ 6 & 7 & 8 \end{pmatrix}, \mathbf{B} = \begin{pmatrix} -1 & 1 & 3 \\ 1 & -2 & 3 \\ 4 & -1 & 6 \end{pmatrix} \tag{1.22}$$

MATLAB, Octave	Scilab

>> A = [1 2 3; 2 4 6; 6 7 8]
A =
    1   2   3
    2   4   6
    6   7   8
>> B = [-1 1 3; 1 -2 3; 4 -1 6]
B =
   -1   1   3
    1   -2   3
    4   -1   6
	-->A = [1 2 3; 2 4 6; 6 7 8]
	A =
	    1. 2. 3.
	    2. 4. 6.
	    6. 7. 8.
	-->B = [-1 1 3; 1 -2 3; 4 -1 6]
	B =
	  - 1. 1. 3.
	    1. - 2. 3.
	    4. - 1. 6.

> Die von links oben nach rechts unten verlaufende Diagonale einer Matrix nennt man die *Hauptdiagonale*, die andere die *Nebendiagonale*.

In unserem Beispiel bilden die drei Zahlen 1, 4 und 8 von **A** die Hauptdiagonale, die Zahlen 3, 4 und 6 die Nebendiagonale. In MATLAB/Scilab finden wir die Hauptdiagonalelemente mittels

MATLAB, Octave	Scilab

`>> diag(A)  % Hauptdiagonalelemente`
`ans =`
`    1`
`    4`
`    8`
	`-->diag(A)    // Hauptdiagonalelemente`
	`ans  =`
	`    1.`
	`    4.`
	`    8.`

Diejenige Matrix, die aus **A** durch Umwandeln von Zeilen in Spalten und von Spalten in Zeilen entsteht, heißt die zu **A** *transponierte Matrix* **A'**.

MATLAB, Octave	Scilab

`>> C = A'`
`C =`
`    1    2    6`
`    2    4    7`
`    3    6    8`
	`-->C = A'`
	`C  =`
	`    1.    2.    6.`
	`    2.    4.    7.`
	`    3.    6.    8.`

Die zu **M** aus (1.21) transponierte Matrix lautet also allgemein:

$$
\mathbf{M}^{T} =
\begin{pmatrix}
a_{11} & a_{12} & \cdots & a_{1n} \\
a_{21} & a_{22} & \cdots & a_{2n} \\
\vdots & \vdots & & \vdots \\
a_{m1} & a_{m2} & \cdots & a_{mn}
\end{pmatrix}^{T}
=
\begin{pmatrix}
a_{11} & a_{21} & \cdots & a_{m1} \\
a_{12} & a_{22} & \cdots & a_{m2} \\
\vdots & \vdots & & \vdots \\
a_{1n} & a_{2n} & \cdots & a_{nm}
\end{pmatrix}
\tag{1.23}
$$

Die transponierte Matrix **M**^{T} entsteht aus der ursprünglichen Matrix **M** durch Spiegelung ihrer Elemente an der Hauptdiagonalen.

Aus einem Zeilenvektor können wir durch Nachschalten eines Hochkommas einen Spaltenvektor erzeugen. Dadurch entsteht der zum Zeilenvektor *transponierte Vektor*. Auf diese Weise ergibt sich eine Alternative zur oben beschriebenen Erzeugung eines Spaltenvektors d = [2.4; 3.2; 6e-12; 8.22]:

MATLAB, Octave	Scilab

`>> d = [2.4, 3.2, 6e-12, 8.22]`
`d =`
`        2.4        3.2        6e-12`
`8.22`
`>> c = d'`
`c =`
`        2.4`
`        3.2`
`        6e-12`
`        8.22`
	`-->d = [2.4, 3.2, 6e-12, 8.22]`
	`d  =`
	`    2.4    3.2    6.000D-12    8.22`
	`-->c = d'    // Spaltenvektor wird aus`
	`Zeilenvektor erzeugt`
	`c  =`
	`    2.4`
	`    3.2`
	`    6.000D-12`
	`    8.22`

Will man auf einzelne Elemente einer Matrix zugreifen, so gibt es zwei Möglichkeiten. Eine Möglichkeit ist es, „doppelt zu indizieren", das heißt Zeilen- und Spaltennummer des benötigten Elements anzugeben wie in $A($ *„Zeile 2", „Spalte 3"* $)$, also

MATLAB, Octave	Scilab

`>> A(2,3)`
`ans =`
`    6`
	`-->A(2,3)`
	`ans  =`
	`    6.`

Alternativ lassen sich die Elemente Spalte für Spalte fortlaufend durchnummerieren. Das gleiche Element in der 3. Spalte, 2. Zeile von A erhalten wir dann durch (vgl. Abb. 1.14):

MATLAB, Octave	Scilab

`>> A(8)`
`ans =`
`    6`
	`-->A(8)`
	`ans  =`
	`    6.`

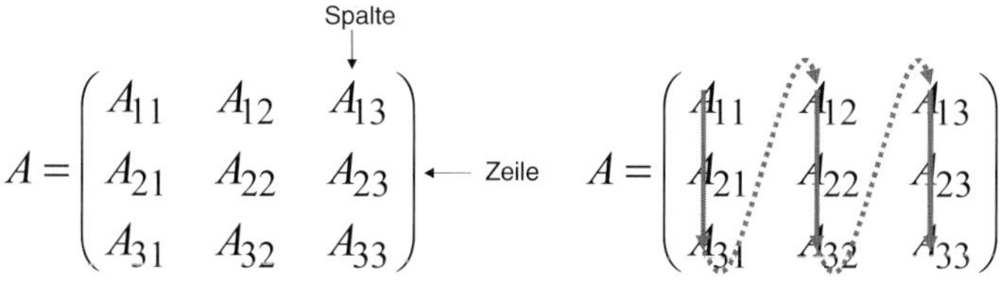

$$A = \begin{pmatrix} A_{11} & A_{12} & A_{13} \\ A_{21} & A_{22} & A_{23} \\ A_{31} & A_{32} & A_{33} \end{pmatrix} \quad A = \begin{pmatrix} A_{11} & A_{12} & A_{13} \\ A_{21} & A_{22} & A_{23} \\ A_{31} & A_{32} & A_{33} \end{pmatrix}$$

Abb. 1.14 Zwei Arten der Indizierung von Matrizen: links durch Zeile und Spalte, rechts fortlaufend

Das letzte Element einer Matrix (in unserem Beispiel in der 3. Spalte und 3. Zeile) ergibt sich in MATLAB mit dem Kommando end, in Scilab mit einem Dollarzeichen.

MATLAB, Octave	Scilab

`>> A(end,end)`
`ans =`
`    8`
`>> A(end)`
`ans =`
`    8`
	`-->A($,$)`
	`ans  =`
	`    8.`
	`-->A($)`
	`ans  =`
	`    8.`

1.8.2 Addition, Subtraktion und Multiplikation von Matrizen

Zwei Matrizen **A** und **B** können wie normale Zahlen Element für Element addiert, multipliziert und dividiert werden. Voraussetzung ist, dass beide die gleiche Dimension besitzen, also gleich viele Zeilen und Spalten enthalten. Neben der elementweisen Multiplikation wird in der Algebra noch eine spezielle Matrizenmultiplikation definiert. Anhand der bereits oben in Gl. (1.22) eingeführten Matrizen **A** und **B** von 1.8.1 zeigen wir, wie diese Operationen wirken. Sie sollten die einzelnen Schritte mit Ihrem MATLAB- oder Scilab-Programm auf jeden Fall nachvollziehen.

Addition (Voraussetzung: gleiche Anzahl von Zeilen und Spalten):

MATLAB, Octave	Scilab

`>> A + B`
`ans =`
`      0     3     6`
`      3     2     9`
`     10     6    14`
	`-->A + B`
	`ans  =`
	`      0.     3.    6.`
	`      3.     2.    9.`
	`     10.     6.   14.`

Element-für-Element-Multiplikation (Diese Operation verlangt den Punkt vor dem Multiplikationssymbol!):

MATLAB, Octave	Scilab

`>> Prod1 = A .* B`
`Prod1 =`
`     -1     2     9`
`      2    -8    18`
`     24    -7    48`
	`-->Prod1 = A .* B`
	`Prod1  =`
	`   - 1.     2.    9.`
	`     2.   - 8.   18.`
	`    24.   - 7.   48.`

Matrizenmultiplikation (Bei dieser Operation darf *kein* Punkt vor dem Multiplikationssymbol stehen!):

Die Matrizenmultiplikation[14] kann (etwas „schnoddrig") charakterisiert werden als „Zeile mal Spalte", wie im folgenden Schema gezeigt wird.

---

[14] Wenn Ihnen die Multiplikation von Matrizen noch nicht geläufig ist, dann vertrauen Sie MATLAB oder Scilab einfach, dass es diese Operation richtig ausführt!

$$\boxed{R_{12}} = A_{11} \cdot B_{12} + A_{12} \cdot B_{22} + A_{13} \cdot B_{32}$$

$$R = A \bullet B = \begin{pmatrix} A_{11} & A_{12} & A_{13} \\ A_{21} & A_{22} & A_{23} \\ A_{31} & A_{32} & A_{33} \end{pmatrix} \bullet \begin{pmatrix} B_{11} & B_{12} & B_{13} \\ B_{21} & B_{22} & B_{23} \\ B_{31} & B_{32} & B_{33} \end{pmatrix} = \begin{pmatrix} R_{11} & R_{12} & R_{13} \\ R_{21} & R_{22} & R_{23} \\ R_{31} & R_{32} & R_{33} \end{pmatrix}$$

Mit den Beispiel-Matrizen A und B erhalten wir dafür:

MATLAB, Octave	Scilab
`>> Prod2 = A * B`	`-->Prod2 = A * B`
`Prod2 =`	`Prod2  =`
`    13    -6    27`	`    13.  - 6.    27.`
`    26   -12    54`	`    26.  - 12.   54.`
`    33   -16    87`	`    33.  - 16.   87.`

Als Element R_{12} ergibt sich zum Beispiel:

$$R_{12} = A_{11} \cdot B_{12} + A_{12} \cdot B_{22} + A_{13} \cdot B_{32} = 1 \cdot 1 + 2 \cdot (-2) + 3 \cdot (-1) = 1 - 4 - 3 = -6$$

Voraussetzung für die Matrizenmultiplikation ist, dass die zweite Matrix ebenso viele Zeilen wie die erste Spalten enthält.

Was ergibt sich, wenn wir speziell einen Zeilenvektor mit einem Spaltenvektor multiplizieren? Nehmen wir als Beispiel die beiden Vektoren

$$\mathbf{a} = (2 \quad 3 \quad 1) \text{ und } \mathbf{b} = \begin{pmatrix} 4 \\ 1 \\ 2 \end{pmatrix}.$$

Wir bilden damit

$$\mathbf{c} = \mathbf{a} \cdot \mathbf{b} = (2 \quad 3 \quad 1) \cdot \begin{pmatrix} 4 \\ 1 \\ 2 \end{pmatrix} = 2 \cdot 4 + 3 \cdot 1 + 1 \cdot 2 = 13.$$

Tatsächlich erhalten wir mit MATLAB oder Scilab

MATLAB, Octave	Scilab

`>> a = [2 3 1]; b = [4; 1; 2];`
`>> c = a * b`
`c =`
`     13`
	`-->a = [2 3 1]; b = [4; 1; 2];`
	`-->c = a * b`
	`c  =`
	`     13.`

Diese Operation kennen Sie bereits – es ist das übliche Skalarprodukt zweier Vektoren.

1.8.3 Weitere Manipulationen mit Matrizen

Wir verwenden zur Illustration immer noch die beiden Matrizen **A** und **B** aus Abschnitt 1.8.1. Die folgenden Operationen sollen dabei nur stichwortartig auf einige der zahlreichen Möglichkeiten hinweisen.

MATLAB, Octave	Scilab
• Das Kommando $A(1:3,2)$ extrahiert die zweite Spalte der Matrix A.	

`>> A(1:3,2)`
`ans =`
`     2`
`     4`
`     7`
	`-->A(1:3,2)`
	`ans  =`
	`     2.`
	`     4.`
	`     7.`

• Alle Elemente einer Zeile werden durch A(„Zeile 1", „alle Spalten") erfasst:	

`>> A(1,:)`
`ans =`
`     1     2     3`
	`-->A(1,:)`
	`ans  =`
	`     1.    2.    3.`

Steht der Doppelpunkt allein, bedeutet das demzufolge „alle".	
• Zusammensetzen einzelner Vektoren A(„Zeile 1", „alle Spalten") und B(„Zeile 3", „alle Spalten"):	

`>> Z = [A(1,:)  B(3,:)]`
`Z  =`
`     1     2     3     4    -1     6`
	`-->Z = [A(1,:)  B(3,:)]`
	`Z  =`
	`     1.    2.    3.    4.   - 1.    6.`

• Summe aller Elemente einer Matrix:	

`>> sum(Z)`
`ans =`
`     15`
	`-->sum(Z)`
	`ans  =`
	`     15.`

• Das Kommando A(:) in MATLAB oder Scilab erzeugt grundsätzlich aus jeder Matrix (oder jedem Vektor) einen Spaltenvektor.	

MATLAB, Octave	Scilab
```\n>> Z(:)\nans =\n 1\n 2\n 3\n 4\n -1\n 6\n```	```\n-->Z(:)\n ans =\n 1.\n 2.\n 3.\n 4.\n - 1.\n 6.\n```
Ein bereits bestehender Spaltenvektor Y wird durch Y(:) nicht verändert:	
```\n>> Y = Z'\nY =\n 1\n 2\n 3\n 4\n -1\n 6\n>> Y(:)\nans =\n 1\n 2\n 3\n 4\n -1\n 6\n```	```\n-->Y = Z'\n Y =\n 1.\n 2.\n 3.\n 4.\n - 1.\n 6.\n-->Y(:)\n ans =\n 1.\n 2.\n 3.\n 4.\n - 1.\n 6.\n```

Manchmal ist es erforderlich, die Reihenfolge der Elemente in einem Vektor oder einer Matrix einfach zu vertauschen. Dies ist nun leider in Scilab und MATLAB nicht gleich.

■ Codetabelle 1.36

MATLAB, Octave	Scilab
• Matrix vertikal spiegeln („left-right")	
```\n>> fliplr(Z)\nans =\n 6 -1 4 3 2 1\n```	```\n-->mtlb_fliplr(Z)\n ans =\n 6. - 1. 4. 3. 2. 1.\n``` In Scilab gibt es eine Reihe von „Kompatibilitätsfunktionen" (*compatibility functions*), die die Äquivalenz zu verschiedenen MATLAB-Funktionen herstellen. Die Umkehrung der Spalten einer Matrix zum Beispiel wird in MATLAB mit der Funktion fliplr bewirkt. In Scilab gibt es dafür keine unmittelbare Entsprechung, jedoch die MATLAB-kompatible Funktion mtlb_fliplr.

MATLAB, Octave	Scilab
• Matrix horizontal spiegeln („up-down")	

MATLAB, Octave	Scilab

```>> flipud(Y)```
 	
ans =
 	
    6
   -1
    4
    3
    2
    1
	Eine zu `flipud` (Spiegelung der Zeilen einer Matrix) kompatible Funktion existiert in Scilab nicht. Mit Hilfe der kompatiblen Funktion `mtlb_fliplr` kann jedoch diese Umwandlung wie folgt vorgenommen werden:
	
	```--> (mtlb_fliplr(Y'))'```
	
	 ans =
	
	    6.
	  - 1.
	    4.
	    3.
	    2.
	    1.

1.8.4 Spezielle Matrizen

In diesem Abschnitt tragen wir einfach noch ein paar Möglichkeiten zusammen, spezielle Matrizen vorzugeben. Dazu benötigen Sie wahrscheinlich keine weiteren Erklärungen.

■   Codetabelle 1.37

MATLAB, Octave	Scilab
• Nullmatrix	

```>> N = zeros(3,4)```
N =
 	
    0   0   0   0
    0   0   0   0
    0   0   0   0
 	
oder
 	
```>> N = zeros(3)```
N =
 	
    0   0   0
    0   0   0
    0   0   0
	```-->N = zeros(3,4)```
	N =
	
	    0. 0. 0. 0.
	    0. 0. 0. 0.
	    0. 0. 0. 0
	
	keine Entsprechung, denn
	
	```-->zeros(3)```
	 ans =
	
	    0.

• Einsmatrix	

```>> M = ones(3,2)```
M =
 	
    1   1
    1   1
    1   1
	```-->M = ones(3,2)```
	 M =
	
	    1. 1.
	    1. 1.
	    1. 1.

MATLAB, Octave	Scilab

aber
 	
``
ones(3)
ans =
    1   1   1
    1   1   1
    1   1   1
``
	keine Entsprechung, denn `ones(3) = 1`

- Einheitsmatrix **I**

Als Einheitsmatrix wird diejenige Matrix bezeichnet, in deren Hauptdiagonale (das ist die Diagonale von links oben nach rechts unten) lauter Einsen stehen, während alle anderen Elemente null sind.

``
>> eye(3,3)
ans =
    1   0   0
    0   1   0
    0   0   1
``
	``
	-->eye(3,3)
	ans =
	    1. 0. 0.
	    0. 1. 0.
	    0. 0. 1.
	``

oder `eye(3)`	keine Entsprechung, denn `eye(3) = 1`

- Beliebige Diagonalmatrix

Eine Diagonalmatrix besteht nur aus Elementen in der Hauptdiagonalen.

``
>> C = diag([3 2 5])
C =
    3   0   0
    0   2   0
    0   0   5
``
	``
	-->C = diag([3 2 5])
	C =
	    3. 0. 0.
	    0. 2. 0.
	    0. 0. 5.
	``

Bei Anwendung auf eine vorhandene Matrix A wirkt das Kommando `diag` etwas anders:	Bei Anwendung auf eine vorhandene Matrix A wirkt das Kommando `diag` etwas anders:

``
>> A = [3 4 7; 2 1 9; 0 6 8]
A =
    3   4   7
    2   1   9
    0   6   8
>> AD = diag(A)
AD =
    3
    1
    8
>> diag(AD)
ans =
    3   0   0
    0   1   0
    0   0   8
``
	``
	-->A = [3 4 7; 2 1 9; 0 6 8]
	A =
	    3. 4. 7.
	    2. 1. 9.
	    0. 6. 8.
	-->AD = diag(A)
	AD =
	    3.
	    1.
	    8.
	-->diag(AD)
	ans =
	    3. 0. 0.
	    0. 1. 0.
	    0. 0. 8.
	``

MATLAB, Octave	Scilab

- Matrix von Zufallszahlen

(Bei jedem Aufruf werden natürlich andere Zufallszahlen erzeugt!)

`>> R = rand(4,3)` `R =`	`-->R = rand(4,3)` `R  =`
0.8147 0.6324 0.9575 0.9058 0.0975 0.9649 0.1270 0.2785 0.1576 0.9134 0.5469 0.9706	0.2639556 0.7783129 0.1531217 0.4148104 0.2119030 0.6970851 0.2806498 0.1121355 0.8415518 0.1280058 0.6856896 0.4062025

Aufgabe 14   Arbeiten mit Matrizen

Erzeugen Sie mit MATLAB/Scilab die folgenden Vektoren beziehungsweise Matrizen:

$$\mathbf{A} = \begin{pmatrix} 3 & 6 & 12 \\ 0 & 4 & 9 \\ 3 & 1 & 7 \end{pmatrix}, \quad \mathbf{B} = \begin{pmatrix} 1 & 1 & 2 \\ 5 & 6 & 0 \\ 0 & 7 & 1 \end{pmatrix}, \quad \mathbf{C} = \begin{pmatrix} 2 & 10 & 9 \end{pmatrix}$$

Bilden Sie, sofern möglich, $\mathbf{A} \cdot \mathbf{B}, \mathbf{A} \cdot \mathbf{C}, \mathbf{A} \cdot \mathbf{C}'$.

Definieren Sie eine Matrix, die a) aus der 1. Zeile von $\mathbf{A}$, b) aus der 3. Spalte von $\mathbf{A}$ besteht.

Suchen Sie das Element von $\mathbf{A}$, welches in der 3. Zeile und der letzten Spalte steht.

Bilden Sie schließlich auch `A.*B`. ∎

Aufgabe 15   Magisches Quadrat

Unter einem magischen Quadrat versteht man eine quadratische Matrix, deren Zeilen- und Spaltensummen alle gleich sind. Normalerweise verlangt es erhebliche Knobelei, ein solches Quadrat zu konstruieren. Mit dem Befehl `magic` erledigt MATLAB das ganz schnell. In Scilab verwenden wir das Kommando `testmatrix('magic',n)`.

Konstruieren Sie ein magisches Quadrat aus vier Zeilen und vier Spalten und prüfen Sie, ob die entsprechenden Summen wirklich alle gleich sind. Benutzen Sie zur Überprüfung den Befehl `sum`, dessen Syntax Sie der Hilfedatei entnehmen können.

Zusatz: Auch die Summe der Diagonalelemente hat den gleichen Wert. Finden Sie den Befehl, der diese Summe berechnet. ∎

1.9   Polynome

Polynome werden in vielen Bereichen der Mathematik, Physik und Technik benötigt. In der Regelungstechnik beispielsweise müssen rationale Übertragungsfunktionen durch Zähler- und Nennerpolynome dargestellt werden. Die Eingabe unter Verwendung des in Abschnitt 1.2.1 benutzten Potenzierungssymbols ^ ist jedoch recht umständlich. Aus diesem Grund werden in MATLAB/Octave und auch in Scilab einfachere Schreibweisen benutzt.

Im Detail unterscheiden sich MATLAB/Octave und Scilab allerdings erheblich. Während bei MATLAB die Polynome durch Zahlenreihen ihrer Koeffizienten repräsentiert werden, beginnend mit der höchsten Potenz, arbeitet Scilab mit einer halbsymbolischen Darstellung.

1.9.1 Darstellung von Polynomen

Das Polynom

$$y_1 = p_1(x) = x^4 + 3x^3 - 17x^2 + 12 \tag{1.24}$$

würden wir nach unseren bisherigen Kenntnissen zum Beispiel in MATLAB durch

```
>> x = -5: 0.1: 5;
>> y = x.^4 + 3*x.^3 - 17*x.^2 + 12;
>> plot (x,y); grid on;
>> title('y = x.^4 + 3*x.^3 - 17*x.^2 + 12')
```

darstellen und zeichnen. Das Ergebnis ist in Abb. 1.15 dargestellt. Sowohl MATLAB als auch Scilab sehen jedoch Methoden vor, die komfortabler sind.

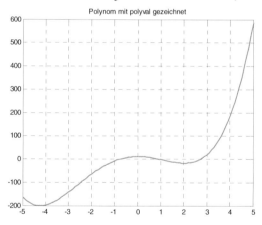

Abb. 1.15 Grafische Darstellung des Polynoms $p_1(x)$

Für das Polynom in Gleichung (1.24) bedeutet dies:

■ Codetabelle 1.38

MATLAB, Octave	Scilab
MATLAB erfordert eine Anordnung nach absteigenden Potenzen, zum Beispiel entsprechend (1.24):	Scilab dagegen geht von einer Sortierung nach aufsteigenden Potenzen aus, also umgekehrt zu der in MATLAB.

$$y_1 = p_1(x) = x^4 + 3x^3 - 17x^2 + 12$$

$$y_1 = p_1(x) = 12 - 17x^2 + 3x^3 + x^4$$

Das Polynom wird somit dargestellt durch:

```
>> p1 = [1 3 -17 0 12]
p1 =
     1    3    -17    0    12
```

```
-->p1 = [12 0 -17 3 1]
p1  =
    12.    0.    - 17.    3.    1.
```

Sind gegebene Polynomkoeffizienten doch einmal wie in MATLAB absteigend sortiert, so lässt sich ihre Reihenfolge zum Beispiel mittels `mtlb_fliplr` umkehren (vgl. 1.8.3).

```
-->p1_m = [1 3 -17 0 12];
-->p1 = mtlb_fliplr(p1_m)
p1  =
    12.    0.    - 17.    3.    1.
```

In Vektoren wie p1 steckt natürlich noch keinerlei Information, dass es sich um die Koeffizienten eines Polynoms handelt. Das wissen nur Sie als Benutzer! Für MATLAB oder Scilab dagegen könnte es bis jetzt noch genauso gut eine ganz beliebige Zahlenreihe sein. Die Interpretation als Polynom offenbart sich erst in den einzelnen Anwendungen.

In Scilab müssen wir vorher jedoch noch zu einer anderen Schreibweise übergehen. Wenn der Koeffizientenvektor, wie oben p1, bereits bekannt ist, benutzen wir das Kommando `poly` oder `inv_coeff`.[15]

```
-->q1 = inv_coeff(p1)
q1  =
                  2     3    4
    12 - 17x + 3x + x
```

oder

```
-->q1 = poly(p1,'x','c')
q1  =
                  2     3    4
    12 - 17x + 3x + x
```

---

[15] `inv_coeff` muss dabei ein Zeilenvektor sein!

Das Kommando `poly` werden wir später noch in anderem Zusammenhang benötigen. Hier wird es mit einem Argument `'c'` verwendet.[16] In Scilab werden also mit der Funktion `poly` die Potenzen halbsymbolisch („benutzerangepasst") ausgegeben. Diese Darstellung wird auch als *Polynommatrix* bezeichnet. Das bedeutet, in einer Zeile stehen die Exponenten, in der Zeile darunter die Koeffizienten mit x. Rückwärts kann man mit Hilfe des Kommandos `coeff` aus `q1` wieder den Koeffizientenvektor `p1` erhalten:

```
p11 = coeff(q1)
 p11  =
    12.   0.  - 17.   3.   1.
```

Tatsächlich ist `p11` gleich dem früheren `p1_sc`.

Während in MATLAB der Koeffizientenvektor als Ausgangspunkt für Polynomoperationen dient, ist es in Scilab die halbsymbolische Polynommatrix.

> In MATLAB können Polynome allein durch den Vektor ihrer Koeffizienten dargestellt werden, beginnend mit der höchsten Potenz.
> In Scilab ist die halbsymbolische Polynommatrix die Basis der Polynomoperationen. Diese beginnt mit der niedrigsten Potenz.

Soll ein Polynom für einen ganz bestimmten x-Wert, sagen wir für $x = 3$, berechnet werden, so verwenden wir in MATLAB oder Octave das Kommando `polyval` und wenden es auf den Polynomvektor `p1` an. In Scilab dagegen erledigt dies das Kommando `horner`. Die Syntax der beiden Kommandos ist jedoch im Detail nicht gleich, denn `horner` lässt sich nur auf die Polynommatrix (in unserem Beispiel `q1` oder `p11`) anwenden.

MATLAB, Octave	Scilab
`>> polyval(p1,3)`	`-->horner(q1, 3)`
`ans =`	`ans  =`
`   21`	`   21.`

Erst mit dem Kommando `polyval` wird in MATLAB der Vektor `p1` als Darstellung der Polynomkoeffizienten interpretiert. Zur Überprüfung rechnen wir den Wert dieses Polynoms zusätzlich noch einmal „umständlich" nach der früheren Formel (1.3) aus:

---

[16] Das c steht für *coefficient*, das heißt, das Polynom wird mit Hilfe seiner Koeffizienten ermittelt.

```
>> x = 3;
>> y = x.^4 + 3*x.^3 - 17*x.^2 + 12
y =
    21
```

Tatsächlich ergibt sich das gleiche Ergebnis wie mittels polyval oder horner.

Der Verlauf des gesamten Polynoms $y_1 = p_1(x)$ und seine grafische Darstellung kann ebenfalls durch polyval beziehungsweise horner generiert werden. Nur müssen wir statt eines einzelnen Wertes jetzt den gesamten Bereich der x-Werte zur Berechnung erfassen. Im Intervall von -5 bis 5 erhalten wir zum Beispiel:

■   Codetabelle 1.39

MATLAB, Octave	Scilab
>> x = -5:.1:5; >> y = polyval(p1,x); >> plot(x,y); grid >> title('Polynom mit polyval gezeichnet')	-->x = -5:0.1:5 -->y = horner(q1, x); -->plot(x,y), xgrid -->title('Polynom mit horner gezeichnet')

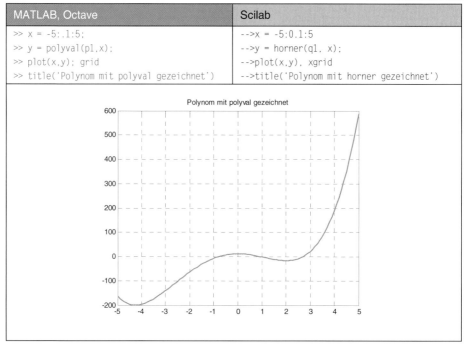

Wir erhalten die gleiche Grafik wie eingangs dieses Abschnitts in Abb. 1.7.

1.9.2 Nullstellen

In vielen Bereichen der Mathematik und Technik ist es wichtig, die *Nullstellen* von Polynomen zu kennen. Unter Nullstellen oder *Wurzeln* (engl. *roots*) versteht man die x-Werte, bei denen die Polynomfunktion $y = f(x)$ den Wert null annimmt. Es geht also darum, die Lösung der Gleichung

$$y = f(x) = 0 \tag{1.25}$$

zu suchen. Falls $f(x) = ax^2 + bx + c = 0$ eine quadratische Funktion ist, können wir die Lösung bekanntlich algebraisch ermitteln. Dafür gibt es die bekannte Lösungsformel

$$x_{1,2} = -\frac{p}{2} \pm \sqrt{\left(\frac{p}{2}\right)^2 - q} \quad \text{mit} \quad p = \frac{b}{a} \text{ und } q = \frac{c}{a}. \tag{1.26}$$

Leider gibt es für Polynome höherer Ordnung kein oder zumindest kein einfaches algebraisches Verfahren zur Nullstellenbestimmung. Deshalb sind wir auf numerische Lösungen angewiesen. Wir erhalten sie aus dem Koeffizientenvektor roots. Bleiben wir bei dem Beispiel-Polynom p1 (beziehungsweise in Scilab q1) vom vorigen Abschnitt, so erhalten wir die folgenden Wurzeln:

■ Codetabelle 1.40

MATLAB, Octave	Scilab[17]
$y_1 = p_1(x) = x^4 + 3x^3 - 17x^2 + 12$	

`>> r1 = roots(p1)`
`r1 =`
   `-5.8473`
   `2.6950`
   `0.9521`
   `-0.7998`
	`-->r1 = roots(q1)`
	`r1  =`
	   `0.9521264`
	  `- 0.7997929`
	   `2.694968`
	  `- 5.8473014`

In unserem Fall besitzt das Beispiel-Polynom 4. Ordnung vier reelle Wurzeln. Dabei handelt es sich um Schnittstellen der Funktion mit der reellen Achse. Wenn wir die in Codetabelle 1.39 erzeugte Grafik betrachten und gegebenenfalls ausschnittweise vergrößern, so erkennen wir zumindest drei der hier berechneten Wurzeln. Die vierte, die bei –5.8473 liegt, befindet sich außerhalb des dort gewählten Funktionsbereichs.

Bei der Nullstellensuche kann es passieren, dass manche Werte nicht reell sind, sondern komplex. Lässt man komplexe Werte zu, so hat *jedes* Polynom n-ter Ordnung gerade n Wurzeln. Einige davon können allerdings unter Umständen zu einer Mehrfachwurzel zusammenfallen.

---

[17] Die Syntax von roots in Scilab ist nicht konsequent. Einmal kann das Kommando wie in unserem Beispiel auf die halbgrafische Darstellung q1 angewendet werden, zum anderen aber auch auf den reinen Polynomkoeffizientenvektor p1. Letzterer muss dann jedoch wie bei MATLAB in absteigender Reihenfolge wie weiter oben bei p1_sc angeordnet sein, im Gegensatz zu der sonst üblichen Reihenfolge bei Scilab!

Die Nullstellen von $p_2(x) = x^4 + 1,2x^3 + 4x^2 - 5$ sind komplex, wie wir im folgenden Beispiel sehen.[18]

■   Codetabelle 1.41

MATLAB, Octave	Scilab

``
>> p2 = [1 1.2 4 0 -5];
>> r2 = roots(p2)
r2 =
 	
    -0.49397 +   2.1407i
    -0.49397 -   2.1407i
    -1.1294
     0.9173
``
	``
	-->p2 = [-5 0 4 1.2 1];
	-->q2 = poly(p2,'x','c')
	 x =
	
	                   2 3 4
	   - 5 + 4x + 1.2x + x
	-->r2 = roots(q2)
	r2 =
	        0.9173
	     - 1.1293538
	     - 0.4939731 + 2.14066656i
	     - 0.4939731 - 2.14066656i
	``

Unser Beispiel illustriert, dass komplexe Wurzeln eines Polynoms immer als konjugiert komplexe Paare auftreten, in unserem Fall sind es die Werte

$$x_1 = 0{,}49397 + 2{,}1407i \text{ und } x_2 = 0{,}49397 - 2{,}1407i = x_1^{*}.$$

Umgekehrt kann man aus der Kenntnis der Wurzeln mit dem Kommando poly wieder die Polynomkoeffizienten bekommen:

■   Codetabelle 1.42

MATLAB, Octave	Scilab

``
>> p22 = poly(r2)
p22 =
    1   1.2   4   -8.8818e-16   -5
``
	``
	-->q22 = poly(r2,'x','r')
	q22 =
	                               2 3 4
	   - 5 + 7.772D-16x + 4x + 1.2x + x
	``

Der Koeffizient, der zu x^1 gehört, ist nicht exakt null. Hier zeigt sich, dass beim numerischen Rechnen stets nur genäherte Werte zu erwarten sind. Wollte man die Aufgabe algebraisch erledigen, so hätte man zu bilden:

---

[18] Eine zusammenfassende Übersicht über die verschiedenen Polynome, die in diesem Abschnitt eingeführt werden, finden Sie am Ende des Lösungsblattes zu den Aufgaben dieses Kapitels. Dieses Lösungsblatt kann von unseren Webseiten heruntergeladen werden.   *(Datei auf Webseite)*

$$p_{22}(x) = (x - x_1)(x - x_2)(x - x_3) =$$
$$= \{x - (-0,4940 + 2,1407i)\}\{x - (-0,4940 - 2,1407i)\}\{x - (-1,1294)\} \cdot x =$$
$$= x^4 + 1,2x^3 + 4x^2 - 5$$

Wie jede komplexe Zahl lassen sich auch die Wurzeln in der komplexen Ebene als Zeiger darstellen. Hierzu eignet sich in MATLAB wieder der Befehl compass. In Scilab haben wir bereits früher (Abschnitt 1.7) die Funktion comps verwendet, die sich auch an dieser Stelle einsetzen lässt. Wir übernehmen den benötigten Wert für r2 aus der Rechnung in Codetabelle 1.41.

■ Codetabelle 1.43

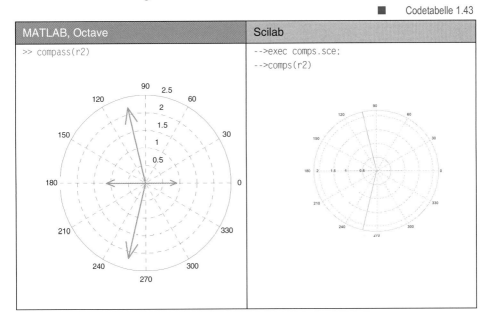

1.9.3 Addition, Multiplikation und Division von Polynomen

Ohne weitere Kommentare sollen jetzt einige Operationen mit zwei Polynomen zusammengestellt werden. Die drei Polynome

$$p_1(x) = x^4 + 3x^3 - 17x^2 + 12, \tag{1.27}$$

$$p_2(x) = x^4 + 1,2x^3 + 4x^2 - 5, \tag{1.28}$$

$$p_3(x) = 8x + 6, \tag{1.29}$$

die wir für unsere Beispiele wählen, geben wir zunächst wieder als Koeffizienten-vektoren ein. Dabei dürfen wir nicht vergessen, fehlende Koeffizienten durch Nullen zu ersetzen.

Zunächst einmal wollen wir die Kurven zeichnen, um eine Vorstellung vom Funktionsverlauf zu erhalten. Das Ergebnis ist in Abb. 1.16 zu sehen.

■ Codetabelle 1.44

MATLAB, Octave	Scilab
```>> p1 = [1 3 -17 0 12];``` ```>> p2 = [1 1.2 4 0 -5];``` ```>> p3 = [8 6];``` ```>> x=-5:.1:5;``` ```>> y1 = polyval(p1,x);``` ```>> y2 = polyval(p2,x);``` ```>> y3 = polyval(p3,x);``` ```>> plot(x,y1,x,y2,'--',x,y3,'-.'); grid on;``` ```>> legend('p1','p2','p3')```	```-->p1 = [12 0 -17 3 1];``` ```-->p2 = [-5 0 4 1.2 1];``` ```-->p3 = [6 8];``` ```-->x = -5:.1:5;``` ```-->q1 = poly(p1,'x','c')``` ```q1 =``` ``` 2 3 4``` ``` 12 - 17x + 3x + x``` ```-->q2 = poly(p2,'x','c')``` ```q2 =``` ``` 2 3 4``` ``` - 5 + 4x + 1.2x + x``` ```-->q3 = poly(p3,'x','c')``` ```q3 =``` ``` 8 + 6x``` ```-->y1 = horner(q1, x);``` ```-->y2 = horner(q2,x);``` ```-->y3 = horner(q3,x);``` ```-->plot(x,y1,x,y2,'--',x,y3,'-.'); xgrid;``` ```-->legend('p1','p2','p3');```

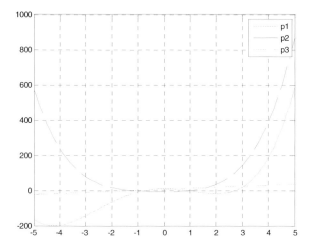

Abb. 1.16 Verlauf der Beispiel-Polynome

Nun wollen wir unterschiedliche Operationen auf diese Polynome anwenden.

■   Codetabelle 1.45

MATLAB, Octave	Scilab
• Addition $p_{\text{add}}(x) = p_1 + p_2$	

MATLAB, Octave	Scilab
| ```
>> p_add = p1 + p2
p_add =
    2  4.2  -13   0   7
```<br><br>Die Addition zweier Polynome lässt sich unter MATLAB einfach auf die Addition ihrer Koeffizientenvektoren zurückführen. Die Addition zweier Matrizen ist aber nur dann möglich, wenn sie gleiche Dimension, das heißt gleich viele Zeilen und Spalten besitzen. Deshalb funktioniert die Addition nur, wenn beide Polynome vom gleichen Grad sind, andernfalls sind die fehlenden Koeffizienten mit Nullen aufzufüllen.<br><br>```
>> p1+p3
??? Error using ==> plus
Matrix dimensions must agree.
>> p3_0 = [0 0 0 p3]
p3_0 =
    0    0    0    8    6
>> p1+p3_0
ans =
    1    3   -17    8   18
``` | ```
-->q_add = q1 + q2
 q_add  =
              2     3    4
     7 - 13x + 4.2x + 2x
```<br><br>Unter Scilab ist die Addition zweier Polynome also unmittelbar möglich. Das funktioniert im Gegensatz zu MATLAB auch dann ohne Probleme, wenn sie nicht von gleichem Grad sind. |
```

MATLAB, Octave	Scilab
• Multiplikation $p_{mult}(x) = p_1 \cdot p_2$	

MATLAB, Octave	Scilab

Für die Multiplikation von Polynomen reicht die einfache Multiplikation der Koeffizientenvektoren nicht aus, deshalb ist unter MATLAB ein eigener Befehl hierfür vorgesehen.
 	
`>> p_mult = conv(p1,p2)`
`p_mult =`
`   1 4.2 -9.4 -8.4 -61 -0.6 133 0 -60`
 	
Der Befehl `conv` bedeutet *convolution*, das heißt *Faltung*. Gewisse Arten von verallgemeinerter Multiplikation werden in der Mathematik als Faltung bezeichnet.
 	
Dagegen liefert eine Operation der Art
 	
`p1.* p2`
`ans =`
`   1  3.6  -68  0  -60`
 	
zwar das Produkt der Koeffizienten, nicht jedoch das Produkt der Polynome, sie ist also für unsere Zwecke ungeeignet.
	Unter Scilab kann zur Polynommultiplikation direkt das Multiplikationssymbol * benutzt werden, da wir es hier mit halbsymbolischen Darstellungen zu tun haben.
	
	`-->q_mult = q1 * q2`
	`q_mult =`
	`            2    3     4     5     6     7  8`
	`   -60 +133x -0.6x -61x -8.4x -9.4x +4.2x +x`
	
	Das Koeffizientenpolynom erhalten wir daraus wieder durch
	
	`-->coeff(q_mult)`
	`ans =`
	`  -60. 0. 133. -0.6 -61. -8.4 -9.4  4.2  1.`

Wie wir durch Nachrechnen zeigen können, haben wir tatsächlich das Produkt der beiden Polynome erhalten:

$$p_{mult}(x) = p_1(x) \cdot p_2(x) = \left(x^4 + 3x^3 - 17x^2 + 12\right) \cdot \left(x^4 + 1,2x^3 + 4x^2 - 5\right) =$$
$$= x^8 + 4,2x^7 - 9,4x^6 - 8,4x^5 - 61x^4 - 0,6x^3 + 133x^2 - 60$$

• Division $p_{div}(x) = p_{mult} / p_1$

MATLAB, Octave	Scilab

Ähnlich wie für die Multiplikation existiert für die Division von Polynomen ein eigenes Kommando.
 	
`>> p_div = deconv(p_mult,p1)`
`p_div =`
`   1.0000 1.2000 4.0000 7.1054e-015 -5.0000`
 	
Der zweite Term ist nahezu null – der sehr kleine Koeffizient ist durch die nur endliche Rechengenauigkeit bedingt. Deshalb ist `p_div` praktisch identisch mit dem Ausgangspolynom p2. Der verbleibende Divisionsrest lässt sich ebenfalls ermitteln, er ist in unserem Fall ebenfalls (nahezu) null (der sehr kleine Vorfaktor 10^{-12} ist wieder eine Folge der Rundungsfehler):
 	
`>> [quot,rest]= deconv(p_mult,p1)`
	Scilab kennt zwei Möglichkeiten der Polynomdivision. Die erste arbeitet mit dem gewöhnlichen Divisionssymbol („slash") und liefert das Ergebnis als Bruch:
	
	`-->q_div = q_mult/q1`
	`q_div =`
	`                       2     3    4`
	`  - 5 + 5.874D-15x + 4x + 1.2x + x`
	`  -----------------------------`
	`                 1`
	
	Daraus können wir Zähler und Nenner einzeln bestimmen:
	
	`-->numer(q_div)`
	`ans =`
	`                       2     3    4`
	`  - 5 + 5.874D-15x + 4x + 1.2x + x`

MATLAB, Octave	Scilab

``
quot =
   1.0000 1.2000 4.0000 0.0000 -5.0000
rest =
  1.0e-012 *
  Columns 1 through 7
     0   0   0   0   0 0.2238 -0.5826
  Columns 8 through 9
   -0.0853   0.4263
``
	``
	-->denom(q_div)
	 ans =
	   1
	``
	Die zweite Art der Division liefert sofort die bekannte Polynommatrix:
	
	``
	-->[rest, quot] = pdiv(q_mult, q1)
	 quot =
	                      2 3 4
	  - 5 + 7.105D-15x + 4x + 1.2x + x
	 rest =
	                                   2
	3
	  4.263D-13 - 8.527D-14x - 5.826D-13x +
	  2.238D-13x
	``
	Man erhält also wieder das Polynom q2.
	
	``
	q2 =
	              2 3 4
	  - 5 + 4x + 1.2x + x
	``

In unserem Fall sind `p_mult` beziehungsweise `q_mult` so beschaffen, dass die Division ohne Rest möglich ist. Im Allgemeinen verbleibt jedoch bei der Polynomdivision ein Rest, der ebenfalls angezeigt werden kann – vergleichen Sie dazu die Hilfe `help deconv` (MATLAB) oder `help pdiv` (Scilab).

1.9.4 Differentiation und Integration

Polynome sind nichts anderes als Summen von verschiedenen Potenzen. Potenzfunktionen lassen sich, wie Sie wissen, nach besonders einfachen Regeln differenzieren und integrieren.

Lassen Sie uns noch einmal an die Differentiationsregeln von Potenzfunktionen erinnern. Eine Funktion

$$y = ax^m \tag{1.30}$$

ergibt bei der Differentiation

$$y' = m \cdot ax^{m-1} \tag{1.31}$$

und bei der Integration

$$\int y \mathrm{d}x = \frac{ax^{m+1}}{m+1} \, . \tag{1.32}$$

Mit diesen Regeln fällt es leicht, die Ableitung und die Stammfunktion eines Polynoms zu finden. Nehmen wir als Beispiel wieder das Polynom p_1 aus (1.27)

$$y_1(x) = p_1(x) = x^4 + 3x^3 - 17x^2 + 12 \, . \tag{1.33}$$

Seine Ableitung bestimmen wir zu

$$y_{\mathrm{diff}}(x) = y_1'(x) = p_1'(x) = 4x^3 + 9x^2 - 34x \, . \tag{1.34}$$

Die Prozedur, die Ableitung zu ermitteln, wird von MATLAB/Scilab automatisch ausgeführt, wenn das Kommando `polyder` auf das Polynom angewandt wird (bei Scilab `derivat`).

Analog verhält es sich mit der Integration. Die Stammfunktion von p_1 ist

$$y_{\mathrm{int}}(x) = \int y_1 \mathrm{d}x = \int p_1(x) \mathrm{d}x = \frac{1}{5}x^5 + \frac{3}{4}x^4 - \frac{17}{3}x^3 + 12x \, . \tag{1.35}$$

Diese Prozedur wird in MATLAB durch `polyint` gewährleistet. `polyint` ist in älteren MATLAB-Versionen (zum Beispiel 5.3) noch nicht verfügbar. In Scilab ist eine ähnliche Funktion leider ebenfalls nicht enthalten, hier können wir nur auf ein Add-on zurückgreifen, wie unten dargestellt. Die soeben „zu Fuß" erhaltenen Ergebnisse für Differentiation und Integration prüfen wir nun an Beispielen gleich in MATLAB oder Scilab nach.

■ Codetabelle 1.46

MATLAB, Octave	Scilab
• Differentiation	• Differentiation

`>> p1 = [1 3 -17 0 12];`
`>> p_diff = polyder(p1)`
`p_diff =`
`     4    9   -34    0`
	`-->p1 = [12 0 -17 3 1];`
	`-->q1 = poly(p1,'x','c');`
	`-->q_diff = derivat(q1)`
	` q_diff  =`
	`                  2   3`
	`  - 34x + 9x + 4x`

• Unbestimmtes Integral (Stammfunktion)	Eine Funktion, die `polyint` entspricht, gibt es in Scilab nicht. Es ist jedoch nicht schwer, selbst eine solche Funktion zu entwickeln. Das werden wir im nächsten Kapitel in Aufgabe 11 tun (`int_pol.sce` sowie `int_polcoeff.sce`).

`>> p_int = polyint(p1)`
`p_int =`
`   0.2000 0.7500 -5.6667 0 12.0000 0`	

	`-->p_int = int_pol(q1)`
	` p_int  =`
	`                      3      4      5`
	`  12x - 5.6666667x + 0.75x + 0.2x`

Für Scilab stellen wir das einfache Programm `intpol.sce` zur Verfügung, mit dem die Stammfunktion eines Polynoms bestimmt werden kann (eine ähnliche Funktion findet sich bei [Urroz 2001]).

Bei dieser Gelegenheit bietet es sich an, die drei Polynomfunktionen y_1, $y_{1\text{diff}}$ und y_{int} in ein und derselben Grafik untereinander anzuzeigen. Die Technik hierzu haben wir noch nicht kennengelernt. Wir benutzen für unser Vorhaben die Funktion `subplot`, die in ähnlicher Form sowohl in MATLAB als auch in Scilab verwendet werden kann. `subplot(mnp)` stellt eine $(m \times n)$-Matrix für die Grafikausgabe zur Verfügung. Der Index p zählt die Elemente dieser Matrix.

Grundlage dieses Kommandos ist die Überlegung, dass die Fläche, die eine Abbildung einnimmt, in verschiedene Teilflächen aufgeteilt werden kann. Diese werden ebenso adressiert wie die Elemente einer Matrix – nur unglücklicherweise in einer anderen Reihenfolge (erst die Zeilen, dann die Spalten, vgl. Abb. 1.14). Die Grafik des auf `subplot` folgenden `plot`-Befehls wird dann genau in dem durch Zeile m und Spalte n adressierten Fenster platziert.

Das schauen wir uns zunächst an einem einfachen Beispiel an. In Abb. 1.17 ist die Adressierung für eine (3 x 2)-Matrix (3 Zeilen und 2 Spalten) symbolisch dargestellt.

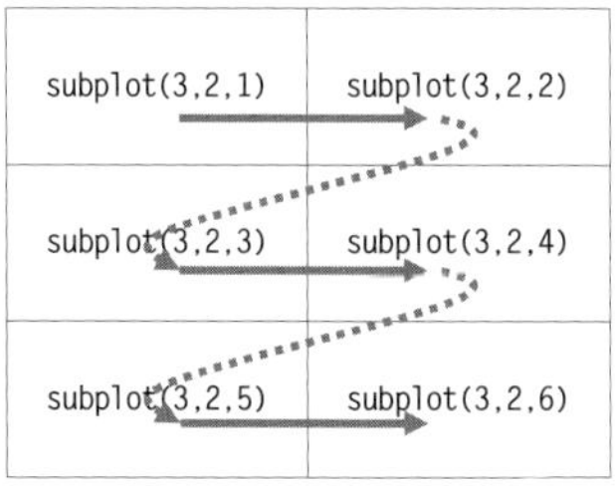

Abb. 1.17 Anordnung der Grafikfelder beim Befehl `subplot`. Das Beispiel zeigt, wie sechs Abbildungen als (3 x 2)-Matrix dargestellt werden, mit Reihenfolge der Zählung. Die Kommas können auch entfallen.

In Form der oben eingeführten (3 x 2)-Matrix werden nun zum Beispiel verschiedene elementare Funktionen durch folgende Kommandos dargestellt:

■ Codetabelle 1.47

MATLAB, Octave	Scilab

```>> x = 0:.1:10;```
```>> subplot(321); plot(x,x.^2)```
```>> subplot(322); plot(x,(x-5).^3)```
```>> subplot(323); plot(x,sin(x))```
```>> subplot(324); plot(x,cos(x))```
```>> subplot(325); plot(x,1./(1+x.^2))```
```>> subplot(326); plot(x,log(x+1))```
	```-->x = 0:.1:10;```
	```-->subplot(321); plot(x,x.^2)```
	```-->subplot(322); plot(x,(x-5).^3)```
	```-->subplot(323); plot(x,sin(x))```
	```-->subplot(324); plot(x,cos(x))```
	```-->subplot(325); plot(x,1../(1+x.^2))```
	```-->subplot(326); plot(x,log(x+1))```

MATLAB, Octave	Scilab
Die Grafik ist in Abb. 1.18 gezeigt.	Diese Grafik ist in Abb. 1.19 dargestellt.

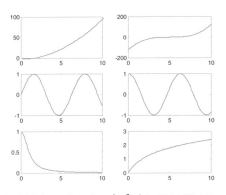

Abb. 1.18 Ausgabe mit subplot bei MATLAB

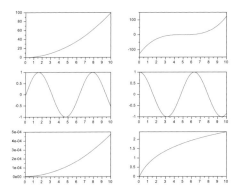

Abb. 1.19 Ausgabe mit subplot bei Scilab

Nun wollen wir unser eigentliches Anliegen weiterverfolgen, die drei Polynomfunktionen y_1, y_{diff} und y_{int} in *einer* Abbildung mit drei Grafiken untereinander darzustellen. Dabei hilft uns das soeben eingeführte MATLAB/Scilab-Kommando subplot. Die Funktionswerte bestimmen wir zwischen $x = -5$ und $x = +5$.

■　Codetabelle 1.48

MATLAB, Octave	Scilab
Vorbereitung (wie weiter oben)	Vorbereitung (wie weiter oben)
``` >> p1 = [1 3 -17 0 12]; >> p_diff = polyder(p1); >> p_int = polyint(p1); ```	``` -->p1_sc = [12 0 -17 3 1]; -->q1 = poly(p1_sc,'x','c'); -->q_diff = derivat(q1); ```

MATLAB, Octave	Scilab

	Funktion `int_pol.sce` verfügbar machen,
	
	`-->exec int_pol.sce;`
	
	danach:
	
	`-->q_int = int_pol(q1);`

Übergang zur Grafik	Übergang zur Grafik

`>> x = -5:.1:5;`
`>> subplot(3,1,1);`
`>> plot(x,polyval(p_int,x)); grid on;`
`>> title ('p_int');`
	`-->x = -5:.1:5;`
	`-->subplot(3,1,1);`
	`-->plot(x,horner(q_int,x)); xgrid;`
	`-->title ('q_int');`

`>> subplot(3,1,2);`
`>> plot(x,polyval(p1,x)); grid;`
`>> title ('Ausgangspolynom p1');`
	`-->subplot(3,1,2);`
	`-->plot(x,horner(q1,x)); xgrid;`
	`-->title ('Ausgangspolynom p1');`

`>> subplot(3,1,3);`
`>> plot(x,polyval(p_diff,x)); grid;`
`>> title ('pdiff');`
	`-->subplot(3,1,3);`
	`-->plot(x,horner(q_diff,x)); xgrid;`
	`-->title ('q_diff');`

Aufgabe 16   Polynomdivision

Dividieren Sie das Polynom $p_{16}(x) = 8x^2 + 12x + 4$ durch $p_{16a}(x) = 4x + 1$ und ermitteln Sie den Rest. ∎

Aufgabe 17   Darstellung eines Polynoms als Koeffizientenvektor

Stellen Sie die Koeffizienten des bereits früher benutzten Polynoms

$y = x^3 + 3x^2 - 15x$ (Gl. (1.4)) als Vektor dar und erzeugen Sie mit Hilfe von `polyval` (MATLAB) beziehungsweise `horner` (Scilab) eine grafische Darstellung in den Grenzen zwischen −6 und +6. Vergleichen Sie das Ergebnis mit Abb. 1.7. Bilden Sie die Stammfunktion und die Ableitung und stellen Sie diese ebenfalls grafisch dar. ■

Zusammenfassung zu Kapitel 1

Grundlagen. Arbeiten auf der Kommandozeile

- Die Bedienoberfläche von MATLAB oder Scilab besteht im Wesentlichen aus den folgenden vier Teilen:

  - Kommandofenster oder Konsole (Command Window)
  - Auflistung der bisher ausgeführten Operationen (Command History)
  - Liste der Dateien im aktiven Verzeichnis (Current Directory)
  - Anzeige des Arbeitsspeichers (Workspace)

  Zusätzlich kann ein Texteditor aufgerufen werden.

- Die Bedienoberfläche von Octave ist bescheidener – hier existiert nur das Kommandofenster, welches unter der Eingabeaufforderung von Windows oder in einem Unix-Konsolenfenster geöffnet wird. Lediglich bei speziellen grafischen Oberflächen wie Octave UPM (Zusatzprogramm!) ist eine ähnliche Umgebung wie bei MATLAB oder Scilab vorhanden.

- Die vorherrschende Arbeitsweise ist das Arbeiten auf der Ebene der Kommandozeile (Konsole), unmittelbar nach dem Prompt-Symbol.

- Rechenergebnisse werden in der Variablen `ans` gespeichert. Der Inhalt dieser Variablen wird mit jeder neuen Eingabe immer wieder überschrieben.

- Zuweisungen sind keine Gleichheit im mathematischen Sinne. Das Ergebnis der Operation auf der rechten Seite des „Gleichheitszeichens" wird der Variablen auf der linken Seite zugewiesen.

- Variablennamen dürfen aus mehreren Buchstaben, Zahlen und Zeichen zusammengesetzt sein. Ihre Werte bleiben während der gesamten Sitzung in einer Arbeitsebene erhalten. Bestimmte Schlüsselwörter in MATLAB sind allerdings den vordefinierten Variablen vorbehalten. Bei Scilab wird bestimmten vordefinierten Konstanten ein Prozentzeichen vorangestellt.

Elementare Funktionen

Die wichtigsten *elementaren Funktionen* sind:

- *Potenzen* – sie werden durch das Symbol $\wedge$ dargestellt, die Quadratwurzel wird durch sqrt aufgerufen.

- Winkelfunktionen

sin und sind	- Sinus
cos und cosd	- Kosinus
tan und tand	- Tangens
asin und asind	- Arkussinus
acos und acosd	- Arkuskosinus
atan und atand	- Arkustangens

- Exponentialfunktionen und ihre Umkehrung

exp	- Exponentialfunktion
log	- Natürlicher Logarithmus
log10	- Dekadischer Logarithmus (Basis 10)
log2	- Dualer Logarithmus (Basis 2)

MATLAB, Scilab und Octave stellen noch eine Vielzahl weiterer, auch nicht-elementarer Funktionen bereit.

Kommentare werden bei MATLAB nach einem Prozentzeichen % eingefügt, bei Scilab nach einem Doppelstrich //. Vom Interpreter wird alles, was nach diesem Zeichen steht, ignoriert.

Komplexe Zahlen

Eine komplexe Zahl kann in der Form

$$z = x + \mathrm{i}y$$

geschrieben und als Zeiger in der GAUßschen Zahlenebene dargestellt werden. i ist die imaginäre Einheit, dabei ist stets $\mathrm{i}^2 = -1$. Andererseits ist auch $\mathrm{i} = e^{\mathrm{i}\pi/2}$.

In MATLAB oder Octave ist die imaginäre Einheit durch den Buchstaben i oder j vordefiniert, in Scilab ist nur der Buchstabe i in der Form %i möglich. Komplexe Zahlen bestehen aus *Realteil* $x = \mathrm{Re}(z)$ und *Imaginärteil* $y = \mathrm{Im}(z)$. MATLAB/Scilab: real(z), imag(z)

Folgende Operationen und Darstellungen sind von Bedeutung:

- *Konjugiert komplexe Zahl* $z^* = x - iy$ (gleicher Realteil, aber entgegengesetzt gerichteter Imaginärteil, verglichen mit $z = x + iy$). MATLAB/Scilab: `conj(z)`

- *Betrag einer komplexen Zahl:* $|z| = \sqrt{x^2 + y^2} = \sqrt{z \cdot z^*}$

  MATLAB/Scilab: `abs(z)`

- Darstellung in *Polarkoordinaten*: $z = |z|(\cos\varphi + i\sin\varphi)$

  Übergang zu Polarkoordinaten mittels

MATLAB, Octave	Scilab
Betrag: `abs(z)`	Betrag: `abs(z)`
Phasenwinkel: `angle(z)`	Phasenwinkel in Grad: `phasemag(z)`
	Betrag und Phasenwinkel gleichzeitig: `[r,phi] = polar(z)`

- Exponentialdarstellung: $z = |z| e^{i\varphi}$

- EULERsche Formel: $e^{i\varphi} = \cos\varphi + i\sin\varphi$

- Darstellung von Sinus und Kosinus durch komplexe Exponenten:

$$\sin\varphi = \frac{1}{2i}\left(e^{i\varphi} - e^{-i\varphi}\right), \quad \cos\varphi = \frac{1}{2}\left(e^{i\varphi} + e^{-i\varphi}\right)$$

- Grafische Darstellung in der komplexen Ebene mittels `compass` (in MATLAB) oder `polarplot` beziehungsweise die ergänzende Funktion `comps.sce` (in Scilab)

Vektoren und Matrizen

- Eine einzelne Variable kann in MATLAB oder Scilab einen kompletten Vektor oder eine Matrix symbolisieren.

- Wir unterscheiden

  - *Zeilenvektoren* und *Spaltenvektoren*.
  - *Matrizen* sind Zahlenanordnungen aus mehreren Zeilen und Spalten.

- Die von links oben nach rechts unten verlaufende Diagonale einer Matrix nennt man die *Hauptdiagonale* (Zugriff über Kommando `diag`), die andere die *Nebendiagonale*.

- Die zu **A** *transponierte Matrix entsteht* aus **A**' durch Umwandeln von Zeilen in Spalten und von Spalten in Zeilen, also durch Spiegelung ihrer Elemente an der Hauptdiagonalen.

- Matrizen lassen sich addieren (Voraussetzung: gleiche Anzahl von Zeilen und Spalten) und miteinander multiplizieren.

    - *Element-für-Element-Multiplikation* (Diese Operation verlangt den Punkt vor dem Multiplikationssymbol!) A .* B
    - Matrizen-Multiplikation (ohne Punkt) A * B

Einige wichtige Kommandos im Zusammenhang mit Matrizen:

- Matrix vertikal (fliplr) und horizontal spiegeln (flipud)

Wichtige spezielle Matrizen sind:

- Nullmatrix (zeros)

- Einsmatrix (ones)

- Einheitsmatrix (eye)

- gleichmäßig verteilte Zahlenfolgen (linspace)

- logarithmisch verteilte Zahlenfolgen (logspace)

Grafik

- Zweidimensionale Liniengrafik

MATLAB, Octave	Scilab
2D-Grafik: plot	2D-Grafik: plot oder plot2d
Gitterlinien: grid on	Gitterlinien: xgrid
Grafik für nächste Darstellung beibehalten: hold on	Bei Scilab bleibt eine bereits bestehende Grafik generell erhalten.
Überschrift: title	Überschrift: title
Legende: legend	Legende: legend
Achsenbezeichnungen: xlabel, ylabel	Achsenbezeichnungen: xlabel, ylabel

x-Achse logarithmisch: semilogx
y-Achse logarithmisch: semilogy
beide Achsen logarithmisch: loglog
	Überschrift und Achsenbezeichnungen zusammen: xtitle
	
	x-Achse logarithmisch:
	    plot2d(x,y,logflag='ln')
	
	y-Achse logarithmisch
	    plot2d(x,y,logflag='nl')
	
	beide Achsen logarithmisch
	    plot2d(x,y,logflag='ll')

- Dreidimensionale Liniengrafik

MATLAB, Octave	Scilab
3D-Liniengrafik: plot3	3D-Liniengrafik: param3d

- Die Darstellung von Flächen (3D-Grafik) erfolgt nach folgendem Schema:

   1. Mittels meshgrid wird ein Punktgitter auf der xy-Ebene zur Berechnung der z-Werte erzeugt.

   2. Auf diesem Gitter werden die Funktionswerte $z = f(x,y)$ berechnet.

   3. Die von der Funktion $z = f(x,y)$ aufgespannte Fläche wird mit dem Kommando surf in einem dreidimensionalen Koordinatensystem abgebildet.

- Mittels subplot lassen sich mehrere Grafiken in ein Fenster einzeichnen.

Polynome in MATLAB

- Polynome können in MATLAB am einfachsten durch den Vektor ihrer Koeffizienten dargestellt werden. Die Koeffizienten beginnen dabei mit der höchsten Potenz des Polynoms. Zur Berechnung eines bestimmten x-Wertes verwenden wir die Funktion polyval.

- Die *Nullstellen* (Wurzeln) des Polynoms werden mit dem Befehl roots ermittelt. Umgekehrt kann man aus der Kenntnis der Wurzeln über die Funktion poly die Polynomkoeffizienten bekommen. Für die Zeigerdarstellung der Wurzeln eignet sich der Befehl compass.

- Die *Addition* zweier Polynome lässt sich einfach auf die Addition ihrer Koeffizientenvektoren zurückführen. Da die Koeffizientenvektoren aber nicht das Gleiche wie die Polynome selbst sind, müssen für Multiplikation und Division eigene Kommandos benutzt werden. Für die Multiplikation ist dies conv, für die Division deconv. Analog stehen für die Integration der Befehl polyint und für die Differentiation der Befehl polyder zur Verfügung.

Polynome in Scilab

- In Scilab existiert eine besondere, halbsymbolische Schreibweise für Polynome. Man erhält sie als Polynommatrix, indem man zunächst den Koeffizientenvektor hinschreibt, beginnend (im Gegensatz zu MATLAB) mit der niedrigsten Potenz. Mit dem Kommando poly entsteht daraus die Polynommatrix, mit der die weiteren Operationen durchgeführt werden können.

- Zur Berechnung eines bestimmten x-Wertes verwenden wir die Funktion `horner`.

- Die Nullstellen (Wurzeln) des Polynoms werden mit dem Befehl `roots` ermittelt. Umgekehrt kann man aus der Kenntnis der Wurzeln über die Funktion `poly` die Polynomkoeffizienten bekommen

- Die Addition zweier Polynome lässt sich über die Addition ihrer halbsymbolischen Polynommatrix ermitteln. Für Multiplikation lässt sich das Multiplikationssymbol * sowie für die Division das Divisionssymbol / direkt auf die Polynommatrix anwenden.

Die Differentiation eines Polynoms erfolgt über das Kommando `derivat`, für die Integration steht kein solches Kommando zur Verfügung. Durch Hinzufügen der anwenderspezifischen Funktion `intpoly` lässt sich jedoch auch die Integration bewerkstelligen.

Testfragen zu Kapitel 1

1. Welche Funktion (Exponentialfunktion oder Potenzfunktion) wird in einer doppelt-logarithmischen Darstellung zur Geraden? Welche Funktion wird in einer einfach-logarithmischen Darstellung (y-Achse logarithmisch) zu einer Geraden? → 1.3.3 und Aufgabe 6
2. Was verstehen Sie unter einer konjugiert komplexen Zahl? → 1.7
3. Warum müssen die Funktionswerte für die Darstellung einer Fläche im Raum zuvor mit der Funktion `meshgrid` bearbeitet werden? → 1.6
4. Wodurch werden Polynome in MATLAB und wodurch in Scilab repräsentiert? → 1.9.1
5. Wie sind die folgenden Matrizen definiert und durch welches Kommando werden sie in MATLAB/Scilab erzeugt?
   - Nullmatrix, - Einsmatrix, - Einheitsmatrix → 1.8.4
6. Wie viele Wurzeln hat ein Polynom n-ter Ordnung? → 1.9.2
7. Wie lautet die Exponentialdarstellung einer komplexen Zahl und mit welchen Kommandos können Sie in MATLAB und Scilab den Betrag und den Phasenwinkel ermitteln? →1.7

Literatur zu Kapitel 1

[Eaton 2011]
HTML-Hilfe zu Octave, http://www.gnu.org/software/octave/doc/interpreter/index.html,
　　Stand 21.02.2013

[Eaton 2013]
Eaton J W, Bateman D, Hauberg S, *GNU Octave* (PDF),
　　http://www.gnu.org/software/octave/octave.pdf, Stand 21.02.2013

[Google 2013]
Google play, Octave Corbin Champion,
　　https://play.google.com/store/apps/details?id=com.octave&hl=de, Stand 08.04.2013

[Herraiz 2013]
Octave UPM, http://mat.caminos.upm.es/octave/, Stand 17.01.2013

[MathWorks 2012]
MathWorks Deutschland – MATLAB and Simulink for Technical Computing,
　　http://www.mathworks.de, Stand 30.12.2012

[Octave 2013]
GNU Octave, http://www.gnu.org/software/octave/, Stand 21.02.2013

[ScicosLab 2011]
ScicosLab Introduction, http://www.scicoslab.org/, Stand 11.04.2011

[Scicos 2012]
Scicos: Block diagram modeler/simulator, http://www.scicos.org/, Stand 30.12.2012

[Scilab 2013]
Scilab, http://www.scilab.org/, Stand 11.09.2013

[Scilab Doku 2012]
Scilab-Dokumentation, http://help.scilab.org/docs/5.4.0/en_US/index.html , Stand
　　30.12.2012

[Scilab Tutorial 2012]
Scilab-Tutorial, http://www.scilab.org/support/documentation/tutorials, Stand 30.12.2012

[Thuselt 2010]
Thuselt F, *Physik*, Vogel Buchverlag, Würzburg 2010

[Urroz 2001]
Urroz G E, *Numerical and Statistical Methods with SCILAB for Science and Engineering*,
　　vol. 1, greatunpublished.com, 2001

[Wikipedia: Komplexe Zahlen 2012]
Komplexe Zahlen, http://de.wikibooks.org/wiki/Komplexe_Zahlen, Stand 30.12.2012

[Wikipedia: GNU Octave 2013]
GNU Octave, http://de.wikipedia.org/wiki/GNU_Octave, Stand 21.02.2013

2 Script-Dateien und Funktionen

2.1 Script-Dateien

2.1.1 Grundsätzliches

Das Arbeiten auf der Ebene der Kommandozeile, wie wir es bisher gepflegt haben, war bequem, weil wir ohne größere Überlegungen sofort mit der Arbeit beginnen konnten. Sicher haben Sie inzwischen auch schon bemerkt, dass das erneute Eintippen jedes Kommandos durchaus lästig werden kann, wenn eine Folge von Befehlen mehrfach genutzt werden soll. Es wäre sinnvoll, solche Kommandofolgen in einer Datei zu speichern und anschließend stets nur noch die Datei als Ganzes aufzurufen. Wir erwarten, dass dann die jeweilige Kommandofolge automatisch ausgeführt wird. Dies ist in allen Programmiersprachen wie Visual Basic, Fortran oder C üblich, und ähnliche Möglichkeiten werden auch von MATLAB, Octave oder Scilab zur Verfügung gestellt.[1]

> Script-Dateien sind Textdateien. Sie enthalten Folgen von Befehlen, die als ausführbare Programme innerhalb des Hauptprogramms oder von der Kommandozeile aus mit einem einzigen Kommando aufgerufen und verwendet werden können.

Script-Dateien werden in MATLAB oder Octave mit der Dateiendung `.m` und in Scilab mit der Endung `.sce` oder `.sci` versehen, also zum Beispiel `test.m` beziehungsweise `nullstelle.sci`. MATLAB-Nutzer sprechen deshalb auch von M-Files.

Wir müssen *Script-Dateien* von *Funktionsdateien* unterscheiden. Bei Letzteren bleiben die Variablen „gekapselt", sind also im aufrufenden Programm beziehungsweise auf der Kommandoebene nicht verfügbar. Auf sie kommen wir noch zurück.

Script-Dateien speichern hingegen ihre Variablen im Workspace von MATLAB, Octave oder Scilab ab. Die in der Script-Datei benutzten Variablen können

---

[1] Der Unterschied besteht darin, dass bei Scilab und Octave die Dateien von einem Interpreter Befehl für Befehl abgearbeitet werden. Bei Visual Basic, Fortran und C hingegen werden die Dateien zunächst von einem Compiler komplett in Maschinencode übersetzt und erst danach ausgeführt. Dadurch wird die Bearbeitung erheblich beschleunigt. MATLAB nimmt eine Zwischenstellung ein. Hier durchläuft der Programmcode einen sogenannten Parser, der den Code zumindest teilweise kompiliert und dabei optimiert.

also nicht nur innerhalb der Script-Datei selbst, sondern auch anschließend von der Kommandozeile aus aufgerufen werden. Script-Dateien in MATLAB und Octave *müssen* die Endung `.m` aufweisen. Script-Dateien in Scilab *sollten*, müssen aber nicht die Endung `.sce` besitzen. Der Aufruf einer Script-Datei erfolgt in MATLAB einfach durch Angabe des Dateinamens (ohne die Endung `.m`), in Scilab durch das Kommando `exec` *file_name*`.sce;`[2].

Die Scilab-Syntax zum Aufrufen einer Funktion sieht vor, dass neben dem Funktionsnamen auch der Suchpfad mit angegeben wird, und erlaubt darüber hinaus verschiedene Optionen. Die Funktion `dechex.sce` (die wir später noch benötigen) kann zum Beispiel aus dem Unterverzeichnis `test` wie folgt aufgerufen werden:

```
-->exec('test\dechex.sce');
```

Mit dem abschließenden Semikolon wird die Ausgabe der Zeilen nach dem Aufruf unterdrückt, so wie bei MATLAB. Andernfalls würden bei der Ausführung alle Zeilen dieser Datei angezeigt, einschließlich der Kommentare.

Um eine Script-Datei unter MATLAB zu schreiben, benutzen Sie am besten den zugehörigen Editor. Sie rufen ihn zum Beispiel mit dem Kommando `edit` auf oder mit dem Button `NewScript` unter dem Reiter `Home`. Im Editor werden die Befehle Zeile für Zeile in gleicher Weise eingetragen wie vorher auf der Kommandooberfläche. Anschließend wird das M-File gespeichert. Wenn die Datei dann ihre Arbeit verrichten soll, rufen Sie sie unter dem gleichen Namen, unter welchem sie gespeichert wurde, wieder auf. Dadurch werden die Befehle der Reihe nach automatisch ausgeführt. Alternativ können Sie die Ausführung auch aus dem Editorfenster heraus starten, indem Sie den grünen Run-Button oder die Taste F5 drücken.

In Scilab kann ebenfalls auf einen Editor zugegriffen werden. Man findet ihn, von der Konsole ausgehend, unter `Datei > Eine Datei öffnen` oder gleichfalls mit dem Kommando `edit`. Im Prinzip kann jedoch auch jeder andere Texteditor verwendet werden.

An einem einfachen Beispiel wollen wir die Ausführung einer Script-Datei verdeutlichen.

---

[2] Der Dateiname kann beim Aufruf mit oder ohne Klammer sowie mit oder ohne Anführungszeichen stehen. Anstelle von Anführungszeichen kann der Name auch in Hochkommas eingeschlossen werden. Hier ist Scilab sehr tolerant.

■   Codetabelle 2.1

MATLAB, Octave	Scilab
Die Script-Datei `testscript.m` führt folgende Operationen aus:[3]	Die Script-Datei `testscript.sce` führt folgende Operationen aus:
``` % testscript.m % Addition zweier Zahlen a und b a = 1; b = 2; a + b ```	``` // testscript.sce // Addition zweier Zahlen a und b a = 1; b = 2; a + b ```
Sie wird ausgeführt nach Eingabe des Befehls `testscript`. In der Kommandozeile erscheint dann:	Sie wird ausgeführt nach Eingabe des Befehls `exec testscript.sce`. In der Kommandozeile erscheint dann:
``` >> testscript ans = 3 ```	``` -->exec testscript.sce -->// testscript.sce -->// Addition zweier Zahlen a und b -->a=1; -->b=2; -->a+b ans = 3. ```
Ein Semikolon nach dem Ausführungsbefehl bringt in MATLAB keine Veränderung:	Wird der Befehl `exec testscript.sce` mit Semikolon abgeschlossen, so wird nur das Ergebnis angezeigt:
``` >> testscript; ans = 3 ```	``` -->exec testscript; ans = 3. ```

Die Befehlsfolge einer Script-Datei stellt ein (einfaches) Programm im Sinne der Informatik dar. Es sollte deshalb (wenn es sich nicht um solch ein kurzes Testprogramm wie das soeben beschriebene handelt) üblicherweise mindestens drei Teile enthalten:

Bereiche einer Script-Datei:
• Teil zum Vorgeben bzw. Einlesen von Werten (aus einer Datei oder von der Tastatur aus),
• Rechenteil,
• Ausgabeteil (Werte an Kommandoebene in eine Grafik oder in eine Datei).

Wir sollten auch nicht vergessen, unser Programm besser lesbar zu machen, indem wir sinnvolle Kommentare hinzufügen. So mancher Anwender hat sein kommentarloses Programm bereits nach wenigen Wochen nicht mehr verstanden.

---

[3] Die Inhalte von Script-Dateien kennzeichnen wir durch die Schriftart Arial Narrow.

Wie wir uns erinnern, werden Kommentarzeilen in MATLAB oder Octave mit dem Prozentzeichen, in Scilab mit doppeltem Schrägstrich eingeleitet. Octave akzeptiert auch ein Balkenkreuz anstelle des Prozentzeichens.

MATLAB-Kommentare, die unmittelbar am Anfang eines M-Files stehen, werden übrigens als Hilfe-Text ausgegeben.

■   Codetabelle 2.2

MATLAB, Octave	Scilab

`>> help testscript`
`  testscript.m`
`  Addition zweier Zahlen a und b`
	Bei Scilab gibt es keine so einfache Möglichkeit, eine eigene Hilfe zu generieren.

Umfangreichere Aufgaben sollten, wie überall in der Informatik, in Teil- oder Unterprogramme aufgeteilt werden. Bei den kurzen Befehlsfolgen in unseren Beispielen ist das allerdings nicht nötig.

Mit dem Kommando `pause` wird die Ausführung einer Script-Datei unterbrochen. Dieser Befehl kann ausgesprochen nützlich für den Test eines Programms sein. Unter Scilab tritt an dessen Stelle der Befehl `halt`. Die Bearbeitung des Kommandos `pause` ist hier komplizierter. Darauf werden wir erst später zurückkommen.

2.1.2 Einrichten des Arbeitsverzeichnisses

Der einfachste Weg, unter Scilab eine Script-Datei arbeiten zu lassen, besteht darin, sie mittels Doppelklick auf das Dateisymbol aufzurufen. Dabei öffnen sich automatisch der Scilab-Editor und die Scilab-Konsole. Das aktuelle Arbeitsverzeichnis von Scilab liegt normalerweise in dem Verzeichnis, in dem Scilab gestartet wurde.

Ist dagegen Scilab bereits geöffnet, so müssen wir das Arbeitsverzeichnis unter Umständen erst suchen. Wir können es finden, indem wir im Menü den Befehl

`Datei > Aktuelles Verzeichnis anzeigen`

wählen. Zum Ändern wählen wir in der darüberliegenden Zeile:

`Datei > Aktuelles Verzeichnis ändern`

Außerdem besteht die Möglichkeit, zu diesem Verzeichnis per Kommandozeilenbefehl zu wechseln. Dazu ist das Kommando `cd` („Change directory") geeignet:

```
-->cd D:\Daten\Numerik\MATLAB_Scilab\Script-Dateien

    ans

cd D:\Daten\Numerik\MATLAB_Scilab\Script-Dateien
```

Anders als bei den sonstigen Windows-Programmen dürfen die Datei- und Verzeichnisnamen keine Leerzeichen enthalten.

Wie Sie wahrscheinlich wissen, lässt sich jedoch das Arbeitsverzeichnis eines Windows-Programms immer auch einstellen, indem wir mit der rechten Maustaste das (MATLAB- oder Scilab-)Icon anklicken und Eigenschaften aufrufen. Unter Ausführen in können Sie dann den gewünschten Verzeichnisnamen eingeben.

Bei MATLAB lässt sich das Arbeitsverzeichnis durch Mausklick wie in Abb. 2.1 gezeigt einstellen. In älteren MATLAB-Versionen gab es auch die Möglichkeit, wie bei Scilab im Menü File > Run Script... > Dateiname auszuwählen.

Abb. 2.1 Einrichtung des Arbeitsverzeichnisses unter MATLAB

Der aktuelle Suchpfad kann unter MATLAB oder Octave mit path angezeigt werden. In der Regel sind dann sehr viele Verzeichnisse zu sehen. Ein neuer Pfad wird in MATLAB über den Menübefehl File > Set Path angelegt. Alternativ kann man auch das Kommando addpath verwenden, zum Beispiel wie folgt:

```
addpath('C:\Programme\MATLAB\work\')
```

Wenn Octave ohne grafische Benutzeroberfläche verwendet wird, müssen alle Eingaben in der Kommandozeile ausgeführt werden. Dann ist man auf das Kommando addpath angewiesen,

```
addpath("C:/Programme/Octave/share/octave/3.0.1/m/phys")
```

Datei auf Webseite

Wie unter MATLAB oder Octave der Pfad zu allen Verzeichnissen geöffnet werden kann, die Sie von der Verlags-Webseite heruntergeladen haben, wurde bereits in der Einleitung erwähnt. Zu Beginn jeder Sitzung sollte dazu das Kommando userpath_set eingegeben werden, das wir auf der Verlags-Webseite anbieten. Damit wird ein Pfad zu Dateien in allen Unterverzeichnissen geöffnet. Leider funktioniert dies bei Scilab nicht in ähnlich einfacher Weise – hier führt kein Weg daran vorbei, das aktuelle Arbeitsverzeichnis stets neu aufzurufen.

2.1.3 Ein- und Ausgabekommandos

Sehr häufig ist es nötig, in eine Script-Datei während ihrer Bearbeitung Daten von der Kommandozeile aus einzugeben. Dies soll dem Benutzer durch ein geeignetes Kommando angezeigt werden. Hierfür steht in MATLAB, Octave und Scilab der Befehl input zur Verfügung. Damit werden die benötigten Werte eingelesen. Für Ausgaben kann disp verwendet werden.

Die formatierte Ausgabe erfolgt über sprintf bei MATLAB beziehungsweise msprintf bei Scilab. Dieses Kommando dient eigentlich dazu, eine *Zeichenkette* (einen *String*) aus den bereitgestellten Daten zu erzeugen. Eine solche Zeichenkette kann mittels disp im Kommandofenster angezeigt werden. Hier wollen wir uns jedoch über diese Anwendung hinaus noch nicht weiter mit Strings beschäftigen. Die verschiedenen Möglichkeiten der Formatierung sind anhand der Dateien hinreichend zu erkennen und werden anschließend noch einmal kurz zusammengefasst. Sie erinnern an äquivalente Ausgabemöglichkeiten in der Programmiersprache C. Auch neben der Verwendung in disp sind Strings auch sonst sehr vielseitig verwendbar.

Zur Illustration geben wir jetzt gleich mehrere Beispiele für Ausgabeformate an. Als Beispiel soll ein Demo-Programm zur Umrechnung von Radiant in Grad dienen. Der Wert des Winkels wird in diesen Script-Dateien in Radiant eingegeben, die Ausgabe erfolgt auf unterschiedliche Weise. Da die Kommandozeilen ziemlich lang sind, werden die MATLAB- und Scilab-Operationen hier nacheinander dargestellt.

■ Codetabelle 2.3

MATLAB, Octave

Die Script-Datei rad_grad.m führt folgende Operationen aus   *Datei auf Webseite*

```
% rad_grad.m
% M-File zur Umwandlung von Radiant in Winkelgrad
% keine Angabe von Winkelminuten und Winkelsekunden, sondern von Zehntel-
% und Hundertstelgrad

% Werte eingeben
% ***************
disp('Umrechnung eines Winkels aus Radiant in Grad')
alpha_rad = input('Winkel in Radiant eingeben: ');

% Rechnung
% ********
alpha_grad = alpha_rad * 360/2/pi;

% Ausgabe von Text (formatierte Ausgabe)
% ***************
disp(' ')  % erzeugt Leerzeile
disp('Festkommaformat, 4 Stellen insgesamt, 3 Nachkommastellen');
        string1 = sprintf('Winkel in Grad = %4.3f°\n', alpha_grad);
        disp(string1);
disp('Festkommaformat, 4 Stellen insgesamt, keine Nachkommastellen');
        string2 = sprintf('Winkel in Grad = %4.0f°\n', alpha_grad);
```

```
                disp(string2);
disp('Dezimalformat:');
                string3 = sprintf('Winkel in Grad = %4.1d°\n', alpha_grad);
                disp(string3);
disp('Exponentialformat:');
                string4 = sprintf('Winkel in Grad = %4.3e°\n', alpha_grad);
                disp(string4);
```

Die Ausgabe zeigt dann Folgendes:

```
>> rad_grad
Umrechnung eines Winkels aus Radiant in Grad
Winkel in Radiant eingeben: 1.05

Festkommaformat, 4 Stellen insgesamt, 3 Nachkommastellen
Winkel in Grad = 60.161°

Festkommaformat, 4 Stellen insgesamt, keine Nachkommastellen
Winkel in Grad =   60°

Dezimalformat:
Winkel in Grad = 6.0e+001°

Exponentialformat:
Winkel in Grad = 6.016e+001°
```

Scilab

Die Script-Datei rad_grad.sce führt folgende Operationen aus: *Datei auf Webseite*

```
// rad_grad.sce
// Scilab-Script-File zur Umwandlung von Radiant in Winkelgrad
// keine Angabe von Winkelminuten und Winkelsekunden, sondern von Zehntel-
// und Hundertstelgrad

// Werte eingeben
// ***************
disp('Umrechnung eines Winkels aus Radiant in Grad')
alpha_rad = input('Winkel in Radiant eingeben: ');

// Rechnung
// ***************
alpha_grad = alpha_rad * 360/2/%pi;

// Ausgabe von Text (formatierte Ausgabe)
// ***************
//disp(' ') // erzeugt Leerzeile
disp('Festkommaformat, 4 Stellen insgesamt, 3 Nachkommastellen');
                string1 = msprintf('Winkel in Grad = %4.3f°\n', alpha_grad);
                disp(string1);
disp('Festkommaformat, 4 Stellen insgesamt, keine Nachkommastellen');
                string2 = msprintf('Winkel in Grad = %4.0f°\n', alpha_grad);
                disp(string2);
disp('Dezimalformat:');
                string3 = msprintf('Winkel in Grad = %4.1d°\n', alpha_grad);
                disp(string3);
disp('Exponentialformat:');
                string4 = msprintf('Winkel in Grad = %4.3e°\n', alpha_grad);
                disp(string4);
```

Die Ausgabe zeigt dann Folgendes:

```
-->exec rad_grad.sce;

 Umrechnung eines Winkels aus Radiant in Grad
Winkel in Radiant eingeben: 1.05

 Festkommaformat, 4 Stellen insgesamt, 3 Nachkommastellen
Winkel in Grad = 60.161°

 Festkommaformat, 4 Stellen insgesamt, keine Nachkommastellen
Winkel in Grad =    60°

 Dezimalformat:
Winkel in Grad =    60°

 Exponentialformat:
Winkel in Grad = 6.016e+001°
```

Natürlich könnten wir auch unformatierte Daten ausgeben, indem wir wie bisher einfach das Semikolon hinter der Variablen fortlassen. Für Testzwecke ist dies auch vollkommen ausreichend. Die formatierte Ausgabe sieht allerdings eleganter aus.

Programmierpraxis mit Standardfunktionen	
MATLAB, Octave	Scilab
• Zeichenketten (Strings) werden in Hochkommas eingegeben, z.B. `s1 = 'Hallo'`	• Zeichenketten (Strings) werden in Hochkommas eingegeben, z.B. `s1 = 'Hallo'`
• Mittels `disp` können Variablen oder Strings angezeigt werden, z.B. `disp(s1)`	• Mittels `disp` können Variablen oder Strings angezeigt werden, z.B. `disp(s1)`
• Mit `sprintf` werden formatierte Daten einer Variablen a als String ausgegeben. In der Form `str = sprintf('Text %m.nf', a)` f bedeutet „Festkommaformat": m ist die Gesamtzahl der ausgegebenen Stellen, n die Zahl der Nachkommastellen. Für andere Formate und weitere Möglichkeiten verweisen wir auf die Hilfe.	• Mit `msprintf` werden formatierte Daten einer Variablen a als String ausgegeben. In der Form `str = msprintf('Text %m.nf', a)` f bedeutet „Festkommaformat", m ist die Gesamtzahl der ausgegebenen Stellen, n die Zahl der Nachkommastellen. Für andere Formate und weitere Möglichkeiten verweisen wir auf die Hilfe.

Aufgabe 1   Funktionsverlauf eines Polynoms

a) Schreiben Sie ein Script-Programm, das den Funktionsverlauf eines beliebigen Polynoms in den Grenzen $-x \leq x \leq 5$ grafisch wiedergibt.

Das Polynom soll wie in Abschnitt 1.9.1 durch seine Koeffizienten als Vektor in eckigen Klammern dargestellt werden. Lassen Sie die Koeffizienten vom Benutzer durch den Befehl `input` eingeben. Versehen Sie die Grafik mit Achsenbezeichnungen und einem geeigneten Titel.

b) Neben der Grafik sollen auch die Nullstellen des Polynoms über `roots` ausgegeben werden. ∎

Aufgabe 2   Logarithmische Darstellung einer Funktion

Im Zusammenhang mit Schwingungen und in der Regelungstechnik werden Funktionen des Typs

$$y = 1 \bigg/ \sqrt{(1 - \omega^2) + (2\delta\omega)^2}$$

untersucht. Dabei ist ω die sogenannte Anregungsfrequenz und δ die Dämpfung. Wir interessieren uns hier nicht für die physikalisch-technischen Zusammenhänge, wollen diese Funktion aber in einem doppelt-logarithmischen Maßstab grafisch darstellen.

Schreiben Sie also ein Script, welches die Funktion in den Grenzen $10^{-1} \leq \omega \leq 10$ doppelt-logarithmisch dargestellt. Die Größe δ soll über ein `input`-Kommando eingelesen werden.

Zusatz: Oft ist es nützlich, eine sogenannte Default-Eingabe vorzusehen. Falls nach dem `input`-Kommando vom Benutzer kein Zahlenwert eingegeben wird, kann man einen Vorgabewert vorsehen. Dafür lässt sich die folgende Konstruktion nutzen:
`if isempty(delta), delta =.1, end.` Vergleichen Sie hierzu auch die Syntaxbeschreibung am Ende von Abschnitt 4.2.3. ∎

2.2   Funktionen in MATLAB, Octave und Scilab

2.2.1 Allgemeines über Funktionen

Neben den Script-Files gibt es auch Dateien, die Funktionen beinhalten.

> Funktionen stellen im Gegensatz zu Script-Dateien Programme dar, die ihre Werte nur über festgelegte Ein- und Ausgabeschnittstellen mit dem aufrufenden Programmteil oder der Kommandoebene austauschen.

Grundsätzlich bestehen auch Funktionen aus den Teilen *Eingabe – Rechenteil – Rückgabe*. Im Unterschied zu Script-Dateien sind jedoch bei einer Funktion von außen die internen Variablen und Kommandos nicht sichtbar. Eine Funktion ist demnach eine Black Box, die nur über die Eingabe- und die Ausgabe-Schnittstellen Verbindung zum aufrufenden Programmteil aufnehmen kann (Abb. 2.2).

Abb. 2.2 Funktion als Black Box

Wir können zum Beispiel auf der Kommandoebene eine Variable a benutzen und innerhalb einer Funktion eine Variable gleichen Namens. Beide nehmen jedoch voneinander keinerlei Notiz, ihre Werte können ganz verschieden sein.

> Variablen, die innerhalb der Funktion verwendet werden, sogenannte *interne (gekapselte) Variablen*, sind von außen (also auf der Kommandoebene oder im aufrufenden Programm) nicht verfügbar.

Zahlreiche vordefinierte Funktionen sind, wie bereits früher erwähnt, als Teile der Programmpakete von MATLAB, Octave oder Scilab enthalten (mitgelieferte Funktionen). Deren Namen stellen *Schlüsselwörter* dar, die nicht anderweitig verwendet werden sollten. Einige dieser Funktionen, die besonders häufig benötigt werden und dementsprechend optimierte Zugriffszeiten ermöglichen sollen, sind die sogenannten *Built-in-Funktionen* („eingebaute Funktionen"), in Scilab heißen sie *hart-codierte Funktionen*. Dazu gehören zum Beispiel sin, sind, tan, tand, sqrt usw. Ihre innere Codierung ist nicht sichtbar. Bei anderen mitgelieferten Funktionen kann der interne Code als Textdatei durchaus aufgerufen werden. Diese werden bei Scilab auch *Makros* genannt, ihre Codierung kann man mit dem Editor aufrufen. Hierzu gehört zum Beispiel die Funktion sinh (Hyperbelsinus). Darüber hinaus ist es dem Anwender möglich, eigene *anwenderdefinierte Funktionen* zu schreiben und zu verwenden.

Zuweilen wird unabsichtlich eines dieser Schlüsselwörter überschrieben, indem vielleicht eine Variable oder Datei gleichen Namens erzeugt wird. MATLAB weist aber im Gegensatz zu Scilab darauf leider nicht hin. Dadurch können Fehler entstehen, die nur recht schwer erkannt werden. Was passiert, wenn man (versehentlich) einmal die Sinusfunktion zu überschreiben versucht, wird mit der folgenden Kommandosequenz gezeigt.

■ Codetabelle 2.4

MATLAB, Octave	Scilab

`>> sin = 3`
`sin =`
`    3`
`>> sin(pi/4)`
`??? Subscript indices must either be real`
`positive integers or logicals.`
`>> clear sin`
	`-->sin = 3`
	`Warnung: definiere Funktion neu: sin`
	`. Verwende funcprot(0), um diese Nachricht`
	`zu vermeiden`
	
	`  sin  =`
	`    3.`

MATLAB, Octave	Scilab
	-->clear sin
Mit dem clear-Kommando wurde die neu definierte Variable sin gelöscht.	

>> sin(pi/4)
ans =
   0.70711
	-->sin(%pi/4)
	ans =
	   0.7071068.

Damit steht wieder die Sinusfunktion zur Verfügung.	

Uns soll an dieser Stelle jedoch vor allem interessieren, wie man selbst eine Funktion schreiben kann. In einer anwenderdefinierten Funktion muss die erste Zeile in der Funktionsdatei die die *Deklaration* der Funktion enthalten. Dies geschieht nach dem folgenden Schema:

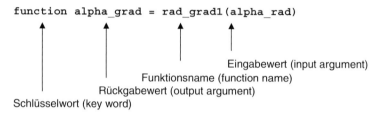

```
function alpha_grad = rad_grad1(alpha_rad)
```

Schlüsselwort (key word)
Rückgabewert (output argument)
Funktionsname (function name)
Eingabewert (input argument)

Wir hatten schon erwähnt, dass interne Variablen außerhalb einer Funktion nicht verfügbar sind. Wollen wir in Scilab darauf zugreifen, so müssen wir das Kommando pause verwenden, das wir schon zu Beginn dieses Kapitels erwähnt haben. Mit diesem Kommando wird eine neue, höhere Arbeitsebene („Workspace") geöffnet. Ein verändertes Prompt-Zeichen weist darauf hin, zum Beispiel -1-> anstelle von -->. In diesem Zustand kann der Benutzer auf alle Variablen der gerade bearbeiteten Ebene zugreifen. Darüber hinaus sind alle Variablen der jeweils darunter liegenden Arbeitsebenen verfügbar, nicht jedoch umgekehrt. Auch Abbrüche oder Programmfehler können auf eine höhere Arbeitsebene führen. Durch eines der Kommandos resume, return oder abort gelangt man auf die nächstniedrigere Arbeitsebene zurück. Ein Beispiel für die Verwendung des pause-Befehls in Scilab soll hier angegeben werden:

Scilab
| ```
-->a = 3;
-->pause  // führt von Konsole auf Arbeitsebene 1
-1->pause // noch einmal pause führt auf Arbeitsebene 2
-2->resume// Von Arbeitsebene 2 zurück auf Arbeitsebene 1
-1->a1=3
 a1  =
    3.
-1->c=return(a1)
-->c      // bringt a1 als Variable c zur Konsole zurück
 c  =
``` |
```

```
Scilab
   3.
-->a1       // gibt Fehlermeldung, da a1 auf Konsole unbekannt
  !--error 4
Undefined variable: a1
```

Das Arbeiten mit dem pause-Kommando ermöglicht das Unterbrechen der Funktionsbearbeitung in der Testphase. In dieser Situation können dann die Werte von inneren Variablen abgefragt werden.

Im Unterschied zu Programmiersprachen wie Java, C usw. sind in MATLAB oder Scilab generell keine Variablendeklarationen erforderlich. Das gilt auch für diejenigen Variablen, die in Funktionen benutzt werden.

2.2.2 Schreiben und Aufrufen einer Funktion

Jetzt wenden wir uns der Frage zu, wie wir eine Funktion selbst schreiben und dann, im nächsten Schritt, auf diese zugreifen können. Als einfaches illustratives Beispiel soll wieder ein Programm zur Umrechnung von Radiant in Grad dienen. Diesmal soll es aber nicht als Script-File, sondern als Funktion geschrieben werden:

■   Codetabelle 2.5

MATLAB, Octave	Scilab
Datei auf Webseite	*Datei auf Webseite*

function a_grad = rad_grad1(a_rad)
% Funktions-M-File
% zur Umwandlung von Radiant
% in Winkelgrad
a_grad = a_rad * 180/pi;
	function a_grad = rad_grad1(a_rad)
	// Funktionsdatei
	// zur Umwandlung von Radiant
	// in Winkelgrad
	a_grad = a_rad * 180/%pi;

Beim Aufruf wird die Funktion durch die Angabe des Funktionsnamens (ohne die Endung .m oder .sce) auf der Kommandozeile automatisch ausgeführt. Im Workspace erscheint nach Ausführung dieser Funktion zum Beispiel	

>> rad_grad1(1.05)
ans =
   60.161
	-->exec rad_grad1.sce;
	-->rad_grad1(1.05)
	 ans =
	  60.160568

In Scilab mussten wir die Funktion zunächst „verfügbar" machen, dazu haben wir den Befehl exec benutzt. Erst danach kann sie zur Berechnung verwendet werden.

Für eine Funktion können wir auch mehrere Rückgabewerte vereinbaren, sie stehen dann in eckigen Klammern, das heißt, sie werden als Vektor mit mehreren Komponenten ausgegeben:

■   Codetabelle 2.6

MATLAB, Octave	Scilab
Datei auf Webseite	*Datei auf Webseite*

function [grad,min,sec] = rad_grad2(alpha_rad)
% Funktion zur Umwandlung
% von Radiant in Winkelgrad
% mit Angabe von Grad, Minuten
% und Sekunden
alpha_grad = alpha_rad * 180/pi;
grad = fix(alpha_grad);
minuten = (alpha_grad - grad)*60;
min = fix(minuten);
sec = (minuten - min)*60;
	function [grad,min,sec] = rad_grad2(alpha_rad)
	// Funktion zur Umwandlung
	// von Radiant in Winkelgrad
	// mit Angabe von Grad, Minuten
	// und Sekunden
	alpha_grad = alpha_rad * 180/%pi;
	grad = fix(alpha_grad);
	minuten = (alpha_grad - grad)*60;
	min = fix(minuten);
	sec = (minuten - min)*60;

Im Workspace erscheint nach der Ausführung:

<table>
<tr><td>

```
>> [grad,min,sec] = rad_grad2(1.05)
grad =
     60
min =
      9
sec =
        38.047
```

Werden die Ausgabewerte nicht spezifiziert, so
wird nur der erste Wert angezeigt:

```
>> rad_grad2(1.05)
ans =
    60
```
</td><td>

```
-->exec rad_grad2.sce;
-->[grad,min,sec] = rad_grad2(1.05)
 sec  =
     38.046559
 min  =
     9.
 grad  =
     60.
```

Werden die Ausgabewerte nicht spezifiziert, so
wird nur der erste Wert angezeigt:

```
-->rad_grad2(1.05)
 ans  =
    60.
```
</td></tr>
</table>

Jede MATLAB-Funktion steht in einer eigenen Datei, der Dateiname sollte mit
dem Namen der Funktion übereinstimmen. Er hat wie bei Script-Files die Endung
.m. In MATLAB und Octave wird beim Aufruf die Funktion durch die Angabe
des Funktionsnamens (ohne die Endung .m) auf der Kommandozeile automatisch
geladen und ausgeführt. In Scilab muss dagegen eine Funktionsdatei, wie wir
wissen, erst mit exec eingebunden werden.

In Scilab kann eine Datei durchaus mehrere Funktionen enthalten.[4] Diese Datei
trägt die Endung .sci oder .sce. Nehmen wir zum Beispiel eine solche Datei mit
dem Namen myfunct.sce. In ihr könnten die drei Funktionen f1, f2 und x2exp
enthalten sein, wie das folgende Beispiel illustriert.

---

[4] Das ist offensichtlich auch in Octave möglich, aber aus Gründen der Kompatibilität zu MAT-
LAB sollte man dies unterlassen.

■ Codetabelle 2.7

MATLAB, Octave	Scilab
In MATLAB ist für jede Funktion eine eigene Datei erforderlich, zum Beispiel:	In Scilab kann eine Datei (zum Beispiel `my-funct.sce`) mehrere Funktionen enthalten:

Die Datei `f1.m` enthält *Dateien auf Webseite*

```
function y = f1(x)
y = 2 .* x;
end
```

Die Datei `f2.m` enthält

```
function y = f2(x)
y = x.^2;
end
```

Die Datei `x2exp.m` enthält

```
function y = x2exp(x)
% Quadrieren und Exponent
y = x.^2-exp(x);
end
```

Datei auf Webseite

```
function y = f1(x)
  y = 2 .* x;
endfunction

function y = f2(x)
  y = x.^2;
endfunction

function y = x2exp(x)
// Quadrieren und Exponent
  y = x.^2-exp(x);
endfunction;
```

Der Abschluss mit `end` in MATLAB und mit `endfunction` in Scilab kann auch entfallen. Da in Scilab jedoch mehrere Funktionen in einer Datei stehen können, ist es empfehlenswert, dieses abschließende Kommando beizubehalten.

Auf die einzelnen Funktionen kann, nachdem die Funktionsdatei geladen wurde, wie folgt zurückgegriffen werden:

```
>> x = 5;
>> y = x2exp(x)
y =
 -123.4132
```

```
-->exec myfunct.sce
-->x = 5;
-->y = x2exp(x)
 y =
 - 123.41316
```

Unmittelbar unter der Funktionsdeklaration werden Sie in der Regel eine Erläuterung platzieren, die diese Funktion beschreibt. (In zweien unserer Beispiele haben wir dies allerdings der Kürze halber unterlassen.) In MATLAB und Octave (nicht in Scilab) wird genau dieser Hilfetext angezeigt, wenn Sie den `help`-Befehl benutzen, zum Beispiel:

```
>> help x2exp
  Quadrieren und Exponent
```

Wir zeichnen nun ein Bild der Funktion $f(x) = x^2 - e^x$. Dazu müssen wir eine möglichst dichte Folge von Funktionswerten im gewünschten Bereich berechnen.

■   Codetabelle 2.8

MATLAB, Octave	Scilab
`>> x = -2:.1:2;`	`-->x = -2:.1:2;`
`>> y = x2exp(x);`	`-->exec myfunct.sce;`
`>> plot(x,y); grid on;`	`-->y = x2exp(x);`
`>> title('Funktion x^2-exp(x)');`	`-->plot(x,y); xgrid`
`>> xlabel('x');ylabel('y');`	`-->xtitle('Funktion x^2-exp(x)','x','y');`

Dabei entsteht eine Grafik entsprechend Abb. 2.3.

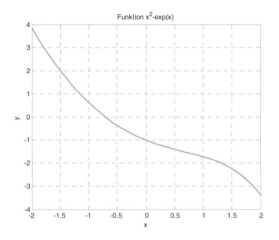

Abb. 2.3 MATLAB-Bild der Funktion `x2exp` (Das Scilab-Bild ist ähnlich.)

Wenn Funktionen nur sehr kurz sind, können sie auch als *Inline-Funktionen* (bei Scilab heißen sie *Online-Funktionen*) in einer einzigen Zeile definiert werden. Das kann auf der Kommandozeile oder als Kommando in einem Script-File geschehen. Dadurch erspart man sich, eine separate Funktionsdatei anzulegen.

■   Codetabelle 2.9

MATLAB, Octave	Scilab

Definition der Inline-Funktion in MATLAB:
 	
`>> f1 = inline('x.^2-exp(x)')`
`f1 =`
 	
`    Inline function:`
`    f1(x) = x.^2-exp(x)`
 	
Die Inline-Funktion kann wie jede andere Funktion ausgewertet werden:
 	
`>> x = 5;`
`>> y = f1(x)`
`y =`
`   -123.4132`
	Die Definition einer Online-Funktion in Scilab ist etwas komplizierter. Dazu benutzt man den Befehl `deff`.
	
	`-->a = deff('y = f1(x)','y = x.^2-exp(x)')`
	Auswertung der Online-Funktion:
	`-->y = f1(x)`
	`-->x = 5;`
	`  y  =`
	`  - 123.41316`
	
	In Scilab ist es darüber hinaus möglich, Funktionen unmittelbar über einen einzeiligen Funktionsstring zu definieren:

MATLAB, Octave	Scilab

	`-->function y=ff(x); y = x.^2-`
	`exp(x);endfunction`
	
	Der Abschluss mit `endfunction` ist dabei unbedingt notwendig. Die so definierte Funktion wird ganz normal aufgerufen:
	
	`-->x = 5;`
	`-->y = ff(x)`
	` y  =`
	`   - 123.41316`

Es gibt noch eine weitere Möglichkeit, eine Funktion zu definieren. Dabei benutzt man einen *Funktionsstring*. Das bedeutet, die Funktion wird als Zeichenkette, als sogenannter String, definiert. Zeichenketten können mit dem Befehl `eval` ausgewertet werden.

■   Codetabelle 2.10

MATLAB (Octave)	Scilab

`>> f2 = 'x.^2-exp(x)'`
`f2 =`
`x.^2-exp(x)`
`>> x = 5;`
`>> f = eval(f2)`
`f =`
`  -123.4132`
	`-->f2='x.^2-exp(x)'`
	` f2  =`
	`x.^2-exp(x)`
	`-->x = 5;`
	`-->f = eval(f2)`
	` f  =`
	`   - 123.41316`

Das ist nur unter MATLAB möglich. Eine modernere Variante, solche „einzeiligen" Funktionen zu definieren, ist die sogenannte *anonyme Funktion*. Sie wird mit Hilfe eines *function handle* dargestellt. Uns braucht vorerst dessen interne Arbeitsweise nicht zu interessieren. Wichtig ist hier die Schreibweise:
 	
`>> f3 = @(x) x.^2-exp(x)`
`f3 =`
`    @(x)x.^2-exp(x)`
`>> y = f3(x)`
`y =`
` -123.4132`
 	
Diese Variante funktioniert auch unter Octave.	

2.2.3 Funktionen von Funktionen

Bereits im Abschnitt 1.9.2 haben wir die Wurzeln von Polynomen bestimmt. Dazu stand uns das Kommando `roots` zur Verfügung. Leider ist seine Anwendung aber auf Polynome beschränkt. Wenn wir jetzt die Nullstellen einer anderen Funktion ermitteln wollen, kann also `roots` nicht benutzt werden. Stattdessen stellt

MATLAB mit `fzero` und Scilab mit `fsolve` ein Nullstellensuchprogramm für *beliebige* Funktionen bereit. Ausgehend von einem Startwert, den der Benutzer festlegen muss, wird dabei die Nullstelle Schritt für Schritt immer weiter eingegrenzt. Diese Prozeduren werden durch das Programm `fzero/fsolve` selbstständig veranlasst. Sie als Anwender rufen zum Beispiel `fzero` auf und teilen dabei lediglich den Namen der Funktion mit, deren Nullstelle gesucht werden soll. Der Vorgang ist in Abb. 2.4 veranschaulicht. (Das Durchreichen von Parametern ist allerdings nur in MATLAB auf die gezeigte Weise möglich.)

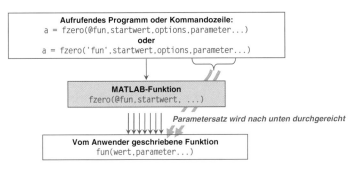

Abb. 2.4 Funktionen von Funktionen, hier am Beispiel von `fzero` in MATLAB

Die Anwenderfunktion wird bei der Nullstellensuche gemäß folgender Syntax aufgerufen:

Programmierpraxis mit Standardfunktionen	
MATLAB, Octave	Scilab
• x = fzero(fun, x0, [options],...)	• x = fsolve(x0,fun)
Die Bezeichnung fun steht für den Namen der Funktion, deren Nullstelle gesucht wird. Unter x0 wird der Startwert für die Suche vorgegeben. x ist der gesuchte Wert der Nullstelle. Unter options können noch weitere Vorgaben gemacht werden.	Die Bezeichnung fun steht für den Namen der Funktion, deren Nullstelle gesucht wird. Unter x0 wird der Startwert für die Suche vorgegeben. x ist der gesuchte Wert der Nullstelle.

Vor der Nullstellensuche wollen wir uns erst einmal anhand des Funktionsgraphen einen Überblick verschaffen, in welchem Bereich die x-Achse geschnitten wird. Wir wollen dies am Beispiel von $f(x) = x^2 - e^x = 0$ demonstrieren. Bereits im vorigen Abschnitt haben wir in Abb. 2.3 ein Bild dieser Funktion erzeugt. Wir erkennen am Funktionsverlauf, dass die gesuchte Nullstelle etwa zwischen $x = -1$ und $x = -0,5$ liegt. Folglich könnte $x = -1$ ein guter Startwert für die Nullstellensuche sein. Wir setzen also an:

■ Codetabelle 2.11

MATLAB (nicht Octave)	Scilab[5]

>> fzero('x2exp', -1)
ans =
   -0.70347
	-->exec myfunct.sce;
	-->fsolve(-1,x2exp)
	ans =
	  - 0.7034674

Die Syntax sieht vor, dass beim Aufruf von `fzero` in MATLAB der Name der Funktionsdatei in Hochkommas angegeben wird. Diese Methode des Funktionsaufrufs beinhaltet die Werteübergabe als „Call by value", das heißt, die Daten werden in eigene Speicherbereiche übergeben. Benutzen wir eine Inline-Funktion, so stellt diese bereits den Funktionsstring dar und es erübrigt sich das Hochkomma im Argument von `fzero`. Ebenso wenig ist das Hochkomma bei Scilab erforderlich. Unter Octave ist der Aufruf nach diesem Verfahren nicht möglich.

Eine bessere Möglichkeit bieten sowohl MATLAB als auch Octave, indem die Funktion mittels eines Zeigers, eben des „function handle" (gekennzeichnet durch das Symbol @), ausgewiesen wird. Dies geschieht in der Form `fzero(@x2exp,2)`. Hierbei wird dem ausführenden Programm (in unserem Fall dem Programm `fzero`) lediglich der Speicherort der zu bearbeitenden Funktion mitgeteilt (im Beispiel der Ort der Funktion `x2exp.m`).[6] Umfangreiche Berechnungen werden auf diese Weise optimiert. Die Nullstellensuche für die oben definierte Funktion $f(x) = x^2 - e^x$ wird dann wie folgt formuliert:

```
>> x0 = fzero(@x2exp,1)
x0 =
     1
```

Zur Prüfung des Ergebnisses können wir uns übrigens den gefundenen Funktionswert $f(x)$ zusätzlich anzeigen lassen. Eigentlich sollte dieser ja null sein. Da es sich um ein numerisches Näherungsverfahren handelt, werden wir nicht einen Wert erwarten können, der exakt bei null liegt, aber er sollte natürlich möglichst wenig davon abweichen. Das wollen wir jetzt einmal prüfen.

■ Codetabelle 2.12

MATLAB, Octave	Scilab

>> [x,y] = fzero('x2exp', -1)
x =
   -0.70347
y =
   0
	-->[x,y] = fsolve(-1,x2exp)
	y =
	  0.
	x =
	  - 0.7034674

---

[5] Die Toolbox „Optimization and Simulation" muss installiert sein.

[6] Das erinnert an die Vorgehensweise in C, wenn dort Zeiger benutzt werden.

Hier liegt demnach y im Rahmen der Rechengenauigkeit exakt bei null.

Eine weitere praktische Möglichkeit ergibt sich über die Definition einer *Inline-/Online-Funktion*, mit der wir uns im vorigen Abschnitt bereits befasst haben.

■ Codetabelle 2.13

MATLAB, Octave	Scilab
``>> f1 = inline('x.^2-exp(x)')
f1 =
Inline function:
f1 = x.^2-exp(x)
>> fzero(f1,2)
ans =
-0.7035```	```-->deff('y=f1(x)','y = x.^2-exp(x)')
-->fsolve(2,f1)
ans =
- 0.7034674```

Da die Hochkommas bei MATLAB bereits in der Definition der Inline-Funktion stecken, können sie, wie vorher schon erwähnt, beim Aufruf von `fzero` entfallen.

Nun wenden wir uns einer Funktion zu, deren Nullstellen wir bereits kennen. Es ist die Polynomfunktion

$$y_1 = p_1(x) = x^4 + 3x^3 - 17x^2 + 12 \tag{2.1}$$

vom Abschnitt 1.9.1, Gl. (1.24). Dort hatten wir mit dem nur auf Polynome anwendbaren Kommando `roots` die folgenden Nullstellen erhalten:

$x_{\text{null},1} = -5{,}8473$
$x_{\text{null},2} = -0{,}7998$
$x_{\text{null},3} = 0{,}9521$
$x_{\text{null},4} = 2{,}6950$

Nun wollen wir einmal prüfen, ob diese Ergebnisse durch Anwendung des Kommandos `fzero` bestätigt werden. Dabei ist es erst einmal hinderlich, dass wir mit unserer Methode lediglich eine einzelne Nullstelle bekommen, abhängig vom Startwert. Wir müssen demnach für jede vermutete Nullstelle eine eigene Suche starten. Beim Vergleich der Ergebnisse sehen wir, dass die Algorithmen bei MATLAB und Scilab offenbar unterschiedlich genau arbeiten. Es ist also stets ratsam, am Schluss auch zu prüfen, ob die gefundenen Werte tatsächlich Nullstellen sind.

■ Codetabelle 2.14

MATLAB, Octave	Scilab
Startwert $x = -5$, mit Prüfung ```>> [x0,y] = fzero('x.^4+3*x.^3-17*x.^2+12',-5)```	```-->deff('y=f(x)', 'y = x.^4+3*x.^3-17*x.^2+12')``` Startwert $x = -5$, mit Prüfung

MATLAB, Octave	Scilab
| ```
x0 =
        -5.8473
y =
 -2.2737e-013
``` | ```
-->[x0,y] = fsolve(-5,f)
 y  =
    - 2.274D-13
 x0  =
    - 5.8473014
``` |
| **Startwert** $x = 0$ | **Startwert** $x = 0$ |
| ```
>> [x0,y] = fzero('x.^4+3*x.^3-
17*x.^2+12',0)
x0 =
       -0.79979
y =
        0
``` | ```
-->[x0,y] = fsolve(0,f)
 y  =
    11.999999
 x0  =
    - 0.0001867
``` |
| | Der berechnete x-Wert ist also keine Nullstelle. |
| **Startwert** $x = 1$ | **Startwert** $x = 1$ |
| ```
>> [x0,y] = fzero('x.^4+3*x.^3-
17*x.^2+12',1)
x0 =
        0.95213
y =
  1.7764e-015
``` | ```
-->[x0,y]=fsolve(1,f)
 y  =
    1.776D-15
 x0  =
    0.9521264
``` |
| **Startwert** $x = 2$ | **Startwert** $x = 2$ |
| ```
>> [x0,y] = fzero('x.^4+3*x.^3-
17*x.^2+12',2)
x0 =
          2.695
y =
        0
``` | ```
-->[x0,y] = fsolve(2,f)
 y  =
    - 16.
 x0  =
    2.0000597
``` |
| | Der jetzt berechnete x-Wert ist ebenfalls keine Nullstelle. Erst der Startwert $x = 2,7$ liefert bei Scilab ein korrektes Ergebnis: |
| | ```
-->[x0,y] = fsolve(2.7,f)
 y  =
    - 1.421D-14
 x0  =
    2.694968
``` |

2.2.4 Funktionen von Funktionen mit Parameterübergabe

Aus didaktischen Gründen fügen wir noch ein weiteres Beispiel an. Die Funktion

$$y = 1 / (1 + x^2) \tag{2.2}$$

bezeichnet man als *RUNGE-Funktion* (in der Physik und Spektroskopie heißt sie *CAUCHY-Verteilung* oder *LORENTZ-Kurve*). Sie besitzt einen deutlichen Höcker um den Wert $x = 0$ herum. Wir machen uns als Erstes den Verlauf dieser Funktion klar. Er ist in Abb. 2.5 dargestellt.
```

■ Codetabelle 2.15

MATLAB, Octave	Scilab
>> x = -6:.01:6;	-->x = -6:.01:6;
>> y = 1./(1+x.^2);	-->y = 1../(1+x.^2);
>> plot(x,y); grid on;	-->plot(x,y); xgrid;
>> title('Runge-Funktion');	-->title('Runge-Funktion');

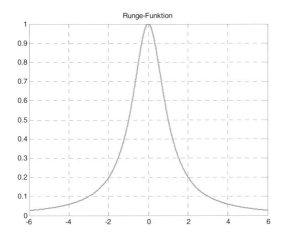

Runge-Funktion

Abb. 2.5 RUNGE- oder LORENTZ-Kurve

Im Folgenden verschieben wir diese Funktion parallel zur *y*-Achse um den Wert 1/2 nach unten. Sie schneidet jetzt die *x*-Achse an zwei Stellen, und wir suchen die Nullstellen auf der positiven Achse.

$$y = \frac{1}{1+x^2} - \frac{1}{2} \tag{2.3}$$

Diese Funktion und noch weitere ähnliche besitzen alle einen ausgeprägten Höcker – wir wollen sie deshalb „Höckerfunktionen" nennen. Unter Scilab sind diese bei uns in der Datei humpfunctions.sce gespeichert (für *hump = Höcker*). Mit dem Startwert $x = 0$ erhalten wir:

■ Codetabelle 2.16, *Datei auf Webseite*

MATLAB, Octave	Scilab
function y = hump1(x) % Höckerfunktion ohne weitere Parameter y = 1./(1+x.^2) -.5 ;	// Datei humpfunctions.sce // Verschiedene Varianten der Höckerfunktion
Die Nullstellensuche liefert:	function y = hump1(x) // Höckerfunktion ohne weitere Parameter
>> x0 = fzero(@hump1,0.2) x0 = 1.0000	y = 1../(1+x.^2) -.5 ; endfunction ...

MATLAB, Octave	Scilab

(Hätten wir die Funktion `hump1` als Inline-Funktion definiert, so müssten wir das Zeichen @ weglassen.)	Die weiteren Funktionen aus der Datei `humpfunctions.sce` interessieren uns später. Wir erhalten jetzt:
	
	`-->exec humpfunctions.sce;`
	`-->fsolve(0.2,hump1)`
	` ans  =`
	`    1.`

Das gleiche Ergebnis würden wir übrigens durch Schnitt der Geraden $y = 1$ mit der RUNGE-Funktion erhalten. Auf solche und weitere Einzelheiten der Nullstellensuche gehen wir im Kapitel 5 ein.

Zusätzliche Informationen zur Ausführung des Programms `fzero` in MATLAB können in Form eines ganzen Satzes von einstellbaren Parametern übergeben werden. Sie alle sind in einem *Array* unter der Variablenbezeichnung `optimset` zusammengefasst. Wir geben dazu diesmal als Startwert null ein:

`>> x0 = fzero('hump1',0,optimset)`

`optimset` regelt die Art und Weise der Nullstellensuche und lässt sich vom Benutzer verändern. Durch geeignete Vorgaben kann das Nullstellensuchprogramm beispielsweise veranlasst werden, alle Zwischenschritte der Rechnung anzuzeigen. Dann geben wir nämlich ein:[7]

`>> fzero('hump1',0,optimset('Display','iter'))`

Falls Sie noch weitere Möglichkeiten benötigen, informieren Sie sich am besten über die Hilfefunktion von MATLAB. Wollen wir von den Einstellungen bei `optimset` keinen Gebrauch machen, so können wir diese Eingabe einfach ignorieren oder durch eckige Klammern `[]` ersetzen. Uns genügen für die Zukunft die vorgegebenen Standardwerte (*Default-Werte* oder *Vorgabewerte*).

---

[7] Das ist in Octave nicht möglich.

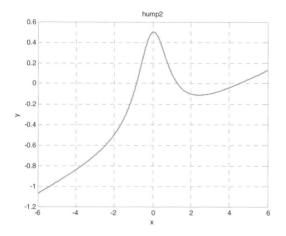

Abb. 2.6 „Höckerfunktion" für Parameter $a = 0{,}1$

Wenn man nun die Höckerfunktion etwas erweitert und einen wählbaren Parameter a mitnimmt,

$$y = \frac{1}{1+x^2} - \frac{1}{2} + ax, \qquad\qquad (2.4)$$

ergibt sich die Kurve von Abb. 2.6 (dort mit $a = 0{,}1$). Diese Funktion nennen wir hump2.

■ Codetabelle 2.17 *Datei auf Webseite*

MATLAB	Scilab

function y = hump2(x,a)
% Höckerfunktion in Abhängigkeit von einem Parameter a
y = 1./(1+x.^2) -.5 + a*x;
	function y = hump2(x,a)
	// Höckerfunktion in Abhängigkeit von einem Parameter a
	y = 1./(1+x.^2) -.5 + a*x ;
	endfunction

>> plot(x,hump2(x,0.1));grid on;	

Der zusätzliche Parameter muss bei der Nullstellensuche ebenfalls an hump2 übergeben werden. Das wird erreicht, indem man einen zusätzlichen Parameter in den Funktionsaufruf einfügt. Dazu ist in der Aufrufstruktur von fzero Platz nach dem Parameter optimset. In Scilab dagegen wird eine Parameterliste mittels list angefügt.

Eine andere Möglichkeit bietet der Umweg über eine sogenannte *globale Variable*. Eine solche Variable ist in allen Programmen, in denen sie deklariert wird, präsent. Wir erinnern uns, dass ansonsten die einzige Möglichkeit, Variablen an Funktionen zu übergeben, im Funktionsaufruf bestand. Die Funktion hump2.sce beispielsweise wird jedoch nicht von uns selbst, sondern von der Scilab-Funktion fsolve (in MATLAB von fzero) aufgerufen, auf die wir keinen Einfluss haben.

Mit globalen Variablen haben wir eine Möglichkeit an der Hand, dies zu umgehen. Wenn irgend möglich, sollte man globale Variablen jedoch meiden; Informatikern sträuben sich beim Gedanken daran die Haare. Zu leicht verliert man die Übersicht, in welchem Teilprogramm sie verändert werden. In unserem Fall, wenn eine Funktion mittelbar über eine andere aufgerufen wird, erspart dies aber unter Umständen den Umweg über die Liste zusätzlicher Parameter. Bei Octave ist eine globale Variable sogar die einzige Möglichkeit, einer Funktion Parameter zu übergeben.

Die Nullstellensuche für (2.4) mit dem Parameter a (hier $a = 0{,}1$ gesetzt) ergibt dann:

■ Codetabelle 2.18

MATLAB	Scilab
Die Nullstellensuche bei hump2m liefert:	Die Nullstellensuche bei hump2.sce liefert:
```\n>> fzero(@hump2,1,[],.1)\nans =\n 1.3068\n```	```\n-->exec humpfunctions.sce;\n-->a = .1;\n-->fsolve(1,hump2,list(hump2,a))\n ans =\n 1.3067749\n```
Bei Octave ist die Übergabe von Parametern nur über globale Variablen möglich. Diese müssen in der aufrufenden Funktion oder Kommandoebene und zusätzlich in der Anwenderfunktion fun definiert sein. Beispiel:	
Datei für Octave auf Webseite ```\nfunction y = hump2_oct(x)\n% Höckerfunktion in Abhängigkeit von einem Parameter a\nglobal a;\ny = 1./(1+x.^2) -.5 + a*x;\n```	
```\n>> global a\n>> a = 0.1;\n>> fzero(@hump2_oct,1.2)\nans = 1.3068\n```	

Ebenso wie eine Nullstelle kann auch ein x-Wert berechnet werden, für den der zugehörige Funktionswert $y(x)$ gegeben, aber ungleich null ist. Letztlich läuft diese Fragestellung nur auf eine Verschiebung der Koordinatenachse hinaus, so dass jetzt die Nullstelle der verschobenen Funktion $y(x) = y(x) - y_{ziel}$ gesucht wird.

Neben der Nullstellensuche gibt es noch andere Fälle, in denen „Funktionen von Funktionen" untersucht werden müssen. Solche Probleme sind:

- Nullstellensuche (über die MATLAB-Funktion fzero bzw. Scilab-Funktion fsolve), wie soeben besprochen
- Berechnung von Funktionswerten einer vorher definierten Funktion (feval)
- Minimumsuche (MATLAB: fminbnd/fminsearch, Scilab: fminsearch)
- Integration (MATLAB quad bzw. Scilab intg)

- Lösung von Differentialgleichungen (MATLAB `ode45` bzw. Scilab `ode`),
- Schnelle Erzeugung einer Grafik (MATLAB `fplot` bzw. Scilab `fplot2d`)

Auf die Syntax dieser Funktionen gehen wir in späteren Kapiteln noch genauer ein.

2.2.5 Test von Programmen

Bereits bei den ersten Versuchen, Programme selbst zu schreiben, werden sich unweigerlich Fehler eingestellt haben. Gerade wenn man sich in eine Programmiersprache wie MATLAB, Octave oder Scilab erst einarbeitet, ist die Fehlersuche zuweilen sehr mühevoll. Aber auch erfahrene Programmierer müssen ihre Programme immer wieder testen, gerade wenn sie aus sehr vielen Code-Zeilen bestehen. Deshalb ist sorgfältiges und methodisches Arbeiten unerlässlich. Hierzu haben sich einige Vorgehensweisen herausgebildet, die wir kurz vorstellen wollen [Etter 1997, Stein 2007]).

Vor Beginn der eigentlichen Programmierung empfiehlt es sich, in folgenden Stufen vorzugehen:

- Eindeutige Formulierung der Aufgabe, zum Beispiel in Form eines Pflichtenheftes
- Genaue Beschreibung der erforderlichen Input- und Output-Informationen
- Entwickelung des mathematischen Lösungsalgorithmus des Programms
- Skizzierung der Programmschritte, mit denen man zur Lösung gelangen möchte. Hierzu eignet sich ein grobes Ablaufdiagramm.
- Wenn irgend möglich, Bearbeitung des Problems in einem stark vereinfachten Modell per Hand oder mit dem Taschenrechner. Hierzu eignen sich sehr oft Grenzwerte (ein oder mehrere Parameter gehen gegen null oder werden sehr groß).

Nun können wir daran gehen, unseren Programmcode zu schreiben. Guter Programmierstil besteht darin, einzelne Teile eines größeren Programms in Unterprogramme auszulagern, so dass das Hauptprogramm nur noch die Funktion hat, diese zu verbinden. Die Unterprogramme werden einzeln getestet. Zugegeben, die Beispielprogramme zu diesem Buch erfüllen gerade dieses Kriterium nicht. Aber wir haben es hier ja auch lediglich mit kurzen Sequenzen zu tun, die immer nur bestimmte Teilaspekte verdeutlichen sollen.

Das Programm sollte schließlich mit einer hinreichenden Datenvielfalt getestet werden. Dieser Prozess wird als *Debugging* (wörtlich: „entwanzen") bezeichnet.

Wir können davon ausgehen, dass wir beim ersten Test jede Menge Fehlermeldungen erhalten. Wie geht man damit um?

- Als Erstes fallen in der Regel *Syntaxfehler* ins Auge. Als Syntax wird die Grammatik eines Programms bezeichnet. Ob sie korrekt ist, wird bereits bei einer ersten Überprüfung mitgeteilt. Wenn wir Glück haben, wird uns dazu auch schon eine Unterstützung angeboten wie in MATLAB.

■ Codetabelle 2.19

MATLAB, Octave	Scilab
Nehmen wir an, wir hätten den `plot`-Befehl falsch eingegeben. Dann erhalten wir folgende Fehlermeldung:	

MATLAB, Octave	Scilab
``` >> x = 0:.1:1; >> y = x.^2; >> pot(x,y) Undefined function 'pot' for input arguments of type 'double'. Did you mean: >> plot(x,y) ```	``` -->x = 0:.1:1; -->y = x.^2; -->plot(x,y) -->pot(x,y) !--error 4 Undefinierte Variable: pot ```

Häufig kommt es vor, dass man einer Variablen, die in einer Funktion benötigt wird, keinen Wert zugewiesen hat. Als Beispiel können wir die Funktion `test.m/sce` benutzen. Ein Eingabefehler wird dabei wie folgt angezeigt:

■ Codetabelle 2.20

MATLAB, Octave	Scilab
Datei auf Webseite	*Datei auf Webseite*

``
function y = test(x,var)
% Test
y = sin(x*var)
``
	``
	function y = test(x,var)
	// Test
	y = sin(x*var)
	endfunction
	``

``` >> test(3); Error using test (line 3) Not enough input arguments. ```	``` -->test(3) !--error 4 Undefinierte Variable: test ``` Das ist ein sehr häufiger Scilab-Fehler: Die benötigte Funktion wurde noch nicht geladen. So wird sie zumindest erkannt: ``` -->exec test.sce; -->test(3) !--error 4 Undefinierte Variable: var at line 3 of function test called by : test(3) ```
Die korrekte Eingabe mit zwei Eingabewerten liefert dagegen keine Fehlermeldung mehr:	

``
>> test(3,5)
ans =
    0.65029
``
	``
	-->test(3,5)
	ans =
	    0.6502878
	``

Sehr oft werden aus Script-Dateien oder Funktionen noch andere Script-Dateien oder Funktionen aufgerufen, die Schachtelungstiefe kann sehr weit gehen. Entsprechend sind auch die Fehlermeldungen geschachtelt. Dann ist es sinnvoll, stets diejenige herauszusuchen, die sich auf das vom Benutzer aufgerufene Programm bezieht. Meldungen der von diesem seinerseits aufgerufenen Programme liefern in der Regel dagegen meist keine hilfreichen Informationen. Innerhalb der Fehlermeldungen ist also zuerst diejenige zu suchen, die sich auf das aktuelle Programm bezieht, sie steht am weitesten unten.

Ist der Fehler nicht so einfach zu finden, kann man sich verschiedener weiterer Hilfsmittel bedienen:

- Eine sehr einfache Möglichkeit des Tests besteht bei MATLAB darin, einzelne Ergebnisse anzeigen zu lassen, indem das Semikolon in der Datei nach der jeweiligen Zeile weggelassen wird.
- Bei Scilab gibt es diese Möglichkeit nur in Script-Files, in Funktionen dagegen werden die einzelnen Zeilen in der Regel nicht angezeigt, auch wenn innerhalb der Funktion das Semikolon in einer Zeile fehlt. Man spricht davon, dass die Ausgabe eines Echos unterdrückt wird. Will man dies dennoch zulassen, so sollte die erste Zeile im Funktionsprogramm das Kommando `mode(0)` enthalten. In diesem Fall ist die Anzeige kompatibel mit der in MATLAB. Weitere Möglichkeiten der Echo-Ausgabe sind im Hilfe-Menü aufgeführt.
- Oft hilft es auch, den Wert der Variablen in einer Datei in MATLAB oder Scilab mittels des Kommandos `disp` anzuzeigen.
- Zuweilen kann es vorkommen, dass die Bearbeitung des Programms nicht abbricht, vielleicht weil die Rechnung aus einer Schleife nicht herausführt. Hier hilft eines der folgenden Kommandos
  - unter MATLAB: Tastenkombination `strg-c`
  - unter Octave: Tastenkombination `strg-c` und anschließende Tastatureingabe von `q`
  - unter Scilab: Tastenkombination `strg-c` bzw `strg-x` mit anschließendem Kommando `abort` – oder direkt über den Menübefehl `Control > Abort`.
  Beispiele sind in der folgenden Codetabelle gezeigt. Darin wird ein sogenanntes Schleifenkommando `while` benutzt, das wir im nächsten Kapitel erst genauer kennenlernen.

■ Codetabelle 2.21

MATLAB, Octave	Scilab
Datei auf Webseite	*Datei auf Webseite*

| ```
function endlos(n)
while (n<10)
  n = n-1
end
``` | ```
function endlos(n)
while (n<10)
  n = n-1;
  disp(n)
end
``` |
| `>> endlos(2).` | ```
-->exec endlos.sce;
-->endlos(2)
``` |
| Jetzt werden der Reihe nach Zahlen an die Konsole ausgegeben. | Jetzt werden der Reihe nach Zahlen an die Konsole ausgegeben. |
| ```
n =

    1
n =

    0
``` | ```
    1.
    0.
``` |
| ... | ... |
| ```
n =

  -86050
n =

  -86051
``` | ```
  - 2764.
  - 2765.
``` |
| Abbruch mit `strg-c` liefert | Abbruch mit `strg-c` liefert |
| ```
Operation terminated by user during endlos
(line 4)
``` | ```
-1->abort
-->
``` |

| Ändern wir die Zählreihenfolge in der Funktion endlos auf `n = n+1`, so bricht die Funktion jedoch ab: ||

| ```
function endlich(n)
while (n<10)
  n = n+1
end
``` | ```
function endlch(n)
while (n<10)
  n = n+1;
  disp(n)
end
``` |
| `>> endlich(2);`<br>```
n =

    3
``` | ```
-->exec endlich.sce;
-->endlich(2)
    3.
``` |
| ... | ... |
| ```
n =

   10
``` | ```
   10.
``` |

- Eine weitere Möglichkeit des Tests besteht darin, bestimmte neu hinzugekommene Zeilen bei der Ausführung zu überspringen, indem man sie testweise mit dem Zeichen % (Scilab //, Octave auch #) als Kommentar kennzeichnet (im Fachjargon: „auskommentiert"). Bei MATLAB können mit der Konstruktion %{ … %} übrigens sogar mehrere Zeilen auf einmal ausgeblendet werden.

Versagen alle diese einfachen Möglichkeiten, so greift man am besten auf den Debugger zurück. Mit seiner Hilfe lassen sich sogenannte Breakpoints nutzen, an denen das Programm seine Arbeit unterbricht und dem Benutzer den Test der
```

Variablen an der gewählten Programmstelle ermöglicht. In Scilab stehen dazu die folgenden Kommandos zur Verfügung:

- Setzen eines Breakpoints (innerhalb einer Funktion *fun*, zum Beispiel in Zeile 4): setbpt('fun',4)
- Anzeigen aller Breakpoints: dispbpt
- Löschen eines oder aller Breakpoints: delbpt
- Ebenso ist das Kommando pause in Scilab geeignet, das Programm zu unterbrechen, und bietet an dieser Stelle die Möglichkeit zur Abfrage von Zwischenwerten. Die Fortsetzung erfolgt von der Kommandozeile aus mit resume.
  Das Setzen und Löschen von Breakpoints illustrieren wir am besten anhand der schon bekannten Datei rad_grad2.sce (Codetabelle 2.6). Dabei geben wir der Einfachheit halber nur die ganzzahligen Winkelgrade aus.

■ Codetabelle 2.22

```
Scilab

Funktion laden und zur Kontrolle einmal ablaufen lassen:

-->exec rad_grad2.sce;
-->grad = rad_grad2(%pi/4)
 grad  =
    45.
-->setbpt('rad_grad2',4)        // Breakpoint in Zeile 4 gesetzt
-->setbpt('rad_grad2',6)        // Breakpoint in Zeile 6 gesetzt

Jetzt erneuter Funktionsaufruf:

-->grad=rad_grad2(%pi/4)
Stop nach Reihe      4 in Funktion rad_grad2.
-1->alpha_grad       // Wert von alpha_grad abfragen
 alpha_grad  =
    45.
-1->resume
Stop nach Reihe      6 in Funktion rad_grad2.
-1->minuten          // Wert von minuten abfragen
 minuten  =
    0.
-1->resume
 grad  =
    45.
-->dispbpt           // Anzeige aller Breakpoints
Abbruchpunkte der Funktion: rad_grad2
        4
        6
-->delbpt            // Loeschen aller Breakpoints
```

Mit dem Kommando pause wird bei MATLAB/Octave die Ausführung einer Funktion oder Script-Datei unterbrochen. Dieser Befehl kann für den Test eines

Programms ausgesprochen nützlich sein. Unter Scilab ist die Bearbeitung des Kommandos pause nicht gleichartig, eine adäquate Funktion ist hier eher halt.

Unter MATLAB und Octave existieren ähnliche Kommandos, sie alle beginnen mit dbxxx. Im Einzelnen sind dies analog zu Scilab dbstop, dbstatus und dbclear. Unter MATLAB finden wir jedoch eine weitaus komfortablere Möglichkeit: Dort können Breakpoints zwar auch mit Hilfe von Kommandos gesetzt und entfernt werden. Sie lassen sich aber innerhalb des Editors, der gleichzeitig Debugger ist, bequem setzen und löschen, indem links neben der Kommandozeile einfach mit der Maus der kleine Strich angeklickt wird. Natürlich muss dann die Datei, anders als wir es bisher meist vorgeschlagen haben, vom Editor aus mit dem Run-Button gestartet werden. In Abb. 2.7 ist das für die bereits verwendete Datei rad_grad2.m gezeigt. Dort ist die Ausführung des Programms gerade bei Zeile 6 unterbrochen worden. Im Kommandofenster erscheint in diesem Moment das veränderte Prompt-Zeichen K>> und Sie können auf die internen Variablen zugreifen, beispielsweise wie folgt:

```
K>> grad
grad =
    85
```

Durch Anklicken des Icons Continue im Editor/Debugger oder mit dem Kommando return auf der Kommandozeile fährt das Programm mit der Bearbeitung fort. Ergänzt werden soll noch, dass es auch sinnvoll sein kann, im Einzelschrittbetrieb zu testen. Die zahlreichen Möglichkeiten wollen wir hier nicht vertiefen und stattdessen auf die Hilfe verweisen.[8]

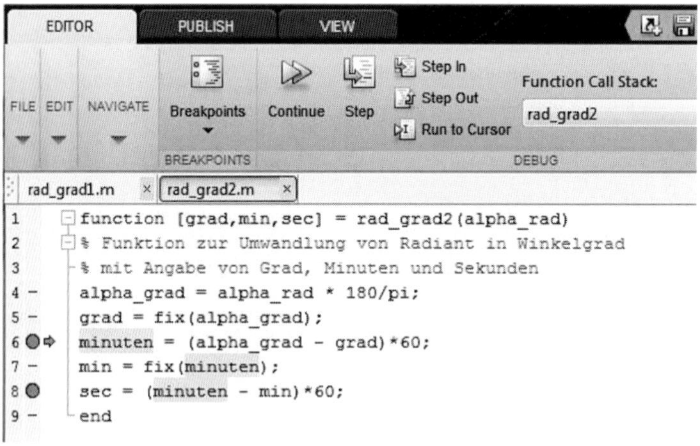

Abb. 2.7 MATLAB-Editor/Debugger mit Breakpoints in der Version R2013a

---

[8] Bei Octave können die Kommandos dbstop und dbclear verwendet werden. Genaueres finden Sie in der Octave-Hilfe [Eaton 2013].

Im Debugging-Modus können Zwischenwerte der Bearbeitung eines Programms abgefragt werden. Übliche Methoden des Debuggings sind:
- Abarbeiten bis zum nächsten Breakpoint
- Einzelschrittbetrieb

Jetzt haben wir über die Möglichkeiten des Debbuggens gesprochen. Es kann jedoch passieren, dass das Programm formal schon richtig läuft, aber offensichtlich falsche Ergebnisse produziert. Dann handelt es sich wahrscheinlich um einen Fehler im Algorithmus, also in der Rechenanweisung. In einer solchen Situation kann man noch einmal prüfen, ob wenigstens unter vereinfachten Voraussetzungen, zum Beispiel in bestimmten Grenzfällen, richtige Ergebnisse produziert werden. Hilfreich ist es oft auch, in Vektoren und Matrizen zunächst nicht zu viele Elemente mitzunehmen. Wir wählen dann beispielsweise nicht n = 1:.01:10 (das sind 901 Elemente!), sondern vielleicht erst einmal n = 1:2:10 (das sind nur fünf Elemente). Ähnlich kann man auch bei der noch zu besprechenden Schleifenbildung vorgehen und zu Beginn nur wenige Schleifen vorsehen.

Im nächsten Kapitel greifen wir die Fehlerproblematik noch einmal auf, wenn wir über Rundungsfehler sprechen.

Aufgabe 3   Prüfung auf Built-in-Funktionen und Funktionscode

Mit Hilfe des `edit`-Kommandos und dem Funktionsnamen können Sie mitgelieferte Funktionen von MATLAB oder Scilab „sichtbar" machen. Schauen Sie doch einmal, welcher Textcode den folgenden Funktionen zugrunde liegt oder ob es sich um Built-in-Funktionen handelt:

`sin`, `print`, `help`, `linspace`

Man sagt auch, diese Funktionen seien hart-codiert. Es ist nicht beabsichtigt, Sie mit dem Code im Detail vertraut zu machen. Allerdings schadet es nicht, wenn Sie erkennen, dass in mitgelieferten Funktionen eine Menge Entwicklungsarbeit steckt. Sie sollten also nur in Ausnahmefällen versuchen, solche Funktionen durch selbst entwickelte zu ersetzen. ∎

Aufgabe 4   Eine Funktion selbst schreiben

Programmieren Sie eine Funktionsdatei mit dem Namen `fermifnct.m/.sce` für die Funktion[9]

$$y = f(x,a) = \frac{1}{1 + \exp\big((x-50)/a\big)} \, .$$

Stellen Sie den Funktionsverlauf in einem Graphen für x-Werte zwischen 0 und 100 dar. a ist ein Parameter, den wir vorerst gleich 5 setzen wollen. Probieren Sie auch aus, wie sich die Kurve verändert, wenn Sie für a andere Werte einsetzen. ∎

---

[9] Diese Funktion hängt mit einer in der Physik gebräuchlichen Funktion, der FERMI-Verteilungsfunktion, zusammen, daher die Bezeichnung.

Aufgabe 5   Eine weitere Funktion selbst schreiben

Die folgende Funktion erzeugt eine sogenannte GAUSS-Kurve und wird in der Statistik häufig benötigt:

$$y = f(x) = \exp\left(-x^2\right)$$

Schreiben Sie diese Funktion als Inline-/Online-Funktion und stellen Sie sie im Bereich $-4 \le x \le 4$ grafisch dar. ∎

Aufgabe 6   Nullstellensuche „zu Fuß"

Ermitteln Sie die Nullstellen der Höckerfunktion $y = \dfrac{1}{1+x^2} - \dfrac{1}{2}$ auf algebraischem Weg

durch Rechnen und prüfen Sie damit, ob die Numerikprogramme ihre Sache richtig gemacht haben.

Aufgabe 7   Bestimmung mehrerer Nullstellen

Wie Sie unschwer aus dem Funktionsverlauf der Höckerfunktion

$$y = \frac{1}{1+x^2} - \frac{1}{2} + ax \rightarrow \frac{1}{1+x^2} - \frac{1}{2} - 0{,}1x$$

in Abb. 2.6 erkennen, besitzt diese Funktion mehrere Nullstellen. Ermitteln Sie sämtliche Nullstellen durch geeignete Wahl der Startbedingungen. ∎

2.3   Steuerung des Programmablaufs

2.3.1 Kontrollstrukturen

Bisher sind wir stets von einer unabänderlichen Folge von Anweisungen im Programmablauf ausgegangen (Abb. 2.8). Es gibt aber Situationen, in denen je nach Stand der bisherigen Bearbeitung die eine oder andere Anweisungsfolge ausgeführt werden muss. Der weitere Ablauf des Programms muss also gesteuert werden. Hierfür hat sich im Deutschen der Begriff *Kontrollstrukturen* (als mehr oder weniger schlechte Übersetzung des englischen *control structures*) durchgesetzt. Besser wäre eigentlich der Begriff „Steuerstrukturen".

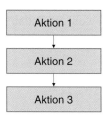

Abb. 2.8 Linearer Ablauf von Aktionen

Durch bestimmte Anweisungen und Wiederholungen, eben die „Kontroll-strukturen", können Abläufe abhängig von Bedingungen durchlaufen werden.

2.3.2 Die IF-Bedingung

Stellen wir uns vor, wir wollten in einem Programm alle negativen Funktionswerte durch null ersetzen. In Worten formuliert heißt dies:

FALLS ein y-Wert KLEINER ALS null
--> Setze $y = 0$ (2.5)
ANDERNFALLS mache nichts

Solche Fragestellungen führen auf eine Struktur wie in der folgenden Abb. 2.9 links. Mit der darin auftretenden IF-Bedingung („FALLS") wird diese Verzweigung strukturiert. Ist die logische Verknüpfung (zum Beispiel „$y < 0$") erfüllt, wird die Aktion durchlaufen, andernfalls übersprungen. Rechts daneben ist eine zweiseitige Verzweigung dargestellt, bei der auch im Alternativfall noch etwas passiert, und zwar die Aktion B. In bestimmten Fällen könnten sich sogar noch weitere Verzweigungen über ELSE anschließen.

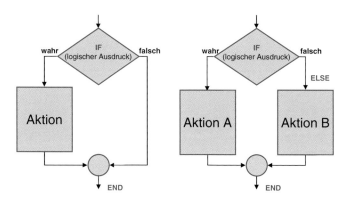

Abb. 2.9 Struktur der IF-Bedingung

Unser eingangs in (2.5) gewähltes Beispiel können wir sowohl in Scilab als auch in MATLAB/Octave durch die folgende Kommandosequenz ausdrücken:

```
if y1 < 0
    y1 = 0;
end
```

Besonders für eine Eingabe über die Konsole oder einfach zur Verkürzung der Codelänge ist auch eine Schreibweise vorteilhaft, bei der alles in einer Zeile ausgeführt wird:

```
if y1 < 0, y1 = 0; end
```

Allgemein werden IF-Strukturen im Programmablauf durch folgende Befehlsfolge ausgedrückt:

```
if ...
...
elseif ...   % nicht zwingend erforderlich
...
else ...     % nicht zwingend erforderlich
...
end
```

2.3.3 Logische Funktionen

Für Vergleiche, zum Beispiel bei der soeben behandelten IF-Konstruktion, benötigen Sie *logische Operationen*. Mit ihnen wird die Bedingung formuliert, die entscheidet, ob Aktion A oder Aktion B oder keine davon durchlaufen wird (Tabelle 2.1).

Tabelle 2.1 Logische Vergleichsoperationen

<	kleiner als
<=	kleiner oder gleich
>	größer als
>=	größer oder gleich
==	gleich (Beachten Sie: *zwei* Zeichen bei logischem Vergleich!)
~=	nicht gleich (Scilab: auch <> möglich)

Hier können wir nicht die ganze Bandbreite logischer Befehle beleuchten. Dazu sollten Sie bei Bedarf ein Lehrbuch der mathematischen Logik oder der Digital-technik zu Hilfe nehmen (beispielsweise [Fricke 2009]). Wir wollen hier nur fest-halten, dass sowohl in MATLAB als auch in Scilab noch die weiteren logischen Operationen NOT, OR, AND sowie XOR zur Verfügung stehen.(Tabelle 2.2)

Tabelle 2.2 Logische Verknüpfungsoperationen[10]

~	NOT (NICHT)
&	AND (UND)
|	OR (ODER)
XOR	XOR (ENTWEDER-ODER, auch: ausschließendes ODER)

Das Ergebnis einer logischen Verknüpfung kann auch direkt überprüft werden und liefert dann den „Wahrheitswert" 1 (Scilab %T, für „true") oder 0 (Scilab %F, für „false").

Neben diesen logischen Operatoren gibt es noch *logische Funktionen*, die sich auf eine Auswahl von Elementen in einer Matrix oder einem Vektor beziehen. Wir listen die wichtigsten davon in der folgenden Tabelle auf.

Tabelle 2.3 Logische Funktionen

MATLAB	Scilab	
any(x)	or(x)	Aussage ist wahr (MATLAB: 1 Scilab: %T), wenn mindestens ein Element des Vektors x ungleich null ist.
all(x)	and(x)	Aussage ist wahr, wenn alle Elemente des Vektors x ungleich null sind.
find(x)	find(x)	gibt die Positionen der Elemente von x zurück, die ungleich null sind.

Beispiele sind in der folgenden Codetabelle zu finden.

---

[10] Neben den logischen Operatoren & und | gibt es in MATLAB und Octave noch sogenannte *Short-Circuit-Operatoren* (wörtlich: „Kurzschluss-Operatoren") && und ||. Das dürfte an dieser Stelle für Verwirrung sorgen, deshalb wollen wir hierauf nicht weiter eingehen. In vielen Fällen macht es keinen Unterschied, welche Operatoren man bei einem logischen Vergleich benutzt.

■   Codetabelle 2.23

MATLAB, Octave	Scilab
``	```

```
>> A = [1 4 0; 2 7 9; 0 0 8]
A =

     1     4     0
     2     7     9
     0     0     8
>> any(A)
ans =

     1     1     1
>> all(A)
ans =

     0     0     0
>> find(A)
ans =

     1
     2
     4
     5
     8
     9
```

```
-->A = [1 4 0; 2 7 9; 0 0 8]
A  =

     1.     4.     0.
     2.     7.     9.
     0.     0.     8.
-->or(A)
ans  =

  T
-->and(A)
ans  =

  F
-->find(A)
ans  =

     1.     2.     4.     5.     8.     9.
```

2.3.4 Die FOR-Schleife

Nicht selten kommt es vor, dass eine Aufgabe mehrfach, aber mit jedes Mal veränderten Werten nacheinander ausgeführt werden muss. Dazu verwendet man Schleifen. In der Informatik unterscheidet man *Zählschleifen* und *Bedingungsschleifen*. Eine Zählschleife wird benutzt, wenn sich die Werte bei jedem Schritt um eine feste Differenz unterscheiden. Bereits vor der Ausführung muss bekannt sein, wie oft die in ihr enthaltenen Anweisungen ausgeführt werden sollen. In den meisten bekannten Sprachen, so auch bei MATLAB oder Scilab, wird sie als FOR-Schleife ausgeführt. Sie enthält eine numerische Schleifenvariable, die zu Beginn auf einen Startwert gesetzt und dann jeweils um die vorgesehene Schrittweite verändert wird, bis der Zielwert erreicht ist.

Die Struktur der FOR-Schleife ist (vgl. Abb. 2.10):

```
for ii = 1:n
...
end
```

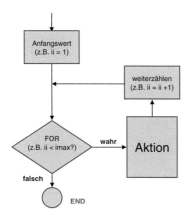

Abb. 2.10 Struktur der FOR-Schleife

Wir zeichnen als Beispiel die Kurve einer gleichgerichteten Wechselspannung, bei der also alle negativen Werte fehlen (Abb. 2.11). Dabei wird außerdem die vorher bereits verwendete IF-Abfrage benutzt.

■   Codetabelle 2.24, *Datei auf Webseite*

MATLAB, Octave	Scilab

% Programm sinustest.m
% Gleichrichtung einer Sinusfunktion
% mit for ... end, sehr umsaeändlich!
 	
axis([0 5*pi -1 1]); hold on
% Skalierung des Bildes
% wird festgelegt
x=[]; y=[];
for x1 = 0:.01:5*pi
  y1 = sin(x1);
  if y1 < 0
    % "Gleichrichtung"
    y1 = 0;
  end
  y =[y,y1]; x=[x,x1];
  % Fuegt zu x und y noch eine
  % weitere Spalte hinzu
end
plot(x,y); grid;
	// Programm sinustest.sce
	// Gleichrichtung einer Sinusfunktion
	// for ... end, sehr umstaendlich!
	
	mtlb_axis([0 5*%pi -1 1]);
	// Skalierung des Bildes
	// wird festgelegt
	x=[]; y=[];
	for x1 = 0:.01:5*%pi
	  y1 = sin(x1);
	  if y1 < 0
	    // "Gleichrichtung"
	    y1 = 0;
	  end
	  y =[y,y1]; x=[x,x1];
	  // Fuegt zu x und y noch eine
	  // weitere Spalte hinzu
	end
	plot(x,y); xgrid;

Dieses Beispiel greifen wir in anderer Form im nächsten Abschnitt wieder auf.

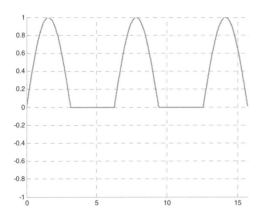

Abb. 2.11 Gleichgerichtete Wechselspannung als Ergebnis des Programms `sinustest.m`

2.3.5 Die WHILE-Schleife

Prinzipiell unterscheidet man in der Informatik zwei Wiederholungsanweisungen für die Ausführung von Bedingungsschleifen: DO (Bedingungsprüfung am Schleifenende) und WHILE (Bedingungsprüfung am Schleifenanfang). Die DO-Schleife (Abb. 2.12 links) ist eine sogenannte „nichtabweisende Schleife". Sie wird vor der Prüfung mindestens einmal durchlaufen. Bei MATLAB, Octave und Scilab ist sie jedoch nicht implementiert. Die andere Möglichkeit, nämlich mit Prüfung am Schleifenanfang (in Abb. 2.12 rechts), steht dagegen als WHILE-Schleife zur Verfügung. Unter Umständen kann es passieren, dass eine WHILE-Schleife kein einziges Mal durchlaufen wird.

In der Informatik wird die DO-Schleife auch als *fußgesteuerte* oder *nachprüfende Schleife*, die WHILE-Schleife als die *kopfgesteuerte* oder *vorprüfende Schleife* bezeichnet. Die FOR-Schleife ist als *Zählschleife* eine Sonderform der kopfgesteuerten Schleife.

Die Programmierung der WHILE-Schleife erfolgt nach folgendem Schema:

```
while ...
   ...
end
```

In MATLAB und Scilab kann die WHILE-Schleife genauso wie die FOR-Schleife jederzeit durch den Befehl `break` beendet werden.

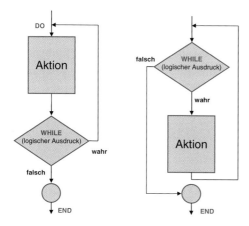

Abb. 2.12 Schleife mit Prüfbedingung am Schleifenende (DO … WHILE) bzw. am Schleifenanfang (WHILE)

Als Beispiel soll noch einmal die Kurve des Programms sinustest.m aus Abschnitt 2.3.4 dargestellt werden, diesmal jedoch unter Verwendung einer WHILE-
Schleife.

■ Codetabelle 2.25, *Datei auf Webseite*

MATLAB, Octave	Scilab
```% Programm sinustest_while.m % Gleichrichtung einer Sinusfunktion % mit WHILE-Schleife axis([0 5*pi -1 1]); hold on % Skalierung des Bildes % wird festgelegt x=[]; y=[]; for x1 = 0:.01:5*pi; y1 = sin(x1); while y1 < 0 y1 = 0; end y =[y,y1]; x=[x,x1]; % Fuegt zu x und y noch eine % weitere Spalte hinzu end plot (x,y); grid on;```	```// Programm sinustest_while.sce // Gleichrichtung einer Sinusfunktion // mit WHILE-Schleife mtlb_axis([0 5*%pi -1 1]); // Skalierung des Bildes // wird festgelegt x =[]; y =[]; for x1 = 0:.01:5*%pi; y1 = sin(x1); while y1 < 0 y1 = 0; end y = [y,y1]; x =[x,x1]; // Fuegt zu x und y noch eine // weitere Spalte hinzu end plot (x,y); xgrid;```

Die Bearbeitung dieser Aufgabe unter Benutzung einer Schleife, sei es nun eine
FOR- oder WHILE-Schleife, ist jedoch nicht optimal für Programme wie MAT-
LAB/Scilab. Schleifen benötigen nämlich einfach zu viel Rechenzeit, was innerhalb großer Programme zu Problemen führen kann. Die erste Verbesserung würde
darin bestehen, zu Beginn den für x und y benötigten Speicher bereitzustellen (zu
„allokieren"). Die zweite und entscheidende Verbesserung besteht im kompletten
Verzicht auf die gesamte Schleife. Dafür wird ausgenutzt, dass MATLAB/Scilab

eigentlich für die Berechnung mit Matrizen und Vektoren ausgelegt sind und gerade damit optimal arbeiten. In unserem Beispiel wird das erreicht, indem zuerst alle Sinuswerte berechnet und anschließend mit dem Befehl find diejenigen Werte herausgesucht werden, die kleiner als null sind. Das wird mit folgendem Programm erreicht.

■ Codetabelle 2.26, *Datei auf Webseite*

MATLAB, Octave	Scilab

% Programm sinustest_opt.m
% Gleichrichtung einer Sinusfunktion
% optimale Berechnung ohne Schleifen
 	
axis([0 5*pi -1 1]); hold on
% Skalierung des Bildes
% wird festgelegt
x = 0:.01:5*pi;
% Festlegung des x-Vektors
y = sin(x);
ii = find (y < 0);
% sucht die Indizes aller
% y-Werte < 0 heraus
y(ii) = 0; % "Gleichrichtung"
plot (x,y); grid on;
	// Programm sinustest_opt.m
	// Gleichrichtung einer Sinusfunktion
	// optimale Berechnung ohne Schleifen
	
	mtlb_axis([0 5*%pi -1 1]);
	// Skalierung des Bildes
	// wird festgelegt
	x = 0:.01:5*%pi;
	// Festlegung des x-Vektors
	y = sin(x);
	ii = find (y < 0);
	// sucht die Indizes aller
	// y-Werte < 0 heraus
	y(ii) = 0; // "Gleichrichtung"
	plot (x,y); xgrid;

Diese Variante benötigt geringere Rechenzeit. Allerdings wird in den neueren MATLAB-Versionen auch schon der übliche Schleifenablauf teilweise automatisch durch einen sogenannten Beschleuniger („JIT-Accelerator"[11]) optimiert.

2.3.6 Die SWITCH- oder SELECT-Bedingung

Die SWITCH-Bedingung von MATLAB beziehungsweise Octave entspricht praktisch aufeinanderfolgenden IF-ELSE-Kommandos, bei denen stets auf Gleichheit geprüft wird. Bei Scilab heißt sie SELECT-Bedingung. Sie wird durch eine Befehlskette wie in dem nachfolgenden (zugegeben nicht sehr sinnreichen) Beispiel erzeugt. Testen Sie selbst, wie die Programme reagieren.

■ Codetabelle 2.27, *Datei auf Webseite*

MATLAB, Octave	Scilab

% test_switch.m
% Vergleich von Zahlen
a = input('Geben Sie eine ganze Zahl zwischen 1 und 3 ein:
');
switch(a)
	// test_select.sce
	// Vergleich von Zahlen
	a = input('Geben Sie eine ganze Zahl zwischen 1 und 3 ein:
	');
	select(a)

---

[11] JIT bedeutet „just in time".

MATLAB, Octave	Scilab

case 1   % Wenn a gleich 1 ist, zeige den Wert von a
    disp(a);
case 2   % Wenn a gleich 2 ist, zeige den Wert von a
    disp(a);
case 3   % Wenn a gleich 3 ist, zeige den Wert von a
    disp(a);
otherwise
    disp('a war nicht 1,2, oder 3')
end
...
	case 1 // Wenn a gleich 1 ist, zeige den Wert von a
	    disp(a);
	case 2 // Wenn a gleich 2 ist, zeige den Wert von a
	    disp(a);
	case 3 // Wenn a gleich 3 ist, zeige den Wert von a
	    disp(a);
	else
	    disp('a war nicht 1,2, oder 3')
	end
	...

Ein Test auf Gleichheit zweier Zahlen sollte jedoch, wie wir später noch begründen werden, möglichst vermieden werden. So ist die SWITCH-/SELECT-Bedingung eher für den Vergleich zweier Zeichenketten geeignet. Einen solchen wollen wir hier aber nicht weiter verfolgen, da die Anwendung im Wesentlichen selbsterklärend ist. Ein Beispiel liefern die Programme `test_switch.m` beziehungsweise `test_select.sce`, deren Fortsetzung wir hier nicht wiedergegeben haben. Sie können diese Programme jedoch ausprobieren und diesen Vergleich am Beispiel selbst vornehmen.

2.3.7 Anwendung: Einfache Benutzerschnittstellen (GUI)

Benutzerschnittstellen (englisch: Graphical User Interfaces, GUI) stellen eine einfache Anwendung der SWITCH/SELECT-Bedingung dar. An dieser Stelle bietet es sich daher an, einige Möglichkeiten aufzuzeigen.

MATLAB stellt ein professionelles Werkzeug zur Entwicklung von grafischen Benutzeroberflächen bereit. Es trägt den Namen GUIDE und kann als eigene Toolbox erworben werden. Obwohl erhebliche Unterstützung geboten wird, ist das Arbeiten damit nicht unbedingt einfach. Hier sollen deshalb diese Möglichkeiten nicht diskutiert werden. MATLAB und Scilab bieten jedoch bereits vordefinierte Dialogboxen an, die Sie ohne vertieftes Eindringen in die Materie schon für einfache Abfragen benutzen können. Verständlicherweise kann Octave solche Möglichkeiten nicht in vollem Umfang bereitstellen, da es ein Programm ist, das auf der Ebene der Kommandozeile im DOS-Fenster (beziehungsweise unter Linux/Mac OS im Terminalfenster) arbeitet. Zum Glück reagiert Octave auf einige der in MATLAB verfügbaren Funktionen jedoch so, dass zumindest Alternativen zur Programmfortführung in Form eines klassischen Textmenüs geboten werden. Im Unterschied zu echten grafischen Benutzeroberflächen verschwinden alle der hier vorgestellten Dialogboxen nach der Benutzung und das Programm kehrt wieder zur Kommandozeile zurück.

Im Folgenden wollen wir uns einige Möglichkeiten anschauen. Sie haben schon bemerkt, dass alle in diesem Buch aufgeführten Kommandos als Script-Files zur Verfügung stehen und von den Webseiten heruntergeladen werden können. Diese

Dateien sind (im Wesentlichen abschnittsweise) so organisiert, dass sie über Dialogboxen aufgerufen werden können. Solche Menüs werden mit SWITCH/SELECT-Kommandos ausgewertet.

- **Dialogbox „menu"**

Anhand eines einfachen Programmbeispiels wird die Verwendung der Dialogbox menu anhand der Datei musterbox.m gezeigt.

■ *Codetabelle 2.28, Datei auf Webseite*

MATLAB, Octave

```
% Programm musterbox.m
% Muster einer Eingabe-Dialogbox in MATLAB

choice=menu('Auswahl der Aufgaben',...
    'Variante 1',...
    'Variante 2',...
    'Variante 3',...
    'Verlassen');
if isempty(choice); choise = 0; end

switch(choice)
case(1)  % Variante 1
    disp('Variante 1 gewaehlt')
case(2)  % Variante 2
    disp('Variante 2 gewaehlt')
case(3)  % Variante 3
    disp('Variante 3 gewaehlt')
otherwise
end
```

Das zugehörige Menü wird durch Aufruf des Kommandos musterbox gebildet. Es sieht dann wie in Abb. 2.13 aus.

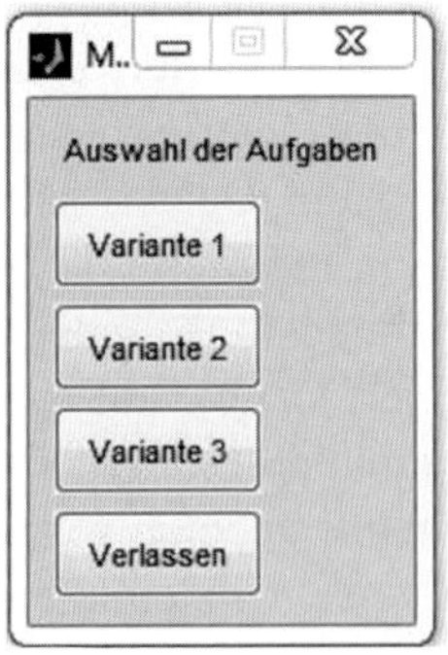

Abb. 2.13 Dialogbox menu bei MATLAB

Anstelle der Dialogbox wird in Octave eine Auswahl auf der Kommandozeile dargestellt (Abb. 2.14).

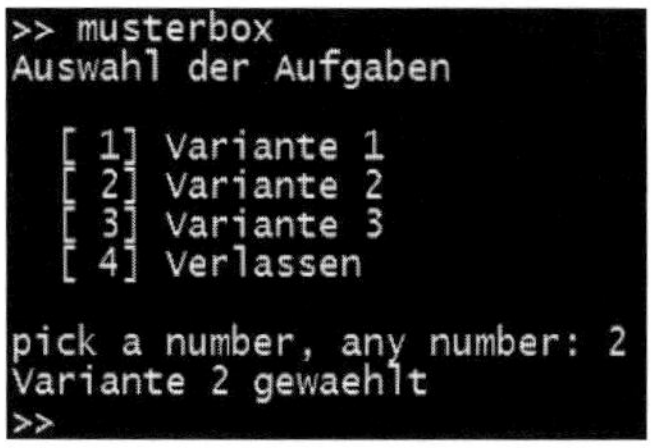

```
>> musterbox
Auswahl der Aufgaben

   [ 1] Variante 1
   [ 2] Variante 2
   [ 3] Variante 3
   [ 4] Verlassen

pick a number, any number: 2
Variante 2 gewaehlt
>>
```

Abb. 2.14 Ersatz für die Dialogbox menu bei Octave

Eine Dialogbox analog zu menu in MATLAB/Octave ist in Scilab nicht bekannt.

- **Eingabe-Listbox**

■   Codetabelle 2.29

MATLAB, Octave	Scilab

Eingabe-Listbox (listdlg)
(keine Entsprechung in Octave)
 	
Datei auf Webseite
 	
% Programm musterlist.m
% Muster einer Eingabe-Listbox in MATLAB
 	
str1 = ...
  {'Variante 1';...
  'Variante 2';...
  'Variante 3';...
  'Verlassen'};
 	
choice = listdlg...
('PromptString', 'Auswahl der Aufgaben. Bitte klicken',...
  'SelectionMode','single',...
  'ListSize',[200 100],...
  'ListString',str1);
if isempty(choice); choice = 0; end
% Fängt Verlassen durch "X" ab
 	
switch(choice)
case(1)   % Variante 1
  disp('Variante 1 gewaehlt')
case(2)   % Variante 2
  disp('Variante 2 gewaehlt')
case(3)   % Variante 3
  disp('Variante 3 gewaehlt')
otherwise
end
	Eingabe-Listbox (x_choose)
	
	Datei auf Webseite
	
	// Programm musterlist.sce
	// Muster einer Eingabe-Listbox in Scilab
	
	choice=x_choose(['Variante 1';
	  'Variante 2';
	  'Variante 3';
	  'Verlassen'],...
	  ['Auswahl der Aufgaben';'Bitte doppelklicken']);
	if isempty(choice); choice = 0; end // Fängt Verlassen durch "X" ab
	
	select(choice)
	case(1) // Variante 1
	  disp('Variante 1 gewaehlt')
	case(2) // Variante 2
	  disp('Variante 2 gewaehlt')
	case(3) // Variante 3
	  disp('Variante 3 gewaehlt')
	end

Abb. 2.15 Listbox `listdlg` bei MATLAB

Abb. 2.16 Listbox `x_choose` bei Scilab

MATLAB stellt einige vordefinierte Eingabemöglichkeiten bereit. Darunter finden wir die Dialogbox `menu` und die Eingabeliste `listdlg`. Die Dialogbox `menu` ordnet jedem vorhandenen Button eine Zahl zu. Wird der Button gedrückt, kann diese Zahl in einer `switch`-Bedingung abgefragt und weiterverarbeitet werden.

In der Eingabeliste `listdlg` wird eine Liste von Zeichenketten (Strings) angezeigt. Eine Möglichkeit kann der Benutzer auswählen. Den Strings wird in der entsprechenden Reihenfolge eine Zahl zugeordnet, die ebenfalls wieder mit einer `switch`-Bedingung abgefragt wird.

In Scilab wird eine ähnliche Listbox durch das Kommando `x_choose` erzeugt. Eine Dialogbox ist nicht implementiert.

Damit haben wir zwei einfache Benutzer-Dialoge kennengelernt, mit denen man einige Eingabemöglichkeiten übersichtlich auflisten kann.

Aufgabe 8   Hyperbelschar mit FOR-Schleife

In Aufgabe 7 aus Kapitel 1 haben wir eine Hyperbel mit den zugehörigen Asymptoten gezeichnet. Zeichnen Sie mit $\varepsilon = 2$; 3; 4; 5, aber sonst den gleichen Parametern wie dort, eine ganze Hyperbelschar zusammen in ein Bild. Wählen Sie die Achsenskalierung so, dass alla Brennpunkte zusammenfallen, also $x^* = x/\varepsilon$ und $y^* = y/\varepsilon$ (sogenannte *Interferenzhyperbeln*). ∎

Aufgabe 9   Logische Verknüpfungen

Prüfen Sie, ob die folgenden logischen Verknüpfungen für $x = 3$ wahr oder falsch sind. (Bei wahren Verknüpfungen ist das Ergebnis `ans = 1` (MATLAB) beziehungsweise `T` (für TRUE bei Scilab), bei unwahren Verknüpfungen ist `ans = 0` (MATLAB) beziehungsweise `F` (für FALSE bei Scilab).

```
(x.^2 + exp(x)) == 20
((x.^2 + exp(x)) == 20) | ((x.^2 + exp(x)) > 20)  ∎
```

Aufgabe 10   Zeichnen einer Kurvenschar

In Aufgabe 4 hatten Sie das Funktions-File mit dem Namen `fermifnct.m/.sce` geschrieben und den Funktionsverlauf grafisch sichtbar gemacht. Nun wollen wir alle Kurven für eine ganze Parameterschar von a gemeinsam in ein Bild zeichnen. Der Parameter a soll der Reihe nach die Werte 0,5 bis 10,5 in Abständen von 2 annehmen. Lösen Sie diese Aufgabe unter Verwendung eines Script-Files, in welchem Sie eine FOR-Schleife einsetzen. ∎

Aufgabe 11   Integration von Polynomen

Unter MATLAB steht mit `polyint` für die Integration von Polynomen eine Bibliotheksfunktion bereit, mit der man die Stammfunktion eines Polynoms bestimmen kann (vgl. Abschnitt 1.9.4). Unter Scilab gibt es eine derartige Bibliotheksroutine leider nicht.

Eine solche Funktion kann man aber auch ganz schnell selbst schreiben, wenn man berücksichtigt, dass das Integral einer Potenzfunktion nach der Regel

$$y(x) = \int x^n \mathrm{d}x = \frac{x^{n+1}}{n+1}$$

gebildet wird.

Schreiben Sie selbst ein Programm, mit dem Sie die Polynomkoeffizienten der Stammfunktion bestimmen können. Unter Scilab können Sie auch die halbsymbolische Darstellung wählen. Benutzen Sie dazu die FOR-Schleife. Beachten Sie, dass die Polynomkoeffizienten bei MATLAB in absteigender Reihenfolge, bei Scilab jedoch in aufsteigender Reihenfolge angeordnet sein müssen. ∎

Aufgabe 12   Auswahldialog für die Darstellung eines Polynoms

Ergänzen Sie das Programm aus Aufgabe 1 wie folgt:

- Es können wahlweise entweder die Koeffizienten eingegeben werden wie in Aufgabe 1 oder die Wurzeln.

- Die Auswahl, ob Wurzel- oder Koeffizienteneingabe, soll in MATLAB über die Dialogbox `menu`, in Scilab über `x_choose` erfolgen.

- In jedem Fall sollen sowohl die Koeffizienten als auch die Wurzeln auf der Kommandozeile ausgegeben werden. ∎

Aufgabe 13   Zweite Erweiterung der Polynomaufgabe

Ergänzen Sie das Programm aus Aufgabe 8 so, dass in einer Grafik sowohl der Funktionsverlauf als auch die Lage der Nullstellen in der komplexen Ebene mittels subplot dargestellt wird.

Zusammenfassung zu Kapitel 2

Script-Dateien

Script-Dateien sind ausführbare Programme, die als Textdateien mit einem
einzigen Kommando aufgerufen und verwendet werden können. Sie tragen in
MATLAB die Endung .m (M-Files) und in Scilab die Endungen .sce oder
.sci.

Eine umfangreiche Script-Datei sollte folgende Abschnitte enthalten:

- Teil zum Vorgeben bzw. Einlesen von Werten oder Parametern,

- Rechenteil,

- Ausgabeteil (Werte an Kommandoebene oder Grafik).

Für Eingaben in Script-Dateien steht das Kommando input zur Verfügung.
Für Textausgaben kann disp verwendet werden. Die formatierte Ausgabe von
Variablenwerten erfolgt über den Befehl sprintf (MATLAB) oder msprintf
(Scilab) (Umwandlung in einen String) mit nachfolgendem disp.

Auf die in Script-Dateien vorkommenden Variablen kann auch von der Konsole aus zugegriffen werden und umgekehrt.

Funktionsdateien

Eine ähnliche Aufgabe wie Script-Dateien erfüllen *Funktionsdateien*.

Sie tauschen im Gegensatz zu Script-Dateien ihre Werte nur über die Eingabe-
und Ausgabe-Schnittstelle mit dem aufrufenden Programmteil oder der Kommandoebene aus. Auf die internen Funktionsvariablen kann man von außen
nicht zugreifen, sie sind „gekapselt".

In einer anwenderdefinierten Funktion muss die erste Zeile in der Funktionsdatei die *Deklaration* enthalten.

Jede Funktion steht bei MATLAB in einer eigenen Datei, der Dateiname soll
mit dem Namen der Funktion übereinstimmen. Er hat wie bei Script-Files die
Endung .m.

Bei Scilab können wir mehrere Funktionen in einer Datei zusammenfassen.

Vor ihrer Benutzung muss die Datei mittels `exec` verfügbar gemacht werden.

Kurze Funktionen können auch als Inline-Funktionen (MATLAB) beziehungsweise Online-Funktionen (Scilab) geschrieben werden.

Funktionen von Funktionen

In einigen Fällen müssen Anwenderfunktionen aus einer vom System mitgelieferten Funktion heraus aufgerufen werden. Dies ist beispielsweise bei folgenden Problemen erforderlich:

- Nullstellensuche (über die MATLAB-Funktion `fzero` bzw. Scilab-Funktion `fsolve`)

- Berechnung des Funktionswertes einer beliebigen Funktion `feval`

- Minimumsuche (MATLAB: `fminbnd`/`fminsearch`, Scilab: `fminsearch`)

- Integration (MATLAB `quad7` bzw. Scilab `intg`)

- Lösung von Differentialgleichungen (MATLAB `ode45` bzw. Scilab `ode`)

Die in der Anwenderfunktion benötigten Parameter sind bei MATLAB auf dem Weg über die System-Funktion zu übergeben. Dies geschieht zum Beispiel bei der Nullstellensuche nach folgendem Schema:

`fzero('fun', Startwert, options, Parameter)` oder

`fzero(@fun, Startwert, options, Parameter)`

In Scilab dagegen wird eine Parameterliste mittels `list` angefügt.

Bei Octave steht für die Übergabe von Parametern nur der Weg über globale Variablen zur Verfügung. Diese müssen in der aufrufenden Funktion oder Kommandoebene und zusätzlich in der Anwenderfunktion *fun* definiert sein.

`global Parameterwert;`

`fsolve(Startwert, fun)`

Steuerung des Programmablaufs

Der einfachste Programmablauf in MATLAB/Scilab besteht wie auch bei anderen Programmiersprachen aus einer linearen Anweisungsfolge. Durch bedingte Anweisungen und Wiederholungen, die Steuerstrukturen oder „Kontrollstrukturen", können Abläufe strukturiert werden.

Folgende Strukturen stehen zur Verfügung:

- IF-Bedingung
- SWITCH/SELECT-Bedingung
- FOR-Schleife (eine Zählschleife)
- WHILE-Schleife (eine Bedingungsschleife)

Zur Abfrage, ob eine bestimmte Bedingung für das Schleifenende erreicht ist, benötigt man logische Vergleichsoperationen:

<	kleiner als
<=	kleiner oder gleich
>	größer als
>=	größer oder gleich
==	gleich (Beachte: *zwei* Zeichen bei logischem Vergleich!)
~=	nicht gleich
~	NOT (NICHT)
&	AND (UND)
|	OR (ODER)
XOR	XOR (ENTWEDER-ODER, auch: ausschließendes ODER)

Die FOR-Schleife und die WHILE-Schleife können vorzeitig durch den Befehl break beendet werden.

Mit dem SWITCH/SELECT-Kommando lassen sich einfache Dialogboxen steuern:

- eine Dialogbox bei MATLAB und Octave unter dem Kommando menu

- eine Eingabe-Listbox bei MATLAB unter dem Kommando listdlg und bei Scilab unter x_choose

Programmtest (Debugging)

Einige Gesichtspunkte, die beim Programmtest wichtig sein können:

- Aufsuchen von Syntaxfehlern

- Anzeige von Einzelwerten durch Weglassen des Semikolons (Ausgabe des Echos) oder mit dem Kommando disp

- Programmabbruch mittels strg-c (bei MATLAB) oder strg-c / strg-x mit anschließendem Kommando abort (bei Scilab)

- Auskommentieren von Kommandozeilen durch % beziehungsweise //

- Nutzen des Debugging-Modus (Breakpoints, Einzelschrittbetrieb)

Testfragen zu Kapitel 2

1. Welcher Unterschied besteht zwischen Script-Dateien und Funktionen?
   → 2.3.5
2. Durch welche Steuerzeichen werden Kommentare eingeleitet? → 2.2.5
3. Auf welche verschiedenen Arten können Funktionen deklariert werden?
   → 2.2.2
4. Auf welche Weise können an die von `fzero/fsolve` aufgerufenen Funktionen weitere Parameter übergeben werden? → 2.2.4
5. Wozu sind Breakpoints zu gebrauchen? → 2.2.5
6. Welche Schleife unter Scilab und MATLAB ist eine nachprüfende, welche eine vorprüfende Schleife? → 2.3.5
7. Welche Kommandos bilden die Elemente einer IF-Konstruktion?
   → 2.3.2
8. Welche Kommandos sind bei einer FOR-Schleife erforderlich und in welcher Reihenfolge treten sie auf? → 2.3.4
9. Welche Zeichen stehen für die folgenden logischen Verknüpfungen zur Verfügung?
   GLEICH, NICHT GLEICH, NOT, AND, ODER → 2.3.2
10. Mit welchem Befehl kann eine Schleife abgebrochen werden? → 2.3.5

Literatur zu Kapitel 2

[Eaton 2013]
Eaton J W, Bateman D, Hauberg S, *GNU Octave Version 3.0.1 Manual*, Createspace 2013
vgl. auch http://www.network-theory.co.uk/docs/octave3/

[Etter 1997]
Etter D M, *Engineering Problem Solving with MATLAB*, Prentice Hall, Upper Saddle River 1997

[Fricke 2009]
Fricke K, *Digitaltechnik: Lehr- und Übungsbuch für Elektrotechniker und Informatiker*, Vieweg+Teubner, Wiesbaden 2009

[Stein 2007]
Stein U, *Einstieg in das Programmieren mit MATLAB*, Fachbuchverlag, Leipzig 2007

3   Computerarithmetik und Fehleranalyse

3.1   Berechnungsfehler

Eine Leidensgeschichte in fünf Irrtümern

Beim Bearbeiten der bisherigen Kapitel haben wir bereits einige Erfahrungen im Umgang mit Numerikprogrammen gesammelt. So fühlen wir uns ermutigt, mittels Computermathematik jedes beliebige Problem zu lösen, vorausgesetzt, man nutzt die richtigen Programme und hinreichend leistungsfähige Computer. Dass dies – leider – auch prinzipielle Schranken hat, wird uns jedoch im vorliegenden Kapitel wohl klar werden. Um das zu verdeutlichen, betrachten wir zunächst eine Folge von fünf Beispielen. Wir werden überrascht sein, welchen Irrtümern man erliegen kann und welche auf den ersten Blick seltsamen Ergebnisse zuweilen zu beobachten sind.

Irrtum 1 Numerikprogramme rechnen prinzipiell für alle Zahlen gleich genau.

Wir wissen ja, dass MATLAB und Scilab prinzipiell mit Gleitkommazahlen arbeiten. Deshalb berechnen wir nun einmal eine Reihe von Differenzen (mit Anzeige doppelter Genauigkeit!), wir beginnen mit der folgenden:

1,000 000 000 1 − 1

(Ziffern in genau dieser Reihenfolge ohne Leertaste eintippen, dabei in jeder weiteren Zeile eine Null mehr.) Von hier ab tippen wir fortlaufend immer eine Null mehr ein. Die erhaltenen Ergebnisse sind in der folgenden Tabelle zu sehen:

■ Codetabelle 3.1

MATLAB, Octave	Scilab

`>> 1.0000000001 - 1.`
`ans =`
`    1e-010`
`>> 1.00000000001 - 1.`
`ans =`
`    1e-011`
`>> 1.000000000001 - 1.`
`ans =`
`  1.0001e-012`
`>> 1.0000000000001 - 1.`
`ans =`
`  9.9920e-14`
`>> 1.00000000000001 - 1.`
`ans =`
`  9.9920e-15`
`>> 1.000000000000001 - 1.`
`ans =`
	`-->1.0000000001 - 1.`
	`ans  =`
	`    1.000D-10`
	`-->1.00000000001 - 1.`
	`ans  =`
	`    1.000D-11`
	`-->1.000000000001 - 1.`
	`ans  =`
	`    1.000D-12`
	`-->1.0000000000001 - 1.`
	`ans  =`
	`    9.992D-14`
	`-->1.00000000000001 - 1.`
	`ans  =`
	`    9.992D-15`
	`-->1.000000000000001 - 1.`
	`ans  =`

MATLAB, Octave	Scilab

`    1.1102e-15`
`>> 1.0000000000000001 - 1.`
`ans =`
`     0`
	`    1.110D-15`
	`-->1.0000000000000001 - 1.`
	`ans  =`
	`    0.`

Das Ergebnis sollte eigentlich von Stufe zu Stufe eine Zehnerpotenz kleiner werden, das weiß eigentlich schon jeder Gymnasiast. Unsere mit dem Computer durchgeführte Rechnung liefert jedoch offensichtlich ab einer bestimmten Anzahl von Nullen etwas Falsches. In unserem Fall wird das besonders in der letzten Zeile deutlich. (Je nach Computer-Hardware tritt dieser Effekt früher oder später ein, wenn weitere Nullen zwischengeschaltet werden.)

In diesem Beispiel haben wir zwei Zahlen voneinander subtrahiert, die sich nur wenig unterscheiden. Es lässt sich vermuten, dass Rundungsfehler die Ursache für die Ungenauigkeiten sind. Jede Zahl wird ja durch eine lediglich endliche Ziffernfolge dargestellt. Tatsächlich kann in einen Computer nie eine Zahl mit unendlich vielen Dezimalstellen eingegeben werden – irgendwann einmal muss die letzte Ziffer auf- oder abgerundet werden. Durch das Runden treten unweigerlich Fehler auf, auch wenn sie im Einzelnen zunächst nicht erheblich sind. Arbeiten wir jedoch damit weiter, dann können sich diese Fehler unter Umständen stark bemerkbar machen.

> Die Subtraktion zweier fast gleich großer Zahlen birgt beim numerischen Rechnen die Gefahr großer Fehler in sich.

Irrtum 2 Auch beim numerischen Rechnen lässt sich die Additionsreihenfolge beliebig ändern.

Unsere Aussage würde nichts anderes besagen, als dass auch in der Numerik Kommutativ- und Assoziativgesetz gelten sollten.

Um das Zustandekommen von Rundungsfehlern plastisch darzustellen, sind die vielen Stellen, die ein Computer für die Zahlendarstellung bereithält, ganz und gar unanschaulich. Wir schaffen uns deshalb gedanklich einen Modellcomputer, mit dem wir Rechnungen „zu Fuß" nachvollziehen können. Für diesen Modellcomputer fordern wir, dass er stets auf nur vier gültige Ziffern rundet. Beachten wollen wir dabei die Rundungsregeln: Bis einschließlich Ziffer 4 der folgenden Stelle wird abgerundet, ab Ziffer 5 wird aufgerundet. Wie dagegen im echten Computer die Zahlendarstellung aussieht, schauen wir uns später an.[1]

Mit unserem Modellcomputer wollen wir nun eine vierstellige Addition simulieren und berechnen die Summe $z = 23\,400 + 3 + 4$:

---

[1] Dieses Beispiel ist einem ähnlichen aus dem schönen Buch [Knorrenschild 2003] angelehnt.

- $23\ 400 + 3 = 23\ 403 \approx 23\ 400$ → $23\ 400 + 4 = 23\ 404 \approx 23\ 400$

Die vier gültigen Stellen beim Rechnen haben wir hervorgehoben, die restlichen Nullen stehen nur der besseren Lesbarkeit halber da. Im „echten" Computer wird in Wirklichkeit mit Exponentialdarstellung gearbeitet, auf die wir noch zu sprechen kommen. Das Prinzip des Rundens ist jedoch das gleiche.

Nun vertauschen wir die Reihenfolge der Additionen:

- $3 + 4 = 7$ → $7 + 23\ 400 = 23\ 407 \approx 23\ 410$

Wir erhalten damit ein anderes Ergebnis. Daraus lässt sich nur eine Schlussfolgerung ziehen:

> Das Kommutativgesetz der Addition muss beim numerischen Rechnen nicht in jedem Fall gelten.

Was wir soeben für unseren Modellcomputer gemacht haben, können wir nun auch für MATLAB oder Scilab tun. Nur müssen wir jetzt sehr viel größere Zahlen nehmen, um den Effekt zu beobachten. Mit einem 64-Bit-Prozessor ergeben sich zum Beispiel die in der folgenden Codetabelle wiedergegebenen Zahlenwerte:

■   Codetabelle 3.2

MATLAB, Octave	Scilab

```>> format long e```
```>> a = 5.555555555555555e+015```
```a =```
```   5.555555555555556e+015```
	```-->format('e',25)```
	```--> a = 5.555555555555555e+015```
	```a =```
	``` 5.555555555555555000D+15```

(16-mal die Fünf nach dem Dezimalpunkt)	(16-mal die Fünf nach dem Dezimalpunkt)

```>> b = 0.4;```
```>> c = 0.3;```
```>> d = a+b+c```
```d =```
```   5.555555555555556e+015```
```>> d-a```
```ans =```
```   0```
```>> d = b+c+a```
```d =```
```   5.555555555555557e+015```
```>> d-a```
```ans =```
```   1```
	```-->b = 0.4;```
	```-->c = 0.3;```
	```-->d = a+b+c```
	```d =```
	``` 5.555555555555556e+015```
	```-->d-a```
	```ans =```
	``` 0```
	```-->d = b+c+a```
	```d =```
	``` 5.555555555555556000D+15```
	```-->d-a```
	```ans =```
	``` 1.000000000000000000D+00```

Wie wir sehen, ist der für die Zahl d berechnete Wert identisch zu a ($d - a = 0$), wenn in der Reihenfolge $(a + b) + c$ addiert wird. Dagegen ist $d = a + 1$, wenn in der Reihenfolge $(b + c) + a$ addiert wird, wenn also als Erstes die kleinsten Zahlen addiert werden. Die Rechengenauigkeit hängt wieder von der entsprechenden

Hardware ab. Deshalb ist es auch hier prinzipiell möglich, dass man auf einem anderen Computer (Taschenrechner, Mikrorechner) einige Stellen mehr oder weniger mitnehmen muss, um die gezeigten Effekte nachvollziehen zu können.

Aus diesem Beispiel gewinnen wir die Erkenntnis:

> Bei Additionen sollten die Summanden in der Reihenfolge wachsender Beträge genommen werden.

Irrtum 3 „Exakte" Rechnung liefert prinzipiell genauere Werte als Näherungsformeln.

Wir wollen den Funktionswert von

$$f(x) = \frac{e^x - 1 - x}{x^2}$$

für $x = 10$; 1; $0{,}1$; $0{,}01$; ... 10^{-10} ermitteln, und zwar auf vier gültige Stellen genau. Dies kann man mit dem Taschenrechner erledigen, aber als mittlerweile versierte MATLAB-/Scilab-Anwender schreiben wir ganz flink ein paar Kommandos hin, mit denen wir die Rechnungen auch auf dem PC schnell ausführen.

■ Codetabelle 3.3

MATLAB, Octave	Scilab

``
>> p_10 = 1:-1:-10;
>> x = 10.^p_10;
>> fun = (exp(x) - 1 -x)./x.^2
fun =
  Columns 1 through 4
    220.15 0.71828 0.51709 0.50167
  Columns 5 through 8
    0.50017 0.50002 0.5 0.49996
  Columns 9 through 12
    0.49434 -0.60775 82.74 827.4
``
	``
	-->p_10 = 1:-1:-10;
	-->x = 10.^p_10;
	-->fun = (exp(x) - 1 -x)./x.^2
	fun =
	  (gleiche Werte wie links)
	``

Bei kleiner werdendem x nähert sich die Folge der Funktionswerte $f(x)$ immer mehr dem Wert 0,5. Doch plötzlich, bei sehr kleinem x (wie klein, das hängt vom jeweiligen Computer ab, bei uns ist es bei 10^{-8}), weichen die Funktionswerte wieder stärker ab. Bei Ihrem Taschenrechner ergibt sich wahrscheinlich ab etwa $x = 10^{-6}$ entweder null oder sogar ein extrem hoher Zahlenwert. Dies scheint jedoch kaum glaubhaft, da sich das Ergebnis für $x = 10^{-4}$, 10^{-3} usw. zunächst immer näher der Zahl 0,5 genähert hatte. Diesen Effekt bezeichnet man als *Auslöschung*.

Offensichtlich scheint es unerheblich zu sein, mit welchem Numerikprogramm wir auf dem PC rechnen – der Fehler äußert sich in MATLAB, Octave und Scilab gleichermaßen. Die Ursache wird also vermutlich im Computer selbst zu suchen sein. Diese so harmlos aussehende Aufgabe zeigt damit bereits mögliche Tücken unserer Computer auf.

Wir setzen das Beispiel noch weiter fort. Bei sehr kleinen x-Werten darf man ja eine Funktion in ihre Potenzreihe entwickeln (TAYLOR-Entwicklung, vgl. auch 6.1.2 oder Anhang). Wenden wir dies nun auf unsere Exponentialfunktion an, wobei wir zum Beispiel den Wert $x = 10^{-8}$ einsetzen, so erhalten wir:

$$f(x) = \frac{e^x - 1 - x}{x^2} = \frac{\left(1 + x + \frac{x^2}{2} + \frac{x^3}{6} + \frac{x^4}{24} + \ldots\right) - 1 - x}{x^2} =$$

$$= \frac{1}{2} + \frac{x}{6} + \frac{x^2}{24} \ldots = 0,5 + 1,667 \cdot 10^{-9} + 4,167 \cdot 10^{-14} \ldots = 0,5000000167\ldots$$

Dieses Ergebnis liegt nun im Gegensatz zu oben tatsächlich im richtigen Bereich.

Numerische Berechnungen, die mit einer nur genäherten Formel (hier: Potenzreihe) ausgeführt wurden, sind also unter Umständen besser als solche, denen die exakte Formel zugrunde liegt!

Irrtum 4 Algebraisch äquivalente Formeln führen auch zu äquivalenten Ergebnissen.

Wir berechnen beispielsweise den Ausdruck $f(x) = \frac{1 - \cos x}{x^2}$ für kleine $x = 0,1$; 0,01; 0,001; ... usw.

■ Codetabelle 3.4

```
MATLAB, Octave

>> format short e
>> x =logspace(-1.-10,10)
x =
  Columns 1 through 5
   1.0000e-01   1.0000e-02   1.0000e-03   1.0000e-04   1.0000e-05
  Columns 6 through 10
   1.0000e-06   1.0000e-07   1.0000e-08   1.0000e-09   1.0000e-10
>> y = (1 - cos(x))./x.^2
y =
  Columns 1 through 5
   4.9958e-01   5.0000e-01   5.0000e-01   5.0000e-01   5.0000e-01
  Columns 6 through 10
   5.0004e-01   4.9960e-01            0            0            0
```

```
Scilab

-->format('e',11)
-->x = logspace(-1,-10,10)
```

```
        column 1 to 6
   1.0000D-01   1.0000D-02   1.0000D-03   1.0000D-04   1.0000D-05   1.0000D-06
        column 7 to 10
   1.0000D-07   1.0000D-08   1.0000D-09   1.0000D-10   -->y = (1 - cos(x))./x.^2
y  =
        column 1 to 6
   4.9958D-01   5.0000D-01   5.0000D-01   5.0000D-01   5.0000D-01   5.0004D-01
        column 7 to 10
   4.9960D-01   0.0000D+00   0.0000D+00   0.0000D+00
```

Bei der Berechnung mittels Taschenrechner oder MATLAB/Scilab wird das Ergebnis irgendwann null, während der korrekte Grenzwert 0,5 ist.

Es gibt aber in diesem Fall noch eine andere Möglichkeit, unseren Ausdruck zu berechnen. Wir können ihn mit Hilfe einer Umrechnungsformel für die trigonometrischen Funktionen umstellen. Bekanntlich gilt ja das Additionstheorem

$$1 - \cos x = 2\sin^2 \frac{x}{2},$$

daraus folgt

$$f(x) = \frac{1 - \cos x}{x^2} = \frac{2}{x^2}\sin^2\frac{x}{2}.$$

Mit dieser Formel tritt der oben festgestellte Fehler nun nicht mehr auf.

■   Codetabelle 3.5

MATLAB, Octave

```
>> y1 = 2*sin(x/2).^2./x.^2
y1 =
  Columns 1 through 7
   1.0000e-01   1.0000e-02   1.0000e-03   1.0000e-04   1.0000e-05   1.0000e-06   1.0000e-07
  Columns 8 through 10
   1.0000e-08   1.0000e-09   1.0000e-10
```

Scilab

```
-->y1 = 2*sin(x/2).^2../x.^2
 y1  =
        column 1 to 6
   4.9958D-01   5.0000D-01   5.0000D-01   5.0000D-01   5.0000D-01   5.0000D-01
        column 7 to 10
   5.0000D-01   5.0000D-01   5.0000D-01   5.0000D-01
```

Wir folgern:

Nicht jede algebraisch gleichwertige Formel ist zur numerischen Berechnung gleich gut geeignet.

Wie wir hier sehen konnten, gibt es offensichtlich je nach Situation mehrere Möglichkeiten, um die Auswirkung von Rundungsfehlern bei Differenzbildungen klein zu halten:

1. die Entwicklung in eine Potenzreihe, bei der die Hauptanteile der nahezu gleich großen Terme durch Subtraktion wegfallen,

2. falls möglich, die Umformung des Ausdrucks, so dass eine kritische Differenzbildung wegfällt.

Für die Umformung müssen situationsgemäß geeignete Möglichkeiten gefunden werden, dafür gibt es kein allgemeingültiges Verfahren. Bei trigonometrischen Funktionen kann man zum Beispiel Additionstheoreme benutzen. Die Möglichkeit der Reihenentwicklung existiert dagegen immer, dafür ist sie aber auch nur in der Umgebung der kritischen Stellen genau genug.

Irrtum 5 Auf die vielfach geprüften Standard-Funktionen ist in jedem Fall Verlass.

Mit Polynomen haben wir uns ja bereits befasst. Die Berechnung ihrer Nullstellen kann jedoch recht ungenau werden, wenn sie mehrfach auftreten. Im folgenden Beispiel [Quarteroni 2006] nehmen wir das Polynom

$$p(x) = (x-1)^7 = x^7 - 7x^6 + 21x^5 - 35x^4 + 35x^3 - 21x^2 + 7x - 1,$$

unter die Lupe – die Polynomkoeffizienten ermittelt man in diesem Fall übrigens als Binomialkoeffizienten aus dem PASCALschen Dreieck. Nun schauen wir, was MATLAB und Scilab numerisch daraus machen.

■ Codetabelle 3.6

MATLAB, Octave	Scilab
| ```
>> rp = [1 1 1 1 1 1 1]; % alle Nullstellen
>> p1 = poly(rp)     % Polynomkoeffizienten
p1 =
   1   -7   21   -35   35   -21   7   -1
``` | ```
-->rp = [1 1 1 1 1 1 1];
-->q1 = poly(rp, 'x', 'r')
 q1  =
                   2    3     4     5    6   7
 - 1 + 7x - 21x + 35x - 35x + 21x - 7x + x
``` |

Daraus ermitteln wir nun rückwärts wieder die Wurzeln. Sie sollten sich ja eigentlich wie oben ergeben:

| ```
>> roots(p1)
ans =
    1.0104
    1.0064 +  0.0081236i
    1.0064 -  0.0081236i
   0.99765 +  0.010032i
   0.99765 -  0.010032i
   0.99074 +  0.0044298i
   0.99074 -  0.0044298i
``` | ```
-->r2 = roots(q1)
 r2  =
    1.0094D+00
    1.0058D+00 + 7.3936D-03i
    1.0058D+00 - 7.3936D-03i
    9.9786D-01 + 9.1237D-03i
    9.9786D-01 - 9.1237D-03i
    9.9158D-01 + 4.0267D-03i
    9.9158D-01 - 4.0267D-03i .
``` |

MATLAB, Octave	Scilab

Octave dagegen liefert uns zum Beispiel:
 	
``
>> roots(p1)
ans =
 	
   1.00898 + 0.00000i
   1.00563 + 0.00701i
   1.00563 - 0.00701i
   0.99802 + 0.00880i
   0.99802 - 0.00880i
   0.99186 + 0.00393i
   0.99186 - 0.00393i
``	

Wie wir aus diesem Beispiel sehen, rechnen die einzelnen Programme nach unterschiedlichen Algorithmen und produzieren entsprechend auch unterschiedliche Rundungsfehler.	

An diesem Beispiel sehen wir abermals, dass Rundungsfehler unter Umständen erhebliche Ungenauigkeiten mit sich bringen können. Dabei wissen wir doch, dass die Nullstellen alle bei +1 liegen müssen. Offensichtlich arbeiten auch die einzelnen Programme mit unterschiedlichen Berechnungsverfahren, so dass die Fehler in den einzelnen Systemen ganz unterschiedlich ausfallen.

Standard-Funktionen dürfen nicht immer bedenkenlos verwendet werden, da auch bei ihrer Ausführung unter Umständen intern Rundungsfehler unvermeidbar sind.

Selbst hinter logischen Operationen können versteckte arithmetische Berechnungen stecken. Deshalb sollte man in Kontrollstrukturen möglichst nie auf Gleichheit prüfen, sondern immer Ungleichungen anstreben. Eine Abbruchbedingung dürfte, wo immer möglich, nicht

```
if x == 3.0 else … end
```

lauten, sondern beispielsweise

```
if x < 3.0001 else … end .
```

Wir haben nun anhand etlicher Möglichkeiten gesehen, wie man beim Rechnen mit dem Computer in eine Falle tappen kann. Heißt das nun, wir sollten lieber die Finger vom numerischen Rechnen lassen? Auf keinen Fall müssen wir das Kind mit dem Bade ausschütten. Entscheidend ist es nur zu wissen, wann diese Fallen ausliegen und wie man sie unter Umständen umgehen kann.

Aufgabe 1   Empfindlichkeit mathematischer Formeln gegenüber Rundungsfehlern

Mit dem folgenden Additionstheorem sollte theoretisch auf beiden Seiten der gleiche Wert berechnet werden:

$$\sin x - \sin y = 2\sin\frac{x-y}{2}\cos\frac{x+y}{2}$$

Es ist zu vermuten, dass beide Seiten unterschiedlich anfällig gegenüber Rundungsfehlern sind. Welche der beiden Seiten sollte deshalb beim numerischen Rechnen bevorzugt werden? Zahlenbeispiel: $x = \pi/4$, $y = x + dx$, beginnend mit $dx = 10^{-14}$ und danach mit einem deutlich kleineren Wert, zum Beispiel 10^{-17}.

Ermitteln Sie die Zahlenwerte sowohl nach der Methode der linken als auch der rechten Seite mit dem Taschenrechner oder mit MATLAB/Scilab. Von welchem x-Wert an liefern die Programme falsche Ergebnisse? Finden Sie auch eine Näherungslösung der rechten Seite für kleine x. Entwickeln Sie dazu den Ausdruck in eine Potenzreihe. ■

Aufgabe 2   Noch einmal zur Differenz kleiner Größen

In dem Ausdruck

$$\sqrt{x + \frac{1}{x}} - \sqrt{x - \frac{1}{x}}$$

löschen sich die beiden Terme beim numerischen Rechnen für $x \gg 1$ aus (wenn mit dem Taschenrechner gearbeitet wird, etwa bei $x = 10^6$). Geben Sie eine geeignete Möglichkeit zur numerischen Berechnung an, die diese Auslöschung vermeidet: a) Wenden Sie die Potenzreihenentwicklung für kleine x an. b) Suchen Sie eine exakte algebraische Umformung. Dazu lässt sich eine geeignete Erweiterung unter Anwendung der 3. binomischen Formel benutzen.

Bemerkung: Möglicherweise wird die zweite Variante etwas schwieriger zu lösen sein, Sie dürfen deshalb ruhig einmal auf die Musterlösung schielen! ■

Aufgabe 3   Noch einmal zu Irrtum 4

Oben haben wir den Ausdruck $f(x) = \dfrac{1 - \cos x}{x^2}$ auf zweierlei Weise berechnet. Nun wollen wir den Kosinus und damit auch die gesamte Funktion $f(x)$ für kleine x-Werte in eine Potenzreihe entwickeln:

$$\cos x = 1 - \frac{x^2}{2!} + \frac{x^4}{4!} - \frac{x^6}{6!} + \dots \quad \text{und} \quad f(x) = \frac{1}{2!} - \frac{x^2}{4!} + \frac{x^4}{6!} - + \dots$$

Zeigen Sie, dass mit dieser Reihenentwicklung für sehr kleine x ebenfalls korrekte Ergebnisse erzielt werden. ■

Aufgabe 4   Genauigkeit Ihres Taschenrechners

Ermitteln Sie durch geeignete Manipulationen die Genauigkeit der Gleitkommadarstellung Ihres Taschenrechners. ■

Aufgabe 5   Subtraktion unter Beachtung möglicher Auslöschung

Gegeben seien zwei Zahlen:

$$x_1 = 1; \quad x_2 = 1{,}000\,000\,0001 \quad \text{(9 Nullen!)}$$

Berechnen Sie den Wert $y = e^{x_1^2} - e^{x_2^2}$. ■

3.2 Die wichtigsten Fehlerarten

3.2.1 Übersicht

Die im vorigen Abschnitt besprochenen Beispiele zeigten Fehler auf, die infolge der endlichen Zahlengenauigkeit des Computers entstehen. Beim nicht zu vermeidenden Runden der letzten Stelle handeln wir uns zwangsläufig Ungenauigkeiten ein. Solche Fehler werden als *Rundungsfehler* bezeichnet.

Das sind jedoch nicht die einzigen Fehlermöglichkeiten. Natürlich sind selbst dann, wenn Programme unter größter Sorgfalt geschrieben werden, auch *Programmierfehler* (Schnitzer) möglich und deshalb durchaus ernst zu nehmen. Daneben kann auch das der Rechnung zugrunde liegende Modell gewisse Vereinfachungen enthalten, so dass wir mit *Modellierungsfehlern* rechnen müssen, oder aber die verwendeten Datensätze sind fehlerbehaftet (*Datenfehler*, zum Beispiel als Folge von Messfehlern). Diese Fehler gehören jedoch in einen Bereich, der schon im Vorfeld der eigentlichen Numerik angesiedelt ist. Doch selbst wenn alle diese Fehler weitgehend vermieden würden, bleiben immer noch wohl oder übel die Rundungsfehler übrig.

Eine weitere Fehlermöglichkeit, die bei fast allen numerischen Problemen unweigerlich auftritt, haben wir aber immer noch außer Acht gelassen. Das sind jene Fehler, die infolge des gewählten mathematischen Approximationsverfahrens entstehen. Bei der Nullstellenberechnung mittels `fzero/fsolve`, die wir ja bereits kennen, wird automatisch eine gewisse Toleranzgrenze vorgegeben, die man auch verändern kann.[2] Wir können festlegen, wie genau das Ergebnis berechnet werden soll, in jedem Fall muss man aber irgendwann abbrechen und es bleibt immer ein Fehler zurück. Diese Fehlerart bezeichnet man als *Diskretisierungsfehler* oder *Abbruchfehler*.

Immerhin befinden wir uns (tragischerweise) mit unseren Rechenfehlern in prominenter Gesellschaft. Die Ariane-5-Rakete der Europäischen Raumfahrt-Agentur ESA stürzte im Jahre 1966 aufgrund eines Überlauffehlers beim Runden im Bordcomputer ab. Und im Jahre 1991 brach eine Bohrplattform vor der norwegischen Küste zusammen – aufgrund eines Approximationsfehlers. Die Rechengenauigkeit mit den damals verfügbaren Computern war einfach noch nicht groß genug [dradio 2008].

---

[2] Das geschieht bei MATLAB in `fzero` über den Parameter `optimset`, vgl. Abschnitt 2.2.4, bei Scilab in `fsolve` über eine Eingabevariable `tol`.

3.2.2 Fehlerfortpflanzung

Alle Fehler einer Eingangsgröße, seien es nun Rundungs- oder Abbruchfehler, wirken sich bei Fortführung der Rechnung natürlich weiter aus, ja, sie können sich sogar verstärken. Um diese Fehlerfortpflanzung abzuschätzen, kann man genauso vorgehen wie in der Physik mit der Fortpflanzung von physikalischen Messfehlern [Thuselt 2010]. Wir tragen die Ergebnisse hier einmal kurz zusammen. Sie lassen sich mit Hilfe der Differentiationsregeln für Funktionen mehrerer Variablen, wie sie in der Mathematik vorgestellt werden, begründen.

Der absolute Fehler Δf eines funktionellen Zusammenhangs $f(x)$ hängt natürlich vom Fehler der Eingangsgröße $\Delta x = x - \overline{x}$ ab; $\overline{x}$ ist der exakte analytische Wert. Falls Δx klein ist, was wir ja normalerweise voraussetzen können, erhalten wir nach den Regeln der Differentialrechnung:

$$\Delta f = \left| f(x) - f(\overline{x}) \right| \approx \left| f'(\overline{x}) \right| \Delta x \qquad (3.1)$$

Für eine Funktion $f(x_1, x_2, x_3, \ldots)$, die von mehreren Eingangsgrößen abhängt, ergibt sich als *Fehlerfortpflanzungsgesetz* für den Absolutfehler:

$$\Delta f = \left| \frac{\partial f}{\partial x_1} \right| \Delta x_1 + \left| \frac{\partial f}{\partial x_2} \right| \Delta x_2 + \left| \frac{\partial f}{\partial x_3} \right| \Delta x_3 + \ldots^3 \qquad (3.2)$$

Dahinter steckt das gleiche Prinzip, das in der Analysis zum vollständigen Differential einer Funktion führt. Hier sind allerdings sowohl für die Fehler als auch für die Ableitungen nur die Beträge einzusetzen, da sich zwei Fehler unterschiedlicher Ausgangswerte im ungünstigen Fall immer addieren können.

Speziell bei der Addition oder Subtraktion zweier Variablen gilt:

$$\Delta f = \Delta(x_1 + x_2) = \Delta x_1 + \Delta x_2 \qquad (3.3)$$

$$\Delta f = \Delta(x_1 - x_2) = \Delta x_1 + \Delta x_2 \qquad (3.4)$$

Den Gesamtfehler einer Summe oder Differenz erhält man demnach aus der Summe der absoluten Einzelfehler.

Für ein Produkt finden wir

---

[3] Die Differentiationsvorschrift $\partial/\partial x_i$ aus der Mathematik bedeutet darin die sogenannte *partielle Ableitung*. Es handelt sich dabei um die Ableitung der Funktion f nach x_i, wobei alle anderen Variablen wie Konstanten behandelt werden.

$$\Delta f = \Delta(x_1 \cdot x_2) = x_1 \Delta x_2 + x_2 \Delta x_1 \,. \tag{3.5}$$

Dieser Fehler wird also nicht allein durch die Einzelfehler bestimmt, sondern auch durch die Funktionswerte x_1 und x_2 selbst. Wenn nur x_2 genügend groß ist, dann wird der Fehler des Produkts gemäß (3.5) ebenfalls groß.

Der *relative Fehler* ist der Fehler, der sich auf die jeweilige Größe selbst bezieht, also zum Beispiel $\Delta x/x$. Er kann in Prozent angegeben werden. Der *relative Gesamtfehler eines Produkts* ergibt sich aus der Summe der relativen Einzelfehler:

$$\boxed{\frac{\Delta f}{f} = \frac{\Delta(x_1 \cdot x_2)}{x_1 \cdot x_2} = \frac{\Delta x_1}{x_1} + \frac{\Delta x_2}{x_2}} \tag{3.6}$$

Bei einem Quotienten ist die Sache leider nicht so übersichtlich, wir erhalten für den Absolutfehler mit Hilfe der Quotientenregel der Differentiation:

$$\Delta f = \Delta\left(\frac{x_1}{x_2}\right) = \frac{x_1 \Delta x_2 + x_2 \Delta x_1}{x_2^2} = \frac{x_1}{x_2^2} \Delta x_2 + \frac{1}{x_2} \Delta x_1 \tag{3.7}$$

Daraus finden wir den *relativen Fehler eines Quotienten* zu

$$\frac{\Delta f}{f} = \frac{\Delta(x_1/x_2)}{x_1/x_2} = \frac{x_2}{x_1}\left(\frac{x_1}{x_2^2}\Delta x_2 + \frac{1}{x_2}\Delta x_1\right) = \frac{1}{x_2}\Delta x_2 + \frac{1}{x_1}\Delta x_1$$

und damit

$$\boxed{\frac{\Delta f}{f} = \frac{\Delta(x_1/x_2)}{x_1/x_2} = \frac{\Delta x_1}{x_1} + \frac{\Delta x_2}{x_2}} \,. \tag{3.8}$$

Er hat also die gleiche Gestalt wie bei einem Produkt.

3.2.3 Fehlerschätzung und Konditionierung

Was wir eben zusammengetragen haben, wollen wir nun auf konkrete Zusammenhänge anwenden.

Nehmen wir zum Beispiel an, wir wollen mit einem Taschenrechner oder PC den Sinus einer Größe x berechnen. Diese Größe wird in vielen Fällen fehlerbehaftet sein, sie könnte zum Beispiel beim Runden aus einer Variablen wie π hervorgegangen sein. Wir haben also den Fehler bei der Berechnung von

$$f(x) = \sin x$$

abzuschätzen. Dafür müssen wir entsprechend (3.1) die Ableitung $f'(x) = |\cos x|$ untersuchen, sie ist kleiner als oder höchstens gleich 1. Der Fehler Δx wird demnach durch die Multiplikation mit dem Kosinus in der Regel verringert, im ungünstigsten Fall wird er wegen $\Delta f = |f'(\overline{x})| \Delta x$ mit eins multipliziert.

Als Nächstes schauen wir uns einmal die Fortpflanzung eines Fehlers bei der Funktion

$$y = f(x) = \sqrt{x}$$

an. Ihre Ableitung ist

$$f'(x) = \frac{1}{2\sqrt{x}} \; .$$

Diese Ableitung wird in der Nähe des Nullpunktes sehr groß (Abb. 3.1). Eine geringfügige Änderung von x kann demnach eine gewaltige Änderung von $f(x)$ zur Folge haben.

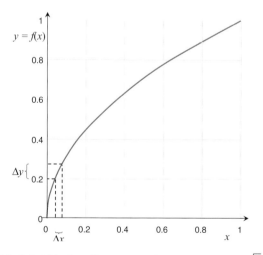

Abb. 3.1 Fehlerfortpflanzung bei der Funktion $f(x) = \sqrt{x}$

Unsere beiden Beispiele legen es nahe, die Ableitung der Funktion als Maß für die Fehlerfortpflanzung zu benutzen. In der Praxis geht man jedoch nicht vom absoluten, sondern vom relativen Fehler aus. Für ihn gilt:

$$\left|\frac{\Delta f}{f(x)}\right| \approx \left|\frac{f'(x)}{f(x)}\right|\Delta x = \underbrace{\frac{|f'(x)||x|}{|f(x)|}}_{\text{"Konditionszahl" } K} \frac{\Delta x}{|\bar{x}|} = K \cdot \frac{\Delta x}{|\bar{x}|}.$$ (3.9)

Beim Umformen haben wir einmal mit $|x|$ erweitert.

> Der Faktor, mit dem der relative Fehler der Ausgangsgröße multipliziert
> werden muss, um den relativen Fehler des Ergebnisses zu ermitteln, heißt
> *Konditionszahl*.
> Wenn die Konditionszahl groß ist, spricht man von einem *schlecht konditio-*
> *nierten Problem*.

Ein weiteres Beispiel soll das illustrieren. Wir bestimmen die Konditionszahl
der Funktion $f(x) = x^2$. Ihre Ableitung ist $f'(x) = 2x$, die Konditionszahl ist

dann $K = \dfrac{f'(x)|x|}{f(x)} = \dfrac{2x}{x^2}|x| = 2$. Daraus schließen wir, dass sich der relative Fehler

beim Quadrieren verdoppelt.

Aufgabe 6   Fehlerfortpflanzung

Es sollen Werte der Funktion

$$f(x) = \sin x + 3x^3$$

numerisch im x-Intervall zwischen $\pi/4$ und $\pi/2$ berechnet werden. Der absolute Fehler Δf
des Ergebnisses soll höchstens 3 sein. Wie groß darf dann der absolute Fehler von x höchstens sein? ∎

3.3 IEEE-Gleitkommadarstellung

3.3.1 Datenformat

Technische Größen und Naturkonstanten sind oft nur in Exponentialform darstellbar. Ein Computer verwendet bekanntlich intern eine Binärdarstellung, welche nur
aus Nullen und Einsen besteht. Wir gehen davon aus, dass Sie mit den Grundzügen der Binär- und Hexadezimalschreibweise von Zahlen vertraut sind ([Borucki
2000], [Wikipedia: Hexadezimalsystem]).

Wie werden die Zahlen im Rechner binär abgelegt? Dies obliegt nicht etwa
dem verwendeten Rechenprogramm wie Scilab oder MATLAB, sondern hängt
allein von der Hardware des Computers ab, auf dem gerechnet wird. Als Beispiel

nehmen wir die folgende *Gleitkommazahl* (engl. *floating-point number*) $a = 6{,}67 \cdot 10^{-11}$.

Allgemein können wir eine solche Zahl in der Form

$$a = \pm m_{10} \quad \cdot \quad 10^{n}$$

Mantisse Basis Exponent

(3.10)

schreiben. Zur Umwandlung von a in eine binäre Gleitkommazahl a_2 [4] reicht es nun nicht, die Mantisse und den Exponenten einzeln in Binärzahlen umzuwandeln, sondern die gesamte Zahl wird zunächst als Zweier-Exponent umgeschrieben. Sie nimmt dann die folgende Gestalt an:

$$a = \pm m_2 \cdot 2^{x}$$

(3.11)

m_2 ist die neue Mantisse, x der neue Exponent. Von ihm erwarten wir, dass er ganzzahlig ist. Das Vorzeichen vor der Mantisse muss zusätzlich beachtet werden. Zunächst suchen wir also eine Darstellung in der Form (3.11). Es gibt verschiedene Möglichkeiten, Gleichungen dieser Gestalt zu finden. Im Zehnersystem sind ja auch mehrere äquivalente Darstellungen möglich, zum Beispiel können wir

$$a = 6{,}67 \cdot 10^{-11} = 0{,}667 \cdot 10^{-10} - 66{,}7 \cdot 10^{-12}$$

schreiben und so weiter. Üblich ist *eine* gültige Ziffer vor dem Komma. Bei den Zweierpotenzen wählt man nun ebenfalls diejenige Darstellung aus, die eine gültige Ziffer vor dem Komma hat. Diese Ziffer muss immer eine Eins sein. Warum? Wäre sie größer als eins, dann könnten wir durch zwei dividieren und parallel dazu den Exponenten um eine Zweierpotenz erhöhen – dann bliebe immer noch eine gültige Ziffer vor dem Komma. Das lässt sich so lange fortsetzen, bis tatsächlich nur noch eine Eins dort steht. Diese Eins braucht nun, da sie ja immer auftritt, nicht mit abgespeichert zu werden, das spart immerhin ein Bit Speicherplatz!

Um m und x für unsere Beispielzahl zu finden, bilden wir den Logarithmus

$$\ln |a| = \ln m + x \ln 2$$

oder

---

[4] Der Index weist auf die Basis 2 hin.

$$\boxed{\frac{\ln |a|}{\ln 2} = \frac{\ln m}{\ln 2} + x}.$$ (3.12)

Der Ausdruck $\ln|a|/\ln2 = {}^2\log|a|$ heißt *binärer* oder *dualer Logarithmus* und wird auch mit dem Symbol $\mathrm{ld}|a|$ bezeichnet.

Die Darstellung (3.12) ist nicht eindeutig, da m und x zwei Größen sind, die zusammen bestimmt werden müssen. Wir wollen jedoch auf jeden Fall einen ganzzahligen Exponenten erhalten. Damit kommen mit unserem oben gewählten Wert für a unter anderem folgende Möglichkeiten in Betracht:

$$\frac{\ln |a|}{\ln 2} = (-33 - 0{,}8035)\ oder\ (-32 - 1{,}8035)\ oder\ (-31 - 2{,}8035)$$

$$oder\ (-34 + 0{,}1965)\ oder\ ...$$

Um die Ergebnisse besser zu verdeutlichen, schreiben wir hier nur vier Nachkommastellen hin. Der mittels Computer berechnete genauere Wert wäre zum Beispiel $-34 + 0{,}1964\,7771\,7648\,875$. Wenn bei den folgenden Rechnungen Differenzen in hinteren Stellen auftreten, müssen wir uns deshalb nicht wundern.

Somit können wir die Zahl a mit Zweier-Exponent in einer der folgenden Formen schreiben:

$$a = 2^{-0{,}8035} \cdot 2^{-33} = 0{,}57296 \cdot 2^{-33}$$
$$a = 2^{-1{,}8035} \cdot 2^{-32} = 0{,}28648 \cdot 2^{-32}$$
$$a = 2^{0{,}1965} \cdot 2^{-34} = 1{,}1459 \cdot 2^{-34} \quad {}^{5}$$

Wie vereinbart, greifen wir diejenige Darstellung heraus, bei der eine Eins vor dem Komma steht. Die letzte Zeile haben wir deshalb hervorgehoben.

Nun haben wir noch die Aufgabe, die neue Mantisse in Binärform darzustellen. Sie soll die Form

$$a = (-1)^s \cdot (1, f) \cdot 2^x$$ (3.13)

haben, wobei wir folgende Bezeichnungen einführen:

s – Vorzeichen ($+1$ oder -1)

f – Nachkommastellen der Mantisse

x – Exponent

Die Nachkommazahl f wird nach den üblichen Regeln der Dezimal-Binär-Umwandlung ermittelt. Falls Ihnen diese Umrechnung, insbesondere für Nach-

---

[5] Der genauere Wert lautet hier $1{,}1458972745728 \cdot 2^{-34}$.

kommastellen, nicht geläufig ist, müssen Sie sich noch etwas gedulden. Wir holen das im Kapitel 6.3.2 nach.

Auch der Exponent verlangt nun eine binäre Darstellung. Die Formate der Gleitkommazahlen sind nach IEEE-754 seit 1985 genormt.[6] Unsere Numerikprogramme legen sie also nicht selbst fest, sondern verwenden sie so, wie sie durch die Hardware von den Chipherstellern ermöglicht werden. Üblich sind Darstellungen von Zahlen mit *einfacher Genauigkeit* und mit *doppelter Genauigkeit*. In Mikrocomputern, die nicht so leistungsfähig sind, wird man mit einfacher Genauigkeit zurechtkommen müssen. Einfach genaue Gleitkommazahlen werden als 32-Bit-Zahl wie folgt binär gespeichert:

Exponent (8 bit)   Mantisse (23 bit)

Vorzeichen der Mantisse (1 bit)

Zusammen ergeben diese 32 bit gerade 4 Byte.

MATLAB, Octave oder Scilab laufen dagegen auf PCs oder ähnlichen Systemen und benutzen generell intern deren doppelte Genauigkeit – unabhängig von der Darstellung auf der Konsole. Die Gleitkommazahlen mit doppelter Genauigkeit sind 64-Bit-Zahlen und demnach doppelt so lang.

Exponent (11 bit)   Mantisse (52 bit)

Vorzeichen der Mantisse (1 bit)

Dies sind zusammen 8 Byte.

Vorzeichen und Exponent werden hier exakt durch die ersten 12 bit (3 Halbbytes) dargestellt, daran anschließend folgt die Hexadezimaldarstellung der Nachkommaziffern. Bei einfach genauen Gleitkommazahlen stimmen die Grenzen zwischen Exponent und Mantisse übrigens nicht mit den Byte-Grenzen überein.

Binär wird der Exponent nun in einer Form gespeichert, die sich auf den niedrigstmöglichen Wert, den *Offset*, bezieht. Die Zählung des Exponenten beginnt demnach genau am Offset. Falls für ihn wie bei der doppelt genauen Darstellung 11 bit zur Verfügung stehen, ist das der Wert $2^{11}/2 = 2048/2 = 1024$. Ihm entspricht der Binärwert null. Der dezimale (tatsächliche) Exponent null liegt auf diese Weise genau in der Mitte des Zahlenbereichs. Damit noch etwas Spielraum für den Rand des Zahlenbereichs übrig bleibt, wird als Offset der Wert 1023 benutzt (Abb. 3.2). Es ist dann also

---

[6] IEEE (lies „I-triple-E") ist die internationale Organisation der Elektrotechniker und Elektroniker, der volle Name lautet „Institute of Electrical and Electronics Engineers, Inc.".

$$a = (-1)^s \cdot (1, f) \cdot 2^x = a = (-1)^s \cdot (1, f) \cdot 2^{e-\text{Offset}} = (-1)^s \cdot (1, f) \cdot 2^{e-1023}$$

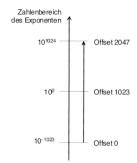

Abb. 3.2 Wertebereich des Offset bei einem 11-Bit-Exponenten

In den folgenden Zeilen sind einige Beispiele angeführt:

- $2^{-1023} = 2^{e-1023} = 2^{0-1023}$
- $2^0 = 2^{e-1023} = 2^{1023-1023}$
- $2^{-10} = 2^{e-1023} = 2^{1013-1023}$

und schließlich für unser Zahlenbeispiel $a = 6{,}67 \cdot 10^{-11} = 1{,}1459 \cdot 2^{-34}$

- $2^{-34} = 2^{e-1023} = 2^{989-1023}$.

Dieser Exponent e wird nun ins Binärformat (oder, was äquivalent ist, ins Hexadezimalformat) gewandelt. In MATLAB und Scilab können wir die Umrechnung ganzer Zahlen in diese Formate sofort vornehmen. Dazu verwenden wir die Kommandos dec2hex und dec2bin. Wir finden zum Beispiel („h" steht für hexadezimal, „b" für binär):

■ Codetabelle 3.7

MATLAB, Octave	Scilab
>> dec2hex(0) % Exponent -1023	-->dec2hex(0) // Exponent -1023
ans =	ans =
0	0
>> dec2bin(0)	-->dec2bin(0)
ans =	ans =
0	0
>> dec2hex(1023) % Exponent 0	--> dec2hex(1023) // Exponent 0
ans =	ans =
3FF	3FF
>> dec2bin(1023)	-->dec2bin(1023)
ans =	ans =
1111111111	1111111111
>> dec2hex(1013) % Exponent -10	-->dec2hex(1013) // Exponent -10

MATLAB, Octave	Scilab
`ans =`	`ans  =`
`3F5`	`3F5`
`>> dec2bin(1013)`	`-->dec2bin(1013)`
`ans =`	`ans  =`
`1111110101`	`1111110101`
`>> dec2hex(989) % Exponent -34`	`-->dec2hex(989)    // Exponent -34`
`ans =`	`ans  =`
`3DD`	`3DD`
`>> dec2bin(989)`	`-->dec2bin(989)`
`ans =`	`ans  =`
`1111011101`	`1111011101`

Damit erhalten wir der Reihe nach die folgenden Hexadezimal- beziehungsweise Binärwerte für die Exponenten:

- $2^{-1023} = 2^{e-1023} = 2^{0-1023}$ mit $e = 0 = 000 \text{ h} = 00\ 0000\ 0000 \text{ b}$

- $2^{0} = 2^{e-1023} = 2^{1023-1023}$ mit $e = 1023 = 3FF \text{ h} = 011\ 1111\ 1111 \text{ b}$

- $2^{-10} = 2^{e-1023} = 2^{1013-1023}$ mit $e = 1013 = 3F5 \text{ h} = 011\ 1111\ 0101 \text{ b}$

- $2^{-34} = 2^{e-1023} = 2^{989-1023}$ mit $e = 989 = 3DD \text{ h} = 011\ 1101\ 1101 \text{ b}$

Datei auf Webseite

Für die Nachkommastellen der Mantisse steht leider kein so komfortables Kommando zur Verfügung. Wir können jedoch ersatzweise die Funktion dechex benutzen. Für Scilab ist sie in der Datei dec_convert.sce enthalten, die wir aus dem Dateianhang zu diesem Buch laden können. Diese Funktionen werden im Abschnitt 6.3.2 noch erläutert, aber hier schon einmal angewendet.

Wir beschränken uns hier der Kürze halber auf die hexadezimale Darstellung. Die Umwandlung kann dann für unser Zahlenbeispiel $a = 6{,}67 \cdot 10^{-11}$ folgendermaßen durchgeführt werden:

■   Codetabelle 3.8

MATLAB, Octave	Scilab
`a = 6.67e-11;`	`-->exec dec_convert.sce;`
`a1 = log2(a)`	`-->a = 6.67e-11;`
`a1 =`	`-->a1 = log2(a)`
`     -33.804`	`a1  =`
`a2 = a1+34`	`  - 33.803522`
`a2 =`	`-->a2 = a1+34`
`     0.19648`	`a2  =`
`a3 = 2.^a2`	`    0.1964777`
`a3 =`	`-->a3 = 2.^a2`
`     1.1459`	`a3  =`
	`    1.1458973`
Jetzt haben wir die Mantisse herausgeschält und können sie in eine Hexadezimalzahl umwandeln:	Auch unter Scilab wandeln wir nun die Mantisse in eine Hexadezimalzahl um:

MATLAB, Octave	Scilab
dechex(a3)	-->dezhex(a3)
ans =	ans =
1.25598616DD9F4h	1.25598616DD9Fh

Das sind natürlich mehr Ziffern, als im genormten Gleitkommaformat zur Verfügung stehen, aber wir erkennen immerhin ihre korrekte Reihenfolge. Damit haben wir $a = 1,1459 \cdot 2^{-34} = 1,1459 \cdot 2^{-989-1023} = 1,1459 \cdot 2^{-989} \cdot 2^{-1023}$ oder in hexadezimaler Gestalt $a = 1.25598616DD9Fh \cdot 2^{-3DDh}$ gefunden.

Die Hexadezimaldarstellung kann man sich in MATLAB mittels `format hex` sofort anzeigen lassen. In Scilab existiert eine direkte hexadezimale Darstellung leider nicht, hier müssen wir uns mit der Umrechnung aus Codetabelle 3.8 begnügen. Aber auch im Internet finden sich entsprechende Rechner, die die Umrechnung anzeigen [Vickery 2013], [Schmidt 2012].

■   Codetabelle 3.9

MATLAB, Octave
| ```
>> format long
>> a = 6.67e-11
a =
   6.670000000000000e-011
>> format hex
>> a = 0.667e-10
a =
   3dd25598616dd9f1
``` |

Bei MATLAB erkennen wir sofort die Nachkommastellen 25598616dd9f1h und den Exponenten 3DDh. In unserer Scilab-Rechnung erhalten wir nur die Nachkommastellen. Bis auf die Unterschiede in den letzten Stellen, die durch die größere Zahl von Rechenschritten bedingt sind, ist die mit Scilab erhaltene Hexadezimaldarstellung der Nachkommastellen identisch mit der von MATLAB.

Vorzeichen und Exponent werden hier exakt durch die ersten 12 bit (3 Halbbyte) dargestellt, also durch 3DD, daran anschließend kann man die Hexadezimaldarstellung der Nachkommazahlen ablesen. Tatsächlich ist

$$a = +1,1458972745728 \cdot 2^{-34} = +1,1458972745728 \cdot 2^{989-1023} =$$
$$= 1,1458972745728 \cdot 2^{3DDh} \cdot 2^{-1023}.$$

3.3.2 Zahlenbereiche

Die Grenzen der im Computer darstellbaren Zahlenbereiche sind vor allem durch die Zahl der Bits bestimmt, die für den Exponenten bereitgestellt werden.

Bei einfach genauen Zahlen stehen, wie wir wissen oder gerade gelernt haben, 8 bit zur Verfügung, das umfasst einen Bereich von 2^8. Die Hälfte dieses Berei-
```

ches, also 2^7 Werte, ist für die negativen Exponenten, die andere Hälfte für die positiven Exponenten vorgesehen. Mit 7 bit im negativen Zahlenbereich und ebenfalls 7 bit im positiven Zahlenbereich des Exponenten können Exponenten zwischen $x_{min} = -2^7 = -128$ und $x_{max} = +2^7 = +128$ benutzt werden. Daher liegt die kleinste darstellbare Zahl bei $2^{x,min} = 2^{-128} \approx 10^{-39}$ und die größte Zahl bei $2^{x,max} = 2^{128} \approx 10^{38}$. Das sind nur auf den ersten Blick große Zahlen. In Wissenschaft und Technik werden diese Grenzen, besonders bei wiederholten Multiplikationen, schnell erreicht. Einfach genaue Zahlen werden deshalb heute bestenfalls bei Mikrorechnern für kleinere Aufgaben ausreichend sein.

Bei doppelt genauer Darstellung stehen dagegen 11 bit zur Verfügung, wieder der halbe Bereich (10 bit) für positive und der andere halbe Bereich (ebenfalls 10 bit) für negative Exponenten. Mit 10 bit im negativen Zahlenbereich und ebenfalls 10 bit im positiven Zahlenbereich sind Exponenten zwischen $x_{min} = -2^{10} = -1024$ und $x_{max} = +2^{10} = +1024$ darstellbar, das entspricht Zehnerpotenzen von $2^{-1024} \approx 10^{-309}$ bis $2^{1024} \approx 10^{308}$. Der tatsächliche Zahlenbereich ist aus verschiedenen Gründen noch zusätzlich leicht eingeschränkt. Die Grenzen können wir uns durch folgende Kommandos anzeigen lassen:

■ Codetabelle 3.10

MATLAB, Octave	Scilab

``
>> realmax
ans =
   1.7977e+308
>> realmin
ans =
   2.2251e-308
``
	``
	-->number_properties('huge')
	ans =
	   1.798+308
	-->number_properties('tiny')
	ans =
	   2.225-308
	``
	
	Ersatzweise dürfen wir auch die folgenden, an MATLAB angelehnten Kommandos benutzen:
	
	``
	-->mtlb_realmax
	ans =
	   1.79D+308
	-->number_properties("huge")
	ans =
	   1.79D+308
	-->mtlb_realmin
	ans =
	   2.22D-308
	``

Warum muss man sich überhaupt mit den Grenzen der Zahlenbereiche befassen? Bei technischen oder naturwissenschaftlichen Rechnungen tauchen zwar selten Größen auf, die über ca. 10^{30} oder unter 10^{-30} hinausgehen. Von daher wären die Grenzen zumindest bei doppelt genauer Darstellung unproblematisch. Durch mehrfaches Multiplizieren mit sehr großen Werten oder Dividieren durch sehr kleine Werte kann man jedoch durchaus an die Grenzen der Zahlenbereiche kommen. Deshalb die Regel:

Beim Multiplizieren mit sehr großen Zahlen und Dividieren durch sehr kleine Zahlen sollten Multiplikationen und Divisionen möglichst immer im Wechsel ausgeführt werden!

Tabelle 3.1 Zahlenbereiche bei der IEEE-Gleitkommadarstellung

Vorzeichen s	Exponent[1] e	Nachkomma-stellen der Mantisse[2] f	Zahlenwert bzw. Bereich	Bedeutung
0	11... 11 bis 11... 11	11 ... 11 bis 00 ... 01	NaN	Not a Number (Zahlenbereich überschritten)
	11... 11	00 ... 00	$+\infty$	positiv unendlich
	11... 10 bis 00... 01	11 ... 11 bis 00 ... 00	$+1,11...11 \cdot 2^{+1023}$ bis $+1,00...00 \cdot 2^{-1022}$	positive normalisierte Zahlen
	00... 00 bis 00... 00	11 ... 11 bis 00 ... 01	$+0,11...11 \cdot 2^{-1022}$ bis $+0,00...01 \cdot 2^{-1022}$	positive denormalisierte Zahlen
	00... 00	00 ... 00	$+0$	positive Null
1	00... 00	00 ... 00	-0	negative Null
	00... 00 bis 00... 00	00 ... 01 bis 11 ... 11	$-0,00...01 \cdot 2^{-1022}$ bis $-0,11...11 \cdot 2^{-1022}$	negative denormalisierte Zahlen
	00... 01 bis 11... 10	00 ... 00 bis 11 ... 11	$-1,00...00 \cdot 2^{-1022}$ bis $-1,11...11 \cdot 2^{+1023}$	negative normalisierte Zahlen
	11... 11	00 ... 00	$-\infty$	negativ unendlich
	11... 11 bis 11... 11	00 ... 01 bis 11 ... 11	NaN	Not a Number

---

[1] insgesamt 11 Stellen.

[2] insgesamt 52 Stellen.

Unter den Gleitkommazahlen existieren außer den hier vorgestellten noch weitere Darstellungen in den Randbereichen des Darstellungsraumes. Damit werden zum Beispiel einige Überläufe beim Rechnen erfasst. Eine Übersicht über die Möglichkeiten finden wir in Tabelle 3.1. Uns soll es an dieser Stelle reichen, diese

Einteilung zur Kenntnis zu nehmen. Einzelheiten dazu sind zum Beispiel bei [Moler 1996] oder [Intel 2012] zu finden.

Die nach der Zahl 1,0 nächstgelegene Gleitkommazahl 2^{-52} wird als eine Variable eps (Scilab: %eps) ausgegeben. Die Zahl 1 + eps lässt sich zum Beispiel nicht mehr halbieren; geben wir 1 + eps /2 ein, so erhalten wir wieder eins. Den Wert eps kann man unter anderem dazu benutzen, um sehr kleine Zahlen festzulegen.

Gegenwärtig gibt es Überlegungen, die hier vorgestellte duale Arithmetik durch eine solche zu ersetzen, die mit einem Dezimalformat arbeitet. Dann werden die hier vorgenommenen komplizierten Überlegungen durch andere, wohl nicht weniger komplizierte ersetzt werden müssen [vgl. Intel 2012]. Aber so ist es ja oft in Gebieten, die sich rasant weiterentwickeln.

Aufgabe 7   Gleitkommazahlen

Stellen Sie die folgenden Zahlen als lange Gleitkommazahl aus MATLAB dar:

    a) 9,5   b) −0,5   c) $6,75 \cdot 10^{2}$ d) 0,1   ∎

Aufgabe 8   Flächenberechnung eines Kreisrings

(Diese Aufgabe ist wahrscheinlich etwas schwieriger, beantworten Sie den Teil (a) und versuchen Sie, die Teile (b) und (c) mit Hilfe der abgedruckten Lösung nachzuvollziehen.)

Die Fläche eines Kreisrings (Außendurchmesser r_1, Innendurchmesser r_2) ergibt sich bekanntlich nach der Formel

$$A = \pi\left(r_2^2 - r_1^2\right).$$

Im betrachteten konkreten Fall sei der Innendurchmesser 100 mm.

Sie benutzen zur numerischen Flächenberechnung einen PC, der die übliche doppelt genaue IEEE-Gleitkommadarstellung verwendet. Wenn r_2 nur wenig größer als r_1 ist, wird das Ergebnis ungenau.

a) Wie viel größer muss der Wert von r_2 sein, damit wenigstens die erste gültige Stelle des Ergebnisses noch richtig ist? (Die Angabe der Größenordnung reicht.) Beachten Sie dabei, dass für die Mantisse 52 bit zur Verfügung stehen, das heißt, die letzte Stelle der Mantisse ist $2^{-52} = 2,22045 \cdot 10^{-16} \approx 2 \cdot 10^{-16}$. Das ist die kritische Stelle, bei der Fehler entstehen können.

b) Formen Sie die obige Formel so um, dass das Ergebnis für beliebige Werte von r_1 und r_2 ohne Einschränkungen berechnet werden kann. ∎

3.4   Rechenzeiten

Auch wenn Computer sehr schnell sind und von Jahr zu Jahr mehr Speicherplatz bieten, stoßen doch auch sie bei bestimmten Aufgaben an ihre Grenzen. Am Beispiel der Multiplikation zweier quadratischer Matrizen soll einmal deutlich gemacht werden, welchen Aufwand ein Rechenverfahren verursachen kann.

Bei solchen Überlegungen sind die Additionen und Subtraktionen gegenüber den Multiplikationen und Divisionen vernachlässigbar. Deren Größe wird üblicherweise in FLOP angegeben (*floating point operations per second*). Heutige PCs sind in der Lage, einige zig Giga-FLOPs zu verarbeiten.

Zunächst wollen wir uns überlegen, wie man eine Matrix aus über 1000 Zeilen und Spalten überhaupt erzeugen kann. Alle 10^3 mal 10^3 Werte einzeln einzutippen, kommt wohl nicht in Frage. Da wir nicht auf bestimmte Werte festgelegt sind, können wir uns mit zufällig erzeugten Matrixelementen behelfen. Um die erforderlichen (*n* x *n*)-Matrizen zu erzeugen, bedienen wir uns der Funktion rand(n,n) (vgl. 1.8.4). Damit kann man relativ schnell Matrizen der Dimension 1 000 oder sogar 10 000 bereitstellen. Die entscheidende Frage ist jedoch, ob jemand die Geduld hat, bis zur Lösung des damit erzeugten Gleichungssystems abzuwarten.

Datei auf Webseite

Mit diesem Wissen können wir nun die beiden Programme mat_mul zur Matrizenmultiplikation und zur zugehörigen Grafikausgabe mat_mul_plot zusammenbauen. mat_mul_plot erzeugt Matrizen, beginnend mit der Dimension n = 100 bis zu einer maximal wählbaren Dimension nmax, und multipliziert diese. Anschließend werden die Ergebnisse doppelt-logarithmisch aufgetragen. Wir erhalten die in der folgenden Codetabelle wiedergegebenen Ergebnisse.

■ Codetabelle 3.11

MATLAB, Octave	Scilab
function zeit = mat_mul(n)	function zeit = mat_mul(n)
% function mat_mul.m	// function mat_mul.sce
% ********************************	// ********************************
% Test: Multiplikation zweier	// Test: Multiplikation zweier quadrat. Matrizen der Ordnung n
% quadrat. Matrizen der Ordnung n	// ********************************
% ********************************	// Input:
% Input:	// n - Dimension der Matrix
% n - Dimension der Matrix	
	A = rand(n,n); // Erzeugung der Matrixelemente von A durch Zufallszahlen
A = rand(n); % Erzeugung der Matrixelemente von A durch Zufallszahlen	B = rand(n,n); // Erzeugung der Matrixelemente von B durch Zufallszahlen
B = rand(n); % Erzeugung der Matrixelemente von B durch Zufallszahlen	tic(); // Startzeit auf null
t0 = tic; % Startzeit auf null	C = A*B; // Matrixprodukt
C = A*B; % Matrixprodukt	zeit = toc();
zeit = toc(t0);	
	Dieses Programm wird aufgerufen durch:
Dieses Programm wird aufgerufen durch:	
	function maxz = mat_mul_plot(fun, nmax)
function maxz = mat_mul_plot(fun, nmax)	// function mat_mul_plot.m
% function mat_mul_plot.m	// Graph. Darstellung der Rechenzeit über der Matrixdimension n
% Graph. Darstellung der Rechenzeit über der Matrixdimension n	// nmax - Eingabe: maximale Dimension der Matrizen
% - nmax - Eingabe: maximale Dimension der Matrizen	// fun - aufzurufende Funktion zur Berechnung

MATLAB, Octave	Scilab

`% - fun - aufzurufende Funktion zur Berechnung`
`% Ausgabe:`
`% - maxz = groesster gemessener Zeitwert`
`if nargin < 2, nmax = 1000, end`
`nstart = 100;`
`z = [];`
`for n = nstart:50:nmax`
`    z = [z, feval(fun, n)];`
`end`
`nx = nstart:50:nmax;`
`loglog(nx,z); grid on;`
`% logarithmische Darstellung laesst die Potenz erkennen`
`maxz = max(z);`
`title('Rechenzeiten fuer MATLAB-Operationen');`
`xlabel('Dimension'); ylabel('Zeit');`
	`// Ausgabe:`
	`// maxz = groesster gemessener Zeitwert`
	`[lhs,rhs] = argn(0)`
	`if rhs < 2, nmax = 1000; end`
	`stacksize('max')`
	`nstart = 200;`
	`z = [];`
	`for n = nstart:50:nmax`
	`    z = [z, feval(n, fun)];`
	`end`
	`nx = nstart:50:nmax;`
	`plot2d(nx,z,logflag='ll'); xgrid;`
	`// logarithmische Darstellung laesst die Potenz erkennen`
	`maxz = max(z);`
	`title('Rechenzeiten fuer Scilab-Operationen');`
	`xlabel('Dimension'); ylabel('Zeit');`

Nach Eingabe der Kommandos

```
>> mat_mul_plot(@mat_mul, 2000);
```

entsteht die Grafik von Abb. 3.3 (links oben).

Bei Octave finden wir mit diesem Kommando die Grafik von Abb. 3.3 (links unten).

Nach Eingabe der Kommandos

```
-->exec mat_mul_plot.sce;
-->mat_mul_plot(mat_mul,2000);
-->mtlb_axis([1e2 1e4 1e-2 10])
```

entsteht die Grafik von Abb. 3.3 (rechts).

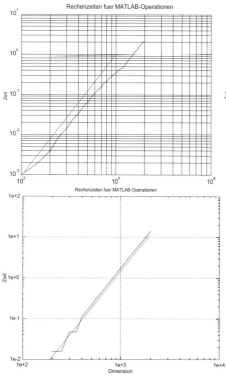

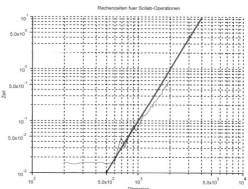

Abb. 3.3 Ergebnis der Zeiten für die Multiplikation quadratischer Matrizen verschiedener Dimension (MATLAB links oben, Scilab rechts oben, Octave links unten). Aufgetragen ist die Rechenzeit über der Dimension der Matrizen. Die nachträglich blau eingezeichneten Geraden symbolisieren den Anstieg 3:1.

Wenn wir uns die Ergebnisse des Zeittests anschauen, erkennen wir in der doppelt-logarithmischen Darstellung unschwer eine Gerade. Bei MATLAB und Octave hat sie einen Anstieg der Form $y = x^3$. In der logarithmischen Auftragung bedeutet dies, dass auf eine Dekade in x-Richtung drei Dekaden in y-Richtung kommen, also $\ln y = 3 \ln x$. Wie kann man sich dies erklären?

Nun, in Abschnitt 1.8.2 haben wir ja bereits erläutert, wie die Matrizenmultiplikation definiert ist. Dabei entsteht das einzelne Element einer Produktmatrix $\mathbf{C} = \mathbf{A} \times \mathbf{B}$ als Produkt aus allen Elementen einer Zeile mit allen Elementen der Spalte, also in der Form $C_{ij} = \sum_{k=1}^{n} A_{ik} \cdot B_{kj}$, das sind bei quadratischen ($n \times n$)-Matrizen genau n Multiplikationen. Weil nun die Produktmatrix $\mathbf{C}$ selbst aus n Zeilen und n Spalten besteht, kommen zu ihrer Berechnung insgesamt $n \cdot n^2 = n^3$ Multiplikationen zusammen.

Wenn wir die Dimension der Matrizen um eine Größenordnung von 100 auf 1000, also auf das Zehnfache, erhöhen, so erhöht sich die Rechenzeit um den Faktor 10^3. Das ist insbesondere anhand der blauen Linien, die jeweils den Anstieg 3 symbolisieren, sehr gut zu erkennen.

Auf Probleme der Rechenzeit kommen wir im Zusammenhang mit linearen Gleichungssystemen noch einmal im nächsten Kapitel zurück.

Zusammenfassung zu Kapitel 3

Beispiele für Berechnungsfehler

Bei Rechnungen mit dem Computer kann die Genauigkeit erheblich leiden. Ursache ist das notwendige Runden. Durch geeignete Reihenfolge der Rechnungen lässt sich dies unter Umständen vermeiden oder wenigstens verringern. Folgende Faustregeln lassen sich dafür aufstellen:

- Subtraktion fast gleich großer Zahlen wegen Gefahr der Auslöschung vermeiden

- Bei Additionen die Summanden in der Reihenfolge wachsender Beträge verwenden

- Entwicklung in eine Potenzreihe in der Nähe der kritischen Situation

- Umformung des Ausdrucks durch Additionstheoreme oder ähnliche Beziehungen, so dass eine möglicherweise kritische Differenzbildung wegfällt.

Selbst hinter logischen Operationen können versteckte arithmetische Berechnungen stecken, deshalb sollte man möglichst nie auf Gleichheit zweier Größen prüfen.

Die wichtigsten Fehlerarten

Beim numerischen Rechnen werden unvermeidlich Fehler auftreten. Dazu gehören

- Rundungsfehler,

- Programmierfehler

- Modellierungsfehler,

- Datenfehler,

- Diskretisierungs- oder Abbruchfehler.

Für die Fehlerfortpflanzung gilt wie in der Physik das Fehlerfortpflanzungsgesetz:

$$\Delta f = \left| \frac{\partial f}{\partial x_1} \right| \Delta x_1 + \left| \frac{\partial f}{\partial x_2} \right| \Delta x_2 + \left| \frac{\partial f}{\partial x_3} \right| \Delta x_3 + \ldots$$

Der relative Fehler $\Delta f/f$ eines Produkts oder Quotienten ergibt sich aus den Relativfehlern der Einzelbeiträge nach

$$\frac{\Delta f}{f} = \frac{\Delta(x_1 \cdot x_2)}{x_1 \cdot x_2} = \frac{\Delta x_1}{x_1} + \frac{\Delta x_2}{x_2} \ .$$

Die Fortpflanzung des relativen Fehlers ist durch die Konditionszahl bestimmt:

$$\left| \frac{\Delta f}{f(x)} \right| \approx K \cdot \frac{\Delta x}{|x|}$$

Wenn sie groß ist, spricht man von einem schlecht konditionierten Problem. In diesem Fall vergrößert sich der relative Fehler der Funktion bezüglich desjenigen der Ausgangsgröße.

IEEE-Gleitkommadarstellung

Technische Größen werden als doppelt genaue Gleitkommazahlen in der Form

$$a = \pm m_2 \cdot 2^x$$

dargestellt, im Rechner allerdings im Binärformat.

Gleitkommazahlen einfacher Genauigkeit werden als 32-Bit-(4-Byte-)Zahlen gespeichert (IEEE-754):

Exponent (8 bit)   Mantisse (23 bit)

Vorzeichen der Mantisse (1 bit)

Gleitkommazahlen mit doppelter Genauigkeit werden als 64-Bit-(8-Byte)-Zahlen gespeichert.

Exponent (11 bit)   Mantisse (52 bit)

Vorzeichen der Mantisse (1 bit)

Bei doppelt genauer Darstellung sind Zahlen zwischen $x_{min} = -2^{10} = -1024$ und $x_{max} = +2^{10} = +1024$ darstellbar, das entspricht einem Zahlenbereich von etwa $2^{-1024} \approx 10^{-309}$ bis $2^{1024} \approx 10^{308}$.

Rechenzeiten

Zur Ermittlung und zum Vergleich von Rechenzeiten werden FLOPs angegeben (*floating point operations per second*). Die Zeit für eine Matrizenmultiplikation zweier quadratischer Matrizen wächst ungefähr mit der dritten Potenz ihrer Dimension.

Testfragen zu Kapitel 3

1. Was verstehen Sie unter „Auslöschung" beim numerischen Rechnen? → 3.1
2. Welche Möglichkeiten gibt es prinzipiell, Rundungsfehler bei Additionen und Subtraktionen weitestgehend zu vermeiden? → 3.1
3. Liegen die möglichen Gleitpunktwerte nahe null und nahe der oberen Intervallgrenze gleich dicht? → 3.3
4. Ist die Konstante eps in MATLAB (%eps in Scilab) die kleinste mögliche positive Gleitpunktzahl? → 0
5. Liefert eine Zahl a = 10e40^8 ein verwertbares Ergebnis? → 0

Literatur zu Kapitel 3

[Borucki 2000]
Borucki L, *Digitaltechnik*, Vieweg+Teubner, Wiesbaden 2000

[dradio 2008]
Der Absturz der Ariane 5, 29.07.2008,
http://www.dradio.de/dlf/sendungen/forschak/826698/

[Hollasch 2012]
IEEE Standard 754 Floating Point Numbers,
http://steve.hollasch.net/cgindex/coding/ieeefloat.html, Stand 30.12.2012

[Intel 2012]
Intel and Floating-Point, Updating One of the Industry's Most Successful Standards, Stand
30.12.2012, http://www.intel.com/standards/floatingpoint.pdf

[Knorrenschild 2003]
Knorrenschild M, *Numerische Mathematik. Eine beispielorientierte Einführung*. Fachbuchverlag Leipzig im Carl Hanser Verlag, München 2003

[Microsoft 2012]
Umfassender Leitfaden zum Verständnis von IEEE-Gleitkommafehlern,
http://support.microsoft.com/kb/42980, Stand 30.12.2012

[Moler 1996]
Moler C, *„Floating Points"*, *MATLAB News and Notes*, Fall 1996. PDF-Version:
http://www.mathworks.com/company/newsletters/news_notes/pdf/Fall96Cleve.pdf

[Quarteroni 2006]
Quarteroni A, Saleri F, *Wissenschaftliches Rechnen mit MATLAB*, Springer, Ber-
lin/Heidelberg 2006

[Schmidt 2012]
IEEE 754 Umrechner
http://www.h-schmidt.net/FloatConverter/IEEE754de.html , Stand 30.12.2012

[Schuppar 1999]
Schuppar B, *Elementare Numerische Mathematik*, Vieweg, Braunschweig 1999

[Thuselt 2010]
Thuselt F, *Physik*, Vogel Buchverlag, Würzburg 2010

[Vickery 2013]
Vickery C, *Interactive IEEE-754 Floating-Point Analyzer*, Queens College, The City Uni-
versity of New York. http://www.purl.oclc.org/vickery/IEEE-754/

[Wikipedia: Hexadezimalsystem]
Hexadezimalsystem, http://de.wikipedia.org/wiki/Hexadezimalsystem, Stand 18.04.2013

4 Lineare Gleichungssysteme

4.1 Problemstellung und grafische Interpretation

4.1.1 Lineares Gleichungssystem

Sehr viele Probleme der Ingenieur- und Naturwissenschaften werden durch lineare Gleichungssysteme (LGS) dargestellt. So sind etwa die Knotenströme und Maschenspannungen eines linearen elektrischen Netzwerks als Unbekannte durch ein lineares Gleichungssystem miteinander verknüpft. Dabei werden die Koeffizienten aus den Widerständen der Netzwerkelemente bestimmt.

Im Prinzip kann jedes lineare Gleichungssystem exakt gelöst werden. Wenn die Zahl n der Gleichungen und Unbekannten sehr groß ist, verursacht es jedoch erheblichen Aufwand, die exakte Lösung allein durch manuelle Umformungen zu ermitteln. Deshalb sind numerische Lösungsverfahren wichtig.

Gegeben sei beispielsweise ein lineares Gleichungssystem durch

$$
\begin{aligned}
a_{11}x_1 + a_{12}x_2 + \ldots + a_{1n}x_n &= b_1 \\
a_{21}x_1 + a_{22}x_2 + \ldots + a_{2n}x_n &= b_2 \\
&\vdots \\
a_{n1}x_1 + a_{n2}x_2 + \ldots + a_{nn}x_n &= b_n
\end{aligned}
\tag{4.1}
$$

wobei x_1, $x_2 \ldots x_n$ die gesuchten Unbekannten sind. Die Koeffizienten a_{ij} sowie b_i definieren das Gleichungssystem. Für die weitere Behandlung ist es günstig, dieses Gleichungssystem in Matrixform zu schreiben, indem die Matrix $\mathbf{A}$, der Spaltenvektor $\mathbf{b}$ und der Spaltenvektor $\mathbf{x}$ definiert werden.

$$
\mathbf{A} =
\begin{pmatrix}
a_{11} & a_{12} & \ldots & a_{1n} \\
a_{21} & a_{22} & \ldots & a_{2n} \\
\vdots & \vdots & \vdots & \vdots \\
a_{n1} & a_{n2} & \ldots & a_{nn}
\end{pmatrix},\
\mathbf{x} =
\begin{pmatrix}
x_1 \\
x_2 \\
\ldots \\
x_n
\end{pmatrix}
\text{ und } \mathbf{b} =
\begin{pmatrix}
b_1 \\
b_2 \\
\vdots \\
b_n
\end{pmatrix}
\tag{4.2}
$$

Damit kann das Gleichungssystem sehr einfach als

$$
\mathbf{A} \cdot \mathbf{x} = \mathbf{b}
\tag{4.3}
$$

geschrieben werden.

$$2x - y = 3$$
$$x + y = 3 \tag{4.7}$$
$$x - 2y = -2$$

Offensichtlich entsprechen ihm die drei Geradengleichungen

$$y = 2x - 3$$
$$y = -x + 3$$
$$y = 0,5x + 1 .$$

Wie wir aus dem unteren rechten Teil der Abbildung erkennen, haben diese drei Gleichungen keinen gemeinsamen Schnittpunkt. Ein solches Gleichungssystem heißt *überbestimmt*. Es ist trotzdem nicht nutzlos, denn wir können immerhin angeben, in welchem Bereich von x und y alle drei Geraden etwa zusammentreffen.

Diese Überlegungen können auf das räumliche Problem, bei dem der Schnittpunkt dreier Geraden gesucht wird, verallgemeinert werden. Sie können sogar noch weiter verallgemeinert werden auf ein Problem, bei dem der Schnittpunkt von n Geraden in einem n-dimensionalen Raum gesucht wird.

> Lineare Gleichungssysteme können *unterbestimmt* sein, das heißt, die Anzahl der linear unabhängigen Gleichungen ist kleiner als die Zahl der Unbekannten. Sie können *überbestimmt* sein, wenn die Anzahl der linear unabhängigen Gleichungen größer ist als die Zahl der Unbekannten.

Im Folgenden befassen wir uns zunächst mit solchen linearen Gleichungssystemen, bei denen die Zahl der Gleichungen und der Unbekannten gleich groß ist. Wenn bei ihnen nicht zwei oder mehr Gleichungen linear voneinander abhängig sind (d.h. zum Beispiel durch Multiplikation auseinander hervorgehen), sind sie lösbar. Falls zwei der Gleichungen einander widersprechen, wie im Fall 3, existiert keine Lösung. Im nächsten Abschnitt werden wir dies noch etwas formalisieren.

4.1.3 Formale Kriterien der Lösbarkeit

Um Kriterien zu finden, nach denen wir die Lösbarkeit von Gleichungssystemen beurteilen können, müssen wir zunächst noch etwas tiefer in die Matrizenalgebra eindringen. Bereits im Abschnitt 1.8 haben wir die grundlegenden Eigenschaften von Matrizen kennengelernt. In engem Zusammenhang mit der Lösbarkeit eines Gleichungssystems stehen der Rang und die Determinante einer Matrix.

Als *Rang* einer Matrix bezeichnet man die maximale Anzahl ihrer linear unabhängigen Spaltenvektoren, ebenso die der linear unabhängigen Zeilenvektoren (kurz: Spaltenrang gleich Zeilenrang).

Der Rang von **A** wird in der Algebra als Rang(**A**) bezeichnet, im Englischen als
rank(**A**).

Die *Determinante* einer quadratischen Matrix ist eine skalare Größe, die in bestimmter Weise aus den Elementen der Matrix gebildet wird. Dabei tauchen Produkte aus allen Matrixelementen auf. Sie müssen aus jeder Zeile und aus jeder
Spalte der Matrix je ein Element enthalten. Diesen Produkten wird ein Vorzeichen
(+ oder −) zugeordnet, welches von den Permutationen (Vertauschungen) der
Indizes abhängt. Über alle diese Produkte wird schließlich summiert.

Die genaue Definition der Determinante (Bezeichnung: det(**A**) oder |**A**|) ist in
Formeln sehr unanschaulich und in Worten nur schwer auszudrücken. Wir versuchen stattdessen, sie anhand einiger Beispiele begreifbar zu machen.

Für eine (2 x 2)-Matrix wird sie beispielsweise nach der Formel

$$\det(\mathbf{A}) = |\mathbf{A}| = \begin{vmatrix} a_{11} & a_{12} \\ a_{21} & a_{22} \end{vmatrix} = a_{11}a_{22} - a_{12}a_{21} \tag{4.8}$$

berechnet. Für die Matrix

$$\mathbf{A} = \begin{pmatrix} 10 & 4 \\ 1{,}5 & 6 \end{pmatrix}$$

finden wir damit

$$|\mathbf{A}| = \begin{vmatrix} 10 & 4 \\ 1{,}5 & 6 \end{vmatrix} = 10 \cdot 6 - 1{,}5 \cdot 4 = 54 \, .$$

Bereits für eine (3 x 3)-Matrix[1] wie in folgendem Beispiel

$$\mathbf{B} = \begin{pmatrix} b_{11} & b_{12} & b_{13} \\ b_{21} & b_{22} & b_{23} \\ b_{31} & b_{32} & b_{33} \end{pmatrix} = \begin{pmatrix} -1 & 1 & 3 \\ 1 & -2 & 3 \\ 4 & -1 & 6 \end{pmatrix} \tag{4.9}$$

---

[1] Die Zahlenwerte dieser Matrix sind identisch mit der Matrix **B** aus Abschnitt 1.8.1.

wird die Berechnung viel komplizierter. Ihre Determinante wird nach dem folgenden Schema ermittelt:

$$\det(\mathbf{B}) = b_{11}b_{22}b_{33} + b_{12}b_{23}b_{31} + b_{13}b_{21}b_{32} - b_{31}b_{22}b_{13} - b_{32}b_{23}b_{11} - b_{33}b_{21}b_{12}$$
$$= (-1)\cdot(-2)\cdot 6 + 1\cdot 3\cdot 4 + 3\cdot 1\cdot(-1) - 4\cdot(-2)\cdot 3 - (-1)\cdot 3\cdot(-1) - 6\cdot 1\cdot 1 = 36$$

Die allgemeine Definition der Determinante für Matrizen mit beliebig vielen Zeilen und Spalten überlassen wir den Lehrbüchern der Algebra, zum Beispiel [Papula 2012], [Brauch et al. 2006] oder [Wikipedia: Matrix(Mathematik)].

Mittels MATLAB oder Scilab lassen sich Determinanten ganz schnell berechnen, ebenso lässt sich ihr Rang sofort angeben:

■   Codetabelle 4.1

MATLAB, Octave	Scilab
• Determinante	

`>> A = [10 4; 1.5 6]`
`A =`
`   10.0000   4.0000`
`    1.5000   6.0000`
`>> det(A)`
`ans =`
`   54`
	`-->A = [10 4; 1.5 6]`
	`A  =`
	`   10.   4.`
	`   1.5   6.`
	`-->det(A)`
	`ans  =`
	`   54.`

Weiteres Beispiel:	Weiteres Beispiel:

`>> B = [-1 1 3; 1 -2 3; 4 -1 6];`
`>> det(B)`
`ans =`
`   36`
	`-->B = [-1 1 3; 1 -2 3; 4 -1 6]`
	`B  =`
	
	`  - 1.    1.    3.`
	`    1.  - 2.    3.`
	`    4.  - 1.    6.`
	`-->det(B)`
	`ans  =`
	`   36`

• Rang	

`>> rank(A)`
`ans =`
`   2`
`>> rank(B)`
`ans =`
`   3`
	`-->rank(A)`
	`ans  =`
	`   2.`
	`-->rank(B)`
	`ans  =`
	`   3.`

Eine in der Praxis wichtige Matrix ist die *inverse Matrix* (kurz: die Inverse) zu einer gegebenen quadratischen Matrix.

Die *Inverse* A^{-1} zu einer gegebenen quadratischen Matrix A ist dadurch gekennzeichnet, dass das Produkt

$$A^{-1}A = A\,A^{-1} = I$$

die Einheitsmatrix ergibt.

Die Inverse wird mit dem Kommando `inv(A)` erzeugt. Wir betrachten wieder ein Beispiel.

■   Codetabelle 4.2

MATLAB, Octave	Scilab

```>> B = [-1 1 3; 1 -2 3; 4 -1 6];```
 ```>> B_inv = inv(B)```
 ```B_inv =```
 ```   -0.25   -0.25   0.25```
 ```   0.16667   -0.5   0.16667```
 ```   0.19444   0.083333   0.027778```
 ```>> B * B_inv```
 ```ans =```
 ```   1   5.5511e-17   0```
 ```   0   1   2.7756e-17```
 ```   0   0   1```
	```--> B = [-1 1 3; 1 -2 3; 4 -1 6];```
	 ```-->B_inv = inv(B)```
	 ```B_inv =```
	 ```- 0.25 - 0.25 0.25```
	 ```0.1666667 - 0.5 0.1666667```
	 ```0.1944444 0.0833333 0.0277778```
	 ```-->B * B_inv```
	 ```ans =```
	 ```1. 5.551D-17 0.```
	 ```0. 1. 2.776D-17```
	 ```0. 0. 1.```

Das Ergebnis der Matrizenmultiplikation ist tatsächlich die Einheitsmatrix. (Bei Scilab werden die Ergebnisse durch die unweigerlichen Rundungsfehler nicht exakt durch null ersetzt.) Die folgende Matrix **C** lässt sich jedoch nicht invertieren:	

```>> C = [2 3 7; 4 5 9; 2 2.5 4.5]```
 ```C =```
 ```   2.0000   3.0000   7.0000```
 ```   4.0000   5.0000   9.0000```
 ```   2.0000   2.5000   4.5000```
 ```>> D = inv(C)```
 ```Warning: Matrix is singular to working```
 ```precision.```
 ```D =```
 ``` Inf   Inf   Inf```
 ``` Inf   Inf   Inf```
 ``` Inf   Inf   Inf```
	```-->C = [2 3 7; 4 5 9; 2 2.5 4.5]```
	 ```C =```
	 ```2. 3. 7.```
	 ```4. 5. 9.```
	 ```2. 2.5 4.5```
	 ```-->inv(C)```
	 ``` !--error 19```
	 ```Problem ist singulär.```

Eine Inverse lässt sich dann nicht bilden, wenn zwei Zeilen oder Spalten einer Matrix voneinander abhängig sind, das heißt, die zweite kann zum Beispiel durch Multiplikation mit einem konstanten Faktor aus der ersten erzeugt werden. In unserem Beispiel war tatsächlich die zweite Zeile das Doppelte der dritten. Eine solche Matrix heißt *singulär*.

Eine Matrix, die sich nicht invertieren lässt, heißt *singulär*.

Eine invertierbare Matrix wird dagegen als *regulär* bezeichnet. Wie mit Hilfe der Algebra gezeigt wird, ist das Kriterium, ob eine Inverse existiert, der Rang der Matrix oder ihre Determinante $\det(\mathbf{A}) = |\mathbf{A}|$. Ist der Rang gleich der Dimension der Matrix, so existiert die Inverse. Äquivalent dazu ist die Aussage, dass die Determinante von $\mathbf{A}$ ungleich null ist.

■ Codetabelle 4.3

MATLAB, Octave	Scilab

`>> rank(C)`
`ans =`
`    2`
`>> det(C)`
`ans =`
`    0`
	`-->rank(C)`
	`ans  =`
	`    2.`
	`-->det(C)`
	`ans  =`
	`    0.`

Warum haben wir hier diese Überlegungen angestellt? Der Rang einer Matrix sagt etwas darüber aus, ob ein Gleichungssystem lösbar ist oder nicht. Dazu bildet man einerseits den Rang der Koeffizientenmatrix $\mathbf{A}$ und andererseits den Rang der erweiterten Koeffizientenmatrix dieses Gleichungssystems,

$$(\mathbf{A} \mid \mathbf{b}) = \begin{pmatrix} a_{11} & a_{12} & \cdots & a_{1n} & b_1 \\ a_{21} & a_{22} & \cdots & a_{2n} & b_2 \\ \vdots & \vdots & \vdots & \vdots & \vdots \\ a_{m1} & a_{m2} & \cdots & a_{mn} & b_m \end{pmatrix} \tag{4.10}$$

die aus $\mathbf{A}$ und $\mathbf{b}$ zusammengesetzt ist. Ist der Rang von $\mathbf{A}$ gleich dem von $(\mathbf{A}|\mathbf{b})$, so ist das Gleichungssystem eindeutig lösbar. Allgemein gilt (vgl. [Preuß 2001]):

- Falls $\text{Rang}(\mathbf{A}) < \text{Rang}(\mathbf{A}|\mathbf{b}) \leq n$, so ist das System nicht lösbar,
- falls $\text{Rang}(\mathbf{A}) = \text{Rang}(\mathbf{A}|\mathbf{b}) = n$, so ist das System eindeutig lösbar,
- falls $\text{Rang}(\mathbf{A}) = \text{Rang}(\mathbf{A}|\mathbf{b}) < n$, so hat das System unendlich viele Lösungen.

Damit haben wir die Aussagen vom Ende des Abschnitts 4.1.2 auf eine mehr grundsätzliche und formale Stufe gestellt. In Aufgabe 2 werden wir dies für die Gleichungssysteme (4.4) bis (4.7) nachprüfen.

Ist bei einem linearen Gleichungssystem *die Zahl der Gleichungen und der Unbekannten gleich groß*, also $m = n$, so ist es unter folgenden gleichwertigen Bedingungen eindeutig lösbar [Preuß 2001]:
- $\det(\mathbf{A}) \neq 0$,
- $\text{Rang}(\mathbf{A}) = n$,
- die inverse Matrix $\mathbf{A}^{-1}$ existiert.

Die Lösbarkeit wird in normalen Numerikprogrammen in der Regel schon durch den Lösungsalgorithmus geprüft, braucht also nicht extra untersucht zu werden. Allerdings sollte man trotzdem über die zugrunde liegende Mathematik zumindest grob Bescheid wissen.

Aufgabe 1   Visualisierung der Gleichungssysteme mit MATLAB oder Scilab

a) Stellen Sie die Geraden, die zu den Gleichungssystemen (4.4), (4.5) und (4.6) gehören, mittels MATLAB oder Scilab dar. Wir wollen dabei erreichen, dass genau der in Abb. 4.1 gezeigte Bereich dargestellt wird und die Achseneinteilungen der x- und der y-Achse gleich sind. Suchen Sie selbst nach den geeigneten Kommandos, die dies leisten.

b) Finden Sie aus dem Gleichungssystem (4.7) „nach bestem Wissen und Gewissen" den Punkt, der näherungsweise als gemeinsamer Schnittpunkt der drei Geraden angesehen werden kann. ∎

Aufgabe 2   Lösbarkeitskriterien für Gleichungssysteme

Prüfen Sie auf formale Weise, ob die Gleichungssysteme (4.4), (4.5) und (4.6) lösbar sind.
a) Benutzen Sie dazu die Kriterien, die unter Verwendung des Ranges von $\mathbf{A}$ und von $(\mathbf{A}|\mathbf{b})$ aufgestellt wurden.
b) Prüfen Sie auch, ob die Determinante und die inverse Matrix existieren. ∎

4.2 Der GAUß-Algorithmus

Gleichungssysteme lassen sich entweder direkt oder iterativ lösen. Der *GAUß-Algorithmus* ist eines der bekanntesten direkten Verfahren. Die Lösung eines linearen Gleichungssystems lässt sich bei ihm darauf zurückführen, für die ursprüngliche Matrix $\mathbf{A}$ eine Dreiecksform (mit größtenteils neuen Matrixelementen a_{ij}^{*}) zu finden. Dadurch bekommt das LGS die folgende Gestalt:

$$a_{11}x_1 + a_{12}x_2 + \ldots + a_{1n}x_n = b_1 \tag{4.11}$$
$$a_{22}^{*}x_2 + \ldots + a_{2n}^{*}x_n = b_2^{*}$$
$$\vdots$$
$$a_{nn}^{*}x_n = b_n^{*}$$

Außer in der ersten Zeile tauchen jetzt neue Koeffizienten auf, wir haben diese durch einen Stern kenntlich gemacht.

Hat man dieses neue Gleichungssystem einmal gefunden, so lässt es sich schrittweise lösen, indem zuerst die letzte Gleichung nach x_n aufgelöst wird, dann der gewonnene Wert in die vorletzte Gleichung eingesetzt und diese nach x_{n-1} aufgelöst wird, und so weiter. Die Koeffizienten a_{ii}^{*} am Anfang jeder Zeile, die

die Diagonalelemente der transformierten Matrix **A*** bilden, werden als *Pivot-Elemente* bezeichnet.

Um die gewünschte Dreiecksform zu erhalten, müssen die ursprünglichen Gleichungen aber erst einmal dahin umgeformt werden. Zulässige Umformungen sind erlaubt, wenn sie die Lösung des Gleichungssystems nicht verändern. Dazu gehören das Multiplizieren auf beiden Seiten einer Gleichung mit der gleichen Zahl, das Addieren verschiedener Gleichungen und das Vertauschen der Reihenfolge von Gleichungen.

Mit diesen Basisoperationen lässt sich ein allgemeines Verfahren angeben, das schließlich zur Dreiecksgestalt führt.

4.2.1 Erläuterung des GAUß-Algorithmus an einem Lösungsbeispiel

Zur Verdeutlichung schreiben wir (4.1) noch einmal hin und nummerieren dabei die einzelnen Zeilen.

$$
\begin{aligned}
a_{11}x_1 + a_{12}x_2 + \ldots + a_{1n}x_n &= b_1 \quad (1) \\
a_{21}x_1 + a_{22}x_2 + \ldots + a_{2n}x_n &= b_2 \quad (2) \\
&\;\;\vdots \\
a_{n1}x_1 + a_{n2}x_2 + \ldots + a_{nn}x_n &= b_n \quad (n)
\end{aligned}
\tag{4.12}
$$

Wir nehmen an, dass der Koeffizient a_{11} in der ersten Zeile ungleich null ist. Multipliziert man jetzt diese Zeile mit dem Faktor $m_{21} = a_{21}/a_{11}$, dann steht vor x_1 in der ersten und zweiten Zeile jeweils der gleiche Faktor. Jetzt kann Gleichung (4.12),(1) von Gleichung (4.12),(2) subtrahiert und als neue Gleichung (4.12),(2a) eingesetzt werden. So ist dann mit den anderen Zeilen weiter zu verfahren – auf diese Weise wird das jeweils erste Element ab einschließlich Zeile 2 zu null.

Um konkret zu werden, betrachten wir das folgende Gleichungssystem

$$
\begin{pmatrix}
4 & -2 & -6 & 4 \\
4 & -2 & -4 & -2 \\
2 & 1 & 1 & -1{,}5 \\
3 & 2 & -1 & -4
\end{pmatrix}
\mathbf{x} =
\begin{pmatrix}
33 \\
15 \\
-3{,}5 \\
-1{,}5
\end{pmatrix}
\tag{4.13}
$$

und schreiben ab jetzt an den Rand gleich die für die Umformungen benötigten Operationen symbolisch dazu. Das wollen wir sehr ausführlich tun, um die Schritte zu skizzieren, die ein Computeralgorithmus prinzipiell auch umsetzen muss. Als

Erstes formen wir die zweite bis vierte Zeile so um, dass die Koeffizienten in der ersten Spalte alle zu null werden[2]:

$$4x_1 - 2x_2 - 6x_3 + 4x_4 = 33 \quad (1)$$
$$4x_1 - 2x_2 - 4x_3 - 2x_4 = 15 \quad (2) \quad | \text{Subtraktion von} \left(4/4\right) \cdot (\text{Zeile 1})$$
$$2x_1 + 1x_2 + 1x_3 - 1,5x_4 = -3,5 \quad (3) \quad | \text{Subtraktion von} \left(2/4\right) \cdot (\text{Zeile 1})$$
$$3x_1 + 2x_2 - 1x_3 - 4x_4 = -1,5 \quad (4) \quad | \text{Subtraktion von} \left(3/4\right) \cdot (\text{Zeile 1})$$

Wir erhalten dadurch:

$$4x_1 - 2x_2 - 6x_3 + 4x_4 = 33 \quad (1)$$
$$0x_2 + 2x_3 - 6x_4 = -18 \quad (2a)$$
$$2x_2 + 4x_3 - 3,5x_4 = -20 \quad (3a)$$
$$3,5x_2 + 3,5x_3 - 7x_4 = -26,25 \quad (4a)$$

In den folgenden Schritten kann dieses Vorgehen für alle anderen Spalten wiederholt werden. Gleich beim nächsten Schritt ergibt sich jedoch in unserem Beispiel eine Schwierigkeit: Das erste Element, durch das dividiert werden soll, ist null. Dieser Situation, bei der ein solches Pivot-Element verschwindet oder zumindest sehr klein ist, werden wir uns später noch widmen. Hier bietet es sich zunächst an, die zweite und dritte Zeile zu vertauschen, so dass wir nun Folgendes erhalten:

$$4x_1 - 2x_2 - 6x_3 + 4x_4 = 33 \quad (1)$$
$$2x_2 + 4x_3 - 3,5x_4 = -20 \quad (2b)$$
$$0x_2 + 2x_3 - 6x_4 = -18 \quad (3b)$$
$$3,5x_2 + 3,5x_3 - 7x_4 = -26,25 \quad (4b)$$

Solche Besonderheiten muss ein Computerprogramm natürlich berücksichtigen. Professionelle Programme können mit diesen Situationen umgehen, deshalb ist es fast immer ratsam, auf sie statt auf eigene Routinen zurückzugreifen.

Jetzt können wir unser Verfahren wie gewohnt fortsetzen und erhalten der Reihe nach zunächst

---

[2] Diese Darstellungsweise beruht auf Ideen aus dem Buch [Schuppar 1999].

$$4x_1 - 2x_2 - 6x_3 + 4x_4 = 33 \qquad (1)$$
$$2x_2 + 4x_3 - 3,5x_4 = -20 \qquad (2b)$$
$$0x_2 + 2x_3 - 6x_4 = -18 \qquad (3b) \qquad \begin{array}{l} | \text{ kann stehenbleiben, denn} \\ | \text{ Koeffizient ist schon null} \end{array}$$
$$3,5x_2 + 3,5x_3 - 7x_4 = -26,25 \qquad (4b) \qquad | \text{ Subtraktion von } (3,5/2)\cdot(\text{Zeile 2b})$$

und dann

$$4x_1 - 2x_2 - 6x_3 + 4x_4 = 33 \qquad (1)$$
$$2x_2 + 4x_3 - 3,5x_4 = -20 \qquad (2b)$$
$$2x_3 - 6x_4 = -18 \qquad (3b)$$
$$-3,5x_3 - 0,875x_4 = 8,75 \qquad (4c) \qquad | \text{ Addition von } (3,5/2)\cdot(\text{Zeile 3b})$$

und schließlich

$$4x_1 - 2x_2 - 6x_3 + 4x_4 = 33 \qquad (1)$$
$$2x_2 + 4x_3 - 3,5x_4 = -20 \qquad (2b)$$
$$2x_3 - 6x_4 = -18 \qquad (3b)$$
$$-11,375x_4 = -22,75 \qquad (4d) \qquad .$$

Die zu diesem umgeformten Gleichungssystem gehörende *Dreiecksmatrix* **A*** besitzt die angestrebte Form. Aus der letzten Zeile ergibt sich nun sofort die Lösung $x_4 = 2$.

Durch abschließendes „Rückwärtsauflösen" können aus der Dreiecksmatrix die anderen Unbekannten ziemlich schnell bestimmt werden.

$$4x_1 - 2x_2 - 6x_3 + 4\cdot 2 = 33 \qquad (1)$$
$$2x_2 + 4x_3 - 3,5\cdot 2 = -20 \qquad (2d)$$
$$2x_3 - 6\cdot 2 = -18 \qquad (3b) \qquad | \Rightarrow \text{Lösung:} | x_3 = (-18 + 6\cdot 2)/2 = -3$$

Durch weiteres Einsetzen erhalten wir

$$4x_1 - 2\cdot(-3) - 6\cdot(-3) + 4\cdot 2 = 33 \qquad (1)$$
$$2x_2 + 4\cdot(-3) - 3,5\cdot 2 = -20 \qquad (2d) \qquad | \Rightarrow \text{Lösung:} | x_2 = -1/2 = -0,5$$

und schließlich

$$4x_1 - 2\cdot(-0,5) - 6\cdot(-3) + 4\cdot 2 = 33 \qquad (1) \qquad | \Rightarrow \text{Lösung:} | x_1 = 6/4 = 1,5 \,.$$

Dieses Verfahren kann leicht verallgemeinert und als Computerprogramm umgesetzt werden. Wir schauen uns das gleich an.

4.2.2 Lösung mit MATLAB und Scilab

Zur Lösung mittels MATLAB oder Scilab kann einfach das Divisionssymbol („Slash", /) beziehungsweise das rückwärts geneigte Symbol („Backslash", \) genutzt werden. Wird das Slash-Symbol auf Matrizen angewandt, so verstehen MATLAB und Scilab darunter automatisch, dass der Lösungsalgorithmus für lineare Gleichungssysteme benutzt werden soll. Das ist mit gewissen Einschränkungen der GAUß-Algorithmus. Die Lösung des Gleichungssystems $\mathbf{A} \cdot \mathbf{x} = \mathbf{b}$ wird durch Anwendung des Symbols x = A\b gefunden. Der hinter dieser Symbolik stehende Gedanke ist folgender: Wir stellen uns vor, dass die Ausgangsgleichung symbolisch durch die Matrix $\mathbf{A}$ dividiert wird. Links bleibt dann der gesuchte Lösungsvektor $\mathbf{x}$ stehen, rechts wird $\mathbf{b}$ durch $\mathbf{A}$ dividiert. Da Matrixoperationen von der Reihenfolge der Matrizen abhängen, muss man hier von links dividieren, daher der Backslash.

Man kann die Ausgangsgleichung auch in der Form

$$\mathbf{x}^{\mathrm{T}} \cdot \mathbf{A}^{\mathrm{T}} = \mathbf{b}^{\mathrm{T}}$$

schreiben. $\mathbf{A}^{\mathrm{T}} = \mathbf{A'}$, $\mathbf{x}^{\mathrm{T}} = \mathbf{x'}$ und $\mathbf{b}^{\mathrm{T}} = \mathbf{b'}$ sollen darin die zu $\mathbf{A}$, $\mathbf{x}$ und $\mathbf{b}$ transponierten Matrizen darstellen. Sie entstehen, wie wir vorher schon diskutiert hatten, durch Vertauschen der Zeilen und Spalten von $\mathbf{A}$. Diese Gleichung wird durch die Operation xT = bT/AT gelöst. Selbstverständlich muss das Ergebnis das gleiche sein, nur erscheint es jetzt nicht als Spalten-, sondern als Zeilenvektor. Im Folgenden werden beide Operationen noch einmal für das System (4.13) dargestellt.

■   Codetabelle 4.4

MATLAB, Octave	Scilab
| ```
>> A = [4  -2  -6   4
        4  -2  -4  -2
        2   1   1  -1.5
        3   2  -1  -4];
>> b = [33
        15
        -3.5
        -1.5];
>> x = A\b
x =
     1.5
    -0.5
    -3
     2
``` | ```
-->A = [4  -2  -6   4
-->     4  -2  -4  -2
-->     2   1   1  -1.5
-->     3   2  -1  -4];
-->b = [33
-->     15
-->     -3.5
-->     -1.5];
-->x = A\b
 x  =
     1.5
   - 0.5
   - 3.
     2.
``` |

MATLAB, Octave	Scilab
Alternativ:	Alternativ:

`>> AT = [4  4  2  3`
`    -2 -2  1  2`
`    -6 -4  1 -1`
`     4 -2 -1.5 -4];`
`bT = [33  15  -3.5  -1.5];`
`xT = bT/AT`
`xT =`
`    1.5  -0.5  -3   2`
	`-->AT = [4  4  2  3`
	`-->      -2 -2  1  2`
	`-->      -6 -4  1 -1`
	`-->       4 -2 -1.5 -4];`
	`-->bT = [33  15  -3.5  -1.5];`
	`-->xT = bT/AT`
	`xT  =`
	`    1.5  - 0.5  - 3.   2.`

Wir hätten AT und bT auch durch AT = A' und bT = b' erzeugen können.	

Bei den Operationen „\" und „/" handelt es sich in diesem Zusammenhang nur um symbolische Bezeichnungen, mit denen der GAUß-Algorithmus aufgerufen wird, keineswegs um eine echte Division. Hier darf also keinesfalls der Punkt vor dem Divisionssymbol stehen.

Dasselbe Ergebnis für **x** erhält man übrigens, wenn man die zu **A** inverse Matrix bildet. Das geschieht mit Hilfe der Operationen x = inv(A)*b bzw. x = b*inv(A). Dieses Verfahren benötigt jedoch mehr Rechenzeit.

MATLAB, Octave	Scilab

`>> x = inv(A)*b`
`x =`
`    1.5000`
`   -0.5000`
`   -3.0000`
`    2.0000`
	`-->x = inv(A)*b`
	`x  =`
	`    1.5`
	`   - 0.5`
	`   - 3.`
	`    2.`

4.2.3 Speicherbedarf und Rechenzeit beim GAUß-Verfahren

Im Abschnitt 3.4 haben wir bereits den Aufwand abgeschätzt, der für eine Matrizenmultiplikation erforderlich ist. Hier soll dies noch einmal am Beispiel des GAUß-Verfahrens deutlich gemacht werden. Bei dieser Gelegenheit prüfen wir auch einmal den erforderlichen Speicher.

- ● Speicherbedarf

Um ein Gleichungssystem aus n Gleichungen (n Unbekannten) der Form $\mathbf{A} \cdot \mathbf{x} = \mathbf{b}$ zu bearbeiten, ist Speicherplatz für die $(n \times n)$-Matrix **A**, den Spaltenvektor **b** und eine zusätzliche Zeile für Zwischenrechnungen bereitzustellen. Dafür reicht ein einziges Array der Größe $(n + 1) \cdot (n + 1)$ aus. Für doppelt genaue Gleitpunktvariablen (je 8 Byte), wie wir sie im vorigen Kapitel kennengelernt haben, ergibt sich daraus ein Speicherbedarf von

$$8 \cdot (n+1) \cdot (n+1) \ = 8(n+1)^2 \text{ Bytes.}$$

Das sind (zumindest für große n) rund $8n^2$ Speicherplätze. Im Folgenden sind einige Zahlenbeispiele angeführt.

4 Unbekannte	– 200 B
10	– 968 B
100	– ca. 80 kB
1 000	– ca. 8 MB
10 000	– ca. 800 MB

Vom Speicherbedarf her ist ein lineares Gleichungssystem bis zu einigen Tausend Unbekannten auf üblichen PCs darstellbar. Der Speicherbedarf hält sich also noch in Grenzen. Allerdings muss dieser Speicher auch verfügbar sein. Dies ist zum Beispiel bei Scilab in der Grundeinstellung nicht unbedingt der Fall. Deshalb mussten wir in Abschnitt 3.4 bereits den Arbeitsspeicher vergrößern. Das haben wir mit dem Kommando `stacksize('max')` getan.

●   Rechenzeit

Der zweite Faktor zur Beurteilung des GAUß-Algorithmus ist die erforderliche Zahl von Rechnungen. Wie kann nun der beim GAUß-Verfahren mit n Unbekannten erforderliche Zeitaufwand abgeschätzt werden?

Der größte Aufwand besteht in der Herstellung der Dreiecksmatrix. Dafür müssen, wie wir weiter oben gesehen haben, elementweise die linken unteren Spalten zum Verschwinden gebracht werden. Damit die Elemente der ersten Spalte null werden, musste zum Beispiel die erste Zeile mit einem Faktor (a_{21}/ a_{11}) multipliziert und von der zweiten Zeile subtrahiert werden. Dazu ist eine Division (durch a_{11}) erforderlich sowie n Multiplikationen der Elemente der ersten Zeile mit dem Faktor a_{21}. Das erfordert $(n + 1)$ Floating-Point-Operationen (FLOPs). Diese Prozedur muss für insgesamt $(n - 1)$ Zeilen durchgeführt werden – die resultierende Matrix hat dann die folgende Gestalt:

$$\text{1. Spalte null (außer Element } a_{11}), \begin{pmatrix} \bullet & \bullet & \bullet & & \bullet \\ 0 & \bullet & \bullet & & \bullet \\ 0 & \bullet & \bullet & \cdots & \bullet \\ & & \vdots & & \bullet \\ 0 & \bullet & \bullet & & \bullet \end{pmatrix},$$

erreicht durch $(n + 1) \cdot (n - 1)$ FLOPs.

Das ergibt $(n + 1)\,(n - 1)$, also rund n^2 Operationen. Diese Prozedur muss dann für alle anderen Spalten wiederholt werden. Damit sind noch einmal rund n Operationen erforderlich, bis die Dreiecksgestalt erreicht ist:

$$
\begin{pmatrix}
\bullet & \bullet & \bullet & & \bullet \\
0 & \bullet & \bullet & & \bullet \\
0 & 0 & \bullet & \cdots & \bullet \\
 & & \vdots & & \bullet \\
0 & 0 & 0 & & \bullet
\end{pmatrix}
$$

Das heißt, es werden größenordnungsmäßig etwa n^3 FLOPs benötigt, um zur Dreiecksgestalt zu kommen. (Eine genauere Überlegung liefert geringfügig kleinere Beiträge.) Unter Einschluss des Aufwands, der anschließend für das Rückwärtseinsetzen erforderlich ist, kommt man auf

$$
n_{\text{Op}} = \frac{n^3}{3} + n^2 - \frac{1}{3}n \tag{4.14}
$$

Floating-Point-Operationen (die detaillierte Herleitung wollen wir hier nicht genauer verfolgen.) Der Löwenanteil bei großen Gleichungssystemen wird ganz offensichtlich durch den ersten Term dieser Summe bewirkt.

Der Zeitaufwand für die Lösung wächst demnach mit der dritten Potenz der Dimension des Gleichungssystems wie auch schon bei der Matrixmultiplikation. Während für $n = 1000$ der Aufwand zum Beispiel noch erträglich sein und im Sekundenbereich liegen dürfte, können es bei größeren n-Werten je nach Computersystem bereits mehrere Minuten oder sogar schon etliche Tage sein. Gleichungssysteme dieser Dimension sind zwar nicht alltäglich, aber bei bestimmten Problemen durchaus möglich, zum Beispiel bei der Klimaforschung oder der Strömungsmechanik.

Als Beispiel sei der Aufwand beschrieben, der der globalen Wettervorhersage zugrunde liegt [Schüller et al. 2012]. Dabei werden unter anderem die vier Parameter Windgeschwindigkeit (drei Komponenten), Druck, Feuchtigkeit und Temperatur bestimmt. Nach heutigem Stand sind dazu etwa 16 Millionen Gitterpunkte heranzuziehen. Hinzu kommen noch die erforderlichen Zeitschritte. Für eine 10-Tage-Vorhersage sind zum Beispiel 6500 Zeitschritte mit diesen Gitterpunkten zu erfassen. Da die Prognosen natürlich aktuell sein sollen, müssen die Berechnungen innerhalb nur weniger Stunden beendet sein. Hierfür ist es zwingend notwendig, anstelle der kompletten Lösung des Gleichungssystems auf Näherungsverfahren zurückzugreifen. Auch bei Klimaprognosen, in der Strömungsdynamik (Windkanal) oder bei der Simulation von elektronischen Bauelementen ergeben sich umfangreiche Gleichungssysteme.

Gute Programme wie MATLAB verwenden allerdings Strategien, die den Zeitaufwand reduzieren, so dass die Rechenzeit unter Umständen erheblich verkürzt
werden kann.

Es ist aber auch zu bedenken, dass durch die enorm große Zahl von Rechenoperationen auch die Rundungsfehler stark ansteigen. Deshalb kann das Ergebnis
unter Umständen fehlerhaft sein, obwohl der GAUßsche Algorithmus theoretisch
exakt ist. Daher muss zur Lösung großer Gleichungssysteme häufig nach anderen
Verfahren gesucht werden.

In dem auf den Webseiten verfügbaren Programmpaket zu diesem Buch wird
eine Funktion zeittest.m/zeittest.sce angeboten, mit der der Zeitaufwand zur
Lösung von linearen Gleichungssystemen ermittelt werden kann. Wir wollen
natürlich hier keine 1000 x 1000-Matrix von Hand eingeben. Stattdessen erzeugen
wir eine solche wie schon vorher mit dem Kommando rand durch Zufallszahlen.
In den folgenden Beispielen wird das durchgeführt.

Datei auf Webseite

Für MATLAB/Octave gibt es das Programm zeittest.m mit den Funktionsdateien LGS.m, LGS_inv_Matrix.m und mat_mul.m. Für Scilab verwenden wir
zeittest.sce mit der Funktionsdatei matrixfun.sce

■ Codetabelle 4.5

MATLAB, Octave	Scilab
Auszüge aus der Script-Datei zeittest.m/zeittest.sce	
Zu Beginn werden vom Benutzer eingegeben:	
- die Dimension der Matrix,	
- der zu berechnende Funktionstyp,	
- die Art der Grafikausgabe (verwendete Linienfarbe sowie lineare oder logarithmische Ausgabe).	

```
n = input('n = ');                              n = input('n = ');
fun = input('welche Funktion? = ');             fun = input('welche Funktion? = ');

colour = input('welche Linienfarbe? = ');       colour=input('welche Linienfarbe? = ');
if isempty(colour), colour = 'b'; end           if isempty(colour), colour = 'b'; end

flag =  input('Ausgabe linear (1) oder logarithmisch (2) ');   flag = input('Ausgabe linear (1) oder logarithmisch (2) '
if isempty(flag), flag = 1; end                 if isempty(flag), flag = 1; end

step = 10; % Abstand der Messwerte              step = 10; // Abstand der Messwerte
t = []; N =[];                                  t = []; N =[];
for k = step:step:n                             exec matrixfun.sce;
   t0 =  tic;                                    // Aufruf der Datei mit den Testfunktionen
   % Startzeit auf null                         for k = step:step:n
   a = feval(fun,k);                               tic();
   zeit = toc(t0);                                 // Startzeit auf null
   % Bestimmung der Rechenzeit                     fun1 = 'a='+fun+'(k)';
   t = [t, zeit];                                  execstr(fun1);
   N = [N,k];                                       zeit = toc();
end                                              t = [t, zeit];
```

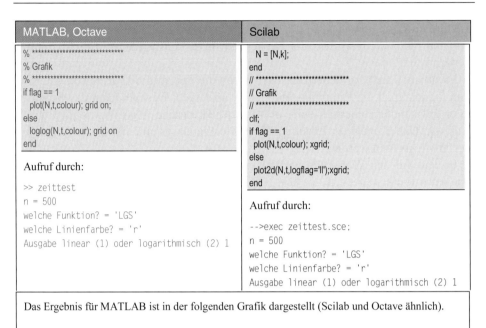

MATLAB, Octave	Scilab
<pre>% *****************************
% Grafik
% *****************************
if flag == 1
plot(N,t,colour); grid on;
else
loglog(N,t,colour); grid on
end</pre>	<pre> N = [N,k];
end
// *****************************
// Grafik
// *****************************
clf;
if flag == 1
plot(N,t,colour); xgrid;
else
plot2d(N,t,logflag='ll');xgrid;
end</pre>

Aufruf durch:

```
>> zeittest
n = 500
welche Funktion? = 'LGS'
welche Linienfarbe? = 'r'
Ausgabe linear (1) oder logarithmisch (2) 1
```

Aufruf durch:

```
-->exec zeittest.sce;
n = 500
welche Funktion? = 'LGS'
welche Linienfarbe? = 'r'
Ausgabe linear (1) oder logarithmisch (2) 1
```

Das Ergebnis für MATLAB ist in der folgenden Grafik dargestellt (Scilab und Octave ähnlich).

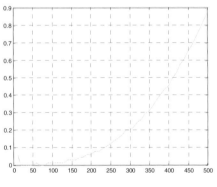

Einige der in unserem Programm benutzten Funktionen wollen wir noch einmal genauer unter die Lupe nehmen, auch wenn sie teilweise in früheren Kapiteln schon diskutiert wurden:

Programmierpraxis mit Standardfunktionen

MATLAB, Octave	Scilab
Mit der Abfrage isempty nach einer Benutzereingabe kann ein Standardwert vorgegeben werden. Wenn der Benutzer diese Eingabe überspringt und der zugehörige Variablenwert leer bleibt, wird automatisch der vorgegebene Wert verwendet. Beispiel:	Mit der Abfrage isempty nach einer Benutzereingabe kann ein Standardwert vorgegeben werden. Wenn der Benutzer diese Eingabe überspringt und der zugehörige Variablenwert leer bleibt, wird automatisch der vorgegebene Wert verwendet. Beispiel:

Programmierpraxis mit Standardfunktionen	
MATLAB, Octave	Scilab
`if isempty(colour), colour = 'b'; end`	`if isempty(colour), colour = 'b'; end`

Mittels `feval(fun,x)` wird der Funktionswert einer Funktion `fun` an der Stelle `x` berechnet. Die Funktion `fun` muss bei der Ausführung durch eine Zeichenkette mit dem tatsächlichen Funktionsnamen ersetzt werden – hier z.B. durch `'LGS'`.
 	
Mit dem Kommando `tic` wird eine Uhr zur Zeitmessung gestartet und mit dem Kommando `toc` der aktuelle Zeitwert abgerufen.
	Mittels `feval(x,fun)` wird der Funktionswert einer Funktion `fun` an der Stelle `x` berechnet. Diesem Kommando liegt jedoch eine andere Syntax als bei MATLAB zugrunde, so dass es hier nicht geeignet ist.
	Stattdessen wird der Name der Funktion als Zeichenkette durch die Verkettung von Strings nach der Vorschrift
	
	`fun1 = 'a='+fun+'(k)';`
	
	erzeugt. Anschließend wird die Funktion mittels `execstr` berechnet. Dies wird an folgendem Beispiel deutlich:
	
	`-->k = %pi/4;`
	`-->fun = 'sin'`
	` fun  =`
	` sin`
	`-->fun1 = 'a='+fun+'(k)'`
	` fun1  =`
	` a=sin(k)`
	`-->execstr(fun1)`
	`-->a`
	` a  =`
	`    0.7071068`
	
	Mit dem Kommando `tic()` wird eine Uhr zur Zeitmessung gestartet und mit dem Kommando `toc()` der aktuelle Zeitwert abgerufen.

4.2.4 Probleme beim GAUß-Verfahren; Pivot-Strategien

Oben hatten wir erwähnt, dass die Pivot-Elemente, aus denen die Diagonalen der für die Lösung benötigten Dreiecksmatrix gebildet werden sollen, nicht null sein dürfen. Andernfalls würde man ja im Laufe der Umformungen einmal durch null dividieren. Tritt so etwas dennoch auf, kann man sich durch Vertauschen von Zeilen (d.h. Gleichungen) behelfen. Dies hatten wir in unserem Beispiel in 4.2.1 behandelt. Was passiert jedoch, wenn die Pivot-Elemente zwar nicht null, aber immer noch sehr klein sind?

Früher, in Kapitel 3, haben wir über die Bedeutung von Rundungsfehlern gesprochen. Bereits an einem einfachen Beispiel können diese für den Fall eines linearen Gleichungssystems sichtbar gemacht werden. Dazu nehmen wir wieder unseren „Modellcomputer" zu Hilfe, der lediglich auf vier Stellen genau rechnet (führende Nullen werden dabei nicht berücksichtigt).

Dieses eindrucksvolle Beispiel ist übrigens dem sehr schönen Buch von Faires und Burden [Faires 1994] entnommen. Es zeigt, in welch dramatischer Weise die Lösungen eines Gleichungssystems von der Anordnung der einzelnen Gleichungen abhängen können.

$$0,003000\,x_1 + 59,14\,x_2 = 59,17$$
$$5,291\,x_1 - 6,130\,x_2 = 46,78$$

Die „exakten" Lösungen diese Systems sind, wie man noch leicht mit dem Taschenrechner oder mit MATLAB/Octave/Scilab nachrechnen kann, $x_2 = 1,000$ und $x_1 = 10,00$. Wenn wir jedoch wieder unseren „Modellcomputer" mit einer Genauigkeit von nur vier Stellen wie in Abschnitt 3.1 verwenden, zeigen sich schon die Probleme.

Der erste Koeffizient in der oberen Zeile ist sehr klein. Wir wissen, dass wir zur Herstellung der Dreiecksmatrix durch diesen Koeffizienten dividieren müssen. Wäre er null, so dürfte die Division nicht durchgeführt werden. Es ist aber anzunehmen, dass auch bei der Division durch eine Zahl nahe null große Fehler entstehen werden. Bringen wir die Gleichungen so trotzdem auf die Dreiecksgestalt – immer unter Beachtung der Modellrechengenauigkeit von nur vier Stellen (die vier relevanten Stellen sind jeweils hervorgehoben), so erhalten wir:

$$0,003000\,x_1 + 59,14\,x_2 = 59,17$$
$$5,291\,x_1 - 6,130\,x_2 = 46,78 \quad |-(1.\,\text{Zeile})\cdot\frac{5,291}{0,003000}$$

Daraus folgt:

$$0,003000\,x_1 + 59,14\,x_2 = 59,17$$
$$0 + \left(-6,130 - 59,14\,\frac{5,291}{0,003000}\right) x_2 = \left(46,78 - 59,17\,\frac{5,291}{0,003000}\right)$$

Wenn wir die Rechnungen nun mit vierstelliger Rundungsgenauigkeit ausführen, erhalten wir

$$\left(-6,130 - \underbrace{59,14\cdot 1764}_{=104\,322,96}\right) x_2 = 46,78 - \underbrace{59,17\cdot 1764}_{=104\,375,88}$$

und nach Multiplikation und weiterem Runden schließlich

$$(-6,130 - 10\,4300)\, x_2 = 46,78 - 10\,4400\,.$$

Die beiden ersten Glieder auf der linken und rechten Seite haben gegen den jeweils größeren Term keine Chance, so dass sich x_2 im Prinzip allein durch die Division

$$x_2 = \frac{10\,4400}{10\,4300} = 1,00095877... \approx 1,001$$

ergibt. Mit diesem Wert könnten wir zufrieden sein, der Fehler gegenüber dem „exakten" Ergebnis $x_2 = 1,000$ ist nicht sehr groß. Berechnen wir nun daraus x_1 durch Rückwärtseinsetzen, so entsteht

$$0,0030\,00\, x_1 + 59,14 \cdot 1,001 = 59,17$$

beziehungsweise

$$x_1 = \frac{59,17 - 59,14 \cdot 1,001}{0,0030\,00} = \frac{59,17 - 59,1991...}{0,0030\,00} \approx \frac{59,17 - 59,20}{0,0030\,00} = -10,00\,.$$

Vergleichen wir das mit dem exakten Ergebnis, so erkennen wir eine geradezu riesige Differenz: Statt $+10$ erhalten wir sogar -10. Hier haben wir also wiederum ein Beispiel eines schlecht konditionierten Systems vor uns.

Hätten wir dagegen vor der Anwendung des GAUß-Verfahrens die Ausgangsgleichungen vertauscht, so wäre der Fehler bei unserer vierstelligen Rechnung viel geringer gewesen. Aus Abb. 4.2 wird deutlich, wie die schlechte Konditionierung entsteht. Wenn zuerst die Koordinate x_2 des Schnittpunkts bestimmt wird, wirkt sich ein kleiner Fehler bereits verheerend auf x_1 aus. Umgekehrt macht sich ein Fehler bei der Bestimmung von x_1 viel weniger bei x_2 bemerkbar.

Durch die Behandlung unseres Beispiels finden wir ein weiteres *allgemeines Prinzip der numerischen Rechentechnik* bestätigt:

> Versagt ein Algorithmus für gewisse spezielle Ausnahmefälle der beteiligten Zahlen, so wird er ungenau, wenn die beteiligten Zahlen in der Nähe dieser Ausnahmewerte liegen.

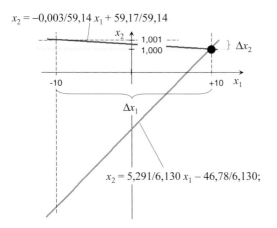

$$x_2 = -0{,}003/59{,}14\,x_1 + 59{,}17/59{,}14$$

$$x_2 = 5{,}291/6{,}130\,x_1 - 46{,}78/6{,}130;$$

Abb. 4.2 Gleichungssystem mit zwei Unbekannten. Die Steigung der oberen Geraden wurde übertrieben gezeichnet.

Wir hatten gesehen, dass es notwendig ist, beim GAUß-Verfahren Zeilen auszutauschen, wenn ein Pivot-Element in der Diagonalen null ist. Verallgemeinern wir unsere jetzigen Erkenntnisse aus dem Beispiel, so sollten wir fordern, dass man dies auch bei sehr kleinen Pivot-Elementen bereits tun sollte. Wird dieses Verfahren allerdings ganz konsequent durchgeführt, so kann der Aufwand zur Lösung des Gleichungssystems erheblich wachsen. Aus diesem Grund bemüht man sich, in der Praxis Kompromisslösungen zu finden.

Als Alternativen zum GAUß-Algorithmus sind in einigen Fällen *einfachere Rechenverfahren* möglich, wenn gewisse Voraussetzungen erfüllt sind. Zuweilen können auch *Iterationsverfahren* schneller sein als die exakte algebraische Berechnung. Sie sind insbesondere anwendbar bei überbestimmten Systemen, die wir im folgenden Abschnitt ansprechen werden. In der Numerik gebräuchliche Verfahren sind das JACOBI- und das GAUß-SEIDEL-Verfahren [Quarteroni 2006].

Besonders interessant und erfolgreich sind Rechenverfahren, wenn die Matrizen des linearen Gleichungssystems nur wenige Elemente enthalten, es handelt sich dann um sogenannte *schwach besetzte Matrizen*. Damit werden wir uns im folgenden Abschnitt befassen.

Aufgabe 3   Lösung von LGS mit MATLAB/Scilab

Finden Sie die Lösungen der vier Gleichungen (4.4) bis (4.7), falls sie existieren, mit MATLAB oder Scilab. Welche Meldung ergibt sich, wenn das Gleichungssystem nicht lösbar ist? ∎

Aufgabe 4   Zeitaufwand für die Lösung eines LGS

Für eine umfangreiche statistische Auswertung ist ein lineares Gleichungssystem mit 1000 Unbekannten numerisch zu lösen; für die Berechnung mit dem GAUßschen Algorithmus wird auf einem PC eine Minute benötigt.

Um eine größere Genauigkeit zu erreichen, soll die Zahl der Gleichungen um das 30-Fache erhöht werden. Wie lange muss man jetzt auf das Ergebnis warten? ∎

Aufgabe 5   Zeittest zur numerischen Lösung eines LGS

Ermitteln Sie mit Hilfe der Programme in den Dateien `zeittest.m/sce` den Zeitaufwand, der für die Lösung eines LGS benötigt wird, und stellen Sie das Ergebnis in Abhängigkeit von der Dimension der Matrizen logarithmisch dar. ∎

4.3   Überbestimmte lineare Gleichungssysteme

4.3.1 Einführungsbeispiel

Häufig steht man vor der Aufgabe, Messwerte durch eine Gerade numerisch optimal anzupassen. Stellen wir uns vor, wir würden die Geschwindigkeit v eines Fahrzeugs in Abhängigkeit von der Zeit t mehrfach messen. Es sei bekannt, dass im betrachteten Fall ein linearer Zusammenhang zwischen v und t besteht. Das ist bei konstanter Beschleunigung der Fall. Die Messwerte seien durch Paare v_i und t_i gegeben, die dann die Gleichung

$$v_i = v_0 + \alpha t_i \tag{4.15}$$

erfüllen müssen, wenn t_i die Zeit in Meter pro Sekunde ist. v_0 ist die zur Zeit t_0 vorhandene Anfangsgeschwindigkeit. Die dabei wirkende Beschleunigung α und die Anfangsgeschwindigkeit v_0 sind die beiden unbekannten Größen, die es zu bestimmen gilt.[3] In der Praxis wird man die Messpunkte für Geschwindigkeit und Zeit in ein Diagramm einzeichnen und eine Gerade so hindurchlegen, dass sie die Punkte möglichst gut approximiert. Je mehr Messungen für die Wertepaare zur Verfügung stehen, desto genauer kann die Kurve $v = v(t)$ gezeichnet werden. Nun fragt sich, wie man diese Kurve auch numerisch, zum Beispiel durch Rechnung „von Hand" oder mit einem unserer Numerikprogramme, bestimmen kann.

Nehmen wir als einfaches Beispiel an, es stünden drei Messwerte zur Verfügung (Tabelle 4.1).

---

[3] Die Beschleunigung wird in der Physik üblicherweise mit a und nicht wie bei uns mit α bezeichnet. Hier wählen wir α zur Unterscheidung der später auftretenden Matrixgrößen a_{ij}.

Tabelle 4.1 Messwerte zum Beispiel im Text

t/s	2	4	6
v/ms^{-1}	3,01	6,65	8,10

Der Zusammenhang zwischen Geschwindigkeit und Zeit ist dann durch folgendes Gleichungssystem gegeben:

$$\begin{aligned}
v_0 + \alpha t_1 &= v_1 \\
v_0 + \alpha t_2 &= v_2 \quad \text{oder} \\
v_0 + \alpha t_3 &= v_3
\end{aligned}
\qquad
\begin{aligned}
v_0 + 2\alpha &= 3,01 \\
v_0 + 4\alpha &= 6,65 \\
v_0 + 6\alpha &= 8,10
\end{aligned}
\tag{4.16}$$

Wie wir leicht sehen können, stehen also drei Gleichungen zur Bestimmung der zwei Unbekannten α und v_0 zur Verfügung.

Ein solches Gleichungssystem, das mehr Gleichungen als Unbekannte enthält, ist ein *überbestimmtes lineares Gleichungssystem*. Es ist – wir erwähnten das früher schon – nicht exakt lösbar. Wir wissen aber aus unserer praktischen Erfahrung, dass wir unsere Messpunkte sehr wohl durch eine augenscheinlich optimale Gerade verbinden können. Dieses „augenscheinlich Optimale" gilt es nun in die Sprache der Mathematik zu übersetzen. Wir ermitteln also die Lösung des überbestimmten linearen Gleichungssystems

$$\begin{aligned}
\alpha t_1 + v_0 &= v_1 \\
\alpha t_2 + v_0 &= v_2 \\
&\cdots \\
\alpha t_i + v_0 &= v_i \\
&\cdots
\end{aligned}
\tag{4.17}$$

oder, in Matrixschreibweise,

$$\begin{pmatrix} t_1 & 1 \\ t_2 & 1 \\ \cdots & 1 \\ t_i & 1 \\ \cdots & 1 \end{pmatrix} \cdot \begin{pmatrix} \alpha \\ v_0 \end{pmatrix} = \begin{pmatrix} v_1 \\ v_2 \\ \cdots \\ v_i \\ \cdots \end{pmatrix} . \tag{4.18}$$

In unserem Beispiel wäre dies

$$\begin{pmatrix} 2 & 1 \\ 4 & 1 \\ 6 & 1 \end{pmatrix} \cdot \begin{pmatrix} \alpha \\ v_0 \end{pmatrix} = \begin{pmatrix} 3,01 \\ 6,65 \\ 8,10 \end{pmatrix} .$$

Allgemein nehmen wir an, ein LGS bestehe aus n Gleichungen für m Unbekannte $(n > m)$ und habe in Matrixschreibweise die Gestalt

$$\begin{pmatrix} a_{11} & a_{12} & \cdots & a_{1n} \\ a_{21} & a_{22} & \cdots & a_{2n} \\ \vdots & \vdots & \vdots & \vdots \\ a_{m1} & a_{m2} & \cdots & a_{mn} \end{pmatrix} \cdot \begin{pmatrix} x_1 \\ x_2 \\ \vdots \\ x_n \end{pmatrix} = \begin{pmatrix} b_1 \\ b_2 \\ \vdots \\ b_m \end{pmatrix} \qquad (4.19)$$

oder kurz

$$\mathbf{A} \cdot \mathbf{x} = \mathbf{b} . \qquad (4.20)$$

Mit $\mathbf{x}$ sei dabei die zu suchende Näherungslösung bezeichnet.

4.3.2 Skizzierung des Lösungswegs

Wir suchen als Erstes ein Maß für den Fehler der Näherungslösung. Es ist sinnvoll, $\mathbf{x}$ so zu bestimmen, dass insgesamt *die quadratischen Abweichungen der Einzelwerte r_i von der Näherungslösung minimal* sind. Genauer:

> Summe der Abweichungsquadrate = Minimum!

Dieses Verfahren wird als *Methode der kleinsten Quadrate* bezeichnet. Natürlich wäre es möglich, auch ein anderes Kriterium heranzuziehen. Beispielsweise könnte man fordern, dass die Summe der Abweichungs*beträge* minimal wird. Damit lässt sich jedoch viel schlechter rechnen, da die Betragsfunktion $|x|$ nicht überall differenzierbar ist. Deshalb hat es sich weitgehend durchgesetzt, die Abweichungsquadrate zu verwenden.

Mit $\mathbf{r}$ bezeichnen wir die Abweichungen der Näherungslösung $\mathbf{b}$ von der Produktmatrix $\mathbf{A} \cdot \mathbf{x}$,

$$\mathbf{r} = \mathbf{A} \cdot \mathbf{x} - \mathbf{b} .$$

Wir schreiben dies noch einmal explizit hin:

$$
\begin{aligned}
r_1 &= a_{11}x_1 + a_{12}x_2 + \ldots + a_{1m}x_m - b_1 \\
r_2 &= a_{21}x_1 + a_{22}x_2 + \ldots + a_{2m}x_m - b_2 \\
&\quad \ldots \\
r_n &= a_{n1}x_1 + a_{n2}x_2 + \ldots + a_{nm}x_m - b_n
\end{aligned}
\tag{4.21}
$$

Dann definieren wir als Summe der Abweichungsquadrate die Funktion

$$
F(x_1, x_2, \ldots, x_m) = \left| r^2 \right| = r_1^2 + r_2^2 + \ldots + r_n^2 \overset{!}{=} \text{Min!}
\tag{4.22}
$$

Die Minimumsuche von F bezüglich jeder der Variablen geschieht wie üblich, indem die ersten partiellen Ableitungen null gesetzt werden:

$$
\begin{aligned}
\frac{\partial}{\partial x_1} F(x_1, x_2, \ldots, x_m) &= 2r_1 \frac{\partial r_1}{\partial x_1} + 2r_2 \frac{\partial r_2}{\partial x_1} + \ldots + 2r_n \frac{\partial r_n}{\partial x_1} = \\
&= 2r_1 a_{11} + 2r_2 a_{21} + \ldots + 2r_n a_{n1} \overset{!}{=} 0
\end{aligned}
\tag{4.23}
$$

$$\ldots$$

$$
\begin{aligned}
\frac{\partial}{\partial x_m} F(x_1, x_2, \ldots, x_m) &= 2r_1 \frac{\partial r_1}{\partial x_m} + 2r_2 \frac{\partial r_2}{\partial x_m} + \ldots + 2r_n \frac{\partial r_n}{\partial x_m} = \\
&= 2r_1 a_{1m} + 2r_2 a_{2m} + \ldots + 2r_n a_{nm} \overset{!}{=} 0
\end{aligned}
\tag{4.24}
$$

Damit haben wir nun genau m Gleichungen für m Unbekannte erhalten, das heißt, dieses Gleichungssystem ist eindeutig lösbar. Die Lösung, die man auf diese Weise erhält, wird als *ausgeglichene Lösung* bezeichnet.

Das wollen wir gleich für unser Beispiel der Geschwindigkeitsmessung ausprobieren. In diesem Falle ist:

$$
\begin{aligned}
r_1 &= a_{11}\alpha + a_{12}v_0 - b_1 = 2\alpha + 1 \cdot v_0 - 3{,}01 \\
r_2 &= a_{21}\alpha + a_{22}v_0 - b_2 = 4\alpha + 1 \cdot v_0 - 6{,}65 \\
r_3 &= a_{31}\alpha + a_{32}v_0 - b_3 = 6\alpha + 1 \cdot v_0 - 8{,}10
\end{aligned}
$$

Dann werden die Ableitungen gemäß (4.23) zu

$$\frac{\partial}{\partial \alpha} F(\alpha, v_0) = 2r_1 a_{11} + 2r_2 a_{21} + 2r_3 a_{31} \overset{!}{=} 0$$

$$\frac{\partial}{\partial v_0} F(\alpha, v_0) = 2r_1 a_{12} + 2r_2 a_{22} + 2r_3 a_{32} \overset{!}{=} 0$$

oder

$$0 = r_1 a_{11} + r_2 a_{21} + r_3 a_{31} =$$
$$= (2\alpha + v_0 - 3,01) \cdot 2 + (4\alpha + v_0 - 6,65) \cdot 4 + (6\alpha + v_0 - 8,10) \cdot 6$$
$$0 = r_1 a_{12} + r_2 a_{22} + r_3 a_{32} =$$
$$= (2\alpha + v_0 - 3,01) \cdot 1 + (4\alpha + v_0 - 6,65) \cdot 1 + (6\alpha + v_0 - 8,10) \cdot 1$$

Wir fassen zusammen und erhalten nach einer Umformung das nachfolgende Gleichungssystem zur Bestimmung von α und v_0

$$56\alpha + 12v_0 = 81,22$$
$$12\alpha + 3v_0 = 17,76$$

mit den Lösungen $\alpha = 1{,}273$ und $v_0 = 0{,}830$. Die zugehörige Gerade

$$v = 1,273t + 0,83$$

ist in Abb. 4.3 dargestellt, sie heißt *Ausgleichsgerade*. Die jeweiligen Abweichungen der Messpunkte von der Ausgleichsgeraden, r_1, r_2 und r_3, sind mit eingezeichnet.

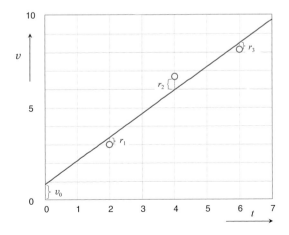

Abb. 4.3 Ausgleichsgerade zum Beispiel Geschwindigkeitsmessung

Hätten wir vorausgesetzt, dass zur Zeit $t = 0$ auch die Geschwindigkeit $v_0 = 0$ gehört, dann hätten wir sogar nur eine einzige Gleichung lösen müssen und die Ausgleichsgerade wäre durch den Koordinatennullpunkt gegangen.

4.3.3 Lösung mittels Matrizen und Numerikprogramm

MATLAB und Scilab machen uns die Lösung eines überbestimmten linearen Gleichungssystems, wie wir es uns im letzten Abschnitt angeschaut haben, sehr einfach. Diese Programme „ahnen" sozusagen bereits, was wir vorhaben, wenn wir die Koeffizientenmatrix **A** eines solchen Gleichungssystems vorgeben – wir erinnern uns, dass **A** in diesem Fall mehr Zeilen als Spalten hat. Die ganze Prozedur, das Minimum der Fehlerquadrate zu bilden, wird von MATLAB oder Scilab automatisch übernommen und wir können, um das gewünschte Ergebnis zu erhalten, ganz kurz so verfahren wie in der folgenden Codetabelle dargestellt.

■   Codetabelle 4.6

MATLAB, Octave	Scilab

```>> A = [2 1; 4 1; 6 1]```
```A =```
```   2   1```
```   4   1```
```   6   1```
```>> b = [3.01; 6.65;8.10]```
```b =```
```   3.0100```
```   6.6500```
```   8.1000```
```>> x = A\b```
```x =```
```   1.2725```
```   0.8300```
	```-->A = [2 1; 4 1; 6 1]```
	```A =```
	``` 2. 1.```
	``` 4. 1.```
	``` 6. 1.```
	```-->b = [3.01; 6.65;8.10]```
	```b =```
	``` 3.01```
	``` 6.65```
	``` 8.1```
	```-->x = A\b```
	```x =```
	``` 1.2725```
	``` 0.83```

Die Koeffizientenmatrix **A** hätten wir natürlich auch einfacher erhalten können. Dazu hätte es gereicht, den Koeffizientenvektor **a** einzugeben und die Spalte mit den Einsen getrennt hinzuzufügen, wie in der folgenden Tabelle gezeigt. Bei längeren Messreihen vereinfacht man sich dadurch die Eingabe unter Umständen erheblich.

■   Codetabelle 4.7

MATLAB, Octave	Scilab

```>> a = [2 4 6]'   % Messwerte```
```a =```
```   2```
```   4```
```   6```
	```->a = [2 4 6]' // Messwerte```
	```a =```
	``` 2.```
	``` 4.```
	``` 6.```

MATLAB, Octave	Scilab

Mit dem folgenden Kommando wird eine Spaltenmatrix von Einsen erzeugt:
 	
`>> a1 = ones(length(a),1)`
`a1 =`
`    1`
`    1`
`    1`
`>> A = [a a1]`
`A =`
`    2    1`
`    4    1`
`    6    1`
`(Koeffizientenmatrix des Gleichungssystems)`
	Mit dem folgenden Kommando wird eine Spaltenmatrix von Einsen erzeugt:
	
	`-->a1 = ones(length(a),1)`
	`  a1  =`
	`    1.`
	`    1.`
	`    1.`
	`-->A = [a a1]`
	`  A  =`
	`    2.    1.`
	`    4.    1.`
	`    6.    1.`
	`(Koeffizientenmatrix des Gleichungssystems)`

An dieser Stelle greifen wir noch einmal die Überlegungen aus Abschnitt 4.1.2 (Fall 4 von Abb. 4.1) auf. Dort hatten wir bereits ein überbestimmtes Gleichungssystem kennengelernt. Es lautete:

$$2x - y = 3$$
$$x + y = 3$$
$$x - 2y = -2$$

Gegenstand der dortigen Überlegungen war es, einen mittleren Schnittpunkt zu ermitteln. Die anschauliche Abschätzung lieferte in Aufgabe 2 die ungefähren Werte $x = 2{,}0$ und $y = 1{,}7$. Nach den Ergebnissen dieses Abschnitts wissen wir jetzt, dass dieses Problem durch die optimale Lösung eines überbestimmten Gleichungssystems dargestellt werden kann. Zur Verdeutlichung stellen wir das Zustandekommen der Grafik noch einmal in der folgenden Script-Datei zusammen. Diese trägt die Bezeichnung `overdet.m` bei MATLAB/Octave und `overdet.sce` bei Scilab. Die Bezeichnungen für die drei Geraden haben wir dabei so gewählt, wie sie auch in der Lösung der Aufgabe 1 benutzt wurden.

■ Codetabelle 4.8, *Datei auf Webseite*

MATLAB, Octave	Scilab

`% overdet.m`
`% Loesung eines ueberbestimmten Gleichungssystems`
`clf;`
`x = -100:.1:100;`
`y1a = 2*x-3;`
`y1b = -x+3;`
`y4 = 0.5*x+1;`
`A4 = [2, -1; 1, 1; 1, -2]`
`b4 = [3; 3; -2]`
`x4 = A4\b4`
`plot(x,y1a,'k', x,y1b,'r', x,y4,'b'); grid on; hold on;`
	`// overdet.sce`
	`// Loesung eines ueberbestimmten Gleichungssystems`
	`clf;`
	`x = -100:.1:100;`
	`y1a = 2*x-3;`
	`y1b = -x+3;`
	`y4 = 0.5*x+1;`
	`A4 = [2, -1; 1, 1; 1, -2]`
	`b4 = [3; 3; -2]`
	`x4 = A4\b4`
	`plot(x,y1a,'k', x,y1b,'r', x,y4,'b'); xgrid;`

MATLAB, Octave	Scilab
```plot(x4(1), x4(2),'o')axis equal; axis ([-4 4 -4 4]);% Bei dieser Einteilung des Grafikrahmens werden die% unterschiedlichen Schnittpunkte deutlichdisp ('Nach Drücken einer Taste erscheint die Grafik imanderen Achsenmassstab')pause;axis ([-100 100 -100 100]);% Bei dieser Einteilung des Grafikrahmens fallen die% einzelnen Schnittpunkte fast zusammenaxis equal;```	```plot(x4(1), x4(2),'o')f = get("current_figure"); f.figure_size =[600,600];aa = get("current_axes"); aa.data_bounds=[-4, -4; 4, 4];// Bei dieser Einteilung des Grafikrahmens werden die// unterschiedlichen Schnittpunkte deutlichdisp('Nach Druecken einer Taste erscheint die Grafik imanderen Achsenmassstab')halt;aa.data_bounds = [-100, -100; 100, 100];// Bei dieser Einteilung des Grafikrahmens fallen die// einzelnen Schnittpunkte fast zusammen```

Im Ergebnis erhalten wir zunächst eine Grafik innerhalb der Grenzen $-4 \le x \le +4$. Sie entspricht der Abbildung in Abschnitt 4.1.2. Nach einer Unterbrechung durch das Kommando pause wird die Grafik dann in einem anderen Achsenmaßstab $-100 \le x \le +100$ ausgegeben. Im Gegensatz zu vorher scheinen jetzt die drei Schnittpunkte fast zusammenzufallen (Abb. 4.4). Aus der rechten Abbildung wird deutlich, dass es tatsächlich berechtigt ist, von einer Lösung eines überbestimmten Gleichungssystems zu sprechen. Das linke Bild zeigt, wie diese Lösung (der ungefähre Schnittpunkt) optimal von den drei Geraden entfernt ist.

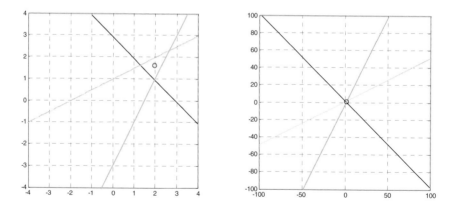

Abb. 4.4 Visualisierung des überbestimmten Gleichungssystems mit unterschiedlichen Achsenmaßstäben

Aufgabe 6   Bestimmung der Länge von drei Streckenteilen auf einer Geraden

(nach [Mohr 1998])

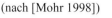

Es sollen die folgenden sechs Strecken gemessen werden:

$$
\begin{aligned}
x_1 &= c_1 \\
x_1 + x_2 &= c_2 \\
x_1 + x_2 + x_3 &= c_3 \\
x_2 &= c_4 \\
x_2 + x_3 &= c_5 \\
x_3 &= c_6
\end{aligned}
$$

Aus diesen Messungen sind die drei Streckenabschnitte x_1, x_2 und x_3 zu ermitteln. Die Linien in der Abbildung wurden übrigens absichtlich undeutlich gezeichnet, um beim Messen Streuungen zu erzeugen. ∎

Aufgabe 7   Anpassung einer Geraden an Messwerte

Bei einer Messung erhält man die Messreihe der Tabelle 4.2.

Tabelle 4.2 Messwerte zum Beispiel im Text

x	0	1	2
$y(x)$	5,2	7,9	10,7

Von den Messwerten sei bekannt, dass sie auf einer Geraden $y = mx + c$ liegen müssen. Bestimmen Sie mittels MATLAB/Scilab die Koeffizienten m und c so, dass die Abstände der Messpunkte einen minimalen quadratischen Fehler ergeben. Verwenden Sie dazu die Methode zum Lösen eines *überbestimmten LGS mit den Unbekannten m und c*. ∎

4.4   Näherungsverfahren zur Lösung linearer Gleichungssysteme

4.4.1 Schwach besetzte Matrizen

Wie wir sahen, benötigen lineare Gleichungssysteme sehr großer Dimension beträchtlichen Aufwand an Speicher und Rechenzeit. Sind viele Elemente null, so lässt sich dieser Aufwand unter Umständen deutlich reduzieren. Insbesondere sind dann Näherungsverfahren möglich, die beträchtliche Zeitersparnis mit sich bringen können.

> Schwach besetzte Matrizen (engl. *sparse matrices*) sind solche, bei denen der Großteil der Elemente null ist. Wenn sie in besonderer Weise gespeichert werden, lässt sich trotz hoher Dimension beträchtlicher Speicherplatz im Computer sparen.

Wir wollen uns in diesem Rahmen lediglich mit dem Umgang schwach besetzter Matrizen in Computerprogrammen vertraut machen. Sie verlangen bereits bei der Eingabe ein besonderes Herangehen. Nehmen wir an, wir wollten die Matrix

$$
\mathbf{S}_p = \begin{pmatrix} 0 & 0 & 0 & 5 \\ 1 & 0 & -12 & 0 \\ 0 & 2 & 0 & 0 \\ 0 & 0 & 3 & 0 \end{pmatrix}
$$

als schwach besetzte Matrix eingeben. Dann wenden wir sowohl in MATLAB/Octave als auch in Scilab das Kommando sparse an. Dessen Syntax ist jedoch in den jeweiligen Programmen unterschiedlich. Im folgenden Beispiel wird dies illustriert.

■ Codetabelle 4.9

MATLAB, Octave	Scilab
```>> sp = sparse([2 3 2 4 1],[1 2 3 3 4], ...``` ``` [1 2 -12 3 5])``` ``` sp =``` ``` (2,1) 1``` ``` (3,2) 2``` ``` (2,3) -12``` ``` (4,3) 3``` ``` (1,4) 5```	```-->sp = sparse([2,1;3,2;2,3;4,3;1,4],...``` ``` -->[1,2,-12,3,5])``` ``` sp =``` ``` (4, 4) sparse matrix``` ``` (1, 4) 5.``` ``` (2, 1) 1.``` ``` (2, 3) - 12.``` ``` (3, 2) 2.``` ``` (4, 3) 3.``` In Scilab lässt sich die schwach besetzte Matrix auch in ein Format umwandeln, wie es in MATLAB gebräuchlich ist. Dazu benutzen wir das Kommando mtlb_sparse. ```-->sp_m = mtlb_sparse(sp)``` ``` sp_m =``` ``` (4, 4) m sparse matrix``` ``` (2, 1) 1``` ``` (3, 2) 2``` ``` (2, 3) -12``` ``` (4, 3) 3``` ``` (1, 4) 5```

Beim Vergleich müssen wir beachten, dass die einzelnen Elemente bei MATLAB und Scilab in unterschiedlicher Weise eingegeben und auch aufgelistet werden.

Programmierpraxis mit Standardfunktionen

MATLAB, Octave

- Das Kommando `sparse` erzeugt die einzelnen Elemente einer schwach besetzten Matrix. Dabei werden die Daten wie folgt eingegeben:
  `sparse([alle Zeilenindizes], [alle Spaltenindizes], [Werte der zugehörigen Matrixelemente])`

Scilab

- Das Kommando `sparse` erzeugt die einzelnen Elemente einer schwach besetzten Matrix. Dabei werden die Daten wie folgt eingegeben:
  `sparse([Zeilenindex,Spaltenindex; Zeilenindex, Spaltenindex; …(usw.)], [Werte der zugehörigen Matrixelemente])`

■ Codetabelle 4.10

MATLAB, Octave	Scilab
Mit dem Kommando `full` bilden wir aus der schwach besetzten Matrix wieder eine „normale" Matrix, bei welcher auch die Nullen mit gespeichert und angezeigt werden.	

MATLAB, Octave	Scilab

<pre>>> sf = full(sp)
sf =
     0   0   0   5
     1   0 -12   0
     0   2   0   0
     0   0   3   0</pre>
	<pre>-->sf = full(sp)
	 sf =
	    0. 0. 0. 5
	    1. 0. -12. 0.
	    0. 2. 0. 0.
	    0. 0. 3. 0.</pre>

MATLAB, Octave	Scilab
Umgekehrt können wir mit dem Kommando `sparse` aus der vollen Matrix wieder die schwach besetzte Matrix erzeugen.	

MATLAB, Octave	Scilab

<pre>>> sp = sparse(sf)
sp =
   (2,1)   1
   (3,2)   2
   (2,3)   -12
   (4,3)   3
   (1,4)   5</pre>
Durch Eingabe von `spy` machen wir uns in MATLAB die Lage der besetzten Plätze einer Matrix deutlich, ohne die Matrix selbst bilden zu müssen.
 	
`>> spy(sp);`
	<pre>-->sp = sparse(sf)
	 sp =
	(4, 4) sparse matrix
	(1, 4) 5.
	(2, 1) 1.
	(2, 3) - 12.
	(3, 2) 2.
	(4, 3) 3.</pre>
	Datei auf Webseite
	
	Unter Scilab müssen wir für die Visualisierung die Funktion `Scilab_spy` verwenden, die den Webseiten zu diesem Buch hinzugefügt wurde und im Wesentlichen das gleiche Bild wie unter MATLAB/Octave erzeugt:
	
	`-->exec Scilab_spy.sce;`
	`-->Scilab_spy(sp)`

MATLAB, Octave	Scilab

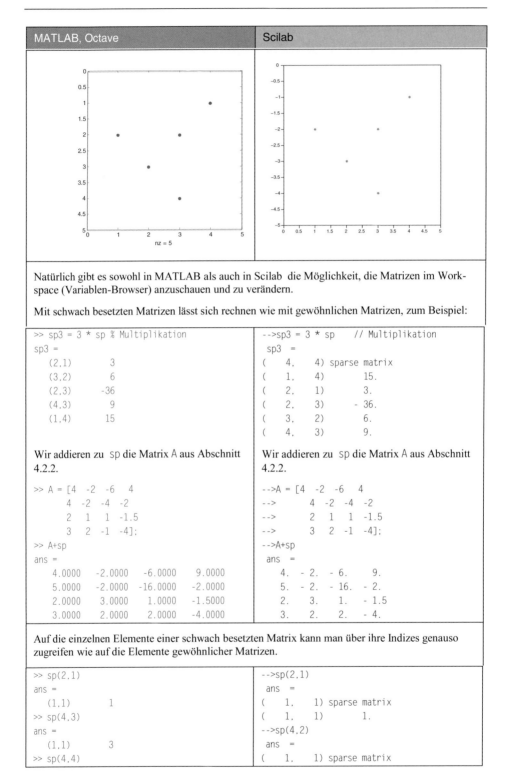

Natürlich gibt es sowohl in MATLAB als auch in Scilab die Möglichkeit, die Matrizen im Workspace (Variablen-Browser) anzuschauen und zu verändern.

Mit schwach besetzten Matrizen lässt sich rechnen wie mit gewöhnlichen Matrizen, zum Beispiel:

MATLAB, Octave	Scilab

<pre>>> sp3 = 3 * sp % Multiplikation
sp3 =
   (2,1)   3
   (3,2)   6
   (2,3)   -36
   (4,3)   9
   (1,4)   15</pre>
	<pre>-->sp3 = 3 * sp // Multiplikation
	 sp3 =
	(4, 4) sparse matrix
	(1, 4) 15.
	(2, 1) 3.
	(2, 3) - 36.
	(3, 2) 6.
	(4, 3) 9.</pre>

Wir addieren zu sp die Matrix A aus Abschnitt 4.2.2.	Wir addieren zu sp die Matrix A aus Abschnitt 4.2.2.

<pre>>> A = [4 -2 -6   4
        4 -2 -4 -2
        2   1   1 -1.5
        3   2 -1 -4];
>> A+sp
ans =
    4.0000   -2.0000   -6.0000   9.0000
    5.0000   -2.0000 -16.0000   -2.0000
    2.0000   3.0000   1.0000   -1.5000
    3.0000   2.0000   2.0000   -4.0000</pre>
	<pre>-->A = [4 -2 -6 4
	--> 4 -2 -4 -2
	--> 2 1 1 -1.5
	--> 3 2 -1 -4];
	-->A+sp
	ans =
	    4. - 2. - 6. 9.
	    5. - 2. - 16. - 2.
	    2. 3. 1. - 1.5
	    3. 2. 2. - 4.</pre>

Auf die einzelnen Elemente einer schwach besetzten Matrix kann man über ihre Indizes genauso zugreifen wie auf die Elemente gewöhnlicher Matrizen.

MATLAB, Octave	Scilab

<pre>>> sp(2,1)
ans =
   (1,1)   1
>> sp(4,3)
ans =
   (1,1)   3
>> sp(4,4)</pre>
	<pre>-->sp(2,1)
	 ans =
	(1, 1) sparse matrix
	(1, 1) 1.
	-->sp(4,2)
	 ans =
	(1, 1) sparse matrix</pre>

MATLAB, Octave	Scilab
```ans = All zero sparse: 1-by-1```	```(1, 1) 3. -->sp(4,4) ans = (1, 1) zero sparse matrix```

Lineare Gleichungssysteme, die schwach besetzte Matrizen enthalten, können mit den gleichen Kommandos gelöst werden wie normale Gleichungssysteme. Als Beispiel nehmen wir die bereits verwendete Matrix sp und konstruieren eine weitere Spaltenmatrix b wie folgt:

■ Codetabelle 4.11

MATLAB, Octave	Scilab
```>> sp = sparse([2 3 2 4 1],[1 2 3 3 4], ... [1 2 -12 3 5]); >> bs = sparse([1 2 4],[1 1 1],[20 -36 6]) bs = (1,1) 20 (2,1) -36 (4,1) 6 >> xs = sp\bs xs = (1,1) -12 (3,1) 2 (4,1) 4```	```-->sp = sparse([2,1;3,2;2,3;4,3;1,4],... -->[1,2,-12,3,5]); -->bs = sparse([1,1;2,1;4,1],[20 -36 6]) bs = (4, 1) sparse matrix (1, 1) 20. (2, 1) - 36. (4, 1) 6. -->xs = sp\bs xs = (4, 1) sparse matrix (1, 1) - 12. (3, 1) 2. (4, 1) 4.```
Dieses Ergebnis erhalten wir natürlich mit den vollen Matrizen:	
```bf = full(bs) bf = 20 -36 0 6 xf = sf\bf xf = -12 0 2 4```	```-->bf = full(bs) bf = 20. - 36. 0. 6. -->xf = sf\bf xf = - 12. 0. 2. 4.```

4.4.2 Numerische Näherungsverfahren

Wir haben schon festgestellt, dass für die Lösung eines linearen Gleichungssystems unter Umständen ein Iterationsverfahren günstiger sein kann als die „exakte" Lösung mit dem GAUß-Algorithmus. Solche Iterationen sind besonders bei der Lösung von Gleichungssystemen aus schwach besetzten Matrizen vorteilhaft.

Diesen Gedanken wollen wir hier in seinen Grundzügen aufgreifen. Zunächst wählen wir als einfaches Beispiel wieder das lineare Gleichungssystem (4.13) aus Abschnitt 4.2.1. Für die Iterationen stehen verschiedene Standardfunktionen bereit. Obwohl einige davon sowohl in MATLAB als auch in Octave oder Scilab genutzt werden können, funktionieren die Standardeinstellungen in den einzelnen Programmen unterschiedlich gut. Aus diesem Grund wählen wir hier cgs unter MATLAB sowie gmres unter Octave und Scilab und vergleichen die jeweiligen Ergebnisse mit denen des GAUß-Verfahrens.[4]

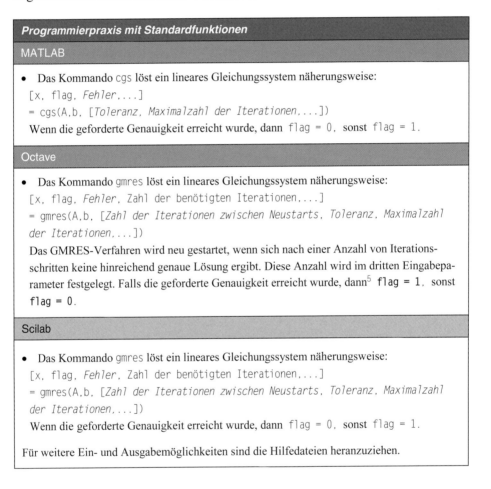

Programmierpraxis mit Standardfunktionen

MATLAB

- Das Kommando cgs löst ein lineares Gleichungssystem näherungsweise:
  [x, flag, *Fehler*,...]
  = cgs(A,b, [*Toleranz, Maximalzahl der Iterationen,*...])
  Wenn die geforderte Genauigkeit erreicht wurde, dann flag = 0, sonst flag = 1.

Octave

- Das Kommando gmres löst ein lineares Gleichungssystem näherungsweise:
  [x, flag, *Fehler*, Zahl der benötigten Iterationen,...]
  = gmres(A,b, [*Zahl der Iterationen zwischen Neustarts, Toleranz, Maximalzahl der Iterationen,*...])
  Das GMRES-Verfahren wird neu gestartet, wenn sich nach einer Anzahl von Iterationsschritten keine hinreichend genaue Lösung ergibt. Diese Anzahl wird im dritten Eingabeparameter festgelegt. Falls die geforderte Genauigkeit erreicht wurde, dann[5] flag = 1, sonst flag = 0.

Scilab

- Das Kommando gmres löst ein lineares Gleichungssystem näherungsweise:
  [x, flag, *Fehler*, Zahl der benötigten Iterationen,...]
  = gmres(A,b, [*Zahl der Iterationen zwischen Neustarts, Toleranz, Maximalzahl der Iterationen,*...])
  Wenn die geforderte Genauigkeit erreicht wurde, dann flag = 0, sonst flag = 1.

Für weitere Ein- und Ausgabemöglichkeiten sind die Hilfedateien heranzuziehen.

---

[4] cgs ist die Abkürzung für „conjugate gradient squared" (dt. „quadrierte konjugierte Gradienten") und gmres ist die Abkürzung für „generalized minimal residual method" (dt. „verallgemeinerte minimale Residuenmethode").

[5] In der Octave-Hilfedatei (Version 3.6.1) ist die Zuordnung der Flags fälschlicherweise gerade umgekehrt angegeben.

■   Codetabelle 4.12

MATLAB, Octave	Scilab
| ```
>> A = [4  -2  -6   4
        4  -2  -4  -2
        2   1   1  -1.5
        3   2  -1  -4];
>> b = [33; 15; -3.5; -1.5];
``` | ```
-->A = [4  -2  -6   4
-->     4  -2  -4  -2
-->     2   1   1  -1.5
-->     3   2  -1  -4];
-->b = [33; 15; -3.5; -1.5];
``` |
| Exakte Lösung mit dem GAUß-Verfahren: | Exakte Lösung mit dem GAUß-Verfahren: |
| ```
>> x = A\b
x =
    1.5
   -0.5
   -3
    2
``` | ```
-->x = A\b
 x  =
    1.5
  - 0.5
  - 3.
    2.
``` |
| Näherungslösung mittels cgs unter MATLAB: | Näherungslösung mittels gmres: |
| ```
>> x1 = cgs(A,b)
cgs converged at iteration 4 to a
solution with relative residual 3.5e-15.
x1 =
     1.5000
    -0.5000
    -3.0000
     2.0000
``` | ```
-->x1 = gmres(A,b)
 x1  =
    1.5
  - 0.5
  - 3.
    2.
``` |
| Näherungslösung mittels gmres unter Octave: | |
| ```
>> x1 = gmres(A,b)
x1 =
     1.5000
    -0.5000
    -3.0000
     2.0000
``` | |
| Um die jeweiligen Ergebnisse miteinander zu vergleichen, sortieren wir die *x*-Werte der Größe nach und stellen ihre Differenz anschließend in einer Grafik dar. Wir sehen, dass die Genauigkeit der Iterationen in allen Fällen sehr gut ist. | |
| ```
>> xs = sort(x); % Sortieren der x-Werte
>> x1s = sort(x1); % Sortieren der x1-Werte
>> plot(xs,x1s-xs); grid on;
``` | ```
-->xs = gsort(x); // Sortieren der x-Werte
-->x1s = gsort(x1);
 // Sortieren der x1-Werte
-->plot(xs,x1s-xs); xgrid;
``` |
```

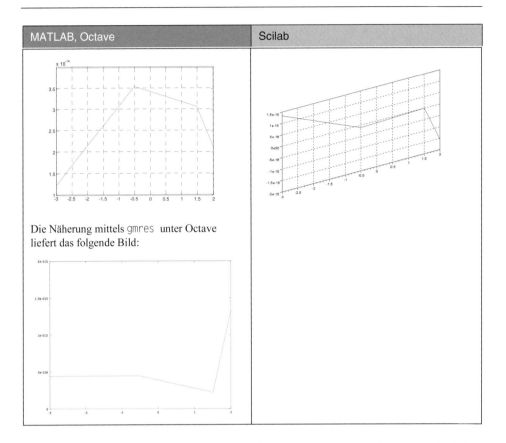

Die Näherung mittels gmres unter Octave
liefert das folgende Bild:

Die Grafiken zeigen, dass die Ergebnisse aus exakter Rechnung und Näherungsverfahren im Rahmen der Rechengenauigkeit übereinstimmen. Dass die
Grafiken bei MATLAB, Octave und Scilab nicht gleich sind, liegt an den unterschiedlichen Näherungsverfahren beziehungsweise deren unterschiedlichen Imp-
lementierungen. Die Scilab-Grafik ist übrigens wegen der sehr kleinen Zehnerpotenzen verzerrt.

Nun wollen wir auch Gleichungssysteme lösen, die schwach besetzte Matrizen
enthalten. Dazu nehmen wir die bereits verwendete Matrix sp und konstruieren
eine weitere Spaltenmatrix b wie folgt:

■ Codetabelle 4.13

MATLAB, Octave	Scilab
```>> sp = sparse([2 3 2 4 1],[1 2 3 3 4], ...```	```-->sp = sparse([2,1;3,2;2,3;4,3;1,4],...```
```[1 2 -12 3 5]);```	```-->[1,2,-12,3,5]);```
```>> bs = sparse([1 2 4],[1 1 1],[20 -36 6])```	```-->bs = sparse([1,1;2,1;4,1],[20 -36 6])```
```bs =```	```bs =```
``` (1,1) 20```	```(4, 1) sparse matrix```
``` (2,1) -36```	```(1, 1) 20.```
``` (4,1) 6```	```(2, 1) - 36.```
	```(4, 1) 6.```
```>> xs = sp\bs```	

MATLAB, Octave	Scilab

xs =
  (1,1)   -12
  (3,1)   2
  (4,1)   4
 	
Näherungslösung (nur unter MATLAB):
	-->xs = sp\bs
	  xs =
	(4, 1) sparse matrix
	(1, 1) - 12.
	(3, 1) 2.
	(4, 1) 4.
	
	Näherungslösung:

```
>> xsn = cgs(sp,bs)
cgs converged at iteration 4 to a
solution with relative residual 1.7e-10.
xs1 =
  -12.0000
   -0.0000
    2.0000
    4.0000
```

Näherungslösung unter Octave:

```
>> xsn = gmres(sp,bs)
xsn =

   1.0e+001 *

  -1.20000
   0.00000
   0.20000
   0.40000
```

Näherungslösung:

```
-->xsn = gmres(sp,bs)
 xs1  =

 - 12.
   2.554D-15
   2.
   4.
```

In diesem Abschnitt haben wir uns mit Näherungsverfahren zur Lösung linearer Gleichungssysteme befasst. Sie sind besonders geeignet, wenn die Koeffizientenmatrix nur schwach besetzt ist. Dabei konnten wir natürlich nur einen ersten Einblick gewinnen. Ihre Leistungsfähigkeit offenbaren die Näherungsmethoden erst bei Gleichungssystemen hoher Dimension, die also sehr viele Unbekannte enthalten. Deren Zahl kann sogar in die Millionen gehen.

Mit diesen Überlegungen wollen wir das Kapitel über lineare Gleichungssysteme abschließen. Dabei sind wir uns bewusst, dass durchaus noch weitere damit zusammenhängende Gebiete interessant wären. Dazu gehören zum Beispiel Eigenwerte und Eigenvektoren von Matrizen, die in der Physik und Technik öfter benötigt werden. Um den Umfang dieses Buches in Grenzen zu halten, sind jedoch Einschränkungen der Stoffgebiete erforderlich.

Aufgabe 8   Genaue und genäherte Lösung von LGS

Gegeben sei das LGS

$$\begin{pmatrix} 8 & 5 & 12 & 4 & 24 \\ 3 & 9 & 1 & 20 & 0 \\ 4,2 & 5 & 5 & 0 & 13 \\ 1 & 2 & 3 & 9 & 7 \\ 23 & 25 & 30 & 15 & 2 \end{pmatrix} \mathbf{x} = \begin{pmatrix} 2 \\ 12 \\ 3 \\ 9 \\ 21 \end{pmatrix}.$$

Ermitteln Sie den Lösungsvektor $\mathbf{x}$

a) nach dem exakten (GAUß-)Verfahren,

b) genähert mit einer Genauigkeit (Toleranz) von 10^{-12} bei maximal fünf Iterationen (bei Scilab und Octave unter gmres zwei Neustarts),

c) genähert mit einer Genauigkeit von 10^{-6} bei maximal fünf Iterationen (bei Scilab und Octave unter gmres zehn Neustarts).

Stellen Sie fest, ob die geforderte Genauigkeit tatsächlich erreicht wurde.

Zusammenfassung zu Kapitel 4

Problemstellung

Ein lineares Gleichungssystem (LGS) hat die Gestalt

$$a_{11}x_1 + a_{12}x_2 + \ldots + a_{1n}x_n = b_1$$
$$a_{21}x_1 + a_{22}x_2 + \ldots + a_{2n}x_n = b_2$$
$$\vdots$$
$$a_{n1}x_1 + a_{n2}x_2 + \ldots + a_{nn}x_n = b_n$$

oder in Matrixform

$$\mathbf{A} \cdot \mathbf{x} = \mathbf{b}.$$

Lineare Gleichungssysteme können

- *unterbestimmt* sein (Anzahl der linear unabhängigen Gleichungen kleiner als die Zahl der Unbekannten),

- *überbestimmt* sein (Anzahl der linear unabhängigen Gleichungen größer als die Zahl der Unbekannten),

- ebenso viele Unbekannte wie Gleichungen besitzen, dann sind sie im Allgemeinen lösbar.

Formale Kriterien der Lösbarkeit

Als *Rang* einer Matrix $\mathbf{A}$ bezeichnet man die maximale Anzahl ihrer linear unabhängigen Spalten- beziehungsweise Zeilenvektoren, in MATLAB oder Scilab: rank(A).

Die *Inverse* $\mathbf{A}^{-1}$ zu einer gegebenen quadratischen Matrix $\mathbf{A}$ ist so definiert, dass $\mathbf{A}^{-1}\mathbf{A} = \mathbf{A}\,\mathbf{A}^{-1} = \mathbf{I}$ die Einheitsmatrix ergibt. Die Inverse wird mit dem Kommando inv(A) erzeugt. Eine Matrix, die sich nicht invertieren lässt, heißt *singulär*.

Ist bei einem linearen Gleichungssystem $\mathbf{A}\mathbf{x} = \mathbf{b}$ der Rang von $\mathbf{A}$ gleich dem der erweiterten Koeffizientenmatrix $(\mathbf{A}|\mathbf{b})$, so ist das Gleichungssystem eindeutig lösbar.

Ist bei einem linearen Gleichungssystem *die Zahl der Gleichungen und der Unbekannten gleich groß*, also $m = n$, so ist es eindeutig lösbar, wenn eine der folgenden Bedingungen erfüllt ist:

- $\det(\mathbf{A}) \neq 0$ (Determinante ungleich null),
- $\mathrm{Rang}(\mathbf{A}) = n$,
- die inverse Matrix $\mathbf{A}^{-1}$ existiert.

Lösung von linearen Gleichungssystemen mit dem GAUSS-Algorithmus

Entspricht die Zahl der Unbekannten der Zahl der Gleichungen, dann lässt sich das Gleichungssystem lösen, sofern nicht zwei oder mehr Gleichungen voneinander abhängig sind. Für die Lösung kann der GAUSS-Algorithmus genutzt werden. In diesem Fall ist die Lösungsmatrix auf Dreiecksgestalt zu bringen:

$$a_{11}x_1 + a_{12}x_2 + \ldots + a_{1n}x_n = b_1$$
$$a_{22}{}^* x_2 + \ldots + a_{2n}{}^* x_n = b_2{}^*$$
$$\vdots$$
$$a_{nn}{}^* x_n = b_n{}^*$$

Die Lösung des LGS $\mathbf{A} \cdot \mathbf{x} = \mathbf{b}$ mit MATLAB beziehungsweise Scilab geschieht mit Hilfe des Kommandos

$\mathbf{x} = \mathbf{A} \backslash \mathbf{b}$.

Zum Speichern des LGS mit n Unbekannten braucht man zirka $8n^2$ Plätze. Der Zeitaufwand wird vor allem durch Multiplikation und Division (ausgedrückt in FLOPs) bestimmt. Größenordnungsmäßig werden etwa n^3 FLOPs benötigt.

Schlecht konditionierte LGS können unter Umständen zu vollkommen falschen Lösungen führen.

Versagt ein Algorithmus für gewisse spezielle Ausnahmefälle der beteiligten Zahlen (Division durch null!), so wird er ungenau, wenn die beteiligten Zahlen in der Nähe dieser Ausnahmewerte liegen (sehr kleine Zahlen).

Lösung von überbestimmten linearen Gleichungssystemen

Bei *überbestimmten LGS* existiert zwar keine exakte Lösung, aber es lassen sich Näherungslösungen finden. Als Maß für den Fehler der Näherungslösung wird gewählt, dass die Quadratsumme der Abweichungen der Einzelwerte r_i von dieser Näherungslösung minimal sein soll:

> Summe der Abweichungsquadrate = Minimum!

Die Minimumsuche geschieht wie üblich, indem die ersten partiellen Ableitungen null gesetzt werden.

Diese Lösung kann man in MATLAB/Scilab ebenfalls durch die Operation

    x = A\b

ermitteln, es handelt sich um die sogenannte ausgeglichene Lösung. Ihr liegt der Gedanke zugrunde, dass die Quadratsumme der Abweichungen ein Minimum ergeben muss. Eine Anwendung überbestimmter LGS besteht in der optimalen Anpassung von Messkurven.

Schwach besetzte Matrizen

Schwach besetzte Matrizen sind solche, bei denen der Großteil der Elemente null ist. Ihre Verwendung spart Speicherplatz und Rechenzeit, insbesondere bei linearen Gleichungssystemen.

Schwach besetzte Matrizen werden mit dem Kommando `sparse` erzeugt.

Mit dem Kommando `full` bilden wir aus der schwach besetzten Matrix wieder eine „normale" Matrix, bei welcher auch die Nullen mit gespeichert und angezeigt werden.

Durch Eingabe von `spy` (Scilab: `Scilab_spy` als benutzerdefinierte Funktion) kann die Lage der besetzten Plätze einer Matrix verdeutlicht werden.

Mit schwach besetzten Matrizen lässt sich rechnen wie mit gewöhnlichen Matrizen (Addition, Multiplikation, Indizierung ...).

Näherungsverfahren

Für die iterative Lösung eines linearen Gleichungssystems stehen unter anderem die folgenden Standardfunktionen bereit:

- `cgs` (von uns verwendet im Fall von MATLAB)

- `gmres` (von uns verwendet im Fall von Octave und Scilab)

Testfragen zu Kapitel 4

1. Machen Sie an geometrischen Beispielen deutlich, unter welchen Bedingungen lineare Gleichungssysteme unterbestimmt/überbestimmt sind.
   → 4.1.2
2. Wie kann durch Bestimmung des Rangs oder der Determinante ermittelt werden, ob ein lineares Gleichungssystem lösbar ist? → 4.1.3
3. Skizzieren Sie die Lösungsstrategie für LGS mit dem GAUß-Verfahren.
   → 4.2.1
4. Was verstehen Sie unter einem Pivot-Element? → 4.2.1
5. Welches sind die dominierenden Terme, durch die der Speicherbedarf beziehungsweise der zeitliche Aufwand zur Lösung linearer Gleichungssysteme mit vielen Unbekannten bestimmt wird? → 4.2.1
6. Nach welchen Methoden werden überbestimmte lineare Gleichungssysteme gelöst? Welche Kommandos stehen bei MATLAB/Scilab zur Verfügung? → Aufgabe 3
7. Wie unterscheidet sich die Darstellung von schwach besetzten Matrizen in MATLAB und Scilab → 4.4.2
8. Was ist im Zusammenhang mit dem Lösen von LGS der Vorteil einer schwach besetzten Matrix gegenüber einer vollen Matrix? →4.4

Literatur zu Kapitel 4

[Brauch et al. 2006]
Brauch W, Dreyer H-J, Haacke W, *Mathematik für Ingenieure*, Vieweg+Teubner, Wiesbaden 2006

[Faires 1994]
Faires J D, Burden R L, *Numerische Methoden: Näherungsverfahren und ihre praktische Anwendung*, Spektrum Akademischer Verlag, Heidelberg 1994

[Mohr 1998]
Mohr R, *Numerische Methoden in der Technik*, Vieweg, Braunschweig 1998

[Papula 2012]
Papula L, *Mathematik für Ingenieure und Naturwissenschaftler*, Bd. 2, Vieweg+Teubner, Wiesbaden 2012

[Preuß 2001]
Preuß W, Wenisch, G, *Numerische Mathematik*, Fachbuchverlag, Leipzig 2001

[Quarteroni 2006]
Quarteroni A, Saleri F, *Wissenschaftliches Rechnen mit MATLAB*, Springer, Berlin/Heidelberg 2006

[Schüller et al. 2012]
Schüller A, Trottenberg U, Wienands R, *Schnelle Lösung großer Gleichungssysteme*, http://www.scai.fraunhofer.de/fileadmin/download/mathematik_praxis/gls/gls_skript_und_arbeitsblaetter.pdf, Stand 28.09.2012

[Schuppar 1999]
Schuppar B., *Elementare Numerische Mathematik,* Vieweg, Wiesbaden 1999

[Wikipedia: Matrix(Mathematik)]
Matrix, http://de.wikipedia.org/wiki/Matrix_(Mathematik), Stand 30.12.2012

5 Nichtlineare Gleichungen

5.1 Aufgabenstellung

Bereits früher im Abschnitt 2.2.3 haben wir die Nullstellen einer beliebigen Funktion, also ihre Schnittpunkte mit der x-Achse, bestimmt. In Aufgabe 1 am Ende dieses Abschnitts wollen wir uns noch einmal erinnern, wie wir damit bei Polynomen umgegangen sind.

Wenn Sie diese Aufgabe bereits bearbeitet haben, haben Sie hoffentlich zur Lösung mittels MATLAB oder Scilab das Kommando `roots` benutzt! Das ist eine sehr effektive Art, die Nullstellen von Polynomen zu bestimmen. Voraussetzung ist dabei allerdings, dass Sie dieses Polynom als Koeffizientenvektor dargestellt haben. Wollen wir jedoch die Nullstellen einer beliebigen anderen Funktion bestimmen, so können wir dieses Kommando nicht anwenden. Hier ist es als Erstes sinnvoll, sich einen Überblick über den Funktionsverlauf zu verschaffen. Nehmen wir einmal die Funktion $y = \cos(x) - x$. Ihr Verlauf ist in Abb. 5.1 dargestellt. Um sie zu erzeugen, haben wir die folgende Kommandofolge verwendet:

■ Codetabelle 5.1

MATLAB, Octave	Scilab
`>> x = -2*pi:.01:2*pi;`	`-->x = -2*%pi:.01:2*%pi;`
`>> y = cos(x)-x;`	`-->y = cos(x)-x;`
`>> plot(x,y); grid on;`	`-->plot(x,y); xgrid;`
`>> title ('Funktion y = cos(x) -x');`	`-->title ('Funktion y = cos(x) -x');`
`>> xlabel('x'); ylabel('y');`	`-->xlabel('x'); ylabel('y');`

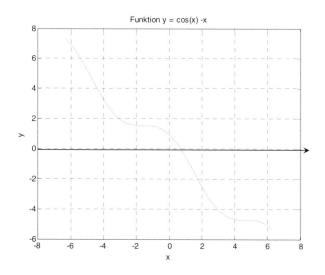

Abb. 5.1 Nullstellensuche der Funktion $y = \cos(x) - x$ mit MATLAB. Die Nulllinie wurde nachträglich eingezeichnet. Mit Scilab erhalten wir eine ähnliche Darstellung.

Wir sehen anhand dieser Abbildung schon, dass die Nullstelle irgendwo zwischen $x = 0$ und $x = 2$ liegen muss. Indem wir in die Umgebung dort hineinzoomen, können wir den x-Wert der Nullstelle bereits recht genau ermitteln. Aus Abb. 5.2 lesen wir dann ab: $x = 0{,}739$, das ist mit immerhin schon drei Stellen ein recht präziser Wert.

Aus Kapitel 2 kennen wir auch bereits die Kommandos, die wir benutzen können, um diese Nullstelle numerisch zu bestimmen: bei MATLAB `fzero` und bei Scilab `fsolve`. Nun wollen wir herausfinden, mit welchen Algorithmen man Nullstellen generell ermitteln kann. Immerhin kann es ja vorkommen, dass MATLAB oder Scilab auch einmal nicht zur Verfügung stehen, beispielsweise wenn ein Mikrocomputer programmiert werden soll.

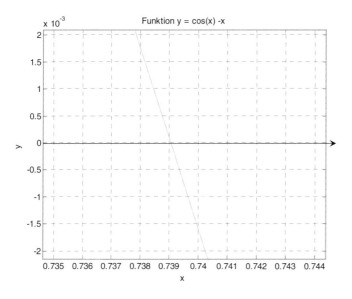

Abb. 5.2 Funktion $y = \cos(x) - x$, in der Nähe der Nullstelle hineingezoomt

Zunächst wollen wir jedoch festhalten, dass es mehrere zur Nullstellensuche äquivalente Fragestellungen gibt. Die Berechnung der Wurzel (das ist nur ein anderer Name für die Nullstelle) einer Gleichung bedeutet die Suche nach:

$$\boxed{y = f(x) = 0} \tag{5.1}$$

In unserem Beispiel hieße das:

$$y = f(x) = \cos(x) - x = 0 . \tag{5.2}$$

Kann man, wie in diesem Fall, die Funktion in zwei Teile aufspalten, so ist die Bestimmung der Nullstelle äquivalent zur Lösung der Gleichung

$$\cos(x) = x . \tag{5.3}$$

Hier und auch in ähnlichen Situationen lässt sich die Nullstellensuche darauf zurückführen, dass man den Schnittpunkt zweier Funktionen $y = F(x)$ und $y = x$ sucht, also

$$F(x) = x \,. \tag{5.4}$$

Wir ermitteln dann, mit anderen Worten, die Schnittpunkte einer Kurve $F(x)$ mit der Winkelhalbierenden im 1. Quadranten. In einem solchen Fall sprechen wir von einem *Fixpunktproblem* (Abb. 5.3). Die Gleichung (5.4) lässt sich unter günstigen Umständen direkt iterativ lösen, man spricht dann von *direkter Iteration*. Unter welchen Umständen diese Iterationen konvergieren, wird später untersucht.

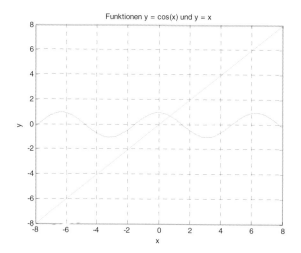

Abb. 5.3 Schnittstellen der Funktionen $y = \cos(x)$ und $y = x$ mittels MATLAB

Aufgabe 1   Berechnung der Nullstelle eines Polynoms

Bestimmen Sie alle reellen Nullstellen von $f(x) = x^3 + 4x^2 - 10$. ∎

5.2   Intervallschachtelung

Am anschaulichsten ist wahrscheinlich die Nullstellensuche mittels Intervallschachtelung, auch *Bisektion* („Halbierung") genannt [Faires 1995]. In diesem Fall geht man von zwei Punkten a und b aus, deren Funktionswerte jeweils oberhalb beziehungsweise unterhalb der x-Achse liegen müssen:

$$f(a) \cdot f(b) < 0 \tag{5.5}$$

Die Nullstelle muss sich dann dazwischen befinden (Abb. 5.4).

Indem das Intervall weiter halbiert wird, findet man immer wieder eines der beiden Intervalle, in dem $f(a_i) \cdot f(b_i) < 0$ gilt. Dieses Intervall wird erneut halbiert und so weiter.

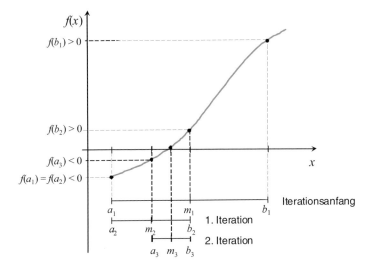

Abb. 5.4 Intervallschachtelung

Der wesentliche Teil des Algorithmus für die Intervallschachtelung besteht somit darin, zuerst die Intervallmitte zu suchen und anschließend zu prüfen, welches Teilintervall die Nullstelle einschließt. Die Abb. 5.5 zeigt als Ausschnitt diesen Teil des Programms.

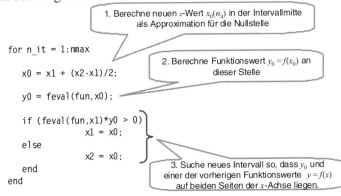

Abb. 5.5 Ablaufschema der Intervallschachtelung

Um die Intervallschachtelung an Beispielen selbst erproben zu können, haben wir zwei Funktionsprogramme zur Verfügung gestellt: für MATLAB `bisect.m`, für Scilab `bisect.sce`.

Bei allen Nullstellensuchprogrammen, die wir in diesem Kapitel verwenden, sorgt übrigens eine Variable `flag` dafür, dass verschiedene Optionen benutzt wer-

den können. Mit flag = 0 gibt das Programm ganz normal den berechneten Null-
stellenwert aus. Wird flag = 1 gesetzt, so werden die Zwischenschritte angezeigt.
Dies wird für uns sehr nützlich sein, um Erfahrungen bezüglich der Zwischenschritte zu sammeln. Deren Anzahl wirkt sich ja unmittelbar auf die Rechenge-
schwindigkeit aus. Und mit flag = 3 schließlich werden die Zwischenschritte
zusätzlich noch anhand einer Grafik verdeutlicht. Dabei hält das Programm nach
jedem Rechenschritt an, so dass wir uns die bis dahin jeweils erreichten Approximationen anschauen können. In den Funktionen simplebisect.m/sce ist dagegen
der Algorithmus auf seine wesentlichen Teile reduziert, arbeitet also ohne jeden
Schnörkel.

Als Beispiel berechnen wir die Nullstelle von $f(x) = x^3 + 4x^2 - 10$ im Bereich
zwischen $x = 1$ und $x = 2$. Die Funktion $f(x)$ wird als Funktions-File f_poly3.m
/sce eingebunden. Das Programm bisect.m/sce mit Ausgabe der Zwischenschritte wird dann zum Beispiel in der im Folgenden demonstrierten Form aufgerufen.[1]

■ Codetabelle 5.2

MATLAB, Octave	Scilab
| ```
>> bisect(@f_poly3, [1 2],5e-5,20,1);
Alle Zwischenschritte:

 n_it      x0          fun(x0)
------------------------------------
   1   1.50000000   2.37500000
   2   1.25000000  -1.79687500
   3   1.37500000   0.16210938
   4   1.31250000  -0.84838867
   5   1.34375000  -0.35098267
   6   1.35937500  -0.09640884
   7   1.36718750   0.03235579
   8   1.36328125  -0.03214997
   9   1.36523438   0.00007202
  10   1.36425781  -0.01604669
  11   1.36474609  -0.00798926
  12   1.36499023  -0.00395910
  13   1.36511230  -0.00194366
  14   1.36517334  -0.00093585
  15   1.36520386  -0.00043192
  16   1.36521912  -0.00017995


Näherungslösung x0 = 1.36521912e+000
mit fun(x0) = -1.79948903e-004
Zahl der Iterationen = 16. Toleranz =
5.00000000e-005
``` | ```
--> exec bisect.sce;
--> exec Testfunktionen/testfunctions.sce;
--> bisect(f_poly3, [1 2],5e-5,20,1);
Alle Zwischenschritte:

 n_it      x0          fun(x0)
------------------------------
   1   1.50000000   2.37500000
   2   1.25000000  -1.79687500
   3   1.37500000   0.16210938
   4   1.31250000  -0.84838867
   5   1.34375000  -0.35098267
   6   1.35937500  -0.09640884
   7   1.36718750   0.03235579
   8   1.36328125  -0.03214997
   9   1.36523438   0.00007202
  10   1.36425781  -0.01604669
  11   1.36474609  -0.00798926
  12   1.36499023  -0.00395910
  13   1.36511230  -0.00194366
  14   1.36517334  -0.00093585
  15   1.36520386  -0.00043192
  16   1.36521912  -0.00017995
!Näherungslösung x0 = 1.36521912e+000  !
 mit fun(x0) = -1.79948903e-004
 Zahl der Iterationen = 16. Toleranz =
 5.00000000e-005
``` |

[1] Die Bedeutung der Ein- und Ausgabevariablen von bisect ist den Kommentaren zur Funkti-
onsdatei zu entnehmen. Dies gilt auch für die später in diesem Kapitel benutzten Programme.
Die Scilab-Funktion bisect.sce ist übrigens in der Datei testfunctions.sce enthalten.

Für eine Genauigkeit von $5 \cdot 10^{-5}$ werden in unserem Beispiel 16 Iterationen benötigt, falls wie angegeben mit den Intervallgrenzen 1 und 2 gestartet wurde.

Aufgabe 2   Intervallschachtelung für die Funktion $f(x) = \cos(x) - x$

Wenden Sie das Programm `bisect.m/sce` auf die Nullstellenbestimmung der Funktion $y = \cos(x) - x$ an. Zur Abwechslung – und damit Sie in Übung bleiben – schreiben Sie doch diese Funktion einmal als Inline-/Online-Funktion! ∎

5.3 NEWTON-Verfahren (Tangentenverfahren)

So einfach die Intervallschachtelung zu verstehen ist, so war doch an dem letzten Beispiel deutlich zu erkennen, dass sie erheblichen Rechenaufwand erfordert. Will man lediglich eine einzelne Nullstelle finden, könnte man dies noch verschmerzen. Als Teil eines umfangreichen Rechenprozesses muss man jedoch bei jeder Kleinigkeit geizen. Wesentlich weniger Rechenzeit benötigt das *NEWTON*- oder *Tangentenverfahren* (in der angelsächsischen Literatur auch „NEWTON-RAPHSON-Verfahren" genannt).

Die Nullstelle einer Funktion $f(x)$ kann mit Hilfe der Tangente an diese Funktion in einem geeigneten Punkt x_1 bereits recht gut angenähert werden (vgl. Abb. 5.6). Der Schnittpunkt der Tangente mit der x-Achse stellt die erste Näherung x_1 dar. Zu diesem x-Wert bestimmt man den Funktionswert $f(x_1)$ und zeichnet erneut die Tangente. Durch fortlaufende Tangentenkonstruktion wird die Näherung immer besser.

Die Steigung der Tangente an einem Punkt x_n ist gegeben durch

$$f'(x_n) = \frac{\Delta y}{\Delta x} = \frac{f(x_n) - 0}{x_n - x_{n+1}} = \frac{f(x_n)}{x_n - x_{n+1}} \, .$$

Wenn wir das nach x_{n+1} umstellen, erhalten wir schließlich

$$\boxed{x_{n+1} = x_n - \frac{f(x_n)}{f'(x_n)}}. \tag{5.6}$$

Im Zähler des Bruches steht die Funktion selbst, im Nenner ihre Ableitung. Stets wird vom letzten berechneten Wert x_n ausgehend der nächste Wert x_{n+1} berechnet.

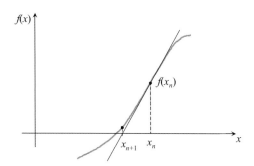

Abb. 5.6 NEWTONsches Näherungsverfahren

Wir stellen in Abb. 5.7 wieder den wesentlichen Teil des Algorithmus vor:

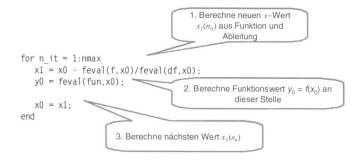

Abb. 5.7 Ablaufschema des NEWTON-Verfahrens

Datei auf Webseite

Auch für das NEWTON-Verfahren stehen Übungsprogramme bereit: für MAT-LAB `newton.m`, für Scilab `newton.sce`.

Zur Illustration berechnen wir auch hier wieder die Nullstelle von $f(x) = x^3 + 4x^2 - 10$, dargestellt durch `f_poly3.m/sce`.

■ Codetabelle 5.3

```
MATLAB

>> newton(@f_poly3, @f_poly3_der,2,5e-5,20,1);

Alle Zwischenschritte:
 n_it      x0          f(x0)
-------------------------------

   1   1.50000000   14.00000000
   2   1.37333333    2.37500000
   3   1.36526201    0.13434548
   4   1.36523001    0.00052846


Näherungslösung x0 = 1.36526201e+000
mit f(x0) = 5.28461180e-004
Zahl der Iterationen =   4, Toleranz = 5.00000000e-005
```

```
Scilab
-->exec Testfunktionen/testfunctions.sce;
-->exec Testfunktionen/testfunctions.sce;exec newton.sce;
-->newton(f_poly3, f_poly3_der,2,5e-5,20,1)


  Alle Zwischenschritte:
  n_it     x0            f(x0)
--------------------------------

    1   1.50000000    14.00000000
    2   1.37333333     2.37500000
    3   1.36526201     0.13434548
    4   1.36523001     0.00052846
 !                               !
 !                               !
 !Näherungslösung x0 = 1.36526201e+000  !
   mit f(x0) = 5.28461180e-004
   Zahl der Iterationen =    4, Toleranz = 5.00000000e-005
```

Ein brauchbares Ergebnis wird also hier bereits nach vier Schritten geliefert. Es wird deutlich, wie viel schneller das NEWTON-Verfahren gegenüber der Intervallschachtelung konvergiert.

Bei einem vereinfachten NEWTON-Verfahren, wie man es zuweilen auch benutzt, behält man die anfängliche Steigung der Tangente bei, man muss sie also nicht laufend neu berechnen.

Als Anwendung des NEWTON-Verfahrens können wir übrigens eine Methode ableiten, mit der Sie leicht, sogar mit Zettel und Bleistift, beliebige Wurzeln, vor allem Quadratwurzeln, aus einer Zahl ziehen können. Dazu wenden wir das NEWTON-Verfahren auf ein spezielles Polynom an, dessen Nullstelle wir suchen. Es hat die Form

$$p(x) = x^p + a = 0 \, . \tag{5.7}$$

Beim NEWTON-Verfahren benötigen wir auch dessen Ableitung, also

$$p'(x) = px^{p-1} \, . \tag{5.8}$$

Formel (5.6) liefert nun

$$x_{n+1} = x_n - \frac{f(x_n)}{f'(x_n)} = x_n - \frac{x_n^p - a}{px_n^{p-1}} = \frac{(p-1)x_n^p + a}{px_n^{p-1}} \, . \tag{5.9}$$

Daraus wird

$$x_{n+1} = \frac{1}{p}\left((p-1)x_n + \frac{a}{x_n^{p-1}} \right) \, . \tag{5.10}$$

Speziell für $p = 2$ handelt es sich um die Quadratwurzel und wir erhalten

$$x_{n+1} = \frac{1}{2}\left(x_n + \frac{a}{x_n}\right). \tag{5.11}$$

Diese Methode zur Wurzelberechnung geht in ihren Grundzügen bereits auf den griechischen Mathematiker HERON zurück und heißt deshalb *HERON-Verfahren*.

Als Beispiel berechnen wir die Quadratwurzel aus Zwei, beginnend mit dem Startwert 1. Es ist ratsam, bereits mit derjenigen Zahl zu starten, deren Quadratzahl gerade unterhalb der geforderten Quadratzahl liegt. Die nächstkleinere Quadratzahl unterhalb von zwei ist eins, denn $1^2 = 1$.

■ Codetabelle 5.4

MATLAB, Octave	Scilab

`>> a = 2;  % Quadratzahl`
`>> x = 1;  % Startwert`
`>>   x = (x+a/x)/2`
`x =`
`          1.5`
`>> x = (x+a/x)/2`
`x =`
`        1.4167`
`>> x = (x+a/x)/2`
`x =`
`        1.4142`
`>> x = (x+a/x)/2`
`x -`
`        1.4142`
	`-->a = 2;  // Quadratzahl`
	`-->x = 1;  // Startwert`
	`--> x = (x+a/x)/2`
	`x  =`
	`          1.5`
	`--> x = (x+a/x)/2`
	`x  =`
	`        1.4166667`
	`--> x = (x+a/x)/2`
	`x  =`
	`        1.4142157`
	`--> x = (x+a/x)/2`
	`x  =`
	`        1.4142136`

Ohne aufwendige Arbeit haben wir nach drei Iterationen bereits eine Genauigkeit von vier Nachkommastellen erreicht. Das kann man bei einiger Übung sogar im Kopf rechnen. Damit können Sie dann auch Ihre Fachkollegen verblüffen.

Aufgabe 3   NEWTON-Verfahren für die Funktion $f(x) = \cos(x) - x$

Wenden Sie das Programm `newton.m` auf die Nullstellenbestimmung der Funktion $f(x) = \cos(x) - x$ an. ■

Aufgabe 4   Weitere Nullstellenbestimmung mit dem NEWTON-Verfahren

Bestimmen Sie *alle* Lösungen der Gleichung $2\sin(x) = x$ im Bereich $-2 < x < 2$. (Eine Skizze könnte hilfreich sein.) Verwenden Sie für die numerische Lösung das NEWTON-Verfahren mit dem Startwert $x_0 = 2$. ■

Aufgabe 5   Nullstellenbestimmung von Polynomen nach NEWTON

Schreiben Sie ein Programm, mit dem Sie mit maximal 20 Iterationen die Nullstellen eines Polynoms nach dem NEWTON-Verfahren bestimmen können. Als Eingabe ist nur die Koeffizientendarstellung vorgesehen. Die Ableitung der Funktion können Sie entsprechend

Abschnitt 1.9.4 bestimmen. Für die Toleranz ist der feste Wert 10^{-8} zu wählen. Testen Sie das Programm zum Beispiel mit dem Polynom $y_1 = p_1(x) = x^4 + 3x^3 - 17x^2 + 12$ aus.

Machen Sie sich den Funktionsverlauf anhand des Funktionsgrafen in den Grenzen $-6 \leq x \leq 6$ deutlich. Vergleichen Sie das Ergebnis auch mit jenem, welches Sie mit Hilfe von roots erhalten. ∎

Aufgabe 6   Fünfte Wurzel aus einer Zahl nach dem HERON-Verfahren ziehen

Ermitteln Sie durch Iteration den Näherungswert für $\sqrt[5]{50}$ mit einer Genauigkeit von drei Nachkommastellen. Starten Sie mit $x = 2$. ∎

Aufgabe 7   Noch einmal Anwendung des HERON-Verfahrens

Bestimmen Sie mittels Taschenrechner nach dem HERON-Verfahren den Zahlenwert von $\sqrt[6]{15}$ auf fünf Stellen nach dem Komma genau. Vergleichen Sie die Zwischenwerte mit denen, die Sie mittels newton.m/sce berechnen können. Nehmen Sie für das NEWTON-Verfahren $x = 1$ als Startwert. Erwarten Sie, dass beide identisch sind? ∎

Aufgabe 8   Anwendbarkeit des NEWTON-Verfahrens

Stellen Sie sich vor, Sie würden die Nullstellen der beiden Funktionen $y = xe^{-x}$ und $y = xe^x$ mit dem NEWTON-Verfahren bestimmen. Startpunkt sei der Punkt $x = 1{,}5$. Führt dieser Ansatz in beiden Fällen zum Erfolg? Überlegen Sie sich anhand der unten gezeigten grafischen Darstellungen (Abb. 5.8), wohin die einzelnen Iterationsschritte führen.

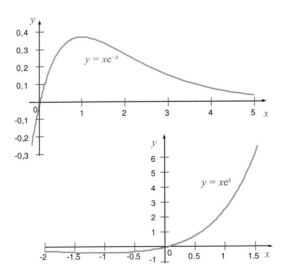

Abb. 5.8 Skizzen zu Aufgabe 8

5.4   Sekantenverfahren

5.4.1   Sekantenverfahren mit aufeinander folgenden Intervallendpunkten

Ein Nachteil des NEWTON-Verfahrens, das haben Sie schon selbst bemerkt, besteht darin, dass wir außer der eigentlichen Funktion stets auch ihre Ableitung benötigen. Will man dies umgehen, kann man statt der Tangente die Sekante benutzen. Je nachdem, wie man aufeinander folgende Sekanten konstruiert, gelangt man zu zwei Sekantenverfahren. Eines davon stellen wir in diesem Abschnitt vor (das andere folgt im nächsten Abschnitt). Die Approximation der Nullstelle $f(x) = 0$ wird dabei aus den beiden vorhergehenden Approximationen x_i und x_{i-1} bestimmt,

$$\boxed{x_{n+1} = x_n - f(x_n)\frac{x_n - x_{n-1}}{f(x_n) - f(x_{n-1})}}. \tag{5.12}$$

Die Sekante ergibt sich dann immer als Verbindung des letzten und vorletzten Funktionswertes (Abb. 5.9). Da außer dem zuletzt verwendeten stets auch noch ein früherer Funktionswert zur Iteration herangezogen wird, bezeichnet man ein solches Verfahren als *Mehrschrittverfahren*. Im Gegensatz dazu nutzt der NEWTON-Algorithmus ein *Einschrittverfahren*, es werden lediglich die Werte aus dem letzten Schritt verarbeitet.

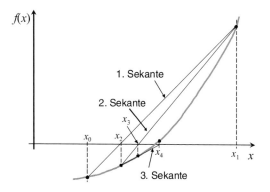

Abb. 5.9 Sekantenverfahren

Daraus resultiert der in Abb. 5.10 dargestellte Algorithmus.

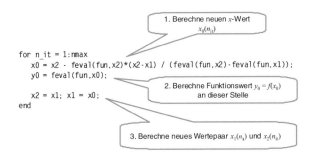

```
for n_it = 1:nmax
    x0 = x2 - feval(fun,x2)*(x2-x1) / (feval(fun,x2)-feval(fun,x1));
    y0 = feval(fun,x0);

    x2 = x1; x1 = x0;
end
```

Abb. 5.10 Ablaufschema des Sekantenverfahrens

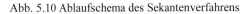

Übungsprogramme für das Sekantenverfahren sind secant.m/sce, ebenfalls wieder mit der Option simple… für einen vereinfachten Code.

Nach diesem Verfahren erhalten wir für die bereits früher verwendete Funktion f_poly3 folgendes Ergebnis:

■ Codetabelle 5.5

MATLAB, Octave	Scilab

<pre>>> secant(@f_poly3, [1 2],5e-5,20,1)
 	
Alle Zwischenschritte:
 n_it   x0   fun(x0)
--------------------------------- 	
  1 1.26315789 -1.60227438
  2 1.38725595   0.36766139
  3 1.36409476 -0.01873646
  4 1.36521785 -0.00020089
  5 1.36523002   0.00000011
 	
Näherungslösung x0 = 1.36523002e+000
mit fun(x0) = 1.11855233e-007
Zahl der Iterationen =   5, Toleranz =
5.00000000e-005</pre>
	<pre>-->exec secant.sce
	-->exec Testfunktionen/testfunctions.sce;
	-->secant(f_poly3, [1 2],5e-5,20,1);
	
	Alle Zwischenschritte:
	 n_it x0 fun(x0)
	------------------------------ 	
	  1 1.26315789 -1.60227438
	  2 1.38725595 0.36766139
	  3 1.36409476 -0.01873646
	  4 1.36521785 -0.00020089
	  5 1.36523002 0.00000011
	! !
	! !
	!Näherungslösung x0 = 1.36523002e+000 !
	mit fun(x0) = 1.11855233e-007
	Zahl der Iterationen = 5, Toleranz =
	5.00000000e-005</pre>

5.4.2 Regula falsi

Das zweite bereits erwähnte Sekantenverfahren ist unter dem Namen *Regula falsi* (wörtlich: „Regel vom falschen Ansatz") bekannt. Während das oben verwendete Sekantenverfahren stets aufeinander folgende Intervallpunkte benutzt, wird bei der Regula falsi gefordert, dass die zugehörigen Funktionswerte immer unterschiedliche Vorzeichen haben, also auf verschiedenen Seiten der x-Achse liegen. Dadurch befindet sich – ähnlich wie bei der Intervallschachtelung – der Schnittpunkt der Sekante mit der x-Achse garantiert *zwischen* den jeweiligen Intervallpunkten. Beim gewöhnlichen Sekantenverfahren, wie wir es im vorigen Abschnitt besprochen haben, kann sich dagegen der Schnittpunkt auch *außerhalb* befinden. Damit ist es dort in ungünstigen Fällen auch möglich, dass das Verfahren divergiert.

Die Approximation x_{n+1} einer Nullstelle der Funktion $f(x)$ wird jetzt also aus der letzten Approximation x_n und einer früheren Approximation x_i bestimmt, so dass die zugehörigen Funktionswerte $f(x_n)$ und $f(x_i)$ unterschiedliche Vorzeichen haben:

$$x_{n+1} = x_n - f(x_n)\frac{x_n - x_i}{f(x_n) - f(x_i)} \qquad (5.13)$$

Das bedeutet in einer Formel

$$f(x_n) \cdot f(x_i) < 0. \qquad (5.14)$$

Bei der Berechnung wird also der neue Funktionswert immer zusammen mit demjenigen früheren Funktionswert verwendet, der ein zum neuen Wert unterschiedliches Vorzeichen hat (Abb. 5.11).

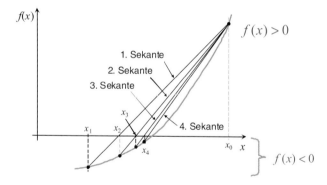

Abb. 5.11 Regula falsi

Der Algorithmus der Regula falsi muss also wie bei der Bisektion eine Prüfung auf $f(x_i) \cdot f(x_j) < 0$ beinhalten (Abb. 5.1). Dies macht das Verfahren zwar sicherer, aber auch zeitaufwendiger.

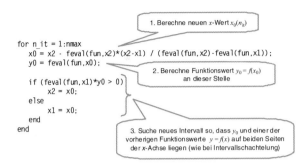

```
                              1. Berechne neuen x-Wert x₀(n_it)

 for n_it = 1:nmax
     x0 = x2 - feval(fun,x2)*(x2-x1) / (feval(fun,x2)-feval(fun,x1));
     y0 = feval(fun,x0);
                                    2. Berechne Funktionswert y₀ = f(x₀)
     if (feval(fun,x1)*y0 > 0)        an dieser Stelle
         x2 = x0;
     else
         x1 = x0;
     end
 end
                          3. Suche neues Intervall so, dass y₀ und einer der
                          vorherigen Funktionswerte y = f(x) auf beiden Seiten
                          der x-Achse liegen (wie bei Intervallschachtelung)
```

Abb. 5.12 Ablaufschema der Regula falsi

Weil die Regula falsi garantiert, dass die gesuchte Nullstelle immer zwischen den jeweiligen Intervallpunkten liegt, stellt sie eine direkte Erweiterung jener Methode dar. Dies erkennen wir durch Umformung von (5.13) sofort:

$$x_{n+1} = x_n - f(x_n)\frac{x_n - x_i}{f(x_n) - f(x_i)} = \frac{f(x_n) \cdot x_i - f(x_i) \cdot x_n}{f(x_n) - f(x_i)}$$

Ersetzen wir hier $f(x_n) \to 1$ und $f(x_i) \to -1$ oder umgekehrt, so ergibt sich $x_{n+1} = (x_i + x_n)/2$, also die gleiche Bedingung wie bei der Intervallschachtelung.

Datei auf Webseite

Übungsprogramme hierzu sind regfalsi.m und regfalsi.sce.

Um einen Vergleich mit dem vorherigen Sekantenverfahren zu haben, suchen wir auch hier wieder die Nullstelle der Funktion f_poly3. Wie man in folgendem Ausdruck sieht, benötigt die Regula falsi tatsächlich mehr Schritte, bis das Ergebnis mit der gewünschten Genauigkeit vorliegt.

■ Codetabelle 5.6

```
MATLAB, Octave
>> regfalsi(@f_poly3, [1 2],5e-5,20,1)

Alle Zwischenschritte:
 n_it      x0          x1          x2          fun(x0)
-------------------------------------------------------
   1    1.26315789  1.00000000  2.00000000  -1.60227438
   2    1.33882784  1.26315789  2.00000000  -0.43036475
   3    1.35854634  1.33882784  2.00000000  -0.11000879
   4    1.36354744  1.35854634  2.00000000  -0.02776209
   5    1.36480703  1.36354744  2.00000000  -0.00698342
   6    1.36512372  1.36480703  2.00000000  -0.00175521
   7    1.36520330  1.36512372  2.00000000  -0.00044106
   8    1.36522330  1.36520330  2.00000000  -0.00011083
   9    1.36522833  1.36522330  2.00000000  -0.00002785

Näherungslösung x0 = 1.36522833e+000
mit fun(x0) = -2.78479846e-005
Zahl der Iterationen =   9, Toleranz = 5.00000000e-005
```

```
Scilab

-->regfalsi(f_poly3, [1 2],5e-5,20,1);
-->exec Testfunktionen/testfunctions.sce;

Alle Zwischenschritte:
 n_it       x0          x1          x2       fun(x0)
---------------------------------------------------------
   1    1.26315789  1.00000000  2.00000000  -1.60227438
   2    1.33882784  1.26315789  2.00000000  -0.43036475
   3    1.35854634  1.33882784  2.00000000  -0.11000879
   4    1.36354744  1.35854634  2.00000000  -0.02776209
   5    1.36480703  1.36354744  2.00000000  -0.00698342
   6    1.36512372  1.36480703  2.00000000  -0.00175521
   7    1.36520330  1.36512372  2.00000000  -0.00044106
   8    1.36522330  1.36520330  2.00000000  -0.00011083
   9    1.36522833  1.36522330  2.00000000  -0.00002785
 !                              !
 !                              !
 !Näherungslösung x0 = 1.36522833e+000  !
 mit fun(x0) = -2.78479846e-005
 Zahl der Iterationen =   9, Toleranz = 5.00000000e-005
```

Wenn wir nun als weiteres Beispiel die Nullstelle der Arkustangensfunktion mit den Intervallendpunkten $-10 \leq x \leq 0,2$ berechnen, so erkennen wir jedoch, dass die Regula falsi das bekannte Ergebnis $x = 0$ liefert, während die Approximation mittels secant versagt. Besonders deutlich wird dies, wenn wir von der Option Gebrauch machen, bei der die Sekanten schrittweise in der Grafik angezeigt werden. Hierzu müssen wir die Option flag = 2 setzen. Die Abb. 5.13 zeigt, welche Sekanten sich bis zum fünften Schritt bei dem Versuch ergeben, die Nullstelle der Arkustangensfunktion $y = \arctan(x)$ zu berechnen. Die Funktion haben wir dabei wie folgt aufgerufen:

■ Codetabelle 5.7

MATLAB, Octave	Scilab

`>> secant(@atan, [-10 .2],5e-5,20,2)`
 	
`Alle Zwischenschritte:`
`n_it      x0         fun(x0)`
`--------------------------------`
`  1   -1.00671662   -0.78874522`
`  2    9.38834733    1.46468141`
`  3    2.63176750    1.20767311`
`  4  -29.11716721   -1.53646582`
 	
Hier wurde die Berechnung abgebrochen.
	`-->exec secant.sce;`
	`-->function y = f_atan(x); y = atan(x);`
	`endfunction`
	`-->secant(f_atan, [-10 .2],5e-5,20,2);`
	
	`Alle Zwischenschritte:`
	`n_it      x0         fun(x0)`
	`--------------------------------`
	`halt`
	`-->`
	`  1   -1.00671662   -0.78874522`
	`halt`
	`-->`
	`  2    9.38834733    1.46468141`
	`halt`
	`-->`
	`  3    2.63176750    1.20767311`
	`halt`

MATLAB, Octave	Scilab
	`-->`
	`    4    -29.11716721    -1.53646582`
	Abbruch mittels Strg-c und
	`-1->abort`

Die Regula falsi führt dagegen zur richtigen Lösung $x = 0$. Bei geeignet gewählten Startbedingungen erreicht man dies auch mit dem normalen Sekantenverfahren, wie die folgenden Zeilen zeigen.

`>> regfalsi(@atan, [-10 .2],5e-5,20,0)`	`-->regfalsi(f_atan, [-10 .2],5e-5,20,0)`
`ans =`	`ans  =`
`  -2.464e-07`	`  0.0000001`
`>> secant(@atan, [-3 2],5e-5,20,0)`	`-->secant(f_atan, [-3 2],5e-5,20,0)`
`ans =`	`ans  =`
`  1.7061e-07`	`  0.0000002`

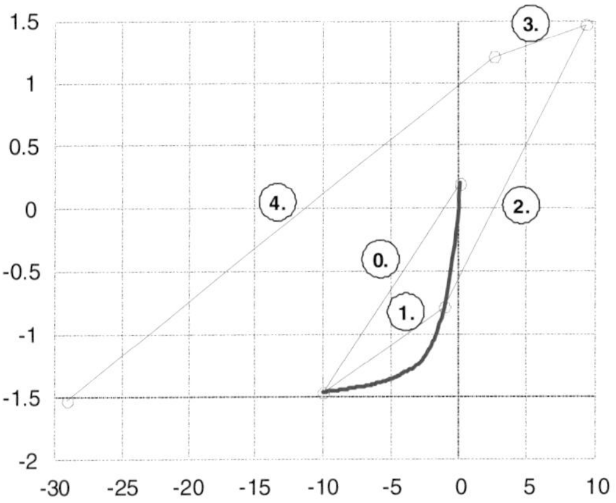

Abb. 5.13 Versuch einer Nullstellenberechnung der Arkustangensfunktion mit dem Sekantenverfahren. Die ersten fünf Schritte der Sekantenberechnung sind angefügt.

Aufgabe 9   Berechnung von Nullstellen mit dem Sekantenverfahren

Berechnen Sie mittels `secant.m/sce` die Nullstellen von $f(x) = \cos(x) - x$. ∎

Aufgabe 10   Berechnung der Nullstellen mit der Regula Falsi

Berechnen Sie mittels `regfalsi.m/sce` die Nullstellen $f(x) = \cos(x) - x$. ∎

5.5   Berechnung der Nullstellen mit Standardfunktionen

MATLAB stellt, wie wir bereits seit Kapitel 2.2.3 wissen, mit `fzero` ein Standardverfahren zur Nullstellenberechnung zur Verfügung. Es handelt sich um ein abgewandeltes NEWTON-Verfahren, bei dem der Differenzenquotient benutzt wird. Folglich benötigt man nicht explizit die Ableitung der Funktion wie beim eigentlichen NEWTON-Verfahren, sie wird quasi vom Programm erzeugt. Ähnlich berechnen wir die Nullstellen bei Scilab mittels `fsolve`.

Die Syntax dieser beiden Standardfunktionen wurde, wie wir uns noch erinnern, im Abschnitt 2.2.3 angegeben. Sie wird noch einmal etwas detaillierter durch die folgende Tabelle angezeigt.

Programmierpraxis mit Standardfunktionen	
MATLAB, Octave	Scilab
• `x = fzero(fun, x0, [options],...)`	• `x = fsolve(x0,fun,...,tol)`
Die Bezeichnung `fun` steht für den Namen der Funktion, deren Nullstelle gesucht wird. Sie kann als äußere Funktion (als M-File) vorliegen, als Inline-Funktion, als Funktionsstring , als „function handle" oder als anonyme Funktion. Unter `x0` wird der Startwert für die Suche vorgegeben. Dies kann ein einzelner Wert oder ein Intervall sein.	Die Bezeichnung `fun` steht für den Namen der Funktion, deren Nullstelle gesucht wird. Sie kann als äußere Funktion (als sce-File) vorliegen, als (über `deff` definierte) Online-Funktion oder als unmittelbar über das Kommando `function…endfunction` definierte Funktion.
`x` ist der gesuchte Wert der Nullstelle. Unter `options` können noch weitere Festlegungen getroffen werden. So kann zum Beispiel die Toleranz für den Abbruch der Nullstellensuche vorgegeben werden oder es lassen sich Zwischenwerte ausdrucken. In der folgenden Codetabelle sind Beispiele aufgeführt.	Unter `x0` wird der Startwert für die Suche vorgegeben. `x` ist der gesuchte Wert der Nullstelle.
Weitere Möglichkeiten sind über die MATLAB-Hilfe zu finden.	Auch hier ist die Vorgabe einer Toleranz `tol` möglich. Diese und weitere Möglichkeiten finden wir über die Scilab-Hilfe.

Vergessen Sie jedoch nicht, sich vorher ein Bild von der Funktion zu machen, damit Sie wissen, wie viele Nullstellen sie im gesuchten Bereich besitzt und wo diese ungefähr liegen.

In der folgenden Codetabelle wenden wir die Nullstellensuche mit diesen Standardfunktionen auf die bereits vorher benutzten Funktionen $f(x) = \arctan(x)$, $f(x) = x^3 + 4x^2 - 10$, und $f(x) = \cos(x) - x$ an.

■ Codetabelle 5.8

MATLAB, Octave	Scilab
• für $f(x) = \arctan(x)$	• für $f(x) = \arctan(x)$
```>> [x0,y0] = fzero(@atan,[-10 .2], optimset('Display','iter','TolX',5e-5)) Func-count x f(x) Procedure 2 0.2 0.197396 initial 3 0.2 0.197396 interpolation 4 -0.0415482 -0.0415243 interpolation 5 0.00043292 0.00043292 interpolation 6 -2.46399e-07 -2.46399e-07 interpolation 7 -2.46399e-07 -2.46399e-07 interpolation Zero found in the interval [-10, 0.2]```	```-->[x0,y0] = fsolve(-10,f_atan,.5e-5) y0 = 0. x0 = 0.``` • für $f(x) = x^3 + 4x^2 - 10$ ```-->[x0,y0] = fsolve(2, f_poly3,.5e-5) y0 =```

MATLAB, Octave	Scilab

``
x0 =
   -2.464e-07
y0 =
   -2.464e-07
``
	``
	        0.
	x0 =
	     1.36523
	``

• für $f(x) = x^3 + 4x^2 - 10$	• für $f(x) = \cos(x) - x$
``` [x0,y0] = fzero(@f_poly3, [1 2], optimset('Display','iter'),'TolX',5e-5)) ```	``` -->deff('y = x_cos(x)','y = cos(x)-x') -->[x0,y0] = fsolve(2,x_cos,,5e-5) y0 = ```

...	```
	        0.
	x0 =
	     0.7390851
	``

``
Zero found in the interval [1, 2]
x0 =
      1.3652
y0 =
      0
``	

• für $f(x) = \cos(x) - x$	

``
>> x_cos=inline('cos(x)-x')
>> [x0,y0] = fzero(x_cos,[0 2],
optimset('TolX',5e-5))
x0 =
      0.73908
y0 =
      6.1264e-06
``	

Speziell bei *Polynomen* können die Nullstellen, wie schon bekannt, mit der Funktion `roots` berechnet werden. Damit erhalten wir gleichzeitig alle, also auch komplexe Lösungen.

5.6 Fixpunktiterationen

Schon in Abschnitt 5.1 haben wir gesehen, dass die Nullstellensuche bei der Gleichung $y = \cos(x) - x = 0$ auch durch einen äquivalenten Ansatz ersetzt werden kann: Wir konnten auf grafische Weise den Schnittpunkt der Kurven $y = x$ und $y = \cos(x)$ finden, das heißt, wir haben nach der Lösung der Gleichung

$$x = \cos(x) \tag{5.15}$$

gesucht. Diese Gleichung können wir direkt iterativ lösen und benötigen dazu nicht einmal einen PC, sondern können jeden einfachen Taschenrechner benutzen.

Zu Beginn geben wir auf dem Taschenrechner eine beliebige(!) Zahl zwischen 0 und $\pi/2$ ein. Drücken wir jetzt fortlaufend die Taste für die Kosinus-Funktion (Winkel im Bogenmaß eingeben!), so stellt sich nach ausreichend vielen Schritten ein fester Endwert ein. Stets ergibt sich der Wert 0,73909, ganz unabhängig davon, bei welchem Wert wir begonnen haben. Was wir damit erreicht haben, ist nichts anderes, als fortlaufend die Gleichung

$$x_{n+1} = \cos(x_n)$$

zu lösen. Die nach diesem Prinzip durchgeführte Annäherung an die Nullstelle heißt *Fixpunktiteration* oder *direkte Iteration*.

Offensichtlich strebt die Folge dieser Iterationsschritte einem festen Grenzwert zu. Das muss jedoch nicht immer so sein. Die Frage ist, unter welchen Bedingungen ein solcher Grenzwert erreicht wird – mit anderen Worten, wann eine Folge des Typs

$$x_{n+1} = F(x_n) \tag{5.16}$$

konvergiert. Das machen wir uns am besten anhand der Abb. 5.14 deutlich [Knorrenschild 2003]. Dort sind die sich schneidenden Kurven zweier beliebiger Funktionen $y = F(x)$ und der Geraden $y = x$ eingezeichnet. Die obere Abbildung zeigt, wie die Folge der Approximationen $y = F(x)$ sich immer weiter auf den Schnittpunkt zusammenzieht. In der unteren Abbildung ist genau das Gegenteil der Fall. Ein Blick auf den Verlauf von $F(x)$ zeigt schon, woran das liegt: Ist der Anstieg der Kurve $F(x)$ flacher als jener von $y = x$, dann konvergiert die Folge offensichtlich. Ist der Anstieg größer als der von $y = x$, so divergiert die Folge. Die Gerade $y = x$ hat den Anstieg eins, die Funktion $F(x)$ muss also einen Anstieg aufweisen, der kleiner als eins ist.

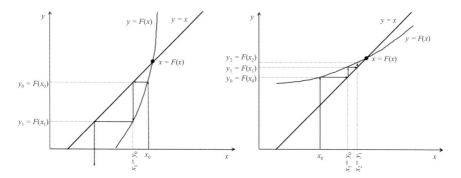

Abb. 5.14 Konvergenz (links) und Divergenz (rechts) von $x = F(x)$. Die Pfeile symbolisieren die einzelnen Approximationsschritte in der Reihenfolge $x_0 \rightarrow \{y_0 = F(x_0)\} \rightarrow \{x_1 = y_0\} \rightarrow \{y_2 = F(x_1)\}$ usw.

Das ist die anschauliche Interpretation des folgenden Satzes:

Eine Folge von Approximationen
$$x_{n+1} = F(x_n)$$
konvergiert, wenn für die Ableitung von $F'(x)$ im betrachteten Bereich gilt:
$$\boxed{|F'(x)| < 1}. \tag{5.17}$$

Es handelt sich um den *BANACHschen Fixpunktsatz*. Seine exakte Herleitung wollen wir uns hier sparen, doch anhand der Abb. 5.14 ist deutlich zu erkennen, dass der Betrag der Ableitung von $F(x)$ kleiner als 1 sein muss, um Konvergenz zu erreichen.

Beachten Sie, dass wir $F''(x)$ in Betragsstriche gesetzt haben. Die Konvergenz ist demnach sowohl für $0 < F'(x) < 1$ als auch für $-1 < F'(x) < 0$ gewährleistet. Unsere Kosinusfunktion von (5.15) hatte übrigens einen negativen Anstieg, nämlich

$$F'(x) = \frac{\mathrm{d}}{\mathrm{d}x}\cos(x) = -\sin(x) < 0.$$

Wir sehen nun also, dass damit die Bedingung des BANACHschen Fixpunktsatzes erfüllt ist.

Auch auf andere Funktionen lassen sich unter gewissen Umständen Fixpunktverfahren anwenden. Die Bestimmungsgleichung der Wurzel $f(x) = 0$ wird dann so umgeformt, dass ein x isoliert steht. Damit wird eine Funktion $x = F(x)$ definiert. Es ist jedoch zu beachten, dass eine solche Umformung im Allgemeinen auf unterschiedliche Arten möglich ist.

Datei auf Webseite

Die Bearbeitung eines Nullstellenproblems mit direkter Iteration ist zwar programmtechnisch kein schwieriges Unterfangen, wir stellen aber zur Sicherheit trotzdem wieder zwei Funktionsprogramme bereit, für MATLAB `direct_iter.m`, für Scilab `direct_iter.sce`.

Zwar lässt sich die Iteration entsprechend (5.17) mit wenigen Schritten durchführen, doch in unserem Programm `direct_iter.m/sce` werden bei der Anwendung analog zu den bisherigen Iterationsverfahren auch die einzelnen Zwischenschritte angezeigt und gegebenenfalls grafisch veranschaulicht.

Die Funktion $f(x) = x^3 + 4x^2 - 10$ kennen wir ja bereits aus den vorherigen Abschnitten dieses Kapitels. Deren Nullstelle kennen wir schon, sie liegt bei $x = 1{,}365...$ Wir könnten jetzt auf den Gedanken verfallen, diese auch einmal durch direkte Iteration zu suchen. Dazu addieren wir auf beiden Seiten einfach x und erhalten

$$x = F(x) = x^3 + 4x^2 - 10 + x. \tag{5.18}$$

Wir prüfen zunächst, ob die Bedingung des BANACHschen Fixpunktsatzes erfüllt ist. Dazu bestimmen wir $F'(x) = 3x^2 + 8x + 1$. In der Gegend der (uns schon bekannten) Lösung, sagen wir etwa bei $x = 1$, bekommen wir

$$F'(1) = 3x^2 + 8x + 1 = 12 > 1.$$

Damit ist klar, dass die direkte Iteration hier nicht konvergiert. Versuchen wir sie numerisch zu ermitteln, so finden wir das bestätigt.

■ Codetabelle 5.9

MATLAB, Octave	Scilab

```>> Fun = inline('x.^3+4*x.^2-10+x')```
 ```Fun =```
 	
    ```Inline function:```
    ```Fun(x) = x.^3+4*x.^2-10+x```
 ```>> direct_iter(Fun, 1.4,5e-5,20,2)```
 	
 ```Alle Zwischenschritte:```
 ``` n_it   x0   Fun(x0)```
 ```-----------------------------```
 ```   1   1.98400000   15.53855590```
 ```   2   15.53855590   4723.05878429```
 ```   3   4723.05878429   105447848821.75687000```
 	
 Hier wurde die Berechnung abgebrochen.
	```-->function y = Fun(x);```
	 ```y = x.^3+4*x.^2-10+x; endfunction;```
	 ```-->exec ../direct_iter.sce;```
	 ```-->direct_iter(Fun, 1.4,5e-5,20,2)```
	 ```Alle Zwischenschritte:```
	 ``` n_it x0 Fun(x0)```
	 ```-----------------------------```
	 ``` 1 1.98400000 15.53855590```
	 ```halt```
	 ```-->```
	 ``` 2 15.53855590 4723.05878429```
	 ```halt```
	 ```-->```
	 ``` 3 4723.05878429 105447848821.75687000```
	 ```halt```
	 ```-->```
	
	 Abbruch mittels Strg-c und
	 ```-1->abort```

Das Interesse an Fixpunktiterationen in der Praxis rührt daher, dass man die Funktion selbst unmittelbar heranziehen kann. Man benötigt also keinen Hilfsalgorithmus wie etwa beim Sekantenverfahren. Schon gar nicht wird die Ableitung der Funktion wie beim NEWTON-Verfahren benötigt. Trotzdem wird sich die Fixpunktiteration in der Praxis nur für wenige Fälle eignen – sie hat eher grundsätzliche Bedeutung.

Führen Sie die Fixpunktiteration mit `direct_iter.m/sce` auch für unser Beispiel $x = \cos(x)$ in der Aufgabe 11 (am Ende des Abschnitts) durch.

Die Aussagen zur Konvergenz der Fixpunktiteration lassen sich übrigens auch auf den Algorithmus des NEWTON-Verfahrens übertragen. Dazu gehen wir von der Ausgangsformel (5.6) aus. Für das Fixpunktproblem wählen wir die Funktion

$$x_{n+1} = F(x_n) = x_n - \frac{f(x_n)}{f'(x_n)}. \tag{5.19}$$

Die Konvergenz prüfen wir, indem wir untersuchen, ob der Betrag der Ableitung $F'(x)$ kleiner als eins ist. Mit Hilfe der Quotientenregel erhalten wir

$$F'(x) = \frac{\mathrm{d}}{\mathrm{d}x}\left(x - \frac{f(x)}{f'(x)}\right) = 1 - \frac{[f'(x)]^2 - f(x)f''(x)}{[f'(x)]^2} = -\frac{f(x)f''(x)}{[f'(x)]^2}.$$

In der Nähe der Nullstelle geht $f(x)$ gegen null und damit auch

$$|F'(x)| = \left| -\frac{f(x)f''(x)}{[f'(x)]^2} \right| \to 0 .$$
(5.20)

Natürlich haben wir hier „unsauber gedacht". Es könnte ja nicht nur der Zähler, sondern zusätzlich auch der Nenner gegen null streben. Dann wäre die Konvergenz gemäß dem BANACHschen Fixpunktsatz nicht mehr unbedingt gewährleistet.

Wenn also $f'(x) \to 0$ strebt, kann die Anwendung des NEWTON-Verfahrens problematisch werden. Anschaulich bedeutet $f'(x) = 0$, dass wir es an der Position der Nullstelle mit einer waagerechten Tangente zu tun haben – die Funktion $f(x)$ könnte dort also ein Maximum, ein Minimum oder einen waagerechten Wendepunkt besitzen.

Aufgabe 11   Fixpunktiteration für $x = \cos x$

Wenden Sie das Programm `direct_iter.m/sce` für die Fixpunktiteration auf die Funktion $x = \cos(x)$ an und lassen Sie sich die einzelnen Schritte in einer Grafik anzeigen. Lassen Sie maximal acht Iterationen zu und begrenzen Sie die Genauigkeit auf drei Stellen. ∎

Aufgabe 12   Existenz eines Fixpunkts prüfen

In der Abb. 5.15 sind zwei Funktionen $y = x$ und $y = F(x)$ dargestellt.

a) Entscheiden Sie anhand des Funktionsbildes, ob sich der Schnittpunkt x_s beider Kurven iterativ über die Beziehung $x = F(x)$ bestimmen lässt.

b) Die Funktion $F(x)$ sei wie folgt gegeben:

$$F(x) = \sqrt{x + 1} .$$

Wählen Sie $x_0 = 1$ als geeigneten Startwert und führen Sie die Iteration mit dem Taschenrechner in fünf Schritten aus.

c) Schreiben Sie selbst ein kleines MATLAB- oder Scilab-Programm, das diese Iteration in 100 Schritten durchführt. Verwenden Sie dabei keines der beiden vorgegebenen Programme `direct_iter.m/sce` oder `simple_direct_iter.m/sce`. ∎

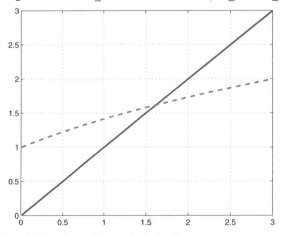

Abb. 5.15 Funktionsbild zu Aufgabe 12

Aufgabe 13   Prüfen der Konvergenzbedingung und Fixpunktiteration

Gesucht ist die Nullstelle der Funktion $y = x - \exp(-x)$.

Stellen Sie diese Funktion grafisch dar und stellen Sie damit fest, ob überhaupt eine Nullstelle existiert. Prüfen Sie mit dem BANACHschen Fixpunktsatz, ob sich die Nullstelle durch direkte Iteration finden lässt, und wenden Sie dieses Verfahren dann an. ∎

Zusammenfassung zu Kapitel 5

Während die Nullstellen von Polynomen komplett mit Hilfe des MATLAB-Kommandos `roots` bestimmt werden können (Darstellung der Funktion als Koeffizientenvektor vorausgesetzt), steht ein so einfacher Befehl für beliebige andere Funktionen nicht zur Verfügung. Es ist deshalb erforderlich, sich als Erstes eine Übersicht über den groben Funktionsverlauf verschaffen. Danach kann man das Nullstellensuchprogramm `fzero` (MATLAB) beziehungsweise `fsolve` (Scilab) verwenden.

Daneben gibt es eine Reihe bewährter Algorithmen, die sich sowohl in MAT-LAB/Octave oder Scilab als auch sinngemäß in ganz anderen Programmiersprachen implementieren lassen:

- *Intervallschachtelung* (aufeinanderfolgende Halbierung des Intervalls, wobei jeweils $f(a_i) \cdot f(b_i) < 0$,

- *NEWTON-Verfahren* (Tangentenverfahren, dazu wird neben der Funktion selbst auch ihre Ableitung benötigt),

- zwei *Sekantenverfahren*, darunter

  - das „normale" Sekantenverfahren, bei dem jeweils der letzte und vorletzte Funktionswert beibehalten werden,

  - die Regula falsi, bei der jeweils zwei Funktionswerte, die auf gegenüberliegenden Seiten der x-Achse liegen, zur Iteration herangezogen werden,

- *Fixpunktiteration* (direkte Iteration) von $x = F(x)$.

Zur Nullstellensuche äquivalente Fragestellungen sind:

(a) $y = f(x) = 0$

(b) $x = F(x)$

(c) $f(x) = g(x)$

Als interessante Anwendung des NEWTON-Verfahrens haben wir die Bestimmung der n-ten Wurzel aus einer Zahl mit der HERON-Methode kennengelernt.

Grundlage der Fixpunktiteration ist der BANACHsche Fixpunktsatz. Er besagt, dass die Fixpunktiteration konvergiert, wenn $|F'(x)| < 1$ ist.

Testfragen zu Kapitel 5

1. Welches der Ihnen bekannten Verfahren zur Nullstellensuche nichtlinearer Gleichungen ist das schnellste? → 5.1 bis 5.4 und 5.6

2. Was verstehen Sie unter direkter Iteration bei der Lösung einer nichtlinearen Gleichung? →5.6

3. Welches Kriterium muss erfüllt sein, damit Gleichungen direkt iterierbar sind? → 5.6

4. Können Sie das NEWTONsche Näherungsverfahren auch zur Lösung von Gleichungen einsetzen, die nicht analytisch gegeben sind? → 5.3

5. Skizzieren Sie das HERON-Verfahren zur Berechnung der Quadratwurzel. → 5.3

6. Beschreiben Sie knapp die folgenden Nullstellensuchverfahren:
   a) NEWTON-Verfahren,
   b) Sekantenverfahren mit wechselnden und festen Endpunkten.
   → 5.3, 5.4.1, 5.4.2

Literatur zu Kapitel 5

[Faires 1995]
Faires J D, Burden R L, *Numerische Methoden: Näherungsverfahren und ihre praktische Anwendung*, Spektrum, Heidelberg 1995

[Knorrenschild 2003]
Knorrenschild M, *Numerische Mathematik. Eine beispielorientierte Einführung*, Fachbuchverlag Leipzig im Carl Hanser Verlag, München 2003

6 Interpolation und Approximation mit Polynomen

6.1 Notwendigkeit der Interpolation und Approximation

Häufig ergibt sich die Aufgabe, dass man zu einer Reihe von Funktionswerten einen analytischen Ausdruck sucht, der diese möglichst gut approximiert und es auch gestattet, Zwischenwerte zu berechnen. Gewöhnlich sind die Funktionswerte an gewissen herausgehobenen Stellen (sogenannten *Stützstellen*) als Tabelle vorgegeben und erforderliche Zwischenwerte müssen interpoliert werden. Auf solche Fragestellungen trifft man zum Beispiel bei der Auswertung von Messergebnissen.

Wenn die gegebenen Funktionswerte dabei exakt getroffen werden sollen, spricht man von *Interpolation*, sofern der gesuchte Wert im Innern zwischen zwei Stützstellen liegt. Befindet er sich dagegen außerhalb des gesamten Stützstellenbereichs, was wohl nicht sehr häufig der Fall ist, so spricht man von *Extrapolation*. Meist wird es aber nicht erforderlich oder nicht nötig sein, alle Stützstellenwerte genau zu treffen. Stattdessen fordert man dann zum Beispiel eine möglichst gleichmäßige, aber „gutmütige" Näherung. In diesem Fall spricht man von *Approximation*. Interpolation, Extrapolation und Approximation sind ähnliche Aufgabenstellungen.

Um diese Aufgaben zu bewältigen, werden nun nicht völlig beliebige Funktionen benutzt, sondern man beschränkt sich in der Regel auf eine Grundmenge von Näherungsfunktionen. Gebräuchliche Näherungsfunktionen sind

- Polynome,
- rationale Funktionen,
- trigonometrische Polynome,
- Exponentialfunktionen.

Polynome werden besonders häufig verwendet, da sie sehr einfach zu handhaben sind. Wir werden uns deshalb hier vor allem auf Näherungen durch Polynome konzentrieren. Den Approximationen durch trigonometrische Funktionen ist ein eigenes Kapitel gewidmet (Kapitel 7). Für möglichst gleichmäßige Anpassungen verwendet man auch rationale Funktionen, also Quotienten von Polynomen. Darüber hinaus haben sich sogenannte Splines bewährt. Das sind Funktionen, die stückweise aus Polynomen zusammengesetzt sind.

6.2 Potenzreihen

Hinreichend „vernünftige" (das heißt zum Beispiel: differenzierbare) Funktionen lassen sich bekanntlich in der Umgebung eines Punktes x_0 in eine Potenzreihe entwickeln. Diese Reihenentwicklung hat die folgende Form [Stöcker 2007]:

$$f(x) = f(x_0) + \frac{f'(x_0)}{1!}(x - x_0) + \frac{f''(x_0)}{2!}(x - x_0)^2 + ... + \frac{f^{(n)}(x_0)}{n!}(x - x_0)^n + ...$$

(6.1)

Die Reihe besteht aus Polynomen mit wachsenden Potenzen, die einzelnen Glieder der Reihenentwicklung werden immer kleiner, falls x nahe bei x_0 liegt. Oft begnügt man sich bereits mit demjenigen Term, der $(x - x_0)$ linear enthält. Eine solche Potenzreihenentwicklung stimmt definitionsgemäß mit der zu approximierenden Funktion im Punkt x_0 genau überein. Mit wachsendem Abstand von x_0 wird die Approximation jedoch deutlich schlechter.

Wählt man $x_0 = 0$, so bezeichnet man diese Reihe als TAYLOR-Reihe, im allgemeinen Fall als MCLAURINsche Reihe. Oft wird auch kein Unterschied in der Bezeichnung gemacht, da sich durch eine Verschiebung der x-Koordinate die eine in die andere Form überführen lässt.

Potenzreihen werden sehr oft benötigt. Obwohl ihre Berechnung nach Gl. (6.1) nicht schwer ist, sind die Koeffizienten für die wichtigsten Funktionen tabelliert, zum Beispiel in [Bronstein 2012] oder [Stöcker 2007].

Hier geben wir einige Beispiele für TAYLOR-Entwicklungen von elementaren Funktionen an:

$$f(x) = e^x = 1 + \frac{x}{1!} + \frac{x^2}{2!} + \frac{x^3}{3!} ...^{1}$$

(6.2)

$$f(x) = (1 + x)^m = 1 + mx + \frac{m(m-1)}{2!} x^2 + \frac{m(m-1)(m-2)}{3!} x^3 ...$$

(6.3)

---

[1] Der Ausdruck $n!$ („n Fakultät") bedeutet die Multiplikation aller ganzen Zahlen von 1 bis n.

$$f(x) = \sin x = \frac{x}{1!} - \frac{x^3}{3!} + \frac{x^5}{5!} \dots \tag{6.4}$$

Weitere TAYLOR-Entwicklungen finden wir im Anhang dieses Buches oder in den angegebenen mathematischen Tabellenbüchern.

Der Gedanke liegt nahe, die TAYLOR-Reihe immer zur Approximation einer Funktion in einem gewissen Bereich heranzuziehen. Dass dies jedoch nicht besonders geeignet sein muss, wird aus dem folgenden Beispiel deutlich. Dazu wollen wir wieder einmal die schon häufig von uns benutzte RUNGE-Funktion, also die Funktion $y = 1/(1 + x^2)$ aus Abschnitt 2.2.4, heranziehen.

■   Codetabelle 6.1

MATLAB, Octave	Scilab
```>> x = -4:.01:4;```	```-->x = -4:.01:4;```
```>> y = 1./(1+x.^2);```	```-->y = 1../(1+x.^2);```
```>> y1 = 1-x.^2;```	```-->y1 = 1-x.^2;```
```>> y2 = 1-x.^2+x.^4;```	```-->y2 = 1-x.^2+x.^4;```
```>> y3 = 1-x.^2+x.^4-x.^6;```	```-->y3 = 1-x.^2+x.^4-x.^6;```
```>> plot(x,y, x,y1,'r',x,y2,'g',x,y3,'k');```	```-->plot(x,y, x,y1,'r',x,y2,'g',x,y3,'k');```
```>> grid on```	```xgrid;```
```>> title('Runge-Funktion');```	```-->title('Runge-Funktion');```
```>> legend('Originalfunktion','1. Naeherung','2. Naeherung','3. Naeherung')```	```-->legend('Originalfunktion','1. Naeherung','2. Naeherung','3. Naeherung');```

Wir wollen noch einmal daran erinnern, dass bei der Division in Scilab zwei Punkte notwendig sind, wie wir bereits in Abschnitt 1.1.2 erläutert hatten.

In Abb. 6.1 ist der exakte Funktionsverlauf dieser Funktion mit ihrer TAYLOR-schen Reihenentwicklung

$$y = \frac{1}{1 + x^2} \approx 1 - x^2 + x^4 - x^6 \dots \tag{6.5}$$

um $x = 0$ verglichen. Dabei wurden der Reihe nach ein, zwei und drei Glieder der Potenzreihe mitgenommen. Die Übereinstimmung mit der Originalkurve ist zwar in der Nähe des Punktes $x = 0$, um den entwickelt wurde, sehr gut, wird jedoch schnell schlechter, je weiter man nach außen geht. Die Approximationskurven winden sich, so gut sie es vermögen, um die Originalfunktion, gleiten aber nach außen hin unweigerlich ab. Da helfen auch noch weitere Glieder der Reihenentwicklung kaum weiter. Von einer einigermaßen gleichmäßigen Approximation im gesamten Intervall kann überhaupt keine Rede sein. So müssen wir uns wohl oder übel um andere Ansätze bemühen.

Funktionen lassen sich in der Umgebung eines Punktes x_0 in eine Potenzreihe entwickeln, an diesem Punkt stimmen auch die Ableitungen der Funktion mit denen der Reihe überein. Die Übereinstimmung wird jedoch mit wachsendem Abstand deutlich schlechter.

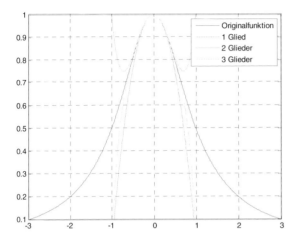

Abb. 6.1 Verschiedene Approximationen für die RUNGE-Funktion

Der Grund für die unbefriedigende Übereinstimmung durch eine TAYLOR-Entwicklung liegt darin, dass sie, wie schon erwähnt, die Funktion nur in der Nähe eines bestimmten Punktes (hier: an der Stelle $x = 0$) gut beschreibt. Wenn man eine gute Näherung in einem ganzen Intervall sucht, ist man auf andere Verfahren angewiesen. Besonders geeignet ist, wie schon gesagt, eine Approximation durch Polynome. Wir werden zunächst einen Abschnitt einschieben, in dem eine effiziente Berechnungsmethode für Polynomwerte vorgestellt wird.

Aufgabe 1   Berechnung der Koeffizienten von Potenzreihen

Zeigen Sie durch Anwendung der Definitionsformel (6.1), dass die Koeffizienten der Potenzreihen (6.2) bis (6.4) tatsächlich die gezeigte Gestalt haben. ∎

Aufgabe 2   Koeffizienten der TAYLOR-Reihe für die RUNGE-Funktion

Leiten Sie die Reihenentwicklung (6.5) aus der allgemeinen Formel (6.3) her. ∎

Aufgabe 3   TAYLOR-Reihe für die Exponentialfunktion

Vergleichen Sie die Potenzreihenentwicklung der abfallenden Exponentialfunktion (6.2) mit dem exakten Funktionsverlauf im Bereich zwischen $x = 0$ und 5. Berücksichtigen Sie die Glieder bis zur 5. Ordnung in x. Wie groß ist die maximale Abweichung? ∎

Aufgabe 4   TAYLOR-Reihe für die GAUßsche Glockenkurve

Approximieren Sie die GAUßsche Glockenkurve $y = e^{-x^2}$ durch eine TAYLOR-Reihe und
testen Sie die Genauigkeit mit verschiedenen Näherungen um $x = 0$. Die ersten Glieder
dieser Potenzreihe sind

$$y = e^{-x^2} \approx 1 - x^2 + \frac{1}{2}x^4 - \frac{1}{6}x^6 \dots \approx 1 - x^2 \quad \blacksquare$$

6.3   Polynome

6.3.1   Berechnung von Polynomen

Mit Polynomen haben wir uns bereits unter dem Stichwort „Potenzfunktionen" in
Abschnitt 1.3.4 befasst. Ein Polynom n-ten Grades kann in der Form

$$p(x) = a_n x^n + a_{n-1} x^{n-1} + \dots + a_0 = \sum_{k=0}^{n} a_k x^k \tag{6.6}$$

dargestellt werden. Zur numerischen Berechnung, einschließlich der Bildung der
Potenzen, nach dieser Vorschrift benötigt man

$$n + (n-1) + \dots + 2 + 1 = \frac{n(n+1)}{2}$$

Multiplikationen, wie durch Abzählen leicht nachzuprüfen ist. Durch Ausklammern verringert sich diese Zahl:

$$p(x) = \underbrace{((\dots(}_{n-1 \text{ Klammern}} a_n \cdot x + a_{n-1}) \cdot x + \dots + a_2) \cdot x + a_1) \cdot x + a_0 . \tag{6.7}$$

Nun werden nur noch $(n-1)$ Multiplikationen benötigt. Das ist eine ganze Größenordnung weniger. Diese Herangehensweise entspricht dem *HORNER-Schema*[2].

---

[2] Wie Berechnungen nach dem HORNER-Schema allgemein gehandhabt werden, soll uns hier
jedoch nicht interessieren.

> Durch das HORNER-Schema vereinfacht sich der Aufwand zur Berechnung
> von Polynomen erheblich.

Wir wollen uns noch einmal in Erinnerung rufen, dass unter MATLAB und
Scilab besondere Formalismen zur Behandlung von Polynomen zur Verfügung
stehen. Wir haben von einer „halbsymbolischen Darstellung" gesprochen, bei der
das Polynom lediglich durch die Angabe seiner Koeffizienten repräsentiert wird.
Bei Scilab wird diese Darstellung besonders augenscheinlich, da die formale Variable x und ihre entsprechenden Potenzen sogar in der Kommandozeilen-Ausgabe
erscheinen. Beachten müssen wir, dass bei MATLAB die Polynomkoeffizienten in
fallender Reihenfolge wie in Gl. (6.6), dagegen bei Scilab in steigender Reihenfolge erscheinen.

Die Umrechnung von Zahlensystemen in verschiedene Basen, zum Beispiel
vom Dezimal- ins Hexadezimalsystem, ist ein lehrreiches Beispiel, welches auf
der Verwendung von Polynomen beruht. Diese Umrechnung wird benötigt, wenn
man sich für die rechnerinterne Darstellung von Gleitkommazahlen interessiert.

6.3.2 Übergang zwischen verschiedenen Zahlensystemen

- ● Umwandlung hexadezimal nach dezimal

Wir betrachten zunächst nur den einfacheren Fall, die Konvertierung ganzer Zahlen. Die Umwandlung einer Hexadezimalzahl in eine Dezimalzahl bereitet keine
Schwierigkeiten. Wir sollten nur darauf achten, dass die vorteilhafte Berechnungsmethode nach dem HORNER-Schema verwendet wird.

$$
\begin{aligned}
z &= z_r b^r + z_{r-1} b^{r-1} + \ldots + z_1 b + z_0 = \\
  &= ((\ldots((z_r)b + z_{r-1})b + z_{r-2})b + \ldots + z_1)b + z_0
\end{aligned}
\tag{6.8}
$$

b ist die Basis des alten Zahlensystems; bei einer Hexadezimalzahl ist $b = 16$. Die
Überlegungen gelten aber auch für eine beliebige andere Basis, zum Beispiel $b = 2$
im Fall einer Binärzahl.

Zur Umwandlung der Hexadezimalzahl 3A10Eh [3] in eine Dezimalzahl könnten
wir beispielsweise die umständliche Methode mit 16er-Potenzen benutzen:

---

[3] Das kleine h am Ende zeigt an, dass es sich um eine Zahl in Hexadezimaldarstellung handelt
(Intel-Konvention).

$$3A10Eh = 3 \cdot 16^4 + 10 \cdot 16^3 + 1 \cdot 16^2 + 0 \cdot 16^1 + 14 \cdot 16^0 =$$
$$= 3 \cdot 65536 + 10 \cdot 4096 + 1 \cdot 256 + 0 \cdot 16 + 14 \cdot 1 = 237\,838$$

Stattdessen wenden wir sofort das HORNER-Schema an:

$$z = (((3 \cdot 16 + 10)16 + 1)16 + 0)16 + 14 = 237\,838$$

Nach diesem Prinzip lassen sich auch die Nachkommastellen behandeln. Wir schreiben anstelle von (6.8) jetzt:

$$z = \underbrace{z_r b^r + z_{r-1} b^{r-1} + \ldots + z_1 b + z_0}_{\text{ganzer Teil}} + \underbrace{z_{-1} b^{-1} + z_{-2} b^{-2} + \ldots + z_{-s} b^{-s}}_{\text{gebrochener Teil}} + \ldots \qquad (6.9)$$

Die Nachkommastellen werden wie der ganzzahlige Anteil behandelt, nämlich durch aufeinanderfolgende Divisionen mit negativen Potenzen von 16, oder anders ausgedrückt, durch Multiplikation mit 16. Vorteilhaft ist auch hier wieder das HORNER-Schema:

$$z = z_{-1} b^{-1} + z_{-2} b^{-2} + \ldots + z_{-s} b^{-s} + \ldots = \frac{1}{b}\left(z_{-1} + \frac{1}{b}\left(z_{-2} + \frac{1}{b}(z_{-3} + \ldots)\ldots)\right)\right)$$

Zum Beispiel finden wir

$$0,B6h = 11 \cdot 16^{-1} + 6 \cdot 16^{-2} = \frac{1}{16}\left(11 + \frac{1}{16}(6)\right) = 0,7109375$$

• Umwandlung dezimal nach hexadezimal

Ein Computer kann natürlich mit Dezimalzahlen überhaupt nichts anfangen. Wie wird diese Dezimalzahl konvertiert? Die einfachste Methode würde darin bestehen, sukzessive die höchsten Potenzen von 16 abzuspalten. Hierzu wäre es erforderlich, zunächst eine Tabelle der 16er-Potenzen anzulegen. Die ersten Beiträge dazu sind:

$$16^0 = 1 \qquad\qquad 16^4 = 65\,536$$
$$16^1 = 16 \qquad\qquad 16^5 = 1\,048\,576$$
$$16^2 = 256 \qquad\qquad 16^6 = 16\,777\,216$$
$$16^3 = 4\,096 \qquad\qquad 16^7 = 268\,435\,456$$

Der Algorithmus liefe dann nach folgendem Schema ab:

1. Es ist jeweils die höchste Potenz r von 16 zu suchen, die gerade noch kleiner als die gegebene Dezimalzahl ist.

2. Division durch diese 16er-Potenz, der Rest wird durch die nächstniedrigere Potenz von 16 dividiert und so weiter.

In der folgenden Tabelle 6.1 wird dies links allgemein und rechts an einem Beispiel verdeutlicht.

Tabelle 6.1 Umwandlung einer ganzzahligen Dezimalzahl in eine Hexadezimalzahl mittels fortlaufender Division durch Potenzen von 16

allgemein	Beispiel
$z / b^r = z_r + r_r$ ($r_r \cdot b^r$ ist der Rest)	$237\,838 : 65536 = \mathbf{3}$ Rest 41230 ($\rightarrow z_4 = 3 = 3\text{h}$)
$z / b^{r-1} = z_{r-1} + r_{r-1}$	$41230 : 4096 = \mathbf{10}$ Rest 270 ($\rightarrow z_3 = 10 = \text{Ah}$)
...	$270 : 256 = \mathbf{1}$ Rest 14 ($\rightarrow z_2 = 1 = 1\text{h}$)
$z / b^1 = z_1 + r_1$	$14 : 16 = \mathbf{0}$ Rest 14 ($\rightarrow z_1 = 0 = 0\text{h}$)
$z / b^0 = z_0$	$14 : 1 = \mathbf{14}$ Rest 0 ($\rightarrow z_0 = 14 = \text{Eh}$)
	Ergebnis: $237\,838 = (3)(10)(1)(0)(14) = 3\text{A}10\text{Eh}$

Viel besser eignet sich auch hier wieder das HORNER-Schema (Tabelle 6.2). Bei diesem Algorithmus liefert die fortgesetzte Division durch die Basis b die Koeffizienten $z_0 \dots z_r$ jeweils als Divisionsrest. Das Verfahren endet, wenn der Dividend kleiner als b ist. Beachten Sie, dass dabei zuerst z_0 berechnet wird!

Tabelle 6.2 Umwandeln einer ganzzahligen Dezimalzahl in eine Hexadezimalzahl nach dem HORNER-Schema

	allgemein	Beispiel: $z = 237\,838$
	$\boxed{z = z_r b^r + z_{r-1} b^{r-1} + \dots + z_1 b + z_0}$	
1. Schritt:	$\dfrac{z}{b} = (\dots((z_r)b + \dots + z_1) + \dfrac{z_0}{b}) \equiv s_1 + \dfrac{z_0}{b}$ (z_0 ist der Rest.)	$237\,838 : 16 = 14864$ Rest $\mathbf{14}$ ($\rightarrow z_0 = 14 = \text{Eh}$)
2. Schritt:	$\dfrac{s_1}{b} = (\dots((z_r)b + \dots + z_2) + \dfrac{z_1}{b}) \equiv s_2 + \dfrac{z_1}{b}$ (z_1 ist der Rest.)	$14864 : 16 = 929$ Rest $\mathbf{0}$ ($\rightarrow z_1 = 0 = 0\text{h}$)
	...	$929 : 16 = 58$ Rest $\mathbf{1}$ ($\rightarrow z_2 = 1 = 1\text{h}$)

	allgemein	Beispiel: $z = 237\,838$
$(r-1)$-ter Schritt:	$\dfrac{s_{r-1}}{b} = (z_r + \dfrac{z_{r-1}}{b}) \equiv s_r + \dfrac{z_{r-1}}{b}$ (z_{r-1} ist der Rest.)	$58 : 16 = 3$ Rest **10** ($\rightarrow z_3 = 10 =$ Ah)
r-ter Schritt:	$\dfrac{s_r}{b} = \dfrac{z_r}{b}$ (z_r ist der Rest.)	$3 : 16 = 0$ Rest **3** ($\rightarrow z_4 = 3 =$ 3h)
		Ergebnis: $237\,838 =$ 3A10Eh

Bei Nachkommastellen besteht die zwar gut verständliche, aber wieder aufwendigere Methode darin, jeweils schrittweise (negative) Potenzen von 16 abzuspalten und fortgesetzt durch 16^{-n} zu dividieren (oder mit 16^n zu multiplizieren), wie in Tabelle 6.3 dargestellt.

Tabelle 6.3 Umwandlung des gebrochenen Anteils einer Dezimalzahl in eine Hexadezimalzahl

allgemein	Beispiel: $z = 0,7109375$
$z / b^{-1} = z_{-1} + r_{-1}$ ($r_{-1} \cdot b^{-1}$ ist der Rest.)	$0,7109375 : 16^{-1} = 0,7109375 \cdot 16^1 = 11,375 = 11 +$ $0,0234375/1$ **11** Rest $0,0234375$
$z_{-1} / b^{-2} = z_{-2} + r_{-2}$	$0,0234375 \cdot 16^2 = $ **6** Rest 0
...	
	Ergebnis: $0,7109375 = 0,(11)(6) = 0,$B6h

Dieser Vorgang wird so lange wiederholt, bis die gewünschte Genauigkeit erreicht ist oder bis das Verfahren abbricht. Zahlen, die im Dezimalsystem abbrechen, brauchen im Hex-System übrigens *nicht* abzubrechen und umgekehrt.

Schneller führt auch hier wieder das HORNER-Schema zum Ziel. Damit Sie die Aktionen nicht von Hand erledigen müssen, haben wir Ihnen die Programme zur Dezimal-hexadezimal-Umwandlung schon bereitgestellt.

Für die Umwandlung ganzer Zahlen in Hexadezimalzahlen oder umgekehrt stehen in MATLAB und Scilab Standardfunktionen zur Verfügung. Falls auch Nachkommastellen erforderlich sind, kann auf die Dateien zum Buch zurückgegriffen werden, die unten aufgeführt sind.

Programmierpraxis mit Standardfunktionen	
MATLAB, Octave	Scilab
• hex2num zur Umwandlung einer Hexadezimalzahl (als String einzugeben) in eine Gleitkommazahl (Gleiches wird bei MATLAB auch mit dem Kommando `format hex` erreicht.) • hex2dec Umwandlung einer ganzzahligen Hexadezimalzahl (als String einzugeben) in eine Dezimalzahl • dec2hex Umwandlung einer ganzzahligen Dezimalzahl in eine Hexadezimalzahl • Ähnliche Dateien ermöglichen die Umwandlung von/in Binärzahlen (bin2dec, dec2bin).	• hex2num, hex2dec und dec2hex wie bei MATLAB • Zusätzlich existieren in Scilab Dateien für die Umwandlung in Oktalzahlen und in Zahlen zu einer beliebigen Basis (base2dec).

Datei auf Webseite

- MATLAB:
  dechex.m/sce wandelt eine Dezimalzahl in eine Hexadezimalzahl um (Nachkommastellen sind erlaubt), ruft dec_fraction.m/sce auf:
  dec_fraction.m/sce wandelt Nachkommastellen einer Dezimalzahl in eine Hexadezimalzahl um.
- Bei Scilab sind beide Funktionen in der Datei dec_convert.sce enthalten.

In den folgenden Zeilen werden die oben verwendeten Beispielzahlen mit Hilfe dieser Dateien umgewandelt.

MATLAB, Octave	Scilab

`>> hex2dec('3A10E')`
`ans =`
`        237838`
`>> dec2hex(237838)`
`ans =`
`3A10E`
`>> dechex(237838)`
`ans =`
`3A10E.0000000000000h`
`>> dechex(0.7109375)`
`ans =`
`0.B600000000000h`
	`-->hex2dec('3A10E')`
	`  ans  =`
	`    237838.`
	`-->dec2hex(237838)`
	`  ans  =`
	`3A10E`
	`-->exec dechex.sce;`
	`-->dechex(237838)`
	`  ans  =`
	`3A10E.0000000000000h`
	`-->dechex(0.7109375)`
	`  ans  =`
	`.B600000000000h`

6.4 Polynominterpolation und Approximation

6.4.1 NEWTONsche Interpolation

Stellen wir uns vor, eine gewisse Zahl von Messpunkten (x_i, y_i) sei bekannt. Häufig möchte man ergänzend dazu auch Zwischenwerte ermitteln können, für die keine Messwerte vorliegen. Dies kann durch *Interpolation* geschehen. Dazu muss zuvor eine geeignete Funktion bestimmt werden, die die Messwerte erfasst. Polynome eignen sich für diesen Zweck sehr gut.

> Mittels Interpolation werden Zwischenwerte von diskreten Wertepaaren in Form eines funktionalen Zusammenhangs erfasst.

Die Interpolation kann auch benutzt werden, um eine möglicherweise komplizierte Funktion durch eine einfachere zu approximieren. Mehrere diskrete Punkte der Funktion werden herausgegriffen und die Zwischenwerte interpoliert.

Ein systematisches Verfahren der Polynominterpolation ist das NEWTONsche Verfahren. Der Gedanke bei dieser Approximation besteht darin, auf Basis der vorliegenden Interpolationspunkte sukzessive immer bessere Näherungsfunktionen zu bestimmen, wobei stets die bereits vorhandenen Lösungsteile erhalten bleiben.

Zu Beginn, im ersten Schritt (der natürlich noch eine ganz schlechte Approximation darstellt), greifen wir einen einzelnen Punkt heraus und passen die gesuchte Funktion durch eine Gerade parallel zur x-Achse an. Im darauf folgenden zweiten Schritt nehmen wir einen weiteren Punkt hinzu. Durch zwei Punkte ist nun

bereits eine Gerade mit fester Steigung definiert. Noch ein weiterer Punkt ermöglicht dann die Festlegung einer Parabel zweiten Grades und so weiter. Im Einzelnen kommen wir damit zu folgendem Schema der rekursiven Berechnung von
NEWTONschen Polynomen (Abb. 6.2):

- *1. Schritt:* $P_0(x) = c_1$ (Polynom 0. Ordnung, Konstante)
- *2. Schritt:* $P_1(x) = c_1 + c_2(x - x_1)$ (Polynom 1. Ordnung, lineare Funktion)
- *3. Schritt:* $P_2(x) = c_1 + c_2(x - x_1) + c_3(x - x_1)(x - x_2)$ (2. Ordnung)
- *4. Schritt:* $P_3(x) = c_1 + c_2(x - x_1) + c_3(x - x_1)(x - x_2) + c_4(x - x_1)(x - x_2)(x - x_3)$

                                                            (3. Ordnung)

- … und so weiter …

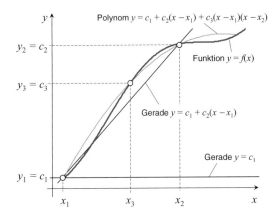

Abb. 6.2 NEWTONsche Näherungen für eine Funktion $y = f(x)$

   Der Index bei den Polynomen weist auf ihre Ordnung hin. Die Konstanten c_1,
c_2 usw. werden so bestimmt, dass schrittweise jeweils ein Funktionswert zusätzlich herangezogen wird. Der erste Funktionswert $y_1 = f(x_1)$ liefert die konstante
Gerade

$$y_1 = f(x_1) = c_1 \tag{6.10}$$

mit $c_1 = y_1$. Der zweite Funktionswert $y_2 = f(x_2)$ liefert die ansteigende Gerade

$$y_2 = f(x_2) = c_1 + c_2(x_2 - x_1) = y_1 + c_2(x_2 - x_1). \tag{6.11}$$

Die neue Konstante c_2 lässt sich aus den beiden Punkten x_2 und x_1 ermitteln, es
handelt sich dabei um einen Differenzenquotienten:

$$c_2 = \frac{f(x_2) - f(x_1)}{x_2 - x_1}$$

Der dritte Funktionswert $y_3 = f(x_3)$ liefert:

$$f(x_3) = c_1 + c_2(x_3 - x_1) + c_3(x_3 - x_1)(x_3 - x_2) \tag{6.12}$$

Auch hier lässt sich die neue Konstante c_3 aus den vorhandenen Punkten ermitteln und wir erhalten nach einiger Umrechnung

$$c_3 = \frac{\dfrac{f(x_3) - f(x_2)}{x_3 - x_2} - \dfrac{f(x_2) - f(x_1)}{x_2 - x_1}}{x_3 - x_1}. \tag{6.13}$$

So kann man der Reihe nach weiter verfahren. Es ergeben sich stets wieder Differenzenquotienten, in deren Zähler nun zwei andere Differenzenquotienten aus vorherigen Näherungen auftreten. Allgemein hängt jeder der Koeffizienten c_2, c_3 ... von den Funktionswerten der vorangegangenen Näherungen ab. Wir führen jetzt eine Bezeichnung ein, die uns beim Systematisieren weiterhelfen wird: Wir bilden sogenannte *dividierte Differenzen* nach folgendem Schema:

$$D(k,1) = f\left(x_k\right), \tag{6.14}$$

$$D(k,2) = \frac{D(k,1) - D(k-1,1)}{x_k - x_{k-1}} \tag{6.15}$$

und so weiter.[4]

---

[4] Eine solche Definition heißt *induktive Definition*, da sie vorangehende Größen verwendet.

In unserem Fall sind die Koeffizienten c_1 bis c_3 also darstellbar als

$$c_1 = D(1,1),$$

$$c_2 = D(2,2) = \frac{D(2,1) - D(1,1)}{x_2 - x_1} = \frac{f(x_2) - f(x_1)}{x_2 - x_1},$$

$$c_3 = D(3,3) = \frac{D(3,2) - D(2,2)}{x_3 - x_1} = \frac{\dfrac{D(3,1) - D(2,1)}{x_3 - x_2} - \dfrac{D(2,1) - D(1,1)}{x_2 - x_1}}{x_3 - x_1} =$$

$$= \frac{\dfrac{f(x_3) - f(x_2)}{x_3 - x_2} - \dfrac{f(x_2) - f(x_1)}{x_2 - x_1}}{x_3 - x_1}$$

Der erste Index k von $D(k,j)$ kennzeichnet den höchsten vorkommenden Funktionswert $f(x_k)$, der zweite Index j sagt, wie viele der x-Werte unterhalb von x_k zur Berechnung herangezogen werden müssen, mit anderen Worten in welchem Näherungsschritt wir uns befinden. Das ist – zugegeben – etwas unübersichtlich. Klarer wird uns das vielleicht, wenn wir die Koeffizienten in einer Matrix anordnen, wie sie in Tabelle 6.4 gezeigt ist. Jedes Element ergibt sich aus dem in der Tabelle links daneben und links in der Zeile darüber befindlichen Element. Verallgemeinernd erhalten wir die folgende *Rekursionsregel*:

$$\boxed{D(k,j) = \frac{D(k, j-1) - D(k-1, j-1)}{x_k - x_{k-j+1}}} \quad \text{mit } D(k,\,1) = f(x_k) \qquad (6.16)$$

Mit dieser Rekursionsregel lassen sich sukzessive Näherungswerte bestimmen. Es ist von Vorteil, dass bei jedem neuen Schritt die ursprüngliche Näherung erhalten bleibt. Die ganze Prozedur sieht zunächst umständlich und sehr unübersichtlich aus. Wir haben jedoch mit Mathematikprogrammen zu tun und können damit solch eine sukzessive Vorgehensweise erfolgreich handhaben.

Tabelle 6.4 Dividierte Differenzen

x_k	Erste Stufe $f(x_k) = D(k,1)$	Zweite Stufe $D(k,2)$	Dritte Stufe $D(k,3)$	Vierte Stufe $D(k,4)$	...
x_1	$f(x_1) = D(1,1)$				
x_2	$f(x_2) = D(2,1)$	$D(2,2) = \dfrac{D(2,1) - D(1,1)}{x_2 - x_1}$			
x_3	$f(x_3) = D(3,1)$	$D(3,2) = \dfrac{D(3,1) - D(2,1)}{x_3 - x_2}$	$D(3,3) = \dfrac{D(3,2) - D(2,2)}{x_3 - x_1}$		
x_4	$f(x_4) = D(4,1)$	$D(4,2) = \dfrac{D(4,1) - D(3,1)}{x_4 - x_3}$	$D(4,3) = \dfrac{D(4,2) - D(3,2)}{x_4 - x_2}$	$D(4,4) = \dfrac{D(4,3) - D(3,3)}{x_4 - x_1}$	
x_5	$f(x_5) = D(5,1)$	$D(5,2) = \dfrac{D(5,1) - D(4,1)}{x_5 - x_4}$	$D(5,3) = \dfrac{D(5,2) - D(4,2)}{x_5 - x_3}$	$D(5,4) = \dfrac{D(5,3) - D(4,3)}{x_5 - x_1}$	...

Die Koeffizienten der NEWTONschen Polynome sind nun gerade die Diagonalelemente der dividierten Differenzen.[5] Möchte man die Polynomapproximation also um einen Term erweitern, so ist eine ganze weitere Zeile dividierter Differenzen zu berechnen. Die hier verwendete Schreibweise wird in der Literatur zur Numerischen Mathematik sehr häufig verwendet.[6] Für die numerische Auswertung ist es sinnvoll, die dividierten Differenzen in einer Matrix **D** zu speichern. Ihre Elemente sind:

$$
\mathbf{D} = \begin{pmatrix}
D(1,\ 1) & & & & \\
D(2,\ 1) & D(2,\ 2) & & & \\
D(3,\ 1) & D(3,\ 2) & D(3,\ 3) & & \\
D(4,\ 1) & D(4,\ 2) & D(4,\ 3) & D(4,\ 4) & \\
D(5,\ 1) & D(5,\ 2) & D(5,\ 3) & D(5,\ 4) & D(5,\ 5)
\end{pmatrix}
\tag{6.17}
$$

Der erste Index von **D** gibt demnach die Zeilennummer an, der zweite die Spaltennummer. Beachten Sie, dass bei dieser Matrix, wie bei MATLAB oder Scilab üblich, die Zählung ihrer Elemente mit dem Index 1 beginnt.

In der mathematischen Literatur werden übrigens die Koeffizienten der **D**-Matrix etwas anders dargestellt, und zwar in der Form [Mathews 1999]:

---

[5] Den Beweis wollen wir uns hier sparen.

[6] Meist allerdings beginnt die Indizierung mit null. Hier starten wir stattdessen mit dem Index eins, um den Zusammenhang mit den numerisch zu berechnenden Matrixelementen der **D**-Matrix transparenter zu machen.

$$D(k, j) = f[x_{k-j+1}, x_{k-j+2}, \dots, x_k] \quad \text{für } j \leq k \tag{6.18}$$

Bei der Umrechnung von f in **D** zeigt der zweite Index von $D(k,j)$, wie viele Elemente in f enthalten sind. Es ist also zum Beispiel

$$D(\underbrace{4}_{\text{4. Zeile}}, 3) = f[\underbrace{x_2, x_3, x_4}_{\text{3 Elemente bis zu } x_4}] \ .$$

Bei der Schreibweise mit den f's gilt die Rekursionsregel

$$f[x_{k-j}, x_{k-j+1}, \dots, x_k] = \frac{f[x_{k-j+1}, \dots, x_k] - f[x_{k-j}, \dots, x_{k-1}]}{x_k - x_{k-j}} \ . \tag{6.19}$$

Zur numerischen Berechnung ist jedoch die **D**-Matrix in der von uns benutzten Gestalt geeigneter.

Der zugehörige Algorithmus zur Berechnung der **D**-Matrix lautet in MATLAB und Scilab:

```
for j = 2:N
  for k = j:N
    D(k,j) = (D(k,j-1)-D(k-1,j-1))/(X(k)-X(k-j+1));
  end
```

Das NEWTONsche Interpolationspolynom ergibt sich aus den Diagonalelementen dieser **D**-Matrix:

$$\boxed{\begin{aligned} P_{N-1}(x) &= D(1,\,1) + D(2,\,2)(x - x_1) + D(3,\,3)(x - x_1)(x - x_2) + \\ &\quad \dots + D(N,\,N)(x - x_1)(x - x_2)\dots(x - x_{N-1}) \end{aligned}} \tag{6.20}$$

Wie so oft bei Polynomen können wir auch hier wieder zur praktischen Berechnung das HORNER-Schema heranziehen:

$$\begin{aligned} P_{N-1}(x) &= D(1,\,1) + (x - x_1)\{D(2,\,2) + (x - x_2)\{D(3,\,3) + (x - x_3)\{D(4,\,4) + \\ &\quad \dots + (x - x_{N-2})\{D(N-1,\,N-1) + (x - x_{N-1})D(N,\,N)\underbrace{\}\}\}\dots\}}_{N-1 \text{ Klammern}} \end{aligned} \tag{6.21}$$

Bei der NEWTONschen Interpolation werden die Polynomkoeffizienten rekursiv berechnet.

In den das Buch ergänzenden Programmen wird das Polynom beziehungsweise werden die Polynomkoeffizienten mit MATLAB oder Scilab in dieser Form berechnet. Durch geeignetes Zusammenfassen erhält man daraus die übliche Darstellung des Polynoms als Folge von x-Potenzen.

Datei auf Webseite

MATLAB: `newt_intp.m` (nach [Mathews 1999])
Scilab: `newt_intp.sce`

Als Beispiel berechnen wir die NEWTONschen Interpolationspolynome für die Funktion $y = x - \cos x$. Zunächst wählen wir drei Stützstellen und können damit das Polynom 2. Ordnung bestimmen. Danach schauen wir, was sich mit fünf Stützstellen ergibt.

■ Codetabelle 6.3

MATLAB, Octave	Scilab
```>> x = 0:.01:2*pi;```	```-->x = 0:.01:2*%pi;```
```>> y = x-cos(x);```	```-->y = x-cos(x);```
```>> plot(x,y,'r'); grid on; hold on;```	```-->plot(x,y,'r'); xgrid;```
```% exakte numerische Funktionswerte```	```-->X = [0 4 6];```
```>> X = [0 4 6]; % 3 Appr.punkte```	```-->F = X-cos(X);```
```>> F = X-cos(X);```	```-->exec newt_intp.sce;```
```>> [P,D] = newt_intp(X,F)```	```-->[P,D]= newt_intp(X,F)```
```P =```	```D =```
``` -0.20339 2.227 -1```	``` - 1. 0. 0.```
```D =```	``` 4.6536436 1.4134109 0.```
``` -1 0 0```	``` 5.0398297 0.1930930 - 0.2033863```
``` 4.6536 1.4134 0```	```P =```
``` 5.0398 0.19309 -0.20339```	``` ```
	``` 2```
D ist die Koeffizientenmatrix, P sind die Polynomkoeffizienten.	``` - 1 + 2.2269561x - 0.2033863x```
	D ist die Koeffizientenmatrix, P ist das Polynom.

Das gesuchte Polynom hat also die Gestalt

$$p_2(x) = -0,2034x^2 + 2,2270x - 1 \,. \tag{6.22}$$

Zur Berechnung von Funktionswerten aus den Polynomkoeffizienten greifen wir wieder auf das Kommando `polyval` zurück.	Bei Scilab können wir die Funktionswerte, ausgehend von P, mit dem Kommando `horner` ermitteln.
```>> Y = polyval(P,x);```	```-->Y = horner(P,x);```
```>> plot(x,Y); legend('exakt','Naeherung')```	```-->plot(x,Y); legend('exakt','Naeherung')```
```xlabel('x'); ylabel('x - cos(x)');```	```xlabel('x'); ylabel('x - cos(x)');```

Das Ergebnis ist in der folgenden Abb. 6.3 dargestellt.

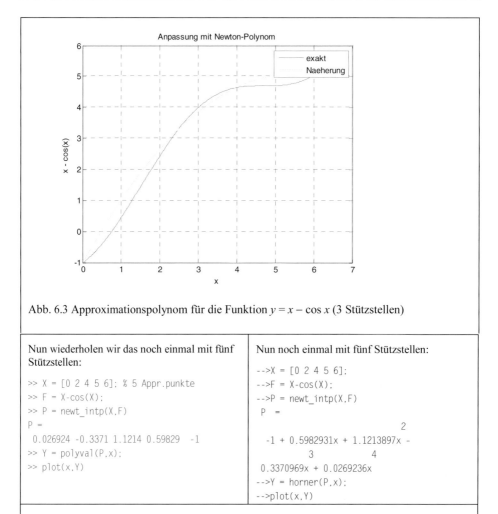

Abb. 6.3 Approximationspolynom für die Funktion $y = x - \cos x$ (3 Stützstellen)

Nun wiederholen wir das noch einmal mit fünf Stützstellen:

```
>> X = [0 2 4 5 6]; % 5 Appr.punkte
>> F = X-cos(X);
>> P = newt_intp(X,F)
P =
 0.026924 -0.3371 1.1214 0.59829  -1
>> Y = polyval(P,x);
>> plot(x,Y)
```

Nun noch einmal mit fünf Stützstellen:

```
-->X = [0 2 4 5 6];
-->F = X-cos(X);
-->P = newt_intp(X,F)
 P  =
                                      2
   -1 + 0.5982931x + 1.1213897x -
            3            4
  0.3370969x + 0.0269236x
-->Y = horner(P,x);
-->plot(x,Y)
```

Das Ergebnis verbessert sich nun gegenüber dem mit drei Stützstellen (Abb. 6.4).

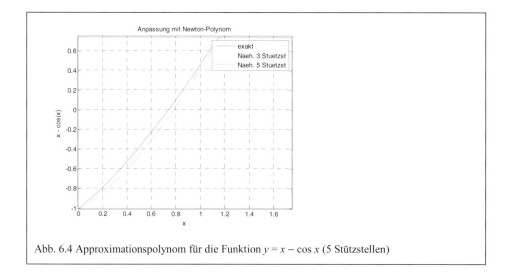

Abb. 6.4 Approximationspolynom für die Funktion $y = x - \cos x$ (5 Stützstellen)

6.4.2 Interpolation nach LAGRANGE

Neben dem NEWTONschen Interpolationsverfahren existiert noch ein weiteres, das auf den französischen Mathematiker LAGRANGE zurückgeht.

Nehmen wir an, wir hätten $(n + 1)$ Stützstellen, mit denen wir das gesuchte Polynom n-ter Ordnung anpassen wollen. Zur Approximation wird es in der Form

$$p_n(x) = \sum_{i=1}^{n+1} f(x_i) L_{n,i}(x) \tag{6.23}$$

angesetzt. Dabei sind die LAGRANGE-Polynome $L_{n,i}(x)$ wie folgt definiert:

$$L_{n,i}(x) = \frac{(x-x_1)(x-x_2)\cdots(x-x_{i-1})\,\cancel{(x-x_i)}\,(x-x_{i+1})\cdots(x-x_{n+1})}{(x_i-x_1)(x_i-x_2)\cdots(x_i-x_{i-1})\,\cancel{(x_i-x_i)}\,(x_i-x_{i+1})\cdots(x_i-x_{n+1})} \tag{6.24}$$

Im Nenner dieses Polynoms tauchen alle Differenzen einer herausgegriffenen Stützstelle x_i mit allen anderen auf, im Zähler alle Differenzen der Variablen x mit jeder der Stützstellen. Die Differenzen zu x_i sind dabei jeweils ausgenommen (der Deutlichkeit halber in der Formel durchgestrichen). Alle Polynome $L_{n,i}$ sind jeweils n-ter Ordnung, folglich ist auch p_n höchstens von n-ter Ordnung.[7]

---

[7] Bei der Summation können sich eventuell einige Potenzen aufheben.

Als Beispiel soll die LAGRANGE-Interpolation für die Funktion $f(x) = x - \cos(x)$ gefunden werden. Wie bereits im vorigen Abschnitt beginnen wir wieder mit drei Stützstellen,

$$p_2(x) = \sum_{i=1}^{3} f(x_i)L_{2,i}(x) = f(x_1)L_{2,1}(x) + f(x_2)L_{2,2}(x) + f(x_3)L_{2,3}(x), \qquad (6.25)$$

mit $x_1 = 0$, $x_2 = 4$ und $x_3 = 6$ wie vorher. Damit können wir die drei LAGRANGE-Polynome 2. Ordnung wie folgt bilden:

$$L_{2,1}(x) = \frac{(x-x_2)(x-x_3)}{(x_1-x_2)(x_1-x_3)} = \frac{(x-4)(x-6)}{(0-4)(0-6)} = \frac{(x-4)(x-6)}{24}$$

$$L_{2,2}(x) = \frac{(x-x_1)(x-x_3)}{(x_2-x_1)(x_2-x_3)} = \frac{(x-0)(x-6)}{(4-0)(4-6)} = \frac{x(x-6)}{-8}$$

$$L_{2,3}(x) = \frac{(x-x_1)(x-x_2)}{(x_3-x_1)(x_3-x_2)} = \frac{(x-0)(x-4)}{(6-0)(6-4)} = \frac{x(x-4)}{12}$$

Folglich finden wir:

$$p_2(x) = (-1) \cdot \frac{(x-4)(x-6)}{24} + \left(4 - \cos(4)\right) \cdot \frac{x(x-6)}{-8} + \left(6 - \cos(6)\right) \cdot \frac{x(x-4)}{12} =$$

$$= -\frac{(x-4)(x-6)}{24} + 4{,}6536 \cdot \frac{x(x-6)}{-8} + 5{,}0398 \cdot \frac{x(x-4)}{12} =$$

$$= -\frac{1}{24}(x-4)(x-6) - \frac{4{,}6536 \cdot 3}{24}x(x-6) + \frac{5{,}0398 \cdot 2}{24}x(x-4)$$

Nun müssen wir lediglich noch die Quotienten berechnen und nach Potenzen von x ordnen. Damit erhalten wir schließlich

$$p_2(x) = -0{,}2034x^2 + 2{,}2270x - 1.$$

Wie zu erwarten war, finden wir das gleiche Polynom, das wir bereits im vorangehenden Abschnitt in Gl. (6.22) nach dem NEWTONschen Verfahren ermittelt hatten.

Natürlich können wir uns auch hier die Arbeit wieder vereinfachen und für die Rechnungen MATLAB oder Scilab verwenden.

■   Codetabelle 6.4

MATLAB, Octave	Scilab
``` >> x = 0:.01:2*pi; >> y = x-cos(x); >> plot(x,y,'r'); grid on; hold on; % (exakte numerische Funktionswerte) >> y1 = -0.2034*x.^2 + 2.2270*x - 1; >> plot(x,y1,'b'); ```	``` -->x = 0:.01:2*%pi; -->y = x-cos(x); -->plot(x,y,'r'); xgrid; // (exakte numerische Funktionswerte) -->y1 = -0.2034*x.^2 + 2.2270*x - 1; -->plot(x,y1,'b'); ```

Diese einfache, sehr „hausbackene" Rechnung lässt sich mit den halbsymbolischen Polynomdarstellungen, die wir schon im Kapitel 1.9.1 kennengelernt haben, eleganter schreiben. Sie hat darüber hinaus den Vorteil, dass sie verallgemeinerungsfähig ist.

MATLAB, Octave	Scilab

``
>> X=[0 4 6]
>> L1 = poly([X(2),X(3)])/(X(1)-X(2))/(X(1)-X(3))
L1 =
    0.0417   -0.4167   1.0000
>> L2 = poly([X(1),X(3)])/(X(2)-X(1))/(X(2)-X(3))
L2 =
   -0.1250   0.7500   0
>> L3 = poly([X(1),X(2)])/(X(3)-X(1))/(X(3)-X(2))
L3 =
    0.0833   -0.3333   0
>> Y = X-cos(X); % y-Werte der Stützstellen
>> p = Y(1)*L1 + Y(2)*L2 + Y(3)*L3
p =
   -0.2034   2.2270   -1.0000
>> y1 = polyval(p,x);
>> plot(x,y,'r'); grid on; hold on;
>> plot(x,y1,'b');
>> title('Anpassung mit Lagrange-Polynom')
>> xlabel('x'); ylabel('x - cos(x)')
>> legend('exakt','Naeherung')
``
	``
	-->X =[0 4 6];
	-->L1 = poly([X(2),X(3)],'x','r')/(X(1)-X(2))/(X(1)-X(3))
	L1 =
	                        2
	    1 - 0.4166667x + 0.0416667x
	-->L2 = poly([X(1),X(3)],'x','r')/(X(2)-X(1))/(X(2)-X(3))
	L2 =
	               2
	    0.75x - 0.125x
	-->L3 = poly([X(1),X(2)],'x','r')/(X(3)-X(1))/(X(3)-X(2))
	L3 =
	                  2
	   - 0.3333333x + 0.0833333x
	-->Y = X-cos(X); // y-Werte der Stützstellen
	-->p = Y(1)*L1 + Y(2)*L2 + Y(3)*L3
	p =
	                           2
	   - 1 + 2.2269561x - 0.2033863x
	-->y1 = horner(p,x);
	-->plot(x,y,'r'); xgrid;
	-->plot(x,y1,'b');
	-->title('Anpassung mit Lagrange-Polynom');
	-->xlabel('x'); ylabel('x - cos(x)');
	-->legend('exakt','Naeherung');
	``

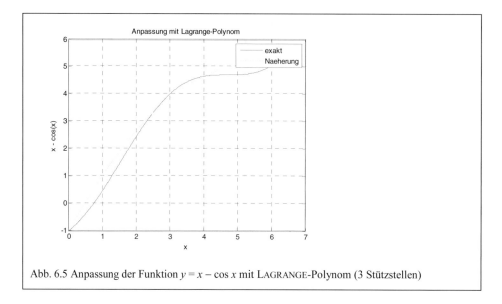

Abb. 6.5 Anpassung der Funktion $y = x - \cos x$ mit LAGRANGE-Polynom (3 Stützstellen)

Wenn wir nun schon so weit sind, dass wir mit den Polynomfunktionen arbeiten, können wir dies leicht auf den Fall beliebiger Stützstellen verallgemeinern.

Datei auf Webseite

Dafür stellen wir das Programm lagrange.m (Scilab: lagrange.sce) zur Verfügung. Es liefert die LAGRANGE-Polynome entsprechend der Anzahl der vorgegebenen Stützstellen sowie das daraus resultierende Approximationspolynom.

Wir stellen kurz vor, wie damit die Polynome für unsere Funktion $y = x - \cos x$ ermittelt werden.

■   Codetabelle 6.5

MATLAB, Octave	Scilab

```>> X = [0 4 6];```
```>> F = X-cos(X);```
```>> [p,L]= lagrange(X,F)```
```p =```
```   -0.2034   2.2270   -1.0000```
```L =```
```   0.0417   -0.4167   1.0000```
```   -0.1250   0.7500   0```
```   0.0833   -0.3333   0```
	```-->X = [0 4 6];```
	```-->F = X-cos(X);```
	```-->exec lagrange.sce;```
	```-->[p,L]= lagrange(X,F)```
	```L =```
	``` 2```
	``` 1 - 0.4166667x + 0.0416667x```
	``` 2```
	``` 0.75x - 0.125x```
	``` 2```
	``` - 0.3333333x + 0.0833333x```
	```p =```
	``` 2```
	``` - 1 + 2.2269561x - 0.2033863x```

Die so erhaltenen Polynome sind mit den oben „von Hand" berechneten identisch. Das ist auch zu erwarten, da ein Polynom durch die Angabe seiner Stützstellen stets eindeutig bestimmt wird, unabhängig von der Art, wie es berechnet wird. Demnach scheint die LAGRANGESche Methode gegenüber dem NEWTONSchen Verfahren kaum Vorteile zu bringen. Sie kann aber wichtig sein für weitere Überlegungen im Zusammenhang mit der numerischen Differentiation und Integration. Außerdem lässt sich auch für die LAGRANGESchen Polynome eine Rekursionsformel angeben, die ganz ähnlich zu jener der dividierten Differenzen ist. Das Berechnungsverfahren hierfür ist als NEVILLESches Verfahren bekannt.

6.4.3 Anpassung von Messwerten durch eine Ausgleichsgerade

Bisher hatten wir versucht, eine Interpolationsfunktion zu finden, die eine gegebene Zahl von Stützstellen exakt erfasst und die Zwischenwerte möglichst glatt wiedergibt. Als dafür geeignet haben sich NEWTONSche Polynome erwiesen.

Eine andere Fragestellung zielt darauf ab, gegebene Stützstellen nicht unbedingt exakt zu erfassen, sondern eine Funktion zu finden, die das mit einem möglichst kleinen Fehler leistet. Ein Beispiel ist die Anpassung mehrerer Messpunkte durch eine Gerade. Bei einem Interpolationsverfahren würde die Gerade bereits durch zwei Messpunkte festgelegt, ein dritter kann in der Regel nicht mehr exakt auf dieser Geraden liegen. Für drei Punkte müsste dann bereits ein Interpolationspolynom zweiten Grades verwendet werden. Nun suchen wir jedoch Polynomanpassungen, bei denen die Zahl der Stützstellen größer ist als für die Interpolation benötigt. Das Problem ist dann überbestimmt. Einer solchen Frage sind wir bereits früher begegnet: Im Abschnitt 4.3 haben wir eine Ausgleichsgerade für eine Geschwindigkeitsmessung gewonnen. Die Aufgabe bestand darin, diese Ausgleichsgerade so zu zeichnen, dass vorhandene Messpunkte möglichst gut approximiert werden.

Dort hatten wir das Problem auf dem Weg über ein lineares überbestimmtes Gleichungssystem gelöst. Zur Erinnerung: Die Messwerte waren dargestellt als experimentelle Funktionswerte der Geschwindigkeit über der Zeit, $v_{\mathrm{exp}} = f(t_{\mathrm{exp}})$.

Für die Geradengleichung war in (4.15) die Beziehung

$$v_i = v_0 + \alpha t_i$$

angesetzt worden, allgemein

$$y = mx + b \,. \tag{6.26}$$

Mit den Bezeichnungen von Abschnitt 4.3.1, Gl. (4.18), entstand das Gleichungssystem

$$\begin{pmatrix} t_1 & 1 \\ t_2 & 1 \\ t_3 & 1 \end{pmatrix} \begin{pmatrix} \alpha \\ v_0 \end{pmatrix} = \begin{pmatrix} v_1 \\ v_2 \\ v_3 \end{pmatrix} \tag{6.27}$$

und mit Zahlenwerten ergab sich

$$\begin{pmatrix} 2 & 1 \\ 4 & 1 \\ 6 & 1 \end{pmatrix} \begin{pmatrix} \alpha \\ v_0 \end{pmatrix} = \begin{pmatrix} 3,01 \\ 6,65 \\ 8,10 \end{pmatrix}. \tag{6.28}$$

Die beiden Koeffizienten hatten wir in 4.3.1 als Anfangsgeschwindigkeit $v_0 = 0{,}83$ und Beschleunigung $\alpha = 1{,}2725$ interpretiert. Wir wiederholen die Prozedur nun noch einmal mit anderen Bezeichnungen.

■   Codetabelle 6.6

MATLAB, Octave	Scilab
``` >> t_exp = [2; 4; 6]; >> v_exp = [3.01; 6.65; 8.10]; >> A = [t_exp, ones(3,1)] A = 2 1 4 1 6 1 >> c = A\v_exp c = 1.2725 0.83 ```	``` -->t_exp = [2; 4; 6]; -->v_exp = [3.01; 6.65; 8.10]; -->A = [t_exp, ones(3,1)] A = 2. 1. 4. 1. 6. 1. -->c = A\v_exp c = 1.2725 0.83 ```

Zur Auswertung benötigt man in MATLAB/Octave die schon bekannte Funktion $y = \texttt{polyval(p,x)}$, sie gestattet das Berechnen einzelner Interpolationswerte von p an beliebigen Stellen x. Wie wir uns noch erinnern, gibt es in Scilab stattdessen die Funktion horner. Das zugehörige Bild wurde bereits in Abschnitt 4.3.2, Abb. 4.3, vorgestellt.

Nun können wir aber das Problem auch anders formulieren: Wir passen die Messwerte durch ein Polynom 1. Grades, also eine Gerade, an. Das ist in MATLAB ganz einfach mit der Funktion polyfit möglich, in Scilab mittels datafit. Leider ist das Hantieren mit datafit etwas umständlich. Hier muss zunächst die Gestalt des gesuchten Polynoms festgelegt werden. Dies tun wir, indem wir eine Online-Funktion G definieren, welche die Messpunkte approximieren soll. In dieser Online-Funktion muss die Gestalt des anzupassenden Polynoms festgelegt sein. Dabei ist zusätzlich zu beachten, dass zwei Startparameter als Vektor p zur Verfügung gestellt werden. Das Verfahren wird in der Codetabelle 6.7 vorgeführt. Wir wollen diese Anpassungsprozedur hier einfach als „Rezept" betrachten, ohne sie tiefer zu hinterfragen.

Ausgleichsgeraden werden entweder durch die Lösung eines über-bestimmten Gleichungssystems oder mit den Anpassungsfunktionen polyfit/datafit ermittelt.

■   Codetabelle 6.7

MATLAB, Octave	Scilab

```\n>> c1 = polyfit(t_exp,v_exp,1)\nc1 =\n\n   1.2725   0.83\n```
 	
Nun sollten wir die Gerade auch noch zeichnen – die Messpunkte stellen wir ebenfalls mit dar:
 	
```\n>> x = 0:.1:8;\n>> y = polyval(c1, x);\n>> plot(x,y, t_exp,v_exp,'o'); grid on;\n```
 	
	Zuerst muss eine Matrix Z aus t_exp und v_exp gebildet werden. Achtung: t_exp und v_exp müssen dabei Zeilenvektoren sein!
	
	```\n-->Z = [t_exp';v_exp']\nZ =\n 2. 4. 6.\n 3.01 6.65 8.1\n```
	
	Online-Funktion G mit Startbedingung p0
	
	```\n-->deff('[e]=G(a,z)','e=z(2)-a(1)-a(2)*z(1)');\n-->p0 = [1;1];\n```
	
	Jetzt ist die Approximation mittels datafit möglich.
	
	```\n-->p = datafit(G,Z,p0)\n p =\n 0.8300001\n 1.2725\n```
	
	Messpunkte und Gerade zeichnen
	
	```\n-->pol = poly(p,'x','c')\n pol =\n 0.8300001 + 1.2725x\n-->x=0:.1:8;\n-->y = horner(pol,x);\n-->plot(x,y, t_exp,v_exp,'o'); xgrid\n```
	
	Die Scilab-Grafik entspricht derjenigen von MATLAB.

Datei auf Webseite

Die Prozedur der Polynomanpassung über datafit in Scilab gestaltet sich, wie wir an diesem Beispiel sahen, ziemlich umständlich und bietet daher auch zahlreiche Möglichkeiten, Fehler zu machen. Außerhalb des „offiziellen" Umfelds von

Scilab existieren jedoch Funktionen, die die Arbeit von `polyfit` und `polyval` ähnlich zu MATLAB ausführen. Eine Version davon haben wir deshalb (mit minimaler Modifikation) übernommen[8] [Baudin 2011]. `polyfit` gibt die Polynomkoeffizienten in der unter Scilab üblichen steigenden Reihenfolge aus. Für den Fall, dass Sie dennoch einmal mit `datafit` arbeiten wollen, haben wir auf unserer Webseite die Datei `datafit123.sce` zur Verfügung gestellt, die das Konfigurieren des `datafit`-Kommandos erleichtert.

Programmierpraxis mit Standardfunktionen	
MATLAB, Octave	Scilab
<ul><li>`p = polyfit(X,F,m)` dient der Anpassung eines Polynoms *m*-ten Grades an Paare von Messwerten (*X*, *F*). Die Polynomkoeffizienten werden als Vektor p ausgegeben.</li><li>`y = polyval(P,x)` erzeugt die mit dem Polynom P erzeugten Funktionswerte *y(x)*.</li></ul>	<ul><li>`p = datafit(G,Z,p0)` dient der Anpassung einer Funktion G an Paare von Messwerten Z = [X,F]. Die Gestalt der Funktion muss zuvor definiert werden, zum Beispiel als Online-Funktion mit Startparametern. Wir können sie zum Beispiel als Polynomfunktion definieren. Die Polynomkoeffizienten werden dann als Vektor p ausgegeben.</li><li>`y = horner(P,x)` erzeugt die mit dem Polynom P erzeugten Funktionswerte *y(x)*. P muss in halbsymbolischer Darstellung vorliegen.</li><li>Analog zu MATLAB stehen die Funktionen `polyfit` und `polyval` auch für Scilab als ergänzende Freeware zur Verfügung. `polyfit` gibt die Polynomkoeffizienten in der unter Scilab üblichen steigenden Reihenfolge aus.</li></ul>

---

[8] Diese Version steht unter Free Software License der CeCILL, vgl. http://www.cecill.info/licences/Licence_CeCILL_V2-en.txt. Eine ähnliche Funktion `polyfit` finden wir auch im Buch [Urroz 2001] auf Seite 236 oder im Internet unter [Urroz 2012].

Im Folgenden zeigen wir die Handhabung mit polyfit unter Scilab.

■   Codetabelle 6.8

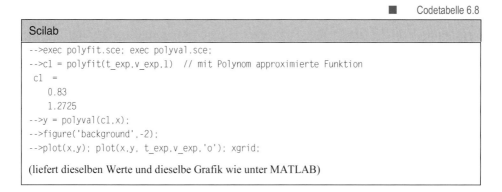

Scilab

```
-->exec polyfit.sce; exec polyval.sce;
-->c1 = polyfit(t_exp,v_exp,1)  // mit Polynom approximierte Funktion
 c1  =
    0.83
    1.2725
-->y = polyval(c1,x);
-->figure('background',-2);
-->plot(x,y); plot(x,y, t_exp,v_exp,'o'); xgrid;
```

(liefert dieselben Werte und dieselbe Grafik wie unter MATLAB)

Datei auf Webseite

Die Approximation mittels polyfit/datafit ist zu der über ein überbestimmtes Gleichungssystem aus Kapitel 4 weitgehend äquivalent. Wahrscheinlich wird Ihnen dennoch der in diesem Kapitel vorgeschlagene Weg angemessener erscheinen. Dabei bietet sich auch die bequeme Möglichkeit, Polynome höheren Grades zur Anpassung zu verwenden.

6.4.4   Daten-Linearisierung

In vielen Fällen existiert kein linearer Zusammenhang zwischen den beiden Messgrößen x und y. Trotzdem wird oft eine bestimmte Abhängigkeit vermutet, zum Beispiel aufgrund von physikalischen Gesetzen. Auch dann kann man das eben beschriebene Verfahren anwenden. Allerdings muss die vermutete Formel so umgeschrieben werden, dass man eine lineare Anpassung durchführen kann. Diesen Vorgang bezeichnet man als Daten-Linearisierung.

> Unter *Daten-Linearisierung* versteht man die Umformung eines vorgegebenen nichtlinearen Zusammenhangs in eine lineare Beziehung. Diese kann anschließend nach der Methode der kleinsten Quadrate approximiert werden.

Sehr häufig hat man es in Physik und Technik mit exponentiellen Abhängigkeiten zu tun. Beispielsweise ist die Strom-Spannungs-Kennlinie $I = I(U)$ einer Halbleiterdiode durch einen Zusammenhang der Form

$$I = I_s e^{\frac{U}{U_T}}$$

gegeben. I_s und U_T sind dabei Parameter, die aus Messreihen bestimmt werden können. Durch Logarithmieren erhält man folgende Beziehung:

$$\ln I = \ln I_s + \frac{U}{U_T}$$

Setzt man jetzt $y = \ln I$ und schreibt die so erhaltene Funktion in der Form

$$y = b + mx \, ,$$

so ergibt sich eine Geradengleichung. Dabei haben wir noch $b = \ln I_S$ sowie $m = 1/U_T$ als neue Parameter eingeführt. Diese Geradengleichung kann man nun an die logarithmierten Messwerte anpassen.

    Ein solches Verfahren der Daten-Linearisierung bietet sich auch bei Zusammenhängen an, die keine Exponentialfunktion beinhalten. Ein weiteres Beispiel, ebenfalls aus der Elektrotechnik, soll das illustrieren: Sperrschichtkapazität und Spannung am pn-Übergang einer Halbleiterdiode hängen miteinander wie folgt zusammen:

$$C(U) = \frac{a}{\sqrt{U_D - U}}$$

U_D und a sind Parameter, deren physikalische Bedeutung hier nicht weiter interessieren soll. Durch eine Messreihe seien die folgenden Wertepaare von U und C (C ist die Kapazität, gemessen in Picofarad, pF) ermittelt worden (Tabelle 6.5):

Tabelle 6.5 Messwerte zur Sperrschichtkapazität

$-U$ /V	2	5	10	15	20
C/pF	63	45	31	26	22

    Wie kann man jetzt bestmögliche Koeffizienten U_D und a ermitteln? Dazu formen wir die obige Gleichung so um, dass sie auf eine Geradengleichung führt:

$$y(U) \equiv \frac{1}{C^2} = \frac{U_D - U}{a^2} = -\frac{1}{a^2} U + \frac{U_D}{a^2}$$

Wenn man $m = 1/a^2$ und $b = U_D/a^2$ setzt, erhält man die übliche Form der Geradengleichung. Ihre Parameter kann man jetzt anpassen. Wir schreiben die Tabelle unter Weglassen der Maßeinheiten um:

$-U$	2	5	10	15	20
$y = \dfrac{1}{C^2}$	$2{,}5195 \cdot 10^{20}$	$4{,}9383 \cdot 10^{20}$	$1{,}0406 \cdot 10^{21}$	$1{,}4793 \cdot 10^{21}$	$2{,}0661 \cdot 10^{21}$

Die Darstellung der Geraden $y = y(-U)$ muss jetzt eine Gerade ergeben. Wir bestimmen ihre Koeffizienten wieder mittels `polyfit`.

■   Codetabelle 6.9

MATLAB, Octave	Scilab

``
>> U_ = [2 5 10 15 20];
>> C = [63 45 31 26 22];
>> y_mess = 1./C.^2
y_mess =
  0.00025195 0.00049383 0.0010406
0.0014793 0.0020661
>> pol_coeff = polyfit(U_, y_mess,1)
pol_coeff =
  0.00010056 2.0493e-005
``
	``
	-->U_ = [2 5 10 15 20];
	-->C = [63 45 31 26 22];
	-->y_mess = 1 ./C.^2
	y_mess =
	  0.0002520 0.0004938 0.0010406 0.0014793
	0.0020661
	``
	
	Funktion `polyfit` laden und anwenden
	
	``
	-->exec polyfit.sce;
	-->pol_coeff = polyfit(U_,y_mess,1)
	pol_coeff =
	  0.0000205
	  0.0001006
	``
	
	Die Zahlenwerte von `pol_C` entsprechen jenen von `pol_coeff` bei MATLAB.
	
	``
	-->pol_C = inv_coeff(pol_coeff')
	pol_C =
	  0.0000205 + 0.0001006x
	``
	
	Die Umwandlung mittels `inv_coeff` ist nötig, da für die nachfolgende Anwendung von `horner` das Polynom auch in symbolischer Darstellung vorliegen muss.

Die Geradengleichung $y(U)$ lautet also:

$$y = mx + b = -\frac{1}{a^2}U + \frac{U_D}{a^2} = 1{,}006 \cdot 10^{-4}\, x + 2{,}049 \cdot 10^{-5}$$

Zwischenwerte für beliebiges x können wir jetzt mit der MATLAB-Funktion `p = polyval(pol_coeff,U_)` oder unter Scilab mit `horner(pol_C,U_)` bekommen. Aus der Polynomdarstellung des angepassten Polynoms 1. Ordnung lässt sich damit sofort die entsprechende Anpassungsgerade zeichnen. Es ergibt sich dann die in Abb. 6.6 gezeigte Darstellung:

■   Codetabelle 6.10

MATLAB, Octave	Scilab
| ```
>> y_calc = polyval(pol_coeff,U_);
>> plot (U_, y_mess,'o'); grid on; hold on;
>> plot (U_, y_calc,'r');
>> xlabel('-U'); ylabel('C')
``` | ```
-->y_calc = horner(pol_C,U_);
-->plot (U_, y_mess,'o'); xgrid;
-->plot (U_, y_calc,'r');
-->xlabel('-U'); ylabel('C')
``` |

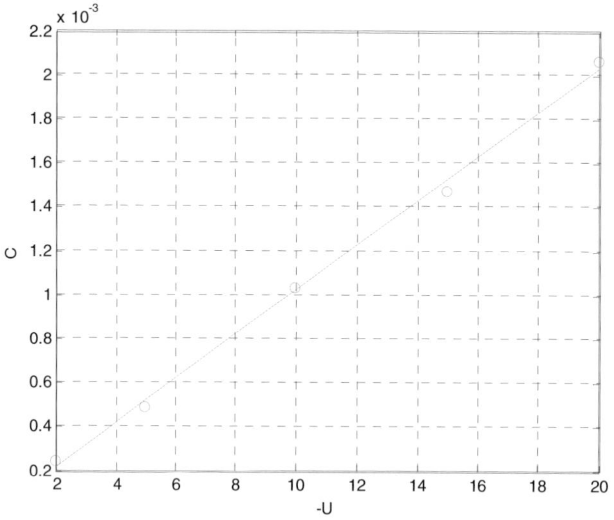

Abb. 6.6 Angepasste Gerade zum Beispiel Kapazitätsmessung

Aus m und b können nun, wie gefordert, U_D und a berechnet werden:

$$a = \frac{1}{\sqrt{m}} = 1 \cdot 10^{-10} \quad \text{und} \quad -U_D = ba^2 = 2{,}16 \cdot 10^{-19} \cdot 1{,}00 \cdot 10^{-20} = 0{,}216.$$

Als Ergebnis erhält man dann die in Abb. 6.7 gezeigte Approximationskurve.

■   Codetabelle 6.11

MATLAB, Octave	Scilab
| ```
>> a = 1/sqrt(pol_coeff(1))
a =
  9.9719e-011
>> U_D = pol_coeff(2)*a.^2
U_D =
  0.20378
>> U = linspace(min(U_),max(U_),100);
>> C_calc = a./sqrt(U_D+U);
>> hold off
>> plot(U_,C,'o');grid on; hold on;
``` | ```
--> a = 1/sqrt(pol_coeff(2))
a =
  9.972D-11
-->U_D = pol_coeff(1)*a.^2
U_D =
  0.2037820
-->U = linspace(min(U_),max(U_),100);
-->C_calc = a./sqrt(U_D+U);
-->clf
-->plot(U_,C,'o'); xgrid;
``` |

MATLAB, Octave	Scilab
`>> plot(U,C_calc)`	`-->plot(U,C_calc)`
`>> title('Kapazitaetsmessung')`	`-->title('Kapazitaetsmessung')`

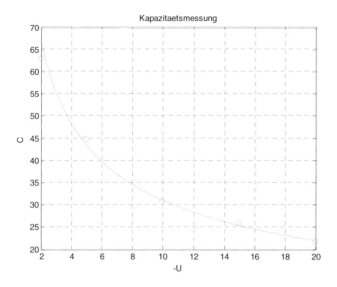

Abb. 6.7 *C*/*U*-Zusammenhang: Messdaten mit Approximationskurve

6.4.5 Anpassung mit Polynomen höherer Ordnung

Bisher haben wir Messdaten durch eine Gerade angepasst. Dieses Verfahren kann man natürlich verallgemeinern und eine Anpassung durch Polynome höherer Ordnung vornehmen.

Wir wählen nun wieder eine Schar von Messdaten und wollen schauen, wie gut sie sich durch Polynome höheren Grades approximieren lassen. Dabei wollen wir über die Linearisierung wie im letzten Abschnitt hinausgehen. Wir formulieren dazu das folgende *Ausgleichsproblem*:

Ein Polynom der Ordnung *m*

$$p(x) = a_m x^m + \ldots + a_2 x^2 + a_1 x + a_0$$

soll an n Punkten ($n \geq m$) angepasst werden.[9] Wir versuchen die Polynomkoeffizienten $a_m \ldots a_0$ mit Hilfe dieser n Punkte so zu bestimmen, dass der Fehler an den Stützstellen insgesamt möglichst gering wird. Zur Anpassung wird das folgende lineare Gleichungssystem herangezogen:

$$a_m x_1^m + \ldots + a_2 x_1^2 + a_1 x_1 + a_0 = y_1$$
$$a_m x_2^m + \ldots + a_2 x_2^2 + a_1 x_2 + a_0 = y_2$$
$$\ldots$$
$$a_m x_n^m + \ldots + a_2 x_n^2 + a_1 x_n + a_0 = y_n$$

(6.29)

In Matrixschreibweise lautet es:

$$\begin{pmatrix} x_1^m & x_1^2 & \ldots & x_1 & 1 \\ x_2^m & x_2^2 & \ldots & x_2 & 1 \\ \ldots & & \ldots & \ldots & \\ x_n^m & x_n^2 & \ldots & x_n & 1 \end{pmatrix} \begin{pmatrix} a_m \\ a_{m-1} \\ \ldots \\ a_0 \end{pmatrix} = \begin{pmatrix} y_1 \\ y_2 \\ \ldots \\ y_n \end{pmatrix}$$

(6.30)

> Zur Interpolation wird eine Schar von Messpunkten herangezogen, die größer ist als die Zahl der für die Polynomdefinition benötigten Parameter. Die optimale Anpassung findet man nach der Methode der kleinsten Quadrate, ähnlich wie bei der Lösung von überbestimmten Gleichungssystemen.

Das Gleichungssystem kann wie bei der Geradenanpassung in Abschnitt 6.4.3 mittels Backslash (\) gelöst werden. Alternativ ist auch wieder der Einsatz von `polyfit` möglich.

Diese Methode liefert für $m = n$ gerade die NEWTONschen Interpolationspolynome. Deren Ordnung m ist durch die Zahl der Intervallpunkte gegeben. In diesem Fall werden alle Stützstellen exakt erfasst. Für $m = 1$ erhalten wir die Ausgleichsgerade für eine Messreihe.

Die Polynomanpassung illustrieren wir auch diesmal an einem Beispiel. Eine Messreihe sei wie folgt gegeben:

x	0,2	0,5	0,6	0,8	2	2,5	3
y	0,03275	0,1516	0,1976	0, 2876	0,5413	0,5130	0,448

---

[9] Bei MATLAB ordnen wir die Potenzen zweckmäßig in absteigender Reihenfolge an. Bei Scilab müssten wir die Reihenfolge umkehren.

Hierzu ein Hinweis: Die y-Werte wurden mit der Funktion $y = x^2 e^{-x}$ erzeugt. Das ist nützlich zur Kontrolle der Ergebnisse, spielt ansonsten jedoch keine Rolle hinsichtlich des Verfahrens.

Wir bilden die folgenden Matrizen und bestimmen die Koeffizienten des Approximationspolynoms 2. Ordnung zuerst durch Lösung eines überbestimmten Gleichungssystems, danach mit polyfit/polyval.

■ Codetabelle 6.12

MATLAB, Octave	Scilab

```>> fun = inline('x.^2.*exp(-x)')```
 ```fun =```
 ```   Inline function:```
 ```   fun(x) = x.^2.*exp(-x)```
 ```>> X = [0.2 0.5 0.6 0.8 2 2.5 3];```
 ```>> Y = feval(fun,X); % Punkte darstellen```
 ```>> plot(X,Y,'o');grid on; hold on;```
 ```>> A = [X'.^2,X',ones(length(X),1)]```
 ```A =```
  ```   0.04   0.2   1```
 ```   0.25   0.5   1```
 ```   0.36   0.6   1```
 ```   0.64   0.8   1```
 ```   4   2   1```
 ```   6.25   2.5   1```
 ```   9   3   1```
 ```>> pol_coeff = A\Y'```
 ```pol_coeff =```
 ```   -0.13022```
 ```   0.56929```
 ```   -0.088352```
	```-->function y = fun(x); y = x.^2*exp(-x);```
	 ```endfunction```
	 ```-->X = [0.2 0.5 0.6 0.8 2 2.5 3];```
	 ```-->Y = feval(X,fun); // Punkte darstellen```
	 ```-->plot(X,Y,'o'); xgrid;```
	 ```-->A = [ones(length(X),1),X',X'.^2]```
	 ```A =```
	 ``` 1. 0.2 0.04```
	 ``` 1. 0.5 0.25```
	 ``` 1. 0.6 0.36```
	 ``` 1. 0.8 0.64```
	 ``` 1. 2. 4.```
	 ``` 1. 2.5 6.25```
	 ``` 1. 3. 9.```
	 ```-->pol_coeff = A\Y'```
	 ```pol_coeff =```
	 ``` - 0.0883518```
	 ``` 0.5692901```
	 ``` - 0.1302211```

Das gesuchte Polynom hat also die Gestalt $$p(x) = a_2 x^2 + a_1 x + a_0 = -0{,}1302 x^2 + 0{,}5693 x - 0{,}08835\,.$$ Nun zeichnen wir die damit gewonnene Polynomfunktion auf und vergleichen sie mit dem exakten Funktionsverlauf.	

```>> x = 0:.01:3; y = feval(fun,x);```
 ```>> y_calc = polyval(pol_coeff, x);```
 ```>> plot (x, y_calc,'k');```
 ```>> % mit Polynom approximierte Funktion```
 ```>> plot (x,y,'r');```
 ```>> % exakter Funktionsverlauf zum Vergleich```
	```-->x = 0:.01:3; y = feval(x,fun);```
	 ```-->pol = poly(pol_coeff,'x','c')```
	 ```-->y_calc = horner(pol,x);```
	 ```-->plot (x, y_calc,'k');```
	 ```// mit Polynom approximierte Funktion```
	 ```-->plot (x,y,'r');```
	 ```// exakter Funktionsverlauf zum Vergleich```

Alternativ lässt sich die Funktion auch mittels polyfit approximieren:
 	
 ```>> pol_coeff1 = polyfit(X,Y,2)```
 ```>> y_calc1 = polyval(pol_coeff1, x);```
 ```>> plot (x, y_calc1,'g');```
	In Scilab lässt sich die Funktion ebenfalls mittels polyfit/polyval approximieren, sofern man diese installiert hat:
	
	 ```-->exec polyfit.sce; exec polyval.sce;```
	 ```-->pol_coeff1 = polyfit(X,Y,2)```
	 ```pol_coeff1 =```

MATLAB, Octave	Scilab
	- 0.0883518
	0.5692901
	- 0.1302211
	`-->y_calc1 = polyval(pol_coeff1,x);`
	`-->plot (x, y_calc1,'g');`

Approximiert man nun nacheinander die „Messpunkte" durch ein Polynom erster, zweiter oder höherer Ordnung, so erhält man die in der folgenden Abb. 6.8 dargestellten Kurvenverläufe. Wir haben als Beispiel die 6. Ordnung gewählt und sind dabei genauso vorgegangen wie eben beschrieben, die Details wollen wir hier jedoch nicht wiedergeben.

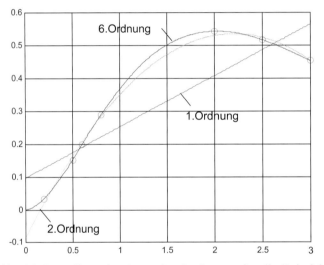

Abb. 6.8 Darstellung der Approximationskurven für die Beispiel-Messdaten in 1., 2. und 6. Ordnung

In 6. Ordnung fällt die Approximationskurve mit der exakten Kurve fast zusammen. Nach dieser Abbildung zu urteilen, scheint wohl die Anpassung einer Messreihe durch Polynome höherer Ordnung immer besser zu werden. Dies ist jedoch nicht zwingend. Ein Gegenbeispiel stellt die von uns bereits mehrfach strapazierte RUNGE-Funktion dar.

$$f(x) = \frac{1}{x^2 + 1} \tag{6.31}$$

Wir wollen versuchen, sie im Bereich zwischen −6 und 6 durch Polynome anzupassen. Wählen wir ein Polynom 6. Ordnung, so werden sieben Punkte exakt erfasst.

■ Codetabelle 6.13

MATLAB, Octave	Scilab

>> runge = inline('1./(x.^2+1)');
>> x = linspace(-6, 6,100);
>> plot(x,feval(runge,x));
% exakte Kurve
>> grid on; hold on;
>> X = linspace(-6,6,7);
>> Y = feval(runge,X);
>> plot(X,Y,'o');
>> pol_coeff = polyfit(X,Y,6);
>> y_calc = polyval(pol_coeff,x);
>> plot (x, y_calc,'r'); % Approximation
	-->function y = fun(x); y = 1. /(x.^2+1);
	endfunction
	-->x = linspace(-6, 6,100);
	-->plot(x,feval(x,fun));xgrid;
	// exakte Kurve
	-->X = linspace(-6,6,7);
	-->Y = feval(X,fun);
	-->plot(X,Y,'o');
	-->exec ..\polyfit.sce; exec polyval.sce;
	-->pol_coeff = polyfit(X,Y,6);
	-->y_calc = polyval(pol_coeff,x);
	-->plot (x, y_calc,'r'); // Approximation

Wie wir jedoch aus Abb. 6.9 erkennen, oszilliert die so erhaltene Polynomnäherung an den Rändern sehr stark, im Gegensatz zur ursprünglichen Funktion. Nähmen wir noch mehr Intervallpunkte mit, so würden die Oszillationen noch viel stärker. Eine Polynomanpassung ist demnach für hohe Ordnungen im Allgemeinen nicht mehr geeignet.

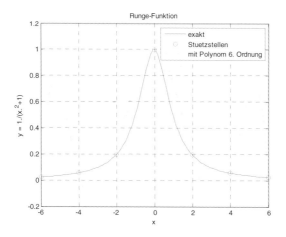

Abb. 6.9 Darstellung der RUNGE-Funktion und ihres Approximationspolynoms 6. Ordnung mit gleichmäßig verteilten Stützstellen

Wenn allerdings die Abstände der Stützstellen an den Rändern des Intervalls kleiner gewählt werden, verbessert sich die Genauigkeit. Eine optimale Anpassung wird erreicht, wenn die Stützstellen durch Projektion eines Halbkreises auf die x-Achse bestimmt werden. Dieser Halbkreis muss dann in gleichmäßige Intervalle geteilt sein. Sind a und b die Grenzen des Approximationsbereichs und φ die gleichmäßig verteilten Intervallpunkte im Bereich, dann sind die Stützstellen gemäß

$$X = \frac{a+b}{2} - \cos\varphi \, \frac{b-a}{2} \tag{6.32}$$

verteilt. Eine solche Approximation heißt TSCHEBYSCHEFF-*Approximation*. In der Abb. 6.10 ist dies für unser Beispiel dargestellt, in dem wir $a = -6$ und $b = 6$ gewählt haben.

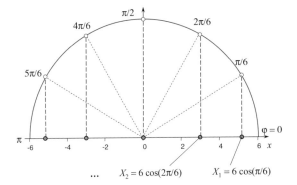

Abb. 6.10 Bestimmung der TSCHEBYSCHEFF-Koordinaten am Beispiel von fünf Stützstellen

Im Folgenden sind die Kommandos, die diese Stützstellen erzeugen, zusammen mit der daraus resultierenden Approximationsfunktion aufgelistet.

■ Codetabelle 6.14

MATLAB, Octave	Scilab

```>> runge = inline('1./(x.^2+1)');```
 ```>> x = linspace(-6, 6,100);```
 ```>> plot(x,feval(runge,x),'m');```
 ```>> grid on; hold on;```
 ```>> a = -6; b = 6; % Intervallgrenzen```
 ```>> n = 7 ; % Zahl der Stuetzstellen```
 ```>> phi = linspace(0,pi,n)```
 ```phi =```
 ```   0 0.5236 1.0472 1.5708 2.0944 2.618```
 ```3.1416```
 ```>> X = (a+b)/2 - cos(phi)*(b-a)/2```
 ```X =```
 ``` -6 -5.1962 -3 -3.6739e-016 3 5.1962 6```
 ```% Tschebyscheff-verteilte X-Werte```
 ```>> Y = feval(runge,X)```
 ```>> plot(X,Y,'x');```
 	
 ```>> pol_coeff = polyfit(X,Y,n-1)```
 ```>> y_calc = polyval(pol_coeff,x);```
 ```>> plot(x, y_calc,'b');```
	```-->function y = runge(x); y = 1./(x.^2+1);```
	 ```endfunction```
	 ```-->x = linspace(-6, 6,100);```
	 ```-->plot(x,feval(x, runge),'m'); xgrid;```
	 ```-->a = -6; b = 6; // Intervallgrenzen```
	 ```-->n = 7; // Zahl der Stuetzstellen```
	 ```-->phi = linspace(0,%pi,n)```
	 ```phi =```
	 ``` 0. 0.5235988 1.0471976 1.5707963```
	 ```2.0943951 2.6179939 3.1415927```
	 ```-->X = (a+b)/2 - cos(phi)*(b-a)/2```
	 ```X =```
	 ``` - 6. - 5.1961524 - 3. - 3.674D-16 3.```
	 ```5.1961524 6.```
	 ```-->// Tschebyscheff-verteilte X-Werte```
	 ```-->Y = feval(X,runge);```
	 ```-->plot(X,Y,'x');```
	
	 In Scilab ist die Berechnung von Polynomen höherer Ordnung nur sinnvoll mit den bereits erwähnten Funktionen `polyfit` und `polyval`.

MATLAB, Octave	Scilab
	``` -->exec polyfit.sce; exec polyval.sce; -->pol_coeff = polyfit(X,Y,n-1); -->y_calc = polyval(pol_coeff,x); -->plot(x, y_calc,'r'); ```

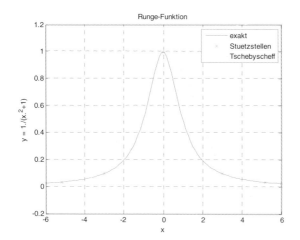

Abb. 6.11 Darstellung der RUNGE-Funktion und ihres Approximationspolynoms 6. Ordnung mit TSCHEBYSCHEFF-verteilten Stützstellen

6.4.6 Stückweise Approximation und Splines

Polynome höherer Ordnung eignen sich, wie wir gesehen haben, nicht besonders gut zur Approximation von Funktionen, da sie in der Regel viele Nullstellen aufweisen und deshalb stark oszillieren. Es kann besser sein, wenn man das gesamte Funktionsintervall in kleine Stückchen einteilt und in jedem eine Approximation mit einem Polynom niedriger Ordnung durchführt. Dieses Verfahren heißt *stückweise Polynomapproximation*. Die einfachste Möglichkeit besteht darin, lediglich Geradenstückchen zwischen zwei Punkten zu verwenden, wie in Abb. 6.12 dargestellt. MATLAB und Scilab bieten für dieses Verfahren die Standardfunktion `interp1` an.

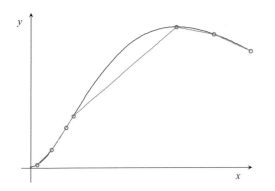

Abb. 6.12 Stückweise lineare Approximation einer Funktion

■   Codetabelle 6.15

MATLAB, Octave	Scilab
Vergleichsfunktion	Vergleichsfunktion

`>> fun = inline('x.^2.*exp(-x)')`
`fun =`
    `Inline function:`
    `fun(x) = x.^2.*exp(-x)`
`>> x = 0:.01:3;`
`>> y = feval(fun,x);`
`>> plot(x,y); grid on; hold on;`
	`-->function y=fun(x); y = x.^2.*exp(-x);`
	`endfunction`
	`-->x = 0:.01:3;`
	`-->y = feval(x,fun);`
	`-->plot(x,y); xgrid;`

Stützstellen auswählen	Stützstellen auswählen

`>> X = [0.2 0.5 0.6 0.8 2 2.5 3];`
`>> Y = feval(fun,X);`
`>> plot(X,Y,'o')`
	`-->X = [0.2 0.5 0.6 0.8 2 2.5 3];`
	`-->Y = feval(X,fun);`
	`-->plot(X,Y,'o')`

Lineare Interpolation	Lineare Interpolation
`>> y_int = interp1(X,Y,x);` `>> plot(x,y_int,'r')`	`-->y_int = interp1(X,Y,x);` `-->plot(x,y_int,'r')`

Für die Darstellung der Grafik warten wir, bis wir noch weitere Approximationen ausprobiert haben (Codetabelle 6.17, Abb. 6.13).

Für sehr einfache Anwendungen kann diese lineare Interpolation manchmal bereits ausreichen. Wenn man glatte Kurven erhalten möchte, stören jedoch die Ecken an den Punkten, an denen die Geraden aneinanderstoßen. Sie rühren daher, dass dort die Ableitungen der Approximationsstückchen, also die Steigungen der Teilgeraden, unterschiedlich sind. Sie stimmen auch nicht mit den Ableitungen der Funktion selbst überein.

Wie kann man hier Abhilfe schaffen? Lineare Interpolationskurven sind ja nichts anderes als NEWTONsche Interpolationspolynome 1. Ordnung mit Stützstellen an den beiden Rändern. Alternativ lassen sich in den Teilintervallen kubische Approximationspolynome verwenden. Ein kubisches Polynom, also ein Polynom

3. Ordnung, besitzt vier wählbare Konstanten. Sie werden zum Beispiel aus den Funktionswerten an den Stützstellen und den Ableitungen an diesen Stellen bestimmt.

Solche kubischen Approximationspolynome für Teilintervalle werden als „Splines" bezeichnet.

■   Codetabelle 6.16

MATLAB, Octave	Scilab
Spline-Interpolation	Spline-Interpolation
```>> y_spl = interp1(X,Y,x, 'spline');``` ```>> plot(x,y_spl,'k')```	```-->y_spl = interp1(X,Y,x, 'spline');``` ```-->plot(x,y_spl,'k')```

Wir wollen die Theorie der Splines hier nicht weiter vertiefen. Dazu bieten sich andere Literaturquellen an, z.B. [Quarteroni 2006].

> Splines sind Polynomzüge, aus denen Approximations- oder Interpolationskurven zusammengesetzt sind. An den Punkten, an denen die einzelnen Teile aneinanderstoßen, wird außer der Stetigkeit der Funktion selbst auch die Stetigkeit verschiedener Ableitungen verlangt.
> Kubische Splines bestehen aus Polynomen 3. Ordnung und sind zweimal stetig differenzierbar.

Programmierpraxis mit Standardfunktionen	
MATLAB, Octave	Scilab
• Interpolationsaufgaben lassen sich bei MATLAB und Octave mit der Funktion ```y = interp1(X,Y,x,'method')``` lösen. Dabei ist X der Vektor der X-Werte (Messwerte) und Y der Vektor der Funktionswerte $Y_i = f(X_i)$. Der Ergebnisvektor y enthält die an den Stellen x interpolierten Funktionswerte $y = f(x)$. Als ```'method'``` (Methode) kann zum Beispiel die lineare Interpolation oder die Spline-Interpolation gewählt werden. Es sind auch noch weitere Optionen möglich, die wir hier nicht weiter erwähnen müssen. Wenn keine Methode angegeben ist, wird automatisch linear interpoliert. Zusätzlich lässt sich angeben, ob extrapoliert werden soll.	• Interpolationsaufgaben lassen sich bei Scilab mit der Funktion ```y = interp1(X,Y,x,'method')``` lösen. Dabei ist X der Vektor der X-Werte und Y der Vektor der Funktionswerte $Y_i = f(X_i)$. Der Ergebnisvektor y enthält die an den Stellen x interpolierten Funktionswerte $y = f(x)$. Als ```'method'``` (Methode) kann zum Beispiel die lineare Interpolation oder die Spline-Interpolation gewählt werden. Wenn keine Methode angegeben ist, wird automatisch linear interpoliert. Zusätzlich lässt sich angeben, ob extrapoliert werden soll.

Die Auswirkungen der verschiedenen Interpolationsverfahren können wieder sehr schön an der RUNGE-Funktion

$$y = f(x) = \frac{1}{1 + x^2}$$

verfolgt werden (Abb. 6.13).

■ Codetabelle 6.17

MATLAB, Octave	Scilab
exakter Kurvenverlauf:	exakter Kurvenverlauf:

```>> fun = inline('1./(1+x.^2)')```
 ```>> x = [-5:.01:5];```
 ```>> y = feval(fun,x);```
 ```>> plot(x,y,'m'); grid on; hold on;```
	```-->function y=fun(x); y = 1./(1+x.^2);```
	 ```endfunction```
	 ```-->x = [-5:.01:5];```
	 ```-->y = feval(x,fun);```
	 ```-->plot(x,y,'m'); xgrid;```

Approximationspunkte:	Approximationspunkte:

```>> X = [-5:1:5]; % Stützstellen```
 ```>> Y = feval(fun,X);```
 ```>> plot(X,Y,'o');```
	```-->X = [-5:1:5]; // Stützstellen```
	 ```-->Y = feval(X,fun);```
	 ```-->plot(X,Y,'o');```

Näherungen:	Näherungen:

```>> y0 = 1 - x.^2 + x.^4/2 - x.^6/6 ;```
 ```% Taylor-Reihe```
 ```>> y2 = interp1(X,Y, x,'spline');```
 ```% Spline-Interpolation```
 ```>> coef = polyfit(X,Y,10);% Polynom-Fitting```
 ```>> y3 = polyval(coef,x);```
	```-->y0 = 1 - x.^2 + x.^4/2 - x.^6/6 ;```
	 ```// Taylor-Reihe```
	 ```-->y2 = interp1(X,Y, x,'spline');```
	 ```// Spline-Interpolation```
	 ```-->exec polyfit.sce; exec polyval.sce;```
	 ```-->coef = polyfit(X,Y,10);// Polynom-Fitting```
	 ```-->y3 = polyval(coef,x);```

Ausgabe:	Ausgabe
```>> plot(x,y0,'k',x,y2,'g',x,y3,'b');``` ```>> axis([-5 5 -.4 2]);```	```-->plot(x,y0,'k',x,y2,'g',x,y3,'b');``` ```-->zoom_rect([-5, -.4, 5, 2])```
Die Achsenskalierung mit `axis` ist notwendig, weil sonst die Werte aus der TAYLOR-Entwicklung die Funktionswerte bis zu sehr hohen Zahlen darstellen und die interessanten Ergebnisse nicht mehr sichtbar sind.	Die Achsenskalierung in Scilab kann mit der Funktion `zoom_rect` vorgenommen werden.

Das Ziel war, elf Punkte dieser Funktion durch eine Kurve zu approximieren. Die exakte RUNGE-Funktion ist als durchgezogene magentafarbene Linie dargestellt. Die Polynomapproximation mit einem Polynom 10. Ordnung weist riesige Oszillationen auf; in diesem Fall liefert selbst die stückweise lineare Interpolation bessere Ergebnisse. Die Spline-Interpolation (grün) hingegen führt zu einer sehr guten Übereinstimmung mit der Originalkurve. Sie überdeckt die Originalkurve weitgehend, die deshalb kaum zu erkennen ist.

Wir wollen noch ergänzen, dass die bei den üblichen Zeichenprogrammen benutzten BEZIÉR-Kurven einer Spline-Approximation entsprechen, die von einem Parameter abhängt.

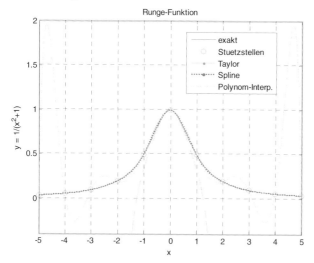

Abb. 6.13 Auswirkungen der verschiedenen Interpolationsverfahren bei der RUNGE-Funktion

Aufgabe 5   NEWTONsches Interpolationspolynom

a) Gegeben seien die in der folgenden Tabelle dargestellten Messdaten. Bilden Sie die Tabelle der dividierten Differenzen.

x	$y(x)$
1,0	1,1
3,2	10,34
4,1	12,0

b) Berechnen Sie das zugehörige NEWTONsche Interpolationspolynom.

c) Berechnen Sie den interpolierten Zwischenwert $y(x)$ für $x = 3{,}54$. ■

Aufgabe 6   Bestimmung einer Ausgleichsgeraden mittels `polyfit/datafit`

Bei einer Messung erhält man zum Beispiel die folgende Tabelle:

x	2	4	6	8	10
$y(x)$	3,11	6,01	8,97	11,01	14,89

Eine Ausgleichsgerade ist so zu zeichnen, dass vorhandene Messpunkte möglichst gut approximiert werden. ■

Aufgabe 7   Anpassung einer GAUSS-Kurve mit NEWTONschen Polynomen

Um die Leistungsfähigkeit und die Schwächen der NEWTONschen Interpolation einschätzen zu können, versuchen wir einmal, die Anpassung der Funktion $f = \exp(-x^2)$, der *GAUSS-Kurve*, mit einem Polynom 4. Grades und danach mit einem Polynom 6. Grades durchzuführen. Als Stützstellen sollen die folgenden Funktionswerte gewählt werden:

a) x	-3	-	-1	0	1	-	3
b) x	-3	-2	-1	0	1	2	3

Stellen Sie den exakten Funktionsverlauf und die Polynomapproximation grafisch dar und vergleichen Sie die Kurven.

Aufgabe 8   Anpassung von Messwerten durch Polynome höherer Ordnung

Passen Sie folgende Messwerte durch Polynome 1., 2. und 3. Ordnung an:

x	0,2	0,5	0,6	0,8	2	2,5	3
$y(x)$	0,014	0,107	0,153	0,257	0,766	0,811	0,776

Hinweis: Es handelt sich bei den „Messwerten" um Daten der Funktion $y = x^{2,5}e^{-x}$. ∎

Aufgabe 9   Anpassung der Kapazitätsfunktion mit Polynomen höherer Ordnung

Benutzen Sie die Messwerte des C/U-Zusammenhangs aus dem Abschnitt 6.4.5 (Sperrschichtkapazität, Tabelle 6.5), um Anpassungen durch Polynome 3. und 4. Ordnung zu ermitteln. Vergleichen Sie die Ergebnisse mit denen, die in diesem Abschnitt durch Linearisierung zustande gekommen sind. ∎

6.5   PADÉ-Approximation

Als PADÉ-Approximation bezeichnet man eine Anpassung durch eine rationale Funktion der Form

$$f(x) \approx r(x) = \frac{p(x)}{q(x)} = \frac{p_0 + p_1 x + p_2 x^2 + \ldots + p_n x^n}{q_0 + q_1 x + \ldots + q_m x^m}. \qquad (6.33)$$

Sie kann demnach als eine Erweiterung der TAYLOR- bzw. MACLAURIN-Entwicklung angesehen werden. Hier wird jedoch zusätzlich ein Polynom im Nenner eines Bruches angesetzt. Zur Berechnung müssen wir wieder auf die Lösung eines linearen Gleichungssystems zurückgreifen. Dabei kann ohne Probleme $q_0 = 1$ gesetzt werden. Wäre nämlich $q_0 \neq 1$, so könnte man Zähler und Nenner durch q_0 dividieren und erhielte einen neuen Koeffizienten q_0, der nun den Wert 1 annimmt. Es scheint plausibel, dass die besten Anpassungen für $n \approx m$ erzielt werden. Dies hat sich so in der Praxis bewährt.

Es gibt zwei Möglichkeiten, eine PADÉ-Approximation zu finden. Eines der Verfahren benutzt die TAYLOR-Entwicklung einer gegebenen Funktion. Diese Vorgehensweise ist natürlich nur dann brauchbar, wenn die Funktion selbst und damit auch ihre TAYLOR-Entwicklung bekannt ist. Bei der zweiten Möglichkeit geht man von einzelnen diskreten Funktionswerten aus. Die analytische Gestalt der Funktion braucht in diesem Fall nicht bekannt zu sein, was für viele Anwendungen von Vorteil ist. Das ist der Grund, weshalb wir diese Variante hier gleich zu Beginn vorstellen wollen.

6.5.1 PADÉ-Approximation mit mehreren Funktionswerten

Um eine bestimmte Funktion für die Einschätzung der Güte zur Verfügung zu haben, betrachten wir als Beispiel die abfallende Exponentialfunktion $f(x) = \exp(-x)$ in der Nähe von $x = 0$. Üblicherweise wird jedoch nicht unbedingt ein bekannter Funktionsverlauf zugrunde liegen.

In der PADÉ-Approximation wollen wir im Zähler und Nenner die gleiche höchste Potenz mitnehmen:

$$f(x) \approx \frac{p_0 + p_1 x + p_2 x^2}{1 + q_1 x + q_2 x^2} \tag{6.34}$$

Zur Berechnung der fünf Koeffizienten $p_0, \ldots, p_2$ und q_1, q_2 benötigen wir fünf Gleichungen. Wir gewinnen sie aus den Funktionswerten an fünf Stützstellen von $f(x)$ entsprechend Tabelle 6.6. Um die Güte unserer Approximation beurteilen zu können, haben wir hier die Koeffizienten mit Hilfe der Funktion $f(x_0) = \exp(-x)$ ermittelt, sie könnten aber in anderen Fällen auch ganz einfach als Zahlenwerte gegeben sein.

Tabelle 6.6 Stützstellen für das Beispiel zur PADÉ-Approximation

x_i	0	1	2	3	4
$f(x_i)\ (= \exp(-x_i))$	1	0,36788	0,13534	0,049787	0,018316

An der Stelle $x_0 = 0$ starten wir bei dem bekannten Wert $f(x_0) = \exp(-x) = \exp(0) = 1$. Man sieht sofort, dass wegen $x = 0$ der Koeffizient $p_0 = f_0 = 1$ in (6.34) sein muss. Um die vier weiteren Koeffizienten zu bestimmen, reichen uns die vier restlichen Funktionswerte x_i mit zugehörigem $f_i = f(x_i)$.

Die nächsten Schritte formulieren wir zunächst allgemein. Hochmultiplizieren des Nenners liefert für jeden dieser Werte die Gleichung

$$\left\{1 + q_1 x_i + q_2 x_i^2\right\} f(x_i) = f_0 + p_1 x_i + p_2 x_i^2$$

oder, nachdem wir die Glieder sortiert haben,

$$p_1 x_i + p_2 x_i^2 - \left\{q_1 x_i + q_2 x_i^2\right\} f_i = f_i - f_0 \, .$$

In Matrixschreibweise kann man dies wie folgt darstellen:

$$\begin{pmatrix} x_1 & x_1^2 & -f_1 x_1 & -f_1 x_1^2 \\ x_2 & x_2^2 & -f_2 x_2 & -f_2 x_2^2 \\ x_3 & x_3^2 & -f_3 x_3 & -f_3 x_3^2 \\ x_4 & x_4^2 & -f_4 x_4 & -f_4 x_4^2 \end{pmatrix} \begin{pmatrix} p_1 \\ p_2 \\ q_1 \\ q_2 \end{pmatrix} = \begin{pmatrix} f_1 - f_0 \\ f_2 - f_0 \\ f_3 - f_0 \\ f_4 - f_0 \end{pmatrix}, \tag{6.35}$$

in kompakter Form

$$\mathbf{A} * \mathbf{c} = \mathbf{d}. \tag{6.36}$$

Mit den Zahlenwerten aus Tabelle 6.6 wird Gl. (6.35) zu

$$\begin{pmatrix} 1 & 1 & -0,3679 & -0,3679 \\ 2 & 4 & -0,2707 & -0,5413 \\ 3 & 9 & -0,1494 & -0,4481 \\ 4 & 16 & -0,0733 & -0,2931 \end{pmatrix} \begin{pmatrix} p_1 \\ p_2 \\ q_1 \\ q_2 \end{pmatrix} = \begin{pmatrix} -0,6321 \\ -0,8647 \\ -0,9502 \\ -0,9817 \end{pmatrix}.$$

Die Auflösung dieses Gleichungssystems mittels MATLAB oder Scilab in der Form $\mathbf{c} = \mathbf{A} \backslash \mathbf{d}$ liefert folgende Lösung:

$$\begin{pmatrix} p_1 \\ p_2 \\ q_1 \\ q_2 \end{pmatrix} = \begin{pmatrix} -0,3494 \\ 0,0333 \\ 0,6131 \\ 0,2460 \end{pmatrix}$$

Die Approximationsfunktion lautet also

$$f(x) \approx \frac{1 - 0,3494x + 0,0333x^2}{1 + 0,6131x + 0,2460x^2}. \tag{6.37}$$

Mit MATLAB/Scilab können wir schreiben:

■ Codetabelle 6.18

MATLAB, Octave	Scilab
Funktionsdefinition	**Funktionsdefinition**

``
>> fun = inline('exp(-x)');
>> x0 = 0;   % Intervallanfang
>> X = [1 2 3 4];   % Stuetzstellen
``
	``
	-->deff('y = fun(x)','y = exp(-x)')
	-->x0 = 0; // Intervallanfang
	-->X = [1 2 3 4]; // Stuetzstellen
	``

Rechnung	**Rechnung**

``
>> p0 = exp(-x0)   % erster Funktionswert
>> f = fun(X)   % uebrige Funktionswerte
f =
    0.3679   0.1353   0.0498   0.0183
>> A = [X', X.^2', -(X.*f)',-(X.^2.*f)']
A =
    1.0000   1.0000   -0.3679   -0.3679
    2.0000   4.0000   -0.2707   -0.5413
    3.0000   9.0000   -0.1494   -0.4481
    4.0000   16.0000   -0.0733   -0.2931
>> b = [f - p0]';   % rechte Seite
b =
   -0.6321
   -0.8647
   -0.9502
   -0.9817
>> pq = A\b   % Lösung des LGS
pq =
   -0.3494
    0.0333
    0.6131
    0.2460
``
	``
	-->p0 = exp(-x0); // erster Funktionswert
	-->f = fun(X) // uebrige Funktionswerte
	f =
	    0.3678794 0.1353353 0.0497871 0.0183156
	-->A = [X; X.^2; -(X.*f); -(X.^2..*f)]'
	A =
	    1. 1. - 0.3678794 - 0.3678794
	    2. 4. - 0.2706706 - 0.5413411
	    3. 9. - 0.1493612 - 0.4480836
	    4. 16. - 0.0732626 - 0.2930502
	-->b = [f - p0]' // rechte Seite
	b =
	   - 0.6321206
	   - 0.8646647
	   - 0.9502129
	   - 0.9816844
	-->pq = A\b // Lösung des LGS
	pq =
	   - 0.3493583
	    0.0332980
	    0.6130999
	    0.2460410
	``

PADE -Koeffizienten	**PADÉ-Koeffizienten**

``
>> p = [pq(2),pq(1),p0] % Zaehler-Polynom
p =
    0.0333   -0.3494   1.0000
>> q = [pq(4),pq(3),1] % Nenner-Polynom
q =
    0.2460   0.6131   1.0000
``
	``
	-->p = [p0, pq(1),pq(2)] // Zaehler-Polynom
	p =
	    1. - 0.3493583 0.0332980
	-->q = [1, pq(3),pq(4)] // Nenner-Polynom
	q =
	    1. 0.6130999 0.2460410
	``

Grafik (Vergleich der Näherung mit exakter Funktion)	**Grafik (Vergleich der Näherung mit exakter Funktion)**

``
>> x = [x0:0.01:5];%neues Inkrement für plot
>> f_appr = polyval(p,x)./polyval(q,x);
``
	``
	-->x=[x0 0.01 5];// neues Inkrement für plot
	-->exec polyval.sce; exec polyfit.sce;
	-->f_appr = polyval(p,x)./polyval(q,x);
	``

MATLAB, Octave	Scilab

`>> plot(x,fun(x),'b',x,f_appr,'m');grid on;`
`>> legend('exakt','Naeherung')`
 	
Darstellung des Fehlers:
 	
`>> err = f_appr - fun(x);`
`>> plot(x,err); grid;`
	`-->plot(x,f_appr,'m', x,fun(x)),'b'); xgrid;`
	
	Darstellung des Fehlers:
	
	`-->err = f_appr - fun(x);`
	`-->plot(x,err); xgrid;`

Die Abweichung vom exakten Wert ist sehr klein, wie in Abb. 6.14 rechts gezeigt wird. Beachten Sie, dass dort die Einheit der y-Achse den Faktor 10^{-3} enthält!

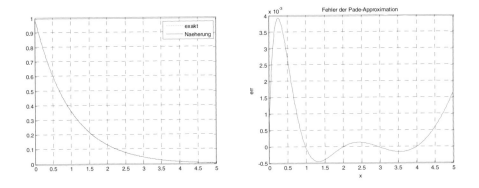

Abb. 6.14 Abfallende Exponentialfunktion und ihre PADÉ-Näherung (links) sowie der Fehler der PADÉ-Näherung (rechts)

Wir haben hier zwar eine bekannte Funktion, nämlich die abfallende Exponentialfunktion benutzt, um die Stützstellenwerte zu bekommen. Das war nützlich, um eine Vorstellung von der Genauigkeit der PADÉ-Approximation zu erhalten. Benötigt haben wir jedoch lediglich die einzelnen Stützstellenpaare (x_i, y_i). Dazu hätten wir eigentlich nicht wissen müssen, woher die y_i kommen.

Wird nicht um $x = 0$, sondern um einen beliebigen festen Wert $x = x_0$ entwickelt, so ist in den obigen Formeln überall x durch $(x - x_0)$ und x_i durch $(x_i - x_0)$ zu ersetzen. Dann erhält man zum Beispiel anstelle der früheren Beziehung (6.34)

$$f(x) \approx \frac{p_0 + p_1 (x - x_0) + p_2 (x - x_0)^2}{1 + q_1 (x - x_0) + q_2 (x - x_0)^2}. \tag{6.38}$$

6.5.2 PADÉ-Approximation mit TAYLOR-Entwicklung

Die zweite Möglichkeit, eine PADÉ-Approximation zu finden, beruht auf der TAYLOR-Entwicklung. In einigen Fällen kennen wir unter Umständen die Entwicklungskoeffizienten der TAYLOR-Entwicklung an einem Punkt, zum Beispiel bei $x = 0$, ohne dass man Genaueres über den gesamten Funktionsverlauf sagen kann. In solch einer Situation kann die nun vorgestellte Variante der PADÉ-Approximation hilfreich sein. Wir schreiben die TAYLOR-Entwicklung einer Funktion um den Punkt $x = 0$ gemäß (6.1) auf:

$$f(x) = \sum_{k=0}^{n} a_k (x - x_0)^k \tag{6.39}$$

Die a_k enthalten die Ableitungen und Fakultäten.

Wieder wollen wir die PADÉ-Approximation anhand eines Beispiels finden. Dazu betrachten wir noch einmal die Exponentialfunktion aus dem vorigen Abschnitt in der Nähe von $x = 0$. Ihre TAYLOR-Entwicklung lautet:

$$f(x) = e^{-x} = 1 - x + \frac{x^2}{2!} - \frac{x^3}{3!} + \frac{x^4}{4!} - \frac{x^5}{5!} \ldots = 1 - x + \frac{x^2}{2} - \frac{x^3}{6} + \frac{x^4}{24} - \frac{x^5}{120} \ldots \tag{6.40}$$

Wir fordern, dass die PADÉ-Approximation am Punkt $x = 0$ mit der TAYLOR-Entwicklung übereinstimmen soll. Die Approximation (6.33) kann für die Funktion e^{-x} auch hier wieder exemplarisch mit $m = 2$ und $n = 2$ durchgeführt werden (also bis zu quadratischen Termen in Zähler und Nenner). Der Ansatz ergibt:

$$f(x) = \frac{p(x)}{q(x)} = \frac{p_0 + p_1 x + p_2 x^2}{1 + q_1 x + q_2 x^2} \tag{6.41}$$

Das ist der gleiche Ansatz, wie wir ihn in (6.34) benutzt haben. Indem wir für die Funktion $f(x)$ ihre TAYLOR-Entwicklung (6.40) einsetzen, erhalten wir hier

$$\left(1 - x + \frac{x^2}{2} - \frac{x^3}{6} + \frac{x^4}{24} - \frac{x^5}{120} \right) \left(1 + q_1 x + q_2 x^2 \right) = p_0 + p_1 x + p_2 x^2. \tag{6.42}$$

Der Koeffizientenvergleich liefert dann ein Gleichungssystem für die q_i, und weitere Gleichungen für die p_i. Für unser Beispiel ergeben sich somit nach Ausmultiplizieren von (6.42) folgende Gleichungen:

$$1 = p_0 \qquad \text{(Koeffizienten zu } x^0\text{)} \qquad\qquad (6.43)$$

$$-1 + q_1 = p_1 \qquad \text{(Koeffizienten zu } x^1\text{)}$$

$$\frac{1}{2} - q_1 + q_2 = p_2 \qquad \text{(Koeffizienten zu } x^2\text{)}$$

$$-\frac{1}{6} + \frac{1}{2}q_1 - q_2 = 0 \qquad \text{(Koeffizienten zu } x^3\text{)}$$

$$\frac{1}{6}q_1 - \frac{1}{2}q_2 - \frac{1}{24} = 0 \qquad \text{(Koeffizienten zu } x^4\text{)}$$

Das sind auch wieder fünf Gleichungen für die fünf gesuchten Größen $p_0 \dots q_2$. Diese reichen zur Bestimmung der Koeffizienten gerade aus. Weitere Gleichungen in den Koeffizientenvergleich einzubeziehen wäre hier theoretisch möglich, aber nicht sinnvoll, da wir ja nur fünf Gleichungen benötigen. Auf den letzten Term der Potenzreihenentwicklung von (6.42) können wir also schon verzichten.

Sofort erhalten wir den ersten Koeffizienten $p_0 = 1$. Aus den beiden unteren Gleichungen von (6.43) erhalten wir $q_1 = 1/2$ und $q_2 = 1/12$. Setzen wir diese Werte in die beiden Gleichungen darüber ein, so ergibt sich $p_1 = -1/2$ und $p_2 = 1/12$.

Das Ergebnis des Beispiels lautet also:

$$\mathrm{e}^{-x} = \frac{p_0 + p_1 x + p_2 x^2}{1 + q_1 x + q_2 x^2} = \frac{1 - \dfrac{1}{2}x + \dfrac{1}{12}x^2}{1 + \dfrac{1}{2}x + \dfrac{1}{12}x^2} \qquad\qquad (6.44)$$

Damit können wir wiederum den exakten Funktionsverlauf mit der Näherung vergleichen. Numerisch vollziehen wir diese Schritte wie folgt:

■ Codetabelle 6.19

MATLAB, Octave	Scilab
Funktionsdefinition	Funktionsdefinition
`>> fun = inline('exp(-x)');` `>> x = [0:0.01:5];`	`-->deff('y = fun(x)','y = exp(-x)')` `-->x = [0:0.01:5];`
Rechnung	Rechnung

`>> p = [1/12,-0.5,1] % Zaehler-Polynom`
`p =`
`   0.0833  -0.5000   1.0000`
`>> q = [1/12,0.5,1] % Nenner-Polynom`
`q =`
`   0.0833   0.5000   1.0000`
`>> f_appr = polyval(p,x)./polyval(q,x);`
`% Pade-Approximationsfunktion`
	`-->p = [1.-0.5,1/12] // Zaehler-Polynom`
	`p  =`
	`   1. - 0.5   0.0833333`
	`-->q = [1,0.5,1/12] // Nenner-Polynom`
	`q  =`
	`   1.   0.5   0.0833333`
	`-->exec polyval.sce; exec ../polyfit.sce;`
	`-->f_appr = polyval(p,x)./polyval(q,x);`
	`// Pade-Approximationsfunktion`

MATLAB, Octave	Scilab

Grafik (Vergleich der Näherung mit exakter Funktion)
 	
`>> plot(x,fun(x),'b',x,f_appr,'m');grid on;`
 	
Darstellung des Fehlers:
 	
`>> err = f_appr - fun(x);`
`>> plot(x,err); grid;`
	Grafik (Vergleich der Näherung mit exakter Funktion)
	
	`-->plot(x,fun(x),'b',x,f_appr,'m');xgrid;`
	
	Darstellung des Fehlers:
	
	`-->err = f_appr - fun(x);`
	`-->plot(x,err); xgrid;`

Das Ergebnis ist in Abb. 6.15 dargestellt. Die Abweichungen sind größer als bei der Anpassung über mehrere Funktionswerte im vorigen Abschnitt. Insbesondere der Vergleich mit der reinen TAYLOR-Entwicklung, wie wir sie in Aufgabe 3 gefunden hatten, zeigt allerdings, um wie viel besser die PADÉ-Näherung ist. Dabei wurden dort sogar die Terme bis x^5 entsprechend (6.40) mitgenommen.

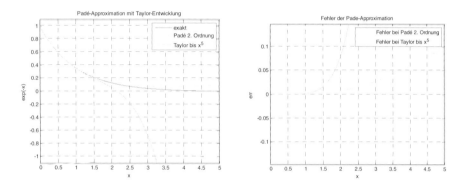

Abb. 6.15 Abfallende Exponentialfunktion und ihre PADÉ-Näherungen auf der Basis einer TAYLOR-Entwicklung der Funktion (links). Der Fehler der PADÉ-Näherungen ist rechts dargestellt. Zum Vergleich (grün) sind die Approximationen mit einfacher Potenzreihenentwicklung entsprechend (6.40) gezeigt.

Die Approximation über rationale Funktionen, wie sie von den beiden PADÉ-Verfahren geliefert wird, ist überall dort vorteilhaft, wo die Funktion sehr starke Schwankungen aufweist, zum Beispiel in der Nähe von Polstellen. An solchen Punkten sind Polynome allein nicht flexibel genug, rationale Funktionen jedoch eher. Weitere Informationen zu PADÉ-Näherungen finden wir in den Büchern [Stöcker 2007], [Faires 1995] und [Borse 1999].

Aufgabe 10   PADÉ-Approximation aus Funktions-Stützstellen bestimmen

Von einer Funktion seien die Punkte

$$x = 0, \quad \pi/4, \quad \pi/2$$
$$y = 1, \quad 0{,}8776, \quad 0{,}5403$$

bekannt.

Hinweis: Diese Stützstellen sind Werte der Funktion $y(x) = \cos\left(\dfrac{2x}{\pi}\right)$. Das ist für unsere

Rechnungen eigentlich ohne Belang, erlaubt uns aber wieder, die Genauigkeit der Approximation zu erkennen.

Bestimmen Sie aus den gegebenen Punkten eine PADÉ-Approximation der Form

$$f(x) = \frac{a_0 + a_1 x}{1 + bx} \text{ zwischen 0 und } \pi/2.$$

Startwert der Approximation soll $f_0 = f(x = 0) = 1$ sein.

Stellen Sie den exakten Verlauf der Funktion $y(x)$ grafisch mittels MATLAB oder Scilab der PADÉ-Approximation gegenüber. ■

Aufgabe 11   Vergleich von Potenzreihenentwicklung und PADÉ-Approximation für die Arkustangens-Funktion

Die Potenzreihenentwicklung der Funktion $f(x) = \arctan(x)$ lautet:

$$f(x) = x\left(1 - \frac{x^2}{3} + \frac{x^4}{5} \cdots\right)$$

a) Ermitteln Sie mit Hilfe der TAYLOR-Entwicklung eine Formel für die PADÉ-Approximation der Funktion arctan(x). Sie soll zwei Glieder im Zähler und zwei Glieder im Nenner enthalten. *Hinweis*: Konstruieren Sie dazu als Erstes die PADÉ-Approximation der Hilfsfunktion

$$f_1(z) = 1 - \frac{z}{3} + \frac{z^2}{5} \quad \text{mit } z = x^2.$$

b) Berechnen Sie speziell arctan(1) sowohl mittels TAYLOR-Entwicklung als auch mittels PADÉ-Approximation und vergleichen Sie beide Werte mit dem exakten Wert des Arkustangens an dieser Stelle. ■

Zusammenfassung zu Kapitel 6

Potenzreihen

Funktionen lassen sich in der Umgebung eines Punktes x_0 in eine Potenzreihe entwickeln:

$$f(x) = f(x_0) + \frac{f'(x_0)}{1!}(x - x_0) + \frac{f''(x_0)}{2!}(x - x_0)^2 + \ldots + \frac{f^{(n)}(x_0)}{n!}(x - x_0)^n + \ldots$$

(TAYLOR-Reihe oder MCLAURINsche Reihe). Die Potenzreihe stimmt mit der zu approximierenden Funktion im Punkt x_0 genau überein. An diesem Punkt entsprechen auch die Ableitungen der Funktion jenen der Reihe. Die Übereinstimmung wird jedoch mit wachsendem Abstand deutlich schlechter.

Berechnung von Polynomen

Ein Polynom n-ten Grades kann in der Form

$$p(x) = a_n x^n + a_{n-1} x^{n-1} + \ldots + a_0 = \sum_{k=0}^{n} a_k x^k$$

dargestellt werden. Durch Ausklammern nach dem HORNER-Schema verringert sich die Zahl der benötigten Operationen erheblich:

$$p(x) = \underbrace{((\ldots(}_{n-1 \text{ Klammern}} a_n \cdot x + a_{n-1}) \cdot x + \ldots + a_2) \cdot x + a_1)x + a_0 .$$

Umwandlung zwischen verschiedenen Basissystemen von Zahlen

Auf dem HORNER-Schema beruht die Umrechnung von Zahlensystemen in verschiedene Basen. Das Prinzip besteht darin, schrittweise die Potenzen der jeweiligen Basis abzuspalten und mit dem verbleibenden Rest weiterzuarbeiten.

Die Hexadezimal-dezimal-Umwandlung geschieht deshalb nach dem folgenden Schema:

$$z = z_r b^r + z_{r-1} b^{r-1} + \ldots + z_1 b + z_0 =$$
$$= ((\ldots((z_r)b + z_{r-1})b + z_{r-2})b + \ldots + z_1)b + z_0$$

($b = 16$ ist die Basis des Hexadezimalsystems, für andere Zahlensysteme gilt mit einem anderen b sinngemäß das Gleiche.)

Nach diesem Prinzip lassen sich auch die Nachkommastellen behandeln

$$z = z_{-1}b^{-1} + z_{-2}b^{-2} + \ldots + z_{-s}b^{-s} + \ldots = \frac{1}{b}(z_{-1} + \frac{1}{b}(z_{-2} + \frac{1}{b}(z_{-3} + \ldots)\ldots))$$

Bei der Dezimal-hexadezimal-Umwandlung liefert die fortgesetzte Division durch die Basis b die Koeffizienten $z_0 \ldots z_r$ jeweils als Divisionsrest.

NEWTONsche und LAGRANGEsche Interpolation

Interpolation und *Approximation* sind typische Aufgaben der Numerischen Mathematik. Wenn die gegebenen Funktionswerte exakt getroffen werden sollen, spricht man von *Interpolation*, wenn man dagegen nur eine möglichst „gutmütige" Näherung finden möchte, spricht man von *Approximation*.

Mittels Interpolation werden Zwischenwerte von diskreten Wertepaaren in Form eines funktionalen Zusammenhangs erfasst.

Der Gedanke des NEWTONschen Interpolationsverfahrens (*Methode der dividierten Differenzen*) besteht darin, auf der Basis vorliegender Interpolationspunkte sukzessive immer bessere Näherungsfunktionen zu bestimmen.

Eine alternative Berechnungsmethode stellt das LAGRANGEsche Verfahren dar.

Approximation

Zur Approximation von Funktionen werden Polynomanpassungen verwendet, bei denen die Zahl der Stützstellen größer ist als für die Interpolation benötigt. Dies kann numerisch geschehen

- durch die Lösung eines überbestimmten Gleichungssystems (links- oder rechtsseitige Division),

- durch die Anwendung der Funktionen `polyfit` in MATLAB beziehungsweise `datafit` in Scilab (vorteilhafter auch hier mit `polyfit`).

Die Anpassung geschieht nach der Methode der kleinsten Quadrate.

Zur Auswertung benötigt man die Funktion `polyval` (MATLAB) und `horner` (Scilab, auch hier mit `polyval`).

Nichtlineare Zusammenhänge werden vor der Anpassung so umgeformt, dass sie sich als lineare Beziehungen schreiben und approximieren lassen.

Anpassungen durch Polynome höherer Ordnung als etwa 4 führen nicht zu einer weiteren Steigerung der Genauigkeit. Stattdessen lassen sich mit Erfolg stückweise Polynomapproximationen einsetzen. Eine solche Approximation liegt der Spline- und BÉZIER-Anpassung zugrunde.

PADÉ-Approximation

Für praktische Anpassungen als außerordentlich flexibel erweist sich die PADÉ-Approximation. Bei dieser wird die unbekannte Funktion durch eine rationale Funktion angenähert:

$$f(x) \approx r(x) = \frac{p(x)}{q(x)} = \frac{p_0 + p_1 x + p_2 x^2 + \ldots + p_n x^n}{q_0 + q_1 x + \ldots + q_m x^m}$$

Die besten Ergebnisse werden für $n \approx m$ erzielt.

Es gibt zwei Möglichkeiten, eine PADÉ-Approximation zu finden: entweder über einzelne Funktions-Stützstellen oder mit Hilfe der TAYLOR-Entwicklung einer gegebenen Funktion. Zur Bestimmung der Koeffizienten muss entweder eine hinreichende Zahl von Stützstellen oder von Gliedern der Potenzreihenentwicklung bereitstehen.

Testfragen zu Kapitel 6

1. Was ist der Unterschied zwischen Interpolation und Approximation? →6.1
2. Was unterscheidet die Potenzreihenentwicklung einer Funktion prinzipiell von den Polynomapproximationsverfahren? → 1.1, 6.4.1, 6.4.2
3. Wie kann man durch Anwendung des HORNER-Schemas Polynome besonders effektiv berechnen? → 6.3.1
4. Angenommen, wir kennen eine bestimmte Anzahl von Funktionswerten. Unterscheidet sich das damit durch NEWTONsche Interpolation gewonnene Polynom von dem durch LAGRANGEsche Interpolation gewonnenen? →6.4.1 und 6.4.2
5. Welche MATLAB- oder Scilab-Funktion können Sie benutzen, um eine möglichst gute Ausgleichsgerade für eine Reihe von Messpunkten zu konstruieren? → 6.4.3
6. Was verstehen Sie unter Daten-Linearisierung und unter welchen Umständen wird sie angewandt? → 6.4.4
7. Warum ist die Anpassung mit Polynomen höherer Ordnung als etwa 4 nicht zweckmäßig? → 6.4.5
8. Wodurch sind Splines gekennzeichnet? → 6.4.6

9. Mit welcher Art von Approximation lassen sich Funktionen besonders gut bearbeiten, wenn sie Singularitäten oder starke Anstiege aufweisen? → 1.1

10. Welche beiden Arten der PADÉ-Approximation kennen Sie? → 6.5.1, 6.5.2

Literatur zu Kapitel 6

[Baudin 2011]
Baudin M, Holtsberg A, *stixbox* (Statistik-Toolbox zu Scilab), http://forge.scilab.org/index.php/p/stixbox/source/tree/master/macros/polyfit.sci, Stand 11.04.2011

[Borse 1999]
Borse G J, *Numerical Methods with MATLAB*, PWS Publishing Company, Boston 1999

[Bronstein 2012]
Bronstein I N, Semendjajew K A, Musiol G, Mühlig H, *Taschenbuch der Mathematik*, Verlag Harri Deutsch, Frankfurt am Main 2012

[Faires 1995]
Faires J D, Burden R L, *Numerische Methoden: Näherungsverfahren und ihre praktische Anwendung*, Spektrum, Heidelberg 1995

[Mathews 1999]
Mathews J H, Fink K D, *Numerical Methods Using MATLAB*, Prentice Hall, Upper Saddle River 1999

[Quarteroni 2006]
Quarteroni A, Saleri F, *Wissenschaftliches Rechnen mit MATLAB*, Springer, Berlin/Heidelberg 2006

[Stöcker 2007]
Stöcker H, *Taschenbuch mathematischer Formeln und moderner Verfahren*, Verlag Harri Deutsch, Frankfurt am Main 2007

[Urroz 2001]
Urroz G E, *Numerical and Statistical Methods with SCILAB for Science and Engineering*, vol. 1, greatunpublished.com, 2001

[Urroz 2012]
Urroz G E, *Matrix Applications with Scilab*, http://www.infoclearinghouse.com/files/scilab/scilab5c.pdf, Stand 30.12.2012

7 FOURIER- und Wavelet-Transformation

7.1 Spektrale Datenanalyse

Bereits im Kapitel 6 sind wir auf einen Anwendungsfall gestoßen, für welchen Numerikprogramme wie MATLAB, Scilab oder Octave in Industrie und Forschung häufig eingesetzt werden, nämlich die Auswertung von Messergebnissen. Oft handelt es sich dabei um lange Datensätze, für die eine große Anzahl an Werten einer gemessenen Größe im zeitlichen oder räumlichen Verlauf aufgezeichnet wurde. Typische Beispiele könnten etwa die Daten einer Tonaufzeichnung in einem Studio, eines Elektrokardiogramms (EKG) in der Medizin oder eines Seismografen in der Erdbebenforschung sein. Insbesondere in den beiden letzten Fällen ist es schwierig, durch das bloße Betrachten der Rohdaten einen Überblick über charakteristische Eigenschaften der Signale zu bekommen. Deshalb ist es zweckmäßig, verschiedene Analysemethoden auf die Daten anzuwenden, um die gewünschten Informationen zugänglich zu machen. Eine der wichtigsten Methoden ist dabei die Zerlegung der Daten in ihre zugrunde liegenden Frequenzen mittels der *FOURIER-Transformation*. Im Fall räumlicher Datensätze legt man sehr oft statt der Frequenzen die Wellenzahlen zugrunde. Wellenzahlen hängen mit der Wellenlänge λ über die Beziehung $k_\lambda = 2\pi/\lambda$ zusammen.

Die FOURIER-Transformation wandelt die zeitliche bzw. räumliche Information des Ausgangssignals in ein Frequenz- bzw. Wellenzahlspektrum um, das Aufschluss über die enthaltenen Frequenzen (Wellenzahlen) sowie die zugehörigen Amplituden gibt. Der dafür notwendige Algorithmus ist als Funktion in allen drei in unserem Buch verwendeten Numerikprogrammen bereits enthalten. In den folgenden Abschnitten werden wir dessen Anwendung anhand typischer Beispielsituationen kennenlernen. Nicht immer reicht allerdings die gewöhnliche FOURIER-Transformation aus, um aus den Rohdaten die Information zu extrahieren, die man gerne haben möchte. So gibt die gewöhnliche FOURIER-Transformation zwar Auskunft darüber, welche Frequenzen in einem zeitlich abgetasteten Signal, einer sogenannten Zeitreihe, enthalten sind, nicht aber zu welcher Zeit diese auftreten. Eine Lösung für dieses Problem bieten sowohl die *gefensterte* oder *Kurzzeit-FOURIER-Transformation* als auch die *Wavelet-Transformation*. Diese Methoden werden in den Abschnitten 1.1 und 1.1 kurz vorgestellt.

Die der FOURIER- und Wavelet-Analyse zugrunde liegenden mathematischen Formalismen können hier natürlich nur in Kurzform dargestellt werden und beschränken sich auf einige interessante und häufig verwendete Anwendungsfälle. Weiterführende Informationen zu beiden Themen können der Fachliteratur entnommen werden. Für die FOURIER-Transformation seien hier zum Beispiel die Lehrbücher von [Föllinger 2003] oder [Ohm 2010] genannt. Eine recht ausführliche und ansprechend geschriebene Einführung zur Wavelet-Transformation ist das Buch [Burke Hubbard 1997].

7.2   Zerlegung periodischer Funktionen

Ausgangspunkt für die im vorigen Abschnitt angesprochene spektrale Datenanalyse ist ein Satz, den der französische Mathematiker und Ägyptologe Jean Baptiste Joseph FOURIER Anfang des 19. Jahrhunderts formulierte. Er besagt Folgendes:

Jede periodische Funktion mit einer Periodendauer T lässt sich als Summe von Sinus- und Kosinusfunktionen mit ganzzahligen Vielfachen einer Grundfrequenz $F = 1/T$ ausdrücken.

Dazu ist es notwendig, die Amplituden der einzelnen aufsummierten Schwingungen in passender Weise zu gewichten. Die mathematische Formulierung der sogenannten *FOURIER-Reihe* einer periodischen Funktion f ist folglich

$$
\begin{aligned}
f(t) &= \frac{1}{2}a_0 + \left(a_1 \cos(\omega t) + b_1 \sin(\omega t)\right) + \left(a_2 \cos(2\omega t) + b_2 \sin(2\omega t)\right) + \dots \\
&= \frac{1}{2}a_0 + \sum_{k=1}^{\infty} \left(a_k \cos(k\omega t) + b_k \sin(k\omega t)\right)
\end{aligned}
\tag{7.1}
$$

mit $\omega = 2\pi/T = 2\pi F$ als der zur Frequenz F gehörenden Kreisfrequenz[1]. Die einzelnen Sinus- und Kosinusschwingungen mit Frequenzen kF, aus denen die Funktion f mit Hilfe der Reihenbildung konstruiert wird, werden also mit den *FOURIER-Koeffizienten* a_k und b_k gewichtet und in geeigneter Weise gegeneinander verschoben. Salopp ausgedrückt können wir sagen, dass die Koeffizienten angeben, wie „stark" der jeweilige Frequenzanteil in der betrachteten Funktion ist. Deshalb sind es gerade diese beiden Größen, die es zu bestimmen gilt, wenn man eine Funktion durch ihre FOURIER-Koeffizienten beschreiben möchte. Die dafür notwendigen Ausdrücke lauten

---

[1] Im Gegensatz zur üblichen Gepflogenheit haben wir hier die Frequenz F mit einem Großbuchstaben bezeichnet, um sie von der Funktionsbezeichnung $f(t)$ zu unterscheiden.

$$a_k = \frac{2}{T} \int\limits_{-T/2}^{+T/2} f(t)\cos(k\omega t)\,dt$$

$$b_k = \frac{2}{T} \int\limits_{-T/2}^{+T/2} f(t)\sin(k\omega t)\,dt. \tag{7.2}$$

In der Praxis berechnet man natürlich nur eine endliche Anzahl dieser Koeffizienten und erhält so eine Approximation an die Funktion f. Das ist insbesondere dann zweckmäßig, wenn die FOURIER-Reihe konvergiert und sich das Ergebnis der Summe ab einer bestimmten Zahl an Reihengliedern nicht mehr essenziell ändert, da die Koeffizienten sehr kleine Werte annehmen.

Die Darstellung einer Funktion durch ihre FOURIER-Reihe wollen wir uns nun am Beispiel einer periodischen Rechteckschwingung gemäß Abb. 7.1 verdeutlichen. Die Funktionsvorschrift eines solchen Signals ist durch

$$f(t) = \begin{cases} h & \text{für } 0 \le t < \dfrac{T}{2} \\[2mm] -h & \text{für } \dfrac{T}{2} \le t < T \end{cases} \quad \text{und } f(t+nT) = f(t), \quad n = \pm 1, \pm 2, \pm 3, \dots \tag{7.3}$$

gegeben, wobei h die Impulshöhe ist.

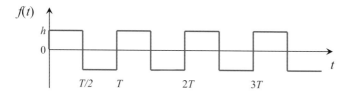

Abb. 7.1 Periodische Rechteckschwingung

Die zugehörigen FOURIER-Koeffizienten bestimmen wir mit Hilfe von Gleichung (7.2). Dabei vermuten wir bereits anhand der Abbildung, dass hier nur die Koeffizienten b_k zum Zuge kommen, die Kosinusanteile sind symmetrisch um die x-Achse verteilt und tragen nichts bei. Setzt man $f(t)$ gemäß (7.3) in (7.2) ein, so erhält man:

$$f(t) = \frac{4h}{\pi} \sum_{k=1}^{\infty} \frac{\sin((2k-1)\omega t)}{(2k-1)} = \frac{4h}{\pi}\left(\sin(\omega t) + \frac{1}{3}\sin(3\omega t) + \frac{1}{5}\sin(5\omega t)\dots \right) \tag{7.4}$$

In vielen Fällen braucht man die Koeffizienten nicht erst auszurechnen, sie sind für die wichtigsten periodischen Funktionen bereits tabelliert ([Bronstein 2012], [Stöcker 2007]), einige Beispiele haben wir auch im Anhang angegeben.

Unsere FOURIER-Reihe für die Rechteckfunktion kann jetzt numerisch mittels einer Schleife leicht berechnet werden. Im folgenden Beispielcode ermitteln wir die Summe mit zwei bzw. 20 Reihengliedern für ein Signal, das die Periode 2π hat (damit wird $\omega = 1$), mit der Impulshöhe $h = 1$.

■   Codetabelle 7.1

MATLAB, Octave	Scilab

`>> tmax = 6*pi; % Maximalwert von t`
`>> t = linspace(0,tmax,1000); % Zeitvektor`
	`-->tmax = 6*%pi; // Maximalwert von t`
	`-->t = linspace(0,tmax,1000); // Zeitvektor`

Im Folgenden wird nun die FOURIER-Reihe mit zwei bzw. 20 Summengliedern berechnet:	

`>> h = 1; % Impulshoehe (Amplitude)`
`>> N1 = 2; N2 = 20;`
`>> y1 = zeros(1,length(t)); y2=y1;`
`>> for k = 1:N1`
`     y1 = y1 + sin((2*k-1)*t)/(2*k-1);`
`end`
`>> for k = 1:N2`
`     y2 = y2 + sin((2*k-1)*t)/(2*k-1);`
`end`
`>> y1 = (4*h/pi) * y1; % Normierung 4*h/pi`
`>> y2 = (4*h/pi) * y2;`
`>> % Grafische Ausgabe`
`>> plot(t,y1,'k',t,y2,'b');`
`>> xlabel('t'); ylabel('y = f(t)');`
`>> legend('N = 2','N = 20');`
`>> grid on;`
	`-->h = 1; // Impulshoehe (Amplitude)`
	`-->N1 = 2; N2 = 20;`
	`-->y1 = zeros(1,length(t)); y2=y1;`
	`-->for k = 1:N1`
	`-->    y1 = y1+sin((2*k-1)*t)/(2*k-1);`
	`-->end`
	`-->for k = 1:N2;`
	`-->    y2 = y2+sin((2*k-1)*t)/(2*k-1);`
	`-->end`
	`-->y1 = 4*h/%pi * y1;`
	`-->y2 = 4*h/%pi * y2;`
	`-->// Grafische Ausgabe`
	`-->plot(t,y1,'k--',t,y2,'b')`
	`-->xlabel('t'); ylabel('y = f(t)');`
	`-->legend('N = 2','N = 20');`
	`-->xgrid`

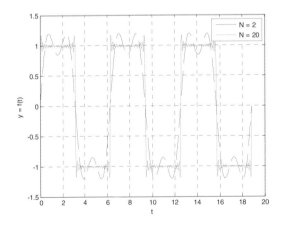

Abb. 7.2 Rechteckschwingung $f(t)$ und Approximation durch die zugehörige FOURIER-Reihe mit zwei bzw. 20 Summengliedern

Wie in Abb. 7.2 deutlich erkennbar ist, erhält man bei 20 Reihengliedern eine relativ gute Annäherung an das tatsächliche Signal. Problematisch sind allerdings die Sprungstellen, die mit den glatten Sinus- und Kosinusfunktionen nicht gut ausgedrückt werden können.

Bisher haben wir die FOURIER-Reihe über die trigonometrischen Funktionen Sinus und Kosinus formuliert. Durch Anwendung der EULERschen Formel $e^{i\varphi} = \cos(\varphi) + i\sin(\varphi)$ (vgl. Abschnitt 1.7, Gl. (1.16)) lässt sich die Reihe stattdessen auch mit einer komplexen Exponentialfunktion darstellen:

$$f(t) = \sum_{k=-\infty}^{\infty} c_k e^{ik\omega t} \tag{7.5}$$

Da das Rechnen mit Exponentialfunktionen meist deutlich bequemer ist, wird dieser kompakten Darstellung üblicherweise der Vorzug gegeben. Außerdem enthält die Reihe nur noch ein Set von FOURIER-Koeffizienten, die sich mit dem Ausdruck

$$c_k = \frac{1}{T} \int_{-T/2}^{+T/2} f(t)\, \mathrm{e}^{-ik\omega t}\, \mathrm{d}t \tag{7.6}$$

berechnen lassen.

Aufgabe 1   Berechnung der FOURIER-Reihe eines Rechtecksignals

Leiten Sie den oben in (7.4) angegebenen Ausdruck für die FOURIER-Reihe eines Rechtecksignals durch Anwendung von Gleichung (7.2) her. ∎

Aufgabe 2   Berechnung der FOURIER-Reihe eines Sägezahnsignals

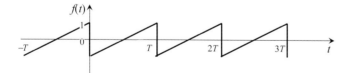

Die FOURIER-Reihe eines periodischen Sägezahnsignals entsprechend obiger Abbildung ist gegeben durch

$$f(t) = \pi - 2\left(\frac{\sin \omega t}{1} + \frac{\sin 2\omega t}{2} + \frac{\sin 3\omega t}{3} + \dots \right).$$

Berechnen Sie in MATLAB, Scilab oder Octave die FOURIER-Reihe mit zwei bzw. 20 Reihengliedern analog zu Codetabelle 7.1 (mit $\omega = 1$) und stellen Sie die Approximationen grafisch dar. Verwenden Sie dazu den dort erzeugten Zeitvektor t. Auf die Darstellung der exakten Sägezahnkurve wollen wir jedoch verzichten. ∎

Aufgabe 3   Darstellung der FOURIER-Reihe mit komplexen Exponentialfunktionen

Leiten Sie mit Hilfe der EULERschen Formel die komplexe Darstellung der FOURIER-Reihe her. ∎

7.3 FOURIER-Analyse von Zeitreihen

Bisher haben wir nur die Zerlegung von periodischen Funktionen betrachtet. Interessanterweise lassen sich aber auch nichtperiodische Funktionen in ähnlicher Weise zerlegen, sofern sie gegen unendlich so schnell abfallen, dass die Fläche unter ihrem Graphen endlich bleibt. Unter welchen Bedingungen dies genau möglich ist, überlassen wir den Fachbüchern der Analysis (zum Beispiel [Stopp 1992]). Ausgehend von den Ausdrücken der komplexen FOURIER-Reihe (7.5) und (7.6) stellen wir uns eine Periodendauer vor, die gegen unendlich geht. Der Abstand zwischen den einzelnen Frequenzanteilen kF wird dann immer kleiner, da $F = 1/T$ für $T \to \infty$ gegen null geht, und die Summe der FOURIER-Reihe geht in ein Integral über, das *FOURIER-Integral*. Außerdem müssen wir jetzt statt der diskreten Koeffizienten eine kontinuierliche Funktion $f(F)$ aller möglichen Frequenzen betrachten. Diese Funktion, die sich über eine *FOURIER-Transformation* der Funktion $f(t)$ bestimmen lässt, heißt *FOURIER-Transformierte* und enthält das *Frequenzspektrum*. Dieses gibt die Zusammensetzung eines Signals aus seinen Bestandteilen an.

Natürlich ergibt der hier schon mehrfach verwendete Begriff der Frequenz nur bei zeitabhängigen Signalen einen Sinn. Auf diese wollen wir uns im Folgenden beschränken. Die FOURIER-Transformation führt in diesem Fall ein Signal vom Zeitbereich in den Frequenzbereich über. Grundsätzlich ist eine solche Transformation aber auch bei anderen Signalen denkbar, zum Beispiel, wie in der Einleitung dieses Kapitels erwähnt, bei räumlich abhängigen Signalen. Anstelle von Zeit- und Frequenzbereich spricht man im allgemeinen Fall vom Original- und Bildbereich.

Die mathematischen Ausdrücke für die kontinuierliche FOURIER-Transformation von $f(t)$ nach $\hat{f}(F)$ und die entsprechende Rücktransformation (*Synthese*) lauten

$$\hat{f}(F) = \int_{-\infty}^{+\infty} f(t)\, e^{-2\pi i F t}\, \mathrm{d}t$$

$$f(t) = \int_{-\infty}^{+\infty} \hat{f}(F)\, e^{2\pi i F t}\, \mathrm{d}F.$$

(7.7)

Durch Anwendung dieser Formeln kann man aus einem kontinuierlichen Zeitsignal das zugehörige kontinuierliche Frequenzspektrum bestimmen. In der Praxis stehen die Werte einer Zeitreihe jedoch normalerweise nur an diskreten Zeitpunkten und in endlicher Anzahl zur Verfügung, etwa wenn bei einer Messung der zu messende Wert in bestimmten Zeitabständen abgetastet wird. Ein solches zeitdiskretes Signal kann als Annäherung an das kontinuierliche Signal betrachtet und dessen Frequenzspektrum numerisch mit Hilfe der diskreten FOURIER-Transformation (DFT) ermittelt werden. Der Frequenzbereich muss für die numerische Berechnung allerdings auch diskretisiert werden, das heißt, die FOURIER-Transformation wird wieder nur bei bestimmten Frequenzen ausgewertet.

Stellen wir uns also vor, wir hätten in einer Messung zu gewissen äquidistanten Zeitpunkten insgesamt N Werte einer Größe gemessen und wollten mit Hilfe eines Numerikprogramms das Frequenzspektrum des Signals y_n bestimmen. Prinzipiell kann die diskrete FOURIER-Transformierte Y_{k+1} dann über die Formel

$$Y_{k+1} = \sum_{n=0}^{N-1} y_{n+1}\, e^{-2\pi i \frac{nk}{N}}, \text{ für } k = 0, 1, 2, \ldots, N-1 \qquad (7.8)$$

ermittelt werden. Die Abtastpunkte des ursprünglichen Zeitsignals lassen sich mittels

$$y_{n+1} = \frac{1}{N} \sum_{k=0}^{N-1} Y_{k+1}\, e^{2\pi i \frac{nk}{N}}, \text{ für } n = 0, 1, 2, \ldots, N-1 \qquad (7.9)$$

zurücktransformieren. Dabei haben wir angenommen, dass die Anzahl der betrachteten Frequenzen mit der Anzahl der Abtastpunkte übereinstimmt. Das N im Nenner des Exponenten rührt von dieser Frequenzdiskretisierung her. Obwohl die Berechnung nach diesem Schema generell möglich ist, erfordert sie sehr viele Rechenschritte und ist deshalb vor allem bei einer großen Zahl an Datenpunkten selbst für heutige Computer ziemlich aufwendig. Beispielsweise müssen bei einer Zeitreihe mit $N = 1024$ Datenpunkten für jede der 1024 Frequenzkomponenten 1024 Produkte summiert werden, so dass rund eine Million Rechenoperationen erforderlich sind. Abhilfe schafft die *schnelle FOURIER-Transformation* (FFT), ein Algorithmus, der durch geschickte Faktorisierung von Matrizen eine deutlich effizientere Berechnung der diskreten FOURIER-Transformierten ermöglicht. Voraussetzung dafür ist allerdings, dass die Anzahl der Abtastpunkte N durch eine Zweierpotenz gegeben ist, also $N = 2^x$, und x eine natürliche Zahl ist (wobei x natürlich nicht zu klein sein sollte).

In MATLAB, Scilab und Octave ist die schnelle FOURIER-Transformation als Funktion `fft` implementiert. Deren Anwendung wollen wir nun an einem einfachen Beispiel demonstrieren, nämlich der diskreten FOURIER-Transformation einer Sinusschwingung mit Amplitude $A = 1$, die mit 10 Hz oszilliert und der ein numerisches Rauschen überlagert ist. Ein solches Rauschen tritt als Störung sehr häufig in Messungen elektrischer Signale auf und sorgt in unserem Fall dafür, dass im Funktionsgraph die zugrunde liegende Sinusschwingung leider nicht mehr ganz so leicht identifiziert werden kann. Wir können das Rauschen ganz einfach mit der Funktion randn erzeugen.[2] Sie liefert uns, wenn wir sie mit dem Argument size(t) aufrufen, einen Vektor mit der Länge von t (dem verwendeten Zeitvektor) mit normalverteilten Zufallszahlen. Bei Scilab erhalten wir gleichverteilte Zufallszahlen mittels einer Zusatzoption zur Funktion rand.

■ Codetabelle 7.2

MATLAB, Octave	Scilab
Erzeugung des Rauschens	

`>> tstep = 0.005; % t-Inkrement`
`>> numstep = 256; % Abtastpunkte`
`>> t = 0:tstep:(numstep-1)*tstep;`
`>> rausch = 1*randn(size(t));`
	`-->tstep = 0.005; // t-Inkrement`
	`-->numstep = 256; // Abtastpunkte`
	`-->t = 0:tstep:(numstep-1)*tstep;`
	`-->rausch = 1*rand(t,"normal");`

Der festgelegte Zeitbereich umfasst 256 Abtastpunkte mit einer Schrittweite von 5 ms.	

`>> F = 10; % Frequenz (in Hz)`
`>> A = 1; % Amplitude`
`>> y_sin = (A*sin(2*pi*F*t));`
`>> y = y_sin + rausch;`
	`-->F = 10; // Frequenz (in Hz)`
	`-->A = 1; // Amplitude`
	`-->y_sin = (A*sin(2*%pi*F*t));`
	`-->y = y_sin + rausch;`

Der Aufruf von fft ist im Wesentlichen in allen drei Programmen identisch, wobei MATLAB und Octave im Gegensatz zu Scilab die explizite Angabe von N erlauben und die Zeitreihe gegebenenfalls gekürzt oder mit Nullen aufgefüllt wird. Als Ausgabe liefert diese Funktion die komplexen FOURIER-Koeffizienten. Um die im Ausgangssignal enthaltenen Frequenzen (in diesem Fall nur eine, nämlich 10 Hz) sichtbar zu machen, werden die Koeffizienten üblicherweise als Amplitudenspektrum aufgetragen. Dafür berechnet man den Absolutbetrag der komplexen Koeffizienten (mit abs). Die korrekten Amplituden erhalten wir schließlich, indem wir die Koeffizienten mit zwei multiplizieren und durch die Länge der transformierten Zeitreihe dividieren. Diese Skalierung hängt mit dem Algorithmus der diskreten FOURIER-Transformation zusammen.

---

[2] In Abschnitt 1.8.4 haben wir bereits die Funktion rand kennengelernt, die gleichverteilte Zufallszahlen liefert. Aus Gründen, auf die wir hier nicht näher eingehen wollen, sind für das beschriebene Beispiel jedoch normalverteilte Zufallszahlen besser geeignet.

■ Codetabelle 7.3

MATLAB, Octave	Scilab
Berechnung der diskreten FOURIER-Transformation und Ermittlung der passenden Werte für das Amplitudenspektrum:	
`>> Y = fft(y);` `>> Y = 2*Y/length(y); % Normierung`	`-->Y = fft(y);` `-->Y = 2*Y/length(y); // Normierung`

Ein wesentlicher Punkt ist die Erzeugung des Frequenzvektors, den wir benötigen, um die von `fft` ermittelten Werte den zugehörigen Frequenzen zuzuordnen. Wichtig ist dabei das sogenannte *Sampling*- oder *Abtasttheorem*, welches besagt, dass die maximal bestimmbare Frequenz der halben Abtastfrequenz F_s entspricht. Außerdem sind die FOURIER-Koeffizienten im von `fft` erzeugten Vektor spiegelbildlich um $F_s/2$ verteilt. Der Ergebnisvektor Y enthält daher nicht nur das FOURIER-Spektrum mit positiven Frequenzen, sondern auch das Spiegelspektrum mit negativen Frequenzen. Die zweiseitige Frequenzachse einer FOURIER-Transformation mit `numstep` Punkten können wir in MATLAB/Octave und Scilab mit

```
(Fs/2) * linspace(-1,1,numstep);
```

generieren. Mit Hilfe der Funktion `fftshift` kann nun die Ausgabe von `fft` so verschoben werden, dass die nullte Frequenzkomponente gerade in der Mitte des Spektrums liegt und somit zur eben definierten Frequenzachse passt. Andererseits interessiert uns normalerweise ohnehin nur das einseitige FOURIER-Spektrum, dessen Frequenzachse wir mit

```
(Fs/2) * linspace(0,1,numstep/2+1)
```

erzeugen können. Dafür benötigen wir dann natürlich auch nur die ersten `(numstep/2)+1` Einträge der transformierten Zeitreihe. Der gesamte Code zum Auftragen des Amplitudenspektrums ist in der folgenden Codetabelle zusammengefasst.

■ Codetabelle 7.4

MATLAB, Octave	Scilab
Festlegung der zwei- und einseitigen Frequenzachse (mit/ohne Spiegelspektrum):	

`>> Fs = (1/tstep);`
`>> Fmax = Fs/2;`
`>> Faxis_2side=Fmax * linspace(-1,1,numstep);`
`>> Faxis_1side=Fmax ...`
`*linspace(0,1,numstep/2+1);`
	`-->Fs = (1/tstep);`
	`-->Fmax = Fs/2;`
	`-->Faxis_2side=Fmax * linspace(-1,1,numstep);`
	`-->Faxis_1side=Fmax ...`
	`*linspace(0,1,numstep/2+1);`

MATLAB, Octave	Scilab
Grafische Ausgabe	

`>> subplot(3,1,1); plot(t,y);`	`-->subplot(3,1,1); plot(t,y);`
`>> axis tight`	`-->title('Sinusschwingung mit Rauschen');`
`>> title('Sinusschwingung mit Rauschen');`	`-->xlabel('Zeit t in s'); ylabel('f(t)');`
`>> xlabel('Zeit t in s'); ylabel('f(t)');`	`-->set(gca(),"tight_limits",'on')`
`>> subplot(3,1,2);`	`-->subplot(3,1,2);`
`>> plot(Faxis_2side, abs(fftshift(Y)));`	`-->plot(Faxis_2side, abs(fftshift(Y)));`
`>> axis tight`	`-->title('Spektrum und Spiegelspektrum');`
`>> title('Spektrum und Spiegelspektrum');`	`-->xlabel('Frequenz F in Hz');`
`>> xlabel('Frequenz F in Hz');`	`-->ylabel('Amplitude');`
`>> ylabel('Amplitude');`	`-->set(gca(),"tight_limits",'on')`
`>> grid on;`	`-->xgrid`
`>> subplot(3,1,3);`	`-->subplot(3,1,3);`
`>> plot(Faxis_1side, abs(Y(1:numstep/2+1)));`	`-->plot(Faxis_1side, abs(Y(1:numstep/2+1)));`
`>> axis tight`	`-->title('einseitiges Fourier-Spektrum');`
`>> title('einseitiges Fourier-Spektrum');`	`-->xlabel('Frequenz F in Hz');`
`>> xlabel('Frequenz F in Hz');`	`-->ylabel('Amplitude');`
`>> ylabel('Amplitude');`	`-->set(gca(),"tight_limits",'on')`
`>> grid on;`	`-->xgrid;`

An dieser Stelle wollen wir noch einige hilfreiche Ergänzungen zu den bereits im Abschnitt 1.3.3 besprochenen Grafik-Kommandos vornehmen. Standardmäßig wählen MATLAB/Scilab automatisch eine geeignete Achsenskalierung. Der Befehl `axis tight` begrenzt in MATLAB und Octave die Achsenbegrenzung auf den genauen Wertebereich des tatsächlich zu zeichnenden Vektors. Bei Scilab kann das mit `set(gca(),"tight limits",'on')` erreicht werden.

Abb. 7.3 zeigt den zeitlichen Verlauf der untersuchten Sinusschwingung sowie deren FOURIER-Analyse. Obwohl die Oszillation mit 10 Hz im Funktionsgraphen durch das (in diesem Fall künstlich hinzugefügte) Rauschen relativ stark verzerrt ist, sticht diese Frequenzkomponente im FOURIER-Spektrum deutlich heraus. Auch die Amplitude, die wir ja auf eins festgesetzt hatten, kann eindeutig abgelesen werden.

Ein weiteres Beispiel folgt in Form einer Aufgabe am Ende des nächsten Abschnitts. Es ermöglicht uns, die Nützlichkeit der FOURIER-Transformation selbst zu testen.

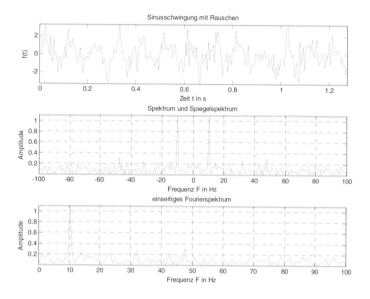

Abb. 7.3 FOURIER-Spektrum einer Sinusschwingung $f(t) = \sin(2\pi F t)$ $(F = 10$ Hz$)$ mit überlagertem Rauschen

Aufgabe 4   FOURIER-Analyse einer gedämpften Schwingung

Wenden Sie die schnelle FOURIER-Transformation `fft` auf eine gedämpfte Kosinusschwingung der Form $y = f(t) = \exp(-\delta t)\cos(2\pi F t)$ an. Wählen Sie 2048 Schritte (`numstep = 2048`) m Zeitbereich bis $t = 6$ und als Abtastfrequenz den Wert `Fs = numstep/6`. Für den Einstieg sollten Sie die Frequenz $F = 1$ und $\delta = 0{,}5$ wählen. Variieren Sie diese Parameter danach auch einmal. ∎

7.4 Zeit-Frequenz-Analyse

7.4.1 Zeitliche Veränderungen eines Signals

Im vorigen Abschnitt haben wir gesehen, dass wir die in einem zeitdiskreten Signal enthaltenen Frequenzen und auch deren Amplituden mit einer FOURIER-Analyse bestimmen und sichtbar machen können. Wenn sich jedoch diese Frequenzen im zeitlichen Verlauf des abgetasteten Signals ändern, können wir diese mit der FOURIER-Transformation zwar bestimmen, verlieren andererseits aber die Information darüber, wann sie aufgetreten sind. Tatsächlich ist die Zeitinformation nicht wirklich verloren, sonst könnte man das ursprüngliche Signal ja nicht aus den FOURIER-Koeffizienten rücktransformieren. Sie steckt in den Phasen der komplexen FOURIER-Koeffizienten und ist uns nicht ohne Weiteres zugänglich. In manchen Fällen wäre es aber sehr wünschenswert, sowohl die Frequenz als auch das zugehörige Zeitintervall gleichermaßen zu bestimmen.

Ein anschauliches Beispiel dafür finden wir im Bereich der Musik, denn Töne sind, wie wir wissen, im Grunde genommen nicht anderes als Schwingungen mit bestimmten Frequenzen. Wenn wir den mit einem Instrument gespielten Klang eines Tones hören, handelt es sich dabei eigentlich um eine Mischung aus einer Grundschwingung mit einer gewissen Grundfrequenz und mehreren Obertönen, deren Frequenzen Vielfache der Grundfrequenz sind. Diese Obertöne sind für die wahrzunehmende Klangfarbe verantwortlich. Der Einfachheit halber wollen wir uns hier auf die Grundtöne beschränken.

In unserem Beispiel erzeugen wir mit einfachen Sinusfunktionen den abrupten zeitlichen Wechsel von einen C-Dur-Dreiklang, bestehend aus den Tönen c′, e′ und g′, zu einem F-Dur Dreiklang mit Tönen f′, a′ und c′′ (der Strich ermöglicht die eindeutige Bezeichnung eines bestimmten Tones, da das bei uns gebräuchliche Tonsystem in Oktaven eingeteilt ist und sich die Tonbenennung mit Buchstaben nach sieben Tönen wiederholt). Die zugehörigen Frequenzen sind 264 Hz, 330 Hz und 396 Hz sowie 352 Hz, 440 Hz und 528 Hz. Den Zeitvektor t legen wir so fest, dass der Abstand zweier Zeitpunkte 1/44 100 s beträgt. Die Schwingungen werden also mit einer Frequenz von 44.1 kHz abgetastet, was genau der Abtastfrequenz einer Audio-CD entspricht. Da in diesem Fall eine einzige Sekunde bereits 44 100 Datenpunkte erfordert, lassen wir den Dreiklangwechsel schon nach einer Viertel-sekunde stattfinden und wählen für t eine Gesamtlänge von einer halben Sekunde.

■   Codetabelle 7.5

MATLAB, Octave	Scilab
Festlegung der Abtastfrequenz und des Zeitvektors	

```>> tstep = 1/44100; % t-Inkrement```
 ```>> Fs = 1/tstep; % Abtastfrequenz```
 ```>> numstep = 22050; % Abtastpunkte```
 ```>> t = 0:tstep:(numstep-1)*tstep;```
	```-->tstep = 1/44100; // t-Inkrement```
	 ```-->Fs = 1/tstep; // Abtastfrequenz```
	 ```-->numstep = 22050; // Abtastpunkte```
	 ```-->t = 0:tstep:(numstep-1)*tstep;```

Der Zeitvektor umfasst 22 050 Abtastpunkte mit einer Schrittweite von 1/44 100 s. Die Abtastfrequenz entspricht also 44.1 kHz. Möglicherweise erzeugt Scilab bei dieser Anzahl von Abtastpunkten einen Fehler, da der auf dem verwendeten System verfügbare Speicher nicht ausreicht. In diesem Fall können wir für numstep auch einen geringeren Wert einsetzen, etwa 10 000. Die Zeitreihe ist dann entsprechend kürzer.

Wir erzeugen nun die Schwingungsfrequenzen des C-Dur-Akkords:

MATLAB, Octave	Scilab

```>> A = 1; % Amplitude der Schwingungen```
 ```>> F1_1 = 264; % F1 (in Hz) ==> c'```
 ```>> F2_1 = 330; % F2 (in Hz) ==> e'```
 ```>> F3_1 = 396; % F3 (in Hz) ==> g'```
	```-->A = 1; // Amplitude der Schwingungen```
	 ```-->F1_1 = 264; // F1 (in Hz) ==> c'```
	 ```-->F2_1 = 330; // F2 (in Hz) ==> e'```
	 ```-->F3_1 = 396; // F3 (in Hz) ==> g'```

Erzeugung der Schwingung:	Erzeugung der Schwingung:

```>> y1_1 = A*sin(2*pi*F1_1*t);```
 ```>> y2_1 = A*sin(2*pi*F2_1*t);```
 ```>> y3_1 = A*sin(2*pi*F3_1*t);```
 ```>> y_1 = y1_1+y2_1+y3_1; % Überlagerung```
	```-->y1_1 = A*sin(2*%pi*F1_1*t);```
	 ```-->y2_1 = A*sin(2*%pi*F2_1*t);```
	 ```-->y3_1 = A*sin(2*%pi*F3_1*t);```
	 ```-->y_1 = y1_1+y2_1+y3_1; //Überlagerung```

MATLAB, Octave	Scilab
Schwingungsfrequenzen des F-Dur-Akkords:	

MATLAB, Octave	Scilab
```>> F1_2 = 352; % F1 (in Hz) ==> f'```	```-->F1_2 = 352; // F1 (in Hz) ==> f'```
```>> F2_2 = 440; % F2 (in Hz) ==> a'```	```-->F2_2 = 440; // F2 (in Hz) ==> a'```
```>> F3_2 = 528; % F3 (in Hz) ==> c''```	```-->F3_2 = 528; // F3 (in Hz) ==> c''```
Erzeugung der Schwingung:	Erzeugung der Schwingung:
```>> y1_2 = A*sin(2*pi*F1_2*t);```	```-->y1_2 = A*sin(2*%pi*F1_2*t);```
```>> y2_2 = A*sin(2*pi*F2_2*t);```	```-->y2_2 = A*sin(2*%pi*F2_2*t);```
```>> y3_2 = A*sin(2*pi*F3_2*t);```	```-->y3_2 = A*sin(2*%pi*F3_2*t);```
```>> y_2 = y1_2+y2_2+y3_2; % Überlagerung```	```-->y_2 = y1_2+y2_2+y3_2; //Überlagerung```

Abrupter Wechsel von einem C-Dur-Akkord zu einem F-Dur-Akkord nach $t/2$, der Hälfte der betrachteten Gesamtzeit:

MATLAB, Octave	Scilab
```>> ymax = numstep/2;```	```-->ymax = numstep/2;```
```>> y = [y_1(1:ymax),y_2(ymax+1:end)];```	```-->y = [y_1(1:ymax),y_2(ymax+1:$)];```

Übrigens lassen sich die Schwingungen tatsächlich hörbar machen. Die Funktion audiowrite in MATLAB (nicht unter Octave) beziehungsweise savewave in Scilab schreibt den Inhalt des Schwingungsvektors in eine Wave-Datei, die man mit einem Mediaplayer wiedergeben kann.

MATLAB, Octave	Scilab
```>> audiowrite('Akkord.wav',y,Fs);```	```-->savewave('Akkord.wav',y,Fs);```

In unserem Beispiel sind die Töne natürlich nur für einen ganz kurzen Moment zu hören. Außerdem klingen die Akkorde sehr „elektronisch", da sie ja nur aus den reinen Grundschwingungen bestehen und wir auf die Obertöne verzichtet haben.

Das erzeugte Signal untersuchen wir nun zunächst mittels einer gewöhnlichen FOURIER-Analyse und stellen das Frequenzspektrum grafisch dar, so wie wir es im letzten Abschnitt kennengelernt haben.

■ Codetabelle 7.6

MATLAB, Octave	Scilab
```>> Y = fft(y);```	```-->Y = fft(y);```
```>> Y = 2*Y/length(y); % Normierung```	```-->Y = 2*Y/length(y); // Normierung```
```>> % Festlegung der Frequenzachse```	```-->// Festlegung der Frequenzachse```
```>> Fmax = Fs/2;```	```-->Fmax = Fs/2;```
```>> Faxis_1side=Fmax ...```	```-->Faxis_1side=Fmax ...```
```*linspace(0,1,numstep/2+1);```	```*linspace(0,1,numstep/2+1);```
```>> % Grafikausgabe```	```-->// Grafikausgabe```
```>> subplot(2,1,1); plot(t,y);```	```-->subplot(2,1,1); plot(t,y);```
```>> title('Wechsel von ...```	```-->title('Wechsel von ...```
```C-Dur- zu F-Dur-Akkord');```	```C-Dur- zu F-Dur-Akkord');```
```>> xlabel('Zeit t/s'); ylabel('f(t)');```	```-->xlabel('Zeit t (s)'); ylabel('f(t)');```
```>> axis tight;```	```-->set(gca(),"tight_limits",'on')```
```>> grid on;```	
```>> axis tight;```	

An dieser Stelle benötigen wir eine Möglichkeit zur Begrenzung der Achsen in einer Grafik. Da wir die erforderlichen Kommandos bisher noch nicht vorgestellt haben, wollen wir uns jetzt kurz damit befassen.

Programmierpraxis mit Standardfunktionen	
MATLAB, Octave	Scilab
Achsenbegrenzungen kann man in MAT-LAB/Octave über die Befehle • set(gca,'XLim',[x_start x_end]) beziehungsweise • set(gca,'YLim',[y_start y_end]) festlegen, wobei x_start, x_end, y_start, y_end jeweils die Anfangs- und Endwerte enthalten. Generell erlaubt das Kommando set(gca,...) den Zugriff auf etliche Einstellungsparameter für das aktuelle Grafikfenster (gca... get current axis). Weitere Hinweise dazu sind in der MATLAB-Hilfe zu finden.	Bei Scilab ist die Handhabung leider etwas umständlicher. Wenn wir nur die Begrenzung der x-Achsen ändern wollen, rufen wir zuerst die *aktuellen* Begrenzungen *beider* Achsen mit • axislims = get(gca(),'data_bounds') ab. Diese speichern wir in unserem Fall dann (bei einem 2d-Plot) als 2 x 2-Matrix unter dem Namen axislims ab. Die Begrenzung der x-Achse und der y-Achse erreichen wir schließlich mit • set(gca(),'data_bounds',[x_start,y_start;x_end,y_end]);

■ Codetabelle 7.7

MATLAB, Octave	Scilab
| ```
>> subplot(2,1,2);
>> plot(Faxis_1side, abs(Y(1:numstep/2+1)));
>> set(gca,'XLim',[0 600]);
>> title('Einseitiges Fourier-Spektrum');
>> xlabel('Frequenz F/Hz');
>> ylabel('Amplitude');
``` | ```
-->subplot(2,1,2);
-->plot(Faxis_1side, abs(Y(1:numstep/2+1)));
-->xgrid
-->axislims=get(gca(),"data_bounds");
-->set(gca(),"data_bounds", ...
[0,axislims(1,2); ...
600,axislims(2,2)]);
-->title('Einseitiges Fourier-Spektrum');
-->xlabel('Frequenz F/Hz');
-->ylabel('Amplitude');
-->set(gca(),"tight_limits",'on')
``` |

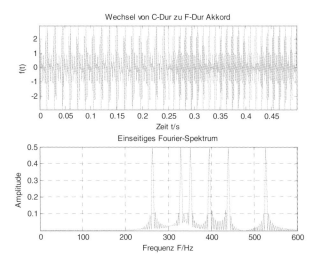

Abb. 7.4 FOURIER-Spektrum eines zeitlichen Wechsels von einem C-Dur- zu einem F-Dur-Akkord mittels STFT

Das Ergebnis der FOURIER-Analyse ist in Abb. 7.4 zu sehen. Die Begrenzung der Frequenzachse (x-Achse) haben wir manuell auf [0 600], also auf den Bereich zwischen 0 und 600 Hz gesetzt, denn in unserem Beispielfall wissen wir ja, dass die interessanten Beiträge unterhalb von 600 Hz liegen sollten. Wie erwartet sind die einzelnen Frequenzen im Spektrum gut auszumachen und eindeutig bestimmbar. Bemerkenswert ist allerdings, dass die Amplitude nicht, wie vorher festgelegt, bei 1 liegt, sondern bei 0.5. Der Grund dafür liegt darin, dass wir die FOURIER-Koeffizienten wieder mit 2/length(y) multipliziert haben, in diesem Fall der Vektor y aber eigentlich aus zwei Einzelteilen zusammengefügt wurde. Für die korrekte Darstellung der Amplitude müssten wir also durch die Länge der Einzelvektoren y_1 und y_2 dividieren. Meist ist man bei der FOURIER-Analyse von gemessenen Signalen aber nur an den relativen Amplituden und den Amplitudenverhältnissen der enthaltenen Frequenzanteile interessiert, so dass die Ermittlung des genauen Amplitudenwerts nicht unbedingt von Bedeutung ist.

7.4.2 Kurzzeit-FOURIER-Transformation STFT

Obwohl uns Abb. 7.4 exakt Aufschluss über die Frequenzen aller in den beiden Dreiklängen enthaltenen Töne gibt, können wir anhand des FOURIER-Spektrums nicht sagen, welche Frequenzen die einzelnen Dreiklänge bilden, d.h. welche Töne zu welcher Zeit erklungen sind. Um neben der Frequenzinformation auch die Zeitinformation des untersuchten Signals sichtbar zu machen, können wir die *Kurzzeit-FOURIER-Transformation* verwenden. Sie wird auch *ST-FOURIER-Transformation* genannt (engl. *short-time FOURIER transform, STFT*). Die Idee hinter dieser Methode ist es, das Signal in kurze Zeitintervalle zu unterteilen und die Transformation für jedes dieser Segmente separat durchzuführen. Mathematisch lässt sich das erreichen, indem $f(t)$ mit einer sogenannten Fensterfunktion $g(t)$ multipliziert wird, die nur in einem begrenzten Zeitbereich ungleich von null ist und mit Hilfe eines Translations- oder Verschiebungsparameters τ auf der Zeitachse verschoben werden kann. Die zu einem bestimmten τ gehörigen FOURIER-Koeffizienten werden also berechnet, anschließend wird die Fensterfunktion verschoben und das Verfahren für den neuen Wert von τ wiederholt.

Für kontinuierliche Signale ist die ST-FOURIER-Transformation folglich durch

$$\hat{f}_g(F, \tau) = \int\limits_{-\infty}^{+\infty} f(t)\, g(t - \tau)\, e^{-2\pi i F t}\, \mathrm{d}t \qquad\qquad (7.10)$$

definiert. Im Fall diskreter Zeit- und Frequenzwerte muss statt des Integrals natürlich wieder eine Summe verwendet werden. Auf die Angabe des exakten Ausdrucks wollen wir hier jedoch verzichten und verweisen auf die Fachliteratur. Fensterfunktionen spielen in der digitalen Signalverarbeitung eine große Rolle und können in verschiedenster Weise definiert werden. Sie haben aber meist etwa die Form einer GAUßschen Glockenkurve. Das „Herausfenstern" der Werte einer Zeitreihe innerhalb eines bestimmten Zeitbereichs mit einer typischen Fensterfunktion, einem *HAMMING-Fenster*, ist in Abb. 7.5 dargestellt.

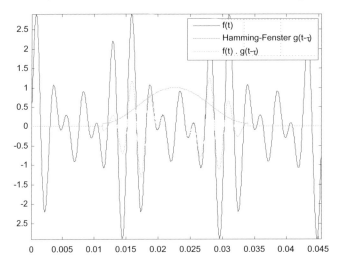

Abb. 7.5 Zeitliche Lokalisation eines Signals mittels einer Fensterfunktion

Um in MATLAB die ST-FOURIER-Transformation mit Hilfe einer eingebauten Funktion berechnen zu können, ist die „Signal Processing Toolbox" erforderlich.

Sie stellt die Funktion `spectrogram` und eine Reihe von Fensterfunktionen, zum Beispiel das HAMMING-Fenster `hamming`, bereit. Im Prinzip könnte man den notwendigen Algorithmus, aufbauend auf die `fft`-Funktion, auch selbst implementieren, für die Zielsetzung dieses Buches würde das jedoch zu weit führen. Da aber sowohl in Octave als auch Scilab vergleichbare Funktionen bereitstehen, können wir die notwendigen Berechnungen mit diesen Programmen durchführen, falls die MATLAB-Toolbox nicht zur Verfügung steht. Allerdings müssen zuvor auch hier zusätzliche Toolboxen installiert werden.

Unter Octave ist dazu das Paket „signal" notwendig, welches über die Octave-Forge-Paketsammlung angeboten wird. Wenn die Windows-Version von Octave (Visual-Studio-Paket) oder Octave UPM R8 verwendet wird, haben Sie die dort mitgelieferten Pakete hoffentlich bei der Installation gleich mit ausgewählt, so wie es in Kapitel 1 beschrieben wurde.

Unter Linux (und Mac OS) wird das „signal"-Paket stattdessen mit dem Kommando

```
pkg install -forge general miscellaneous struct optim ...
specfun control signal
```

eingerichtet. Die damit zusätzlich eingebrachten Pakete wie „general", „miscellanous" und so weiter werden vom „signal"-Paket benötigt und müssen deshalb zuerst installiert werden.[3] Weitere Informationen zum Installieren von Octave-Forge-Paketen findet man auf der Webseite des Octave-Forge-Projekts. Ähnlich wie in MATLAB stellt „signal" sowohl die Fensterfunktion als auch die Funktion `specgram` bereit.

Unter Scilab müssen wir die „Time Frequency Toolbox" von Holger Nahrstaedt und François Auger [Nahrstaedt 2012b] installieren. Dazu verwenden wir am besten den Modul-Manager ATOMS im Menü Anwendungen. Die Toolbox enthält in der aktuellen Version zwei mögliche Funktionen für die ST-FOURIER-Transformation, nämlich `tfrstft` und `Ctfrstft`. Letztere basiert auf der Programmiersprache C und ermöglicht eine schnellere Berechnung, weshalb wir diese Funktion hier verwenden. Allerdings sollte die Anzahl der Datenpunkte, mit denen die Berechnung durchgeführt wird, dennoch nicht zu groß gewählt werden.[4]

---

[3] Es ist erforderlich, eine hierarchische Reihenfolge der Pakete bei der Installation einzuhalten, da manche der Funktionen im Paket von anderen Nicht-Standard-Funktionen abhängen. `signal` zum Beispiel benötigt `control`, `control` benötigt `specfun` usw.

[4] Wir müssen nach der Installation dieser Toolbox das Scilab-Programm zunächst schließen. Ihre Kommandos stehen erst nach einem erneuten Programmstart zur Verfügung.

Programmierpraxis mit Standardfunktionen	
MATLAB (Signal Processing Toolbox), Octave (Paket „signal" oder UPM R8)	Scilab (Time Frequency Toolbox)
• MATLAB: `[S,F,T] = spectrogram(y,window,noverlap,numstep,Fs)` Die Funktion `spectrogram` erzeugt ein Spektrogramm mit Hilfe der FOURIER-Transformation. Voraussetzung ist, dass die Signal Processing Toolbox verfügbar ist. Der Vektor y enthält die Signalwerte, `window` die Werte der Fensterfunktion einer bestimmten Länge, `noverlap` die Anzahl der bei jedem Transformationsschritt überlappenden Datenpunkte, `numstep` die Transformationslänge und `Fs` die Abtastfrequenz. In der Ausgabe sind `F` der Frequenzvektor, `T` der Zeitvektor und `S` enthält die Werte des Spektrogramms. Alternativ sind auch andere Eingabeoptionen möglich. Weitere Informationen dazu sind in der MATLAB-Hilfe zu finden. • Octave: `[S,F,T] = specgram(y,numstep,Fs,window,noverlap)` Die Octave-Funktion `specgram` funktioniert sehr ähnlich wie `spectrogram` bei MATLAB. Hier ist die Voraussetzung das Paket „signal", das vorher mit `pkg load signal` geladen werden muss. Die Ein- und Ausgabeparameter entsprechen den MATLAB-Parametern, müssen allerdings in einer anderen Reihenfolge eingegeben werden.	• Scilab: `[S,T,F] = Ctfrstft(y,tstep,numstep)` Die Funktion `Ctfrstft` erzeugt ein Spektrogramm mit Hilfe der FOURIER-Transformation. Voraussetzung ist, dass die Time Frequency Toolbox vorher installiert und geladen wurde. Der Vektor y enthält die Signalwerte als Zeilenvektor, `tstep` gibt die Zeitindizes an, zu denen die Transformation durchgeführt wird, und `numstep` bezeichnet die Transformationslänge. In der Ausgabe sind `F` der auf die Abtastfrequenz normierte Frequenzvektor, `T` der Zeitindex-Vektor und `S` enthält die Werte des Spektrogramms.

Die Aufrufe zur Durchführung der Transformation mit den drei genannten Programmen sind in Codetabelle 7.8 zusammengefasst und beschrieben. Die Kommandos aus Codetabelle 7.5, die die Schwingungen definieren, werden dabei vorausgeschickt.

Datei auf Webseite

Alle ab hier in diesem Abschnitt beschriebenen Kommandos sind gemeinsam mit denen aus Codetabelle 7.5 in den Dateien STFT.m (für MATLAB), STFT_oct.m (für Octave) beziehungsweise STFT.sce (für Scilab) zusammengefasst.

■ Codetabelle 7.8

MATLAB, Octave	Scilab

`>> winwidth = 2048: % Fensterbreite`
`>> winfun = hamming(winwidth);`
`>> noverlap=2000: %Überlappungspunkte`
 	
Berechnen der ST-FOURIER-Transformierten in MATLAB:
 	
`>> [S,F,T] = spectrogram(y, ...`
`winfun,noverlap,numstep,Fs);`
 	
Unter Octave muss zunächst das Signal-Paket geladen werden:
 	
`>> pkg load signal`
 	
Zum Berechnen der ST-FOURIER-Koeffizienten mit der Octave-Funktion `specgram` müssen die Eingabeparameter in einer anderen Reihenfolge als in MATLAB eingegeben werden:
 	
`>> [S,F,T] = specgram(y, ...`
`numstep,Fs,winfun,noverlap);`
 	
In beiden Fällen werden die FOURIER-Koeffizienten für Frequenzen bis zur halben Abtastfrequenz (hier also bis 22.05 kHz) im Array S gespeichert (ohne Spiegelspektrum). Die Vektoren F und T enthalten die Frequenzen und die Zeiten, bei denen die Transformation durchgeführt wurde. Als Fenster verwenden wir hier ein HAMMING-Fenster der Breite `winwidth`, welches so verschoben wird, dass sich jeweils `noverlap` Punkte überlappen.
	Für die Berechnung mit Scilab müssen wir die Anzahl der verwendeten Zeitpunkte reduzieren:
	
	`-->tstep_STFT=1:25:length(t):`
	
	Außerdem ist es erforderlich, die Größe des zur Verfügung stehenden Arbeitsspeichers zu erhöhen:
	
	`-->stacksize(100000000);`
	
	Berechnen der ST-FOURIER-Transformierten (die Funktion `Ctfrstft` verlangt y als Zeilenvektor, deshalb muss transponiert werden):
	
	`-->[S,T,F] = Ctfrstft(y', ...`
	`tstep_STFT,numstep):`
	
	Die FOURIER-Koeffizienten werden im Array S gespeichert. Die Vektoren F und T geben die auf die Abtastfrequenz Fs *normierten* Frequenzen und die Indizes (von y bzw. t) an, bei denen die Transformation durchgeführt wurde. Als Fenster wird von der Funktion `Ctfrstft` standardmäßig ein HAMMING-Fenster der Breite `numstep/4` verwendet. Anders als in MATLAB und Octave wird nicht die Anzahl der Überlappungspunkte, sondern mittels `tstep_STFT` direkt die Position τ der Fensterfunktion angegeben.

Die zeitlich lokalisierten FOURIER-Koeffizienten in der Matrix S können wir nun in einem Zeit-Frequenz-Diagramm, dem FOURIER-Spektrogramm, auftragen. Theoretisch könnten wir unter MATLAB/Octave dazu die Funktion `surf` mit dem Zusatz `shading interp` benutzen, wie wir sie bereits in Kapitel 1 verwendet haben.

Etwas übersichtlicher ist es jedoch, die Daten sofort farbig über der *T-F*-Ebene darzustellen, so dass nach oben die Zeiten und nach rechts die Frequenzen aufgetragen werden. Dies entspricht ungefähr der Situation, wenn die `surf`-Grafik direkt von oben betrachtet wird. MATLAB und Octave enthalten für diesen Zweck in `spectrogram` bzw. `specgram` sogar automatische Plot-Routinen, die ausgeführt werden, wenn die Funktionen ohne Ausgabeparameter aufgerufen werden. Wir wollen die grafische Ausgabe aber dennoch lieber von Hand vornehmen. Das gibt uns größere Handlungsfreiheit bei der Erstellung des Graphen und ermöglicht ein besseres Verständnis der aufgetragenen Werte. Üblicherweise wird für das Spektrogramm das Betragsquadrat der komplexen Koeffizienten verwendet. Für die grafische Ausgabe bietet sich unter MATLAB und Octave die Funktion `imagesc` an. Mit dieser lassen sich Zahlenwerte in einer Matrix passend zu einer gewählten Farbtabelle skalieren und als Bild auftragen. Die gewünschte Farbtabelle kann mit `colormap` festgelegt werden, eine Liste der vordefinierten Farbtabellen ist z.B. in der MATLAB-Online-Hilfe zu finden. In unserem Fall greifen wir auf die Tabelle `'jet'` zurück, mit der kleine Werte blau und große Werte rot codiert werden.

In Scilab steht uns mit `grayplot` eine vergleichbare Funktion zur Verfügung. Die Farbtabelle muss hier jedoch, wie in der Codetabelle 7.9 gezeigt wird, dem geöffneten `figure`-Fenster explizit zugewiesen werden.

■ Codetabelle 7.9

MATLAB, Octave	Scilab
Für die grafische Darstellung interessiert uns nur der Frequenzbereich von 0 bis 800 Hz. Dazu „filtern" wir aus den soeben erhaltenen Ergebnisvektoren F und S die benötigten Anteile heraus. Die Zahl der Zeilen in S entspricht der Länge des Vektors F. In der Matrix `plotcoefs` wollen wir nun nur diejenigen Zeilen von S verarbeiten, für die der entsprechende Eintrag im Vektor F, dem Frequenzvektor, kleiner als 800 ist.	
| ```
>> F_plot = F(F<800);
>> S_plot = S(F<800,:);
>> plotcoefs = abs(S_plot).^2;
``` | ```
-->F_real = F*Fs; // Frequenzen in Hz
-->F_plot = F_real(F_real<800);
-->S_plot = S(F_real<800,:);
-->plotcoefs = abs(S_plot).^2;
``` |
| Damit können wir uns nun der Grafik widmen. | |
| ```
>> subplot(3,1,1);
>> plot(t,y); axis tight;
>> title('Wechsel ...
von C-Dur zu F-Dur Akkord');
>> xlabel('Zeit t/s');
>> ylabel('f(t)');
``` | ```
-->p1 = figure();
``` |
| | Wir haben hier dem geöffneten Grafikfenster einen Bezeichner (sog. *figure handle*) p1 zugeordnet. Das ist notwendig, damit später eine Farbtabelle für das 2D-Spektrogramm festgelegt werden kann. |
| Der Zeitbereich des Spektrogramms entspricht nicht unbedingt dem des gesamten Zeitvektors t. Zeige im Funktionsplot nur den Bereich, für den auch die ST-FOURIER-Koeffizienten berechnet wurden: | ```
-->subplot(2,1,1);
-->plot(t(T),y(T));
-->xlabel('Zeit t/s');
-->ylabel('f(t)');
-->set(gca(),"tight_limits","on")
-->subplot(2,1,2);
-->p1.color_map=jetcolormap(64);
``` |
| ```
>> set(gca,'XLim',[T(1) T(end)]);
>> subplot(3,1,2:3);
>> imagesc(T,F_plot,plotcoefs);
>> xlabel('Zeit t/s');
>> ylabel('Frequenz F/Hz');
>> colormap jet;
``` | Im Unterschied zu `imagesc` in MATLAB und Octave erwartet die Scilab-Funktion `grayplot` die zu t(T) passenden Werte in den Zeilen und die zu F_plot passenden Werte in den Spalten der zu zeichnenden Matrix. Deshalb muss plotcoefs transponiert werden. |
| Die Funktion `imagesc` erfordert zunehmende Werte im Vektor F_plot und trägt diese auf der *y*-Achse von oben nach unten auf. Wir bevorzugen aber die „normale" Richtung der *y*-Achse mit von unten nach oben zunehmenden Werten: | ```
-->grayplot(t(T),F_plot,plotcoefs');
-->xlabel('Zeit t/s');
-->ylabel('Frequenz F/Hz');
-->set(gca(),"tight_limits","on")
``` |
| ```
>> set(gca,'YDir','normal');
``` | |

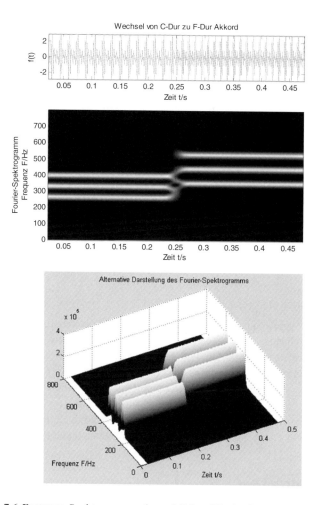

Abb. 7.6 FOURIER-Spektrogramm des zeitlichen Wechsels von einem C-Dur- zu einem F-Dur-Akkord. Oben: Verlauf der Sinusschwingungen. Mitte: Spektrogramm mit `imagesc`. Unten: dreidimensionale Darstellung mit `surf`, hier leicht gedreht. Die Originalfarben können hier nicht wiedergegeben werden – stattdessen wurde vorliegende Abbildung mit `colorrmap gray` erzeugt.

Falls das *T-F*-Spektrogramm im mittleren Teil von Abb. 7.6 doch sehr ungewohnt erscheint, können wir alternativ natürlich auch eine dreidimensionale Abbildung mittels `surf` erzeugen. Diese ist im unteren Teil der Abbildung dargestellt.

Das FOURIER-Spektrogramm in Abb. 7.6 zeigt uns nun, wie gewünscht, auf der *y*-Achse die Frequenzen der beiden Dreiklänge und auf der *x*-Achse die jeweilige Dauer an. Allerdings ist die Frequenz nicht mehr ganz so exakt bestimmbar wie im gewöhnlichen FOURIER-Spektrum: Frequenz- und Zeitauflösung verhalten sich nämlich umgekehrt proportional zueinander. Je schmaler die verwendete Fensterfunktion ist, desto besser ist die Zeitauflösung, desto schlechter aber die Frequenzauflösung auf der anderen Seite. Das Auflösungsverhältnis kann man also durch eine geeignete Wahl der Fensterbreite einstellen.

In der folgenden Aufgabe wollen wir die Anwendung der FOURIER-Transformation an einem praktischen Beispiel demonstrieren. Dazu haben wir eine mit einem Klavier gespielte Tonfolge aus den Tönen c (130 Hz) und a (220 Hz) mit dem Computer als Wave-Datei aufgenommen und in die Numerikprogramme importiert.

Datei auf Webseite

Auf der Webseite zum Buch befindet sich die Datei `klavierton.mat`, die dieses Signal enthält. Eine MAT-Datei ist eine binäre Daten-Datei. Sie dient dazu, MATLAB-Variablen mittels `save` abzuspeichern. Öffnen können wir diese Datei dann mit einem Doppelklick im Fenster `Current Folder` (sofern sie sich im aktuellen Arbeitsverzeichnis befindet). Alternativ kann auch das Kommando `load klavierton.mat` benutzt werden. Dieses Kommando funktioniert auch in Octave. Bei Scilab kann man die Datei stattdessen mit dem Kommando `loadmatfile klavierton.mat` öffnen.

Aufgabe 5   FOURIER-Analyse einer Tonaufnahme

Wenden Sie mit MATLAB/Octave oder Scilab die Kommandos in Codetabelle 7.6 und Codetabelle 7.7 auf das gegebene Signal aus der Datei `klavierton.mat` an, um das FOURIER-Spektrum zu erhalten (`ton` entspricht in diesem Fall dem Vektor `y`). Wenn Sie MATLAB oder Octave verwenden, können Sie die Tonfolge mit dem Kommando `wavwrite(ton,Fs,'klavierton.wav')` als Wave-Datei speichern und mit einem Mediaplayer wiedergeben.

In unserem Fall stehen nach dem Öffnen von `klavierton.mat` vier Variablen im Workspace zur Verfügung: der Zeitvektor `t`, das Signal `ton`, die Abtastfrequenz `Fs` und die Anzahl der Abtastpunkte `numstep`.

Aufgabe 6   FOURIER-Spektrogramm

Führen Sie mit den Daten aus Aufgabe 5 zusätzlich die ST-FOURIER-Transformation durch und erzeugen Sie das FOURIER-Spektrogramm. Verwenden Sie dazu die Kommandos in den Codetabelle 7.8 und 7.9. Bei MATLAB und Octave ist es aufgrund der vielen Datenpunkte notwendig, eine größere Fensterbreite (z.B. `winwidth = 4096`) und nicht allzu viele Überlappungspunkte (z.B. `noverlap = 2000`) zu wählen. Bei Scilab können Sie für die Zeitindizes, bei denen die Berechnung durchgeführt werden soll, `tstep_STFT = 1:500:length(t)` wählen. ∎

7.5 Zeit-Skalen-Analyse mit der kontinuierlichen Wavelet-Transformation

Die Kurzzeit-FOURIER-Transformation liefert vor allem dann gute Ergebnisse, wenn die in einem Signal enthaltenen Frequenzen in einem ähnlichen Bereich liegen, da die Zeit-Frequenz-Auflösung über die Breite der Fensterfunktion festgelegt werden muss und dann für alle Frequenzkomponenten fest vorgegeben ist. Wenn sich die Frequenzen aber stark unterscheiden, ist es schwieriger, ein möglichst universelles Fenster zu wählen und damit brauchbare Ergebnisse zu erzielen. Die *kontinuierliche Wavelet-Transformation*, die man als eine Art weiterentwickelte ST-FOURIER-Transformation betrachten kann, ist hier flexibler und ermöglicht eine „adaptive" Zeit-Frequenz-Analyse. Ähnlich wie bei der ST-FOURIER-Transformation lassen sich damit die in einem Signal enthaltenen Frequenzen gemeinsam mit den zugehörigen Zeitbereichen erkennen und sichtbar machen, das Auflösungsverhältnis der Zeit- und Frequenzinformation ist aber nicht in allen Frequenzbereichen gleich. Für niedrige Frequenzen ist die erreichbare Frequenzauflösung gut, die Zeitauflösung aber relativ schlecht, während es sich für hohe Frequenzen genau umgekehrt verhält. Eine Analyse unter diesen Bedingungen macht insofern Sinn, als bei langsamen Schwingungen mit niedrigen Frequenzen schon eine kleine Ungenauigkeit in der Frequenzbestimmung von Bedeutung sein kann, wohingegen dies bei rasch variierenden Schwingungen mit hohen Frequenzen (beispielsweise im Kilohertz- oder Megahertz-Bereich) keine so große Rolle spielen mag, dafür aber ein ungenau bestimmter Zeitbereich durchaus problematisch sein kann.

Der mathematische Ausdruck zum Berechnen der Wavelet-Koeffizienten ist dem der ST-FOURIER-Transformation sehr ähnlich, allerdings werden die Fensterfunktion und die komplexe Exponentialfunktion durch die sogenannte *Wavelet-Funktion* ψ_0 ersetzt:

$$W_\psi(s,\tau) = \frac{1}{\sqrt{s}} \int_{-\infty}^{+\infty} f(t)\, \psi_0^{\;*}\!\left(\frac{t-\tau}{s}\right) dt \qquad (7.11)$$

Der Vorfaktor $1/\sqrt{s}$ dient Normierungszwecken und der Stern deutet eine komplexe Konjugation an (vgl. Kapitel 1, Gl. (1.19)).

Wavelet-Funktionen, die auch einfach *Wavelets* genannt werden, können in verschiedenster Weise definiert werden, müssen aber bestimmte mathematische Eigenschaften erfüllen. Ein in der Datenanalyse häufig verwendetes Wavelet ist das *komplexe MORLET-Wavelet*

$$\psi_0(t) = \frac{1}{\sqrt{\pi \gamma_b}} e^{2\pi i F_c t} \, e^{-t^2/\gamma_b} \,,$$
(7.12)

bei dem es sich im Wesentlichen um ein Produkt aus einer GAUß-Funktion $\exp\left(-t^2/\gamma_b\right)$ und einer komplexen Exponentialfunktion handelt. F_c und γ_b sind Parameter, über die man die Grundbreite der GAUß-Kurve und die mit der komplexen Exponentialfunktion verbundene Grundfrequenz (sie heißt in diesem Fall Zentralfrequenz) festlegen kann. Hat man sich einmal für eine bestimmte „Grundform" des MORLET-Wavelets entschieden, können die Wavelet-Koeffizienten für verschiedene Werte von τ, dem Translationsparameter, und s, dem *Skalenparameter*, auf den wir gleich zurückkommen werden, durch wiederholte Anwendung von (7.11) berechnet werden.

Der entscheidende Unterschied zur ST-FOURIER-Transformation liegt dabei darin, dass mit diesen Parametern nicht nur die Lage des Wavelets (welches ja jetzt die Rolle der Fensterfunktion einnimmt) während des Transformationsprozesses variiert werden kann, sondern über den Skalenparameter s auch dessen Form. Je größer der Wert von s in (7.11) ist, desto mehr wird das Wavelet gestreckt und desto größer ist seine Breite. Man berechnet die Koeffizienten also nicht bei unterschiedlichen Frequenzen F, sondern für unterschiedliche Skalen s. Diese Größen sind umgekehrt proportional miteinander verknüpft, denn je mehr das Wavelet gestreckt wird, desto tiefere Frequenzen lassen sich damit erfassen. Im Grunde macht die Transformation nämlich nichts anderes, als das zu untersuchende Signal an einer durch τ gegebenen Position mit der Form des Wavelets bei einem bestimmten Skalenparameter s zu vergleichen. Der Wert des Wavelet-Koeffizienten ist umso größer, je ähnlicher sich die beiden sind. Ein großer Wavelet-Koeffizient bei hohem Skalenparameter deutet folglich auf eine niedrige Frequenzkomponente hin, ein großer Koeffizient bei niedrigem Skalenparameter hingegen auf eine hohe Frequenzkomponente. In Abb. 7.7 ist das Translations- und Skalierungsverhalten des Realteils des komplexen MORLET-Wavelets mit Grundparametern $F_c = 1$ und $\gamma_b = 1$ exemplarisch anhand dreier Wertepaare von τ und s dargestellt.

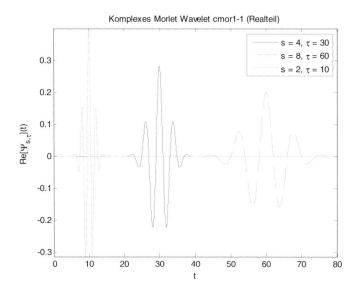

Abb. 7.7 Skalierungsverhalten des komplexen MORLET-Wavelets (Realteil)

Die Anwendung der kontinuierlichen Wavelet-Transformation in den Numerikprogrammen soll nun wieder an einem einfachen Beispiel demonstriert werden. Wir sprechen hier von einer kontinuierlichen Transformation, obwohl in der numerischen Rechnung am Computer die Werte von τ und s, für welche die Koeffizienten berechnet werden, natürlich nur diskret sein können[5]. Tatsächlich wird diese Transformation trotzdem kontinuierlich oder besser *zeitdiskret kontinuierlich* genannt. Die diskrete Wavelet-Transformation (DWT) sieht nämlich nur ganz bestimmte und nach gewissen Regeln definierte Translations- und Skalenparameter vor, um ein Signal in spezieller Weise zu zerlegen. Sie wird zum Beispiel für Kompressionsverfahren in der Signalverarbeitung verwendet und soll hier nicht weiter behandelt werden.

Für MATLAB gibt es eine inzwischen sehr umfangreiche und ausgereifte Wavelet-Toolbox, die unter anderem auch eine Funktion cwt für die kontinuierliche Wavelet-Transformation bereitstellt. Die Dokumentation zu dieser Toolbox ist sehr ansprechend gestaltet und bietet Antworten und Erklärungen zu etlichen weiterführenden Fragestellungen. Außerdem wird die Toolbox mit einer eigenen grafischen Oberfläche geliefert, die mit dem Befehl wavemenu aufgerufen werden kann.

---

[5] Für die Angabe der entsprechenden Berechnungsformeln sei hier beispielsweise auf die MATLAB-Hilfe zur Wavelet-Toolbox verwiesen, die auch im Internet abrufbar ist [MathWorks 2013].

Im Folgenden werden wir die Wavelet-Koeffizienten jedoch über die Kommandozeile berechnen und die Ergebnismatrix ähnlich wie im vorigen Abschnitt „von Hand" grafisch darstellen. Leider gibt es derzeit für Octave kein vorgefertigtes Paket, mit dessen Hilfe wir die kontinuierliche Wavelet-Transformation in einfacher Weise durchführen könnten. Für Scilab hat Holger Nahrstaedt [Nahrstaedt 2012a] allerdings die wichtigsten Funktionen der MATLAB-Wavelet-Toolbox nachgebildet. Diese Wavelet-Toolbox installieren wir am besten wieder über den Modul-Manager ATOMS.

Wie anfangs erwähnt, ist eine Frequenzanalyse basierend auf der Wavelet-Transformation besonders dann sinnvoll, wenn das zu analysierende Signal sowohl hohe als auch niedrige Frequenzkomponenten enthält, also Frequenzen aus ziemlich unterschiedlichen Bereichen. Wir generieren deshalb wieder wie im vorigen Abschnitt mit Sinusfunktionen den abrupten Wechsel von zwei Klängen, die wir diesmal aber nur aus jeweils zwei Tönen konstruieren. Für diese Zweiklänge wählen wir die relativ weit auseinanderliegenden Töne c′ und c‴ mit den Frequenzen 264 Hz und 1 056 Hz sowie a und a″ mit Frequenzen 220 Hz und 880 Hz.

■   Codetabelle 7.10

MATLAB (nicht unter Octave)	Scilab

```>> tstep = 1/44100; % t-Inkrement```
```>> Fs = 1/tstep;   % Abtastfrequenz```
```>> numstep = 22050; % Abtastpunkte```
```>> t = 0:tstep:(numstep-1)*tstep;```
```>> A = 1; % Amplitude der Schwingungen```
	```-->tstep = 1/44100; // t-Inkrement```
	```-->Fs = 1/tstep; // Abtastfrequenz```
	```-->numstep = 22050; // Abtastpunkte```
	```-->t = 0:tstep:(numstep-1)*tstep;```
	```-->A = 1; // Amplitude der Schwingungen```

Erzeugung der zwei Töne des ersten Klanges:	

```>> F1_1 = 1056; % F1 (in Hz) ==> c'''```
```>> F2_1 = 264; % F2 (in Hz) ==> c'```
```>> y1_1 = A*sin(2*pi*F1_1*t);```
```>> y2_1 = A*sin(2*pi*F2_1*t);```
```>> y_1 = y1_1+y2_1; % Überlagerung```
	```-->F1_1 = 1056; // F1 (in Hz) ==>c'''```
	```-->F2_1 = 264; // F2 (in Hz) ==>c'```
	```-->y1_1 = A*sin(2*%pi*F1_1*t);```
	```-->y2_1 = A*sin(2*%pi*F2_1*t);```
	```-->y_1 = y1_1+y2_1; //Überlagerung```

Erzeugung der zwei Töne des zweiten Klanges:	

```>> F1_2 = 880; % F1 (in Hz) ==> a''```
```>> F2_2 = 220; % F2 (in Hz) ==> a```
```>> y1_2 = A*sin(2*pi*F1_2*t);```
```>> y2_2 = A*sin(2*pi*F2_2*t);```
```>> y_2 = y1_2+y2_2; % Überlagerung```
	```-->F1_2 = 880; // F1 (in Hz) ==>a''```
	```-->F2_2 = 220; // F2 (in Hz) ==>a```
	```-->y1_2 = A*sin(2*%pi*F1_2*t);```
	```-->y2_2 = A*sin(2*%pi*F2_2*t);```
	```-->y_2 = y1_2+y2_2; //Überlagerung```

Gesamtvektor:	Gesamtvektor:
```>> y = [y_1(1:11025),y_2(11026:end)];```	```-->y = [y_1(1:11025),y_2(11026:$)];```

Die Wavelet-Koeffizienten können wir in MATLAB und Scilab mit `cwt` berechnen. Die Funktion erfordert zum einen die Angabe eines Vektors mit den Skalenparametern, bei denen die Berechnung durchgeführt werden soll, und zum anderen die gewünschte Wavelet-Funktion. In beiden Programmen können wir zwischen verschiedenen Wavelet-Funktionen wählen. Das in Gleichung (7.12) definierte komplexe MORLET-Wavelet ist in MATLAB unter dem Namen `cmora-b` gespeichert, wobei a-b die in (7.12) definierten Parameter γ_b und F_c sind. Sie werden von uns in der Form `'cmor1-1'` aufgerufen, da wir für beide Parameter den Wert 1 wählen wollen.[6] In Scilab sind die Grundparameter fest auf diese Werte eingestellt und das Wavelet ist einfach unter dem Namen `cmor` zugänglich.

Programmierpraxis mit Standardfunktionen	
MATLAB (Wavelet-Toolbox, nicht unter Octave)	Scilab (Wavelet-Toolbox)
• Berechnung der Wavelet-Koeffizienten `coefs = cwt(y,scales,wavefun)` y ist der Vektor mit den Datenwerten, scales ist ein Vektor mit den Skalenwerten, wavefun ist die gewählte Wavelet-Funktion, in unserem Fall zum Beispiel `'cmor1-1'`. Die Wavelet-Koeffizienten werden in der Matrix coefs ausgegeben. Andere Ein- und Ausgabeparameter sind auch hier wieder möglich (siehe MATLAB-Hilfe).	• Berechnung der Wavelet-Koeffizienten `coefs = cwt(y,scales,'cmor');` Die Scilab-Funktion cwt verwendet bei Angabe von `'cmor'` das MORLET-Wavelet mit den Grundparametern $\gamma_b = 1$ und $F_c = 1$.

Wir geben für unsere Zwecke 256 Skalenwerte vor und führen damit die kontinuierliche Wavelet-Transformation unter Verwendung des MORLET-Wavelets mit den Grundparametern $\gamma_B = 1$ und $F_c = 1$ aus.

■   Codetabelle 7.11

MATLAB (nicht unter Octave)	Scilab

`>> scales = 1:256; % Skalen s = 1-256`
`>> wavefun='cmor1-1';`
`>> coefs = cwt(y,scales,wavefun);`
	`-->scales = 1:256; // Skalen s = 1-256`
	`-->coefs = cwt(y,scales,'cmor');`

Besonders unter Scilab kann die Berechnung der Koeffizienten einige Sekunden oder sogar bis zu wenigen Minuten dauern. Wir müssen gegebenenfalls also ein bisschen Geduld haben. Wie schon bei der ST-FOURIER-Transformation möchten wir nun auch hier das Betragsquadrat der Wavelet-Koeffizienten in einem Zeit-Skalen-Diagramm grafisch darstellen. Ein solches Diagramm wird *Wavelet-Skalogramm* genannt. Die notwendigen Kommandos haben wir schon im vorigen Abschnitt kennengelernt und können hier ganz analog vorgehen. Da cwt die Koef-

---

[6] Weitere Hilfe zur Implementierung des MORLET-Wavelets wird in MATLAB mit `waveinfo('cmor')` aufgerufen.

fizienten für alle angegebenen Skalenwerte und für alle Datenpunkte von y berechnet, enthält die Ergebnismatrix coefs in unserem Beispiel 256 Zeilen und
22 050 Spalten. Die Scilab-Funktion grayplot ist mit der Darstellung einer so
großen Matrix in der aktuellen Version überfordert. Allerdings ist es vollkommen
ausreichend, nur jeden fünften Spalteneintrag für die Grafikausgabe zu verwenden.

Bevor wir jetzt den Code für die grafische Darstellung vorstellen, wollen wir
erst einmal das Ergebnis analysieren. Die einzelnen Frequenzkomponenten sind
im Wavelet-Skalogramm (Abb. 7.8 unten) über die Maxima der Koeffizienten bei
den entsprechenden Skalenparametern klar identifizierbar. Ebenfalls zu erkennen
ist die unterschiedliche Breite der einzelnen Balken, die mit der variablen Zeit-
Frequenz-Auflösung zu tun hat.

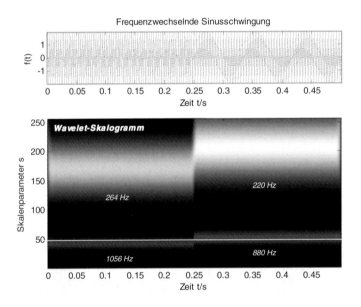

Abb. 7.8 Verlauf der Sinusschwingungen (oben) und Wavelet-Skalogramm (unten) des zeitlichen Wechsels zweier Zweiklänge. Auch diese Abbildung wurde mit colorrmap gray erzeugt.

Vorsicht ist beim Vergleich der lokalen Koeffizientenmaxima im Skalogramm
geboten: Sie lassen in diesem Fall keine Rückschlüsse mehr auf die Amplituden
der einzelnen Schwingungen zu, die wir in unserem Beispiel ja generell auf $A = 1$
gesetzt hatten. Die zu den jeweiligen Skalenparametern gehörigen Frequenzen
können in MATLAB und Scilab mit der Funktion scal2frq bestimmt werden.
Dazu ist die Angabe des verwendeten Wavelets sowie der Abtastperiode $1/F_s$
erforderlich (mathematisch hängen Frequenz und Skalenparameter über den Ausdruck $F = F_c \cdot F_s / s$ zusammen). Die Frequenz zum Skalenparameter $s = 50$
können wir in MATLAB beispielsweise mit

```
>> scal2frq(50,'cmor1-1',1/Fs)
ans =
   882
```

erhalten. (Dieser Wert wurde in Abb. 7.8 unten nachträglich als weiße Linie eingezeichnet.) Durch den umgekehrt proportionalen Zusammenhang zwischen F
und s haben die Frequenzen, die den linear getrennten Skalenwerten im Vektor
scales entsprechen, keineswegs gleiche Abstände. So gehören in unserem Beispiel zu den Skalenparametern 40 und 50 die Frequenzen 1 103 Hz und 882 Hz, zu
den Skalenparametern 160 und 170 aber die Frequenzen 276 Hz und 259 Hz.

Auch hier lässt sich die Figur wieder dreidimensional darstellen. In Abb. 7.8
unten und Abb. 7.9 sind ganz deutlich die jeweiligen Frequenzanteile in den beiden für die Schwingungen gewählten Zeitbereichen zu erkennen.

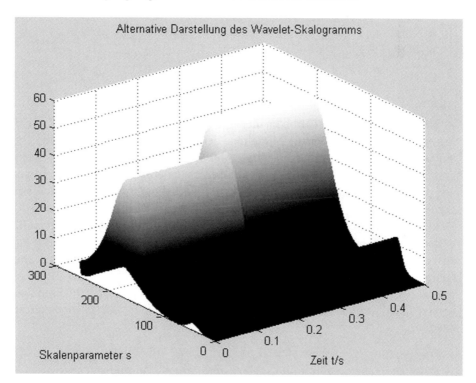

Abb. 7.9 Wavelet-Skalogramm der Zweiklänge in dreidimensionaler Darstellung (hier erzeugt
mit colormap gray)

Nun befassen wir uns wie versprochen mit dem Code, der diese Abbildung erzeugt.

■ Codetabelle 7.12

MATLAB (nicht unter Octave)	Scilab
Grafik: Zeitverlauf der Sinusschwingung	Verwende aus Effizienzgründen nur jeden fünften Wert für die grafische Darstellung:

```
>> subplot(3,1,1);
>> plot(t,y); axis tight
>> xlabel('Zeit t (s)');
>> ylabel('f(t)');
```

```
-->t_plot=t(1:5:$);
-->y_plot=y(1:5:$);
-->plotcoefs = abs(coefs(:,1:5:$)).^2;
```

Mit dem folgenden Kommando wird das Wavelet-Skalogramm erzeugt:

```
>> subplot(3,1,2:3);
>> plotcoefs = abs(coefs).^2;
>> imagesc(t,scales,plotcoefs);
>> xlabel('Zeit t (s)');
>> ylabel('Skalenparameter s');
>> colormap jet;
>> set(gca,'YDir','normal');
```

```
-->pl=figure();
-->subplot(2,1,1);
-->plot(t_plot,y_plot);
-->xlabel('Zeit t (s)');
-->ylabel('f(t)');
-->set(gca(),"tight_limits",'on')
-->subplot(2,1,2);
-->pl.color_map=jetcolormap(64);
-->grayplot(t_plot, ...
-->scales,plotcoefs');
-->xlabel('Zeit t (s)');
-->ylabel('Skalenparameter s');
-->set(gca(),"tight_limits",'on')
```

Um die Vorteile der variablen Zeit-Frequenz-Auflösung, verglichen mit dem fest vorgegebenen Auflösungsverhältnis der ST-FOURIER-Transformation, noch einmal deutlich hervorzuheben, ist in Abb. 7.10 sowohl das FOURIER-Spektrogramm als auch das Wavelet-Skalogramm eines anderen Beispielsignals aufgetragen. Die hier analysierte Zeitreihe enthält drei abrupt aufeinanderfolgende Überlagerungen von jeweils zwei Schwingungen mit Frequenzen im Bereich von 1 bis 20 kHz. Während die hohen Frequenzen im FOURIER-Spektrogramm deutlich getrennt zu erkennen sind, kann der Unterschied der niedrigen Frequenzen kaum ausgemacht werden. Im Wavelet-Skalogramm können wir hingegen alle Komponenten sehr deutlich unterscheiden. Allerdings müssen zur zahlenmäßigen Auswertung als Frequenzen zunächst wieder die Skalenparameter s in Frequenzen umgerechnet werden, wozu auch hier das Kommando scal2frq herangezogen wird.

Die kontinuierliche Wavelet-Transformation ermöglicht wie die ST-FOURIER-Transformation die Analyse eines Signals auf die enthaltenen Frequenzbeiträge gemeinsam mit den zugehörigen Zeitbereichen, ist aber vor allem dann gut geeignet, wenn das Signal Frequenzkomponenten in einem weit auseinanderliegenden Bereich enthält.

Für hohe Frequenzen werden schmale Wavelet-Funktionen mit niedrigem Skalenparameter verwendet. In diesem Fall ist die Zeitauflösung gut, die Frequenzauflösung hingegen relativ schlecht. Für niedrige Frequenzen benötigt man breit gestreckte Wavelets mit großem Skalenparameter und erreicht damit eine gute Frequenz, aber eine eher schwache Zeitauflösung.

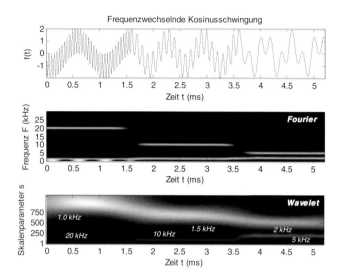

Abb. 7.10 Vergleich eines FOURIER-Spektrogramms mit einem Wavelet-Skalogramm Darstellung (hier erzeugt mit `colormap gray`; die Originalfarben sind der PDF-Datei auf den Webseiten zu entnehmen)

Zusammenfassung zu Kapitel 7

Zerlegung von periodischen Funktionen in FOURIER-Reihen

Jede periodische Funktion $f(t)$ mit Periodendauer T kann in einer *FOURIER-Reihe* als Summe von Sinus- und Kosinusfunktionen mit ganzzahligen Vielfachen einer Grundfrequenz $F = 1/T$ geschrieben werden:

$$f(t) = \frac{1}{2}a_0 + \sum_{k=1}^{\infty}\left(a_k \cos(\omega t) + b_k \sin(\omega t)\right) \text{ mit } \omega = 2\pi F$$

Die trigonometrischen Funktionen werden dabei mit den FOURIER-Koeffizienten

$$a_k = \frac{2}{T}\int_{-T/2}^{+T/2} f(t)\cos(k\omega t)\,\mathrm{d}t \quad \text{und} \quad b_k = \frac{2}{T}\int_{-T/2}^{+T/2} f(t)\sin(k\omega t)\,\mathrm{d}t$$

gewichtet. Durch Anwendung der EULERschen Formel lässt sich die FOURIER-Reihe auch in einer kompakteren Form mit einer komplexen Exponentialfunktion ausdrücken.

Diskrete FOURIER-Transformation und Frequenzanalyse von Zeitreihen

Nichtperiodische Funktionen können in ähnlicher Weise zerlegt werden, sofern sie gegen unendlich hinreichend schnell abfallen. Die Summe der FOURIER-Reihe geht dann in ein Integral über und statt diskreter Koeffizienten muss eine kontinuierliche Funktion $\hat{f}(F)$ aller möglichen Frequenzen betrachtet werden, die über die FOURIER-Transformation berechnet wird. Die numerische Behandlung am Computer erfolgt mittels der diskreten FOURIER-Transformation (DFT)

$$Y_{k+1} = \sum_{n=0}^{N-1} y_{n+1}\, e^{-2\pi i \frac{nk}{N}}, \text{ für } k = 0, 1, 2, \ldots, N-1.$$

Ein effizienter Algorithmus zur Berechnung der diskreten FOURIER-Koeffizienten ist durch die schnelle FOURIER-Transformation `fft` gegeben. Die Anzahl N der Abtastpunkte muss dafür einer Zweierpotenz entsprechen. Das Frequenzspektrum mit den Frequenzkomponenten des untersuchten Signals kann als Amplitudenspektrum grafisch aufgetragen werden.

Zeit-Frequenz-Analyse mit der Kurzzeit-FOURIER-Transformation

Mit der Kurzzeit-FOURIER-Transformation (STFT) lassen sich neben den in einem Signal enthaltenen Frequenzkomponenten auch die zugehörigen Zeitbereiche sichtbar machen. Dazu wird das Signal mit einer im Zeitbereich verschiebbaren Fensterfunktion in kurze Zeitintervalle unterteilt und die Transformation für jedes dieser Segmente separat durchgeführt. Zeit und Frequenz werden dabei in einem festen Auflösungsverhältnis bestimmt, das im Wesentlichen durch die Breite der Fensterfunktion festgelegt ist. Die Funktionen zum Berechnen der Koeffizienten sind:

- MATLAB: `spectrogram` (Signal Processing Toolbox)

- Scilab: `Ctfrstft` (Time Frequency Toolbox)

- Octave: `specgram` (Signal-Paket von Octave-Forge oder UPM R 8)

Die Koeffizientenmatrix kann in einem Zeit-Frequenz-Diagramm, dem FOURIER-Spektrogramm, mit Hilfe der Plot-Funktionen `imagesc` (MATLAB, Octave) bzw. `grayplot` (Scilab) dargestellt werden. Alternativ kann man auch das Kommando `surf` nutzen, um eine dreidimensionale Darstellung zu erzeugen.

Zeit-Skalen-Analyse mit der kontinuierlichen Wavelet-Transformation

Die kontinuierliche Wavelet-Transformation verfolgt einen ähnlichen Ansatz wie die Kurzzeit-FOURIER-Transformation. Statt der Fensterfunktion und der komplexen Exponentialfunktion werden hier aber speziell definierte Wavelet-

Funktionen verwendet. Diese sind, wie die Fensterfunktionen, nur in einem kurzen Zeitbereich verschieden von null, werden aber während des Transformationsprozesses über einen Skalenparameter gestreckt (skaliert), wodurch sich unterschiedliche Frequenzen mit variabler Zeit-Frequenz-Auflösung erfassen lassen.

Die Wavelet-Koeffizienten können unter MATLAB und Scilab mit der Funktion cwt berechnet werden (erfordert Wavelet Toolbox für MATLAB/Scilab). Für Zeit-Frequenz-Analysen empfiehlt sich als Wavelet-Funktion das komplexe MORLET-Wavelet ('cmor1-1' bzw. 'cmor'). Mit der Funktion scal2frq kann die mit einem bestimmten Skalenparameter s erfassbare Frequenz F bei gegebener Abtastperiode $1/F_s$ berechnet werden.

Testfragen zu Kapitel 7

1. Welche Eigenschaft muss eine Funktion erfüllen, damit sie sich in eine FOURIER-Reihe zerlegen lässt? →1.1
2. Welche Vorteile bietet die komplexe Darstellung einer FOURIER-Reihe? →1.1
3. Welche Annahme für die Periodendauer trifft man beim Übergang von der FOURIER-Reihe zum FOURIER-Integral? →1.1
4. Wo steckt bei der Darstellung einer Funktion im Frequenzbereich die Zeitinformation? →1.1
5. Welchen Vorteil bietet eine Zeit-Frequenz-Analyse basierend auf der Wavelet-Transformation im Vergleich zur Kurzzeit-FOURIER-Transformation? →1.1

Literatur zu Kapitel 7

[Bronstein 2012]
Bronstein I N, Semendjajew K A, Musiol G, Mühlig H, *Taschenbuch der Mathematik*,
    Verlag Harri Deutsch, Frankfurt am Main 2012

[Burke Hubbard 1997]
Burke Hubbard B, *Wavelets*, Birkhäuser Verlag, Basel 1997

[Föllinger 2003]
Föllinger O, *Laplace-, Fourier- und z-Transformation*, Hüthig, Heidelberg 2003

[MathWorks 2013]
Continuous Wavelet Transform,
http://www.mathworks.de/de/help/wavelet/gs/continuous-wavelet-transform.html, Stand
    17.05.2013

[Nahrstaedt 2012a]
Nahrstaedt H, *Scilab Wavelet Toolbox*, http://atoms.scilab.org/toolboxes/swt, Stand
    04.10.2012

[Nahrstaedt 2012b]
Nahrstaedt H, Auger F, *Time Frequency Toolbox*, https://atoms.scilab.org/toolboxes/stftb,
    Stand 10.07.2012

[Ohm 2010]
Ohm J, Lüke H D, *Signalübertragung*, Springer, Berlin/Heidelberg 2010

[Stöcker 2007]
Stöcker H, *Taschenbuch mathematischer Formeln und moderner Verfahren*, Verlag Harri
    Deutsch, Frankfurt am Main 2007

[Stopp 1992]
Stopp F, *Operatorenrechnung. Laplace-, Fourier- und Z-Transformation*, Teubner Ver-
    lagsgesellschaft, Stuttgart/Leipzig 1992

8 Numerische Integration und Differentiation

8.1 Probleme, die eine numerische Integration erfordern

Sehr häufig wird in technischen und naturwissenschaftlichen Anwendungen die Auswertung eines bestimmten Integrals $\int_a^b f(x)\mathrm{d}x$ benötigt. Wie wir aus der Analysis wissen, handelt es sich dabei um die Bestimmung der Fläche zwischen der Funktionskurve $f(x)$ und der x-Achse in den Grenzen a und b. Diese Aufgabe wird als *Integration* oder auch *Quadratur* bezeichnet.

Je nach Gestalt der Funktion $f(x)$ ist eine analytische oder numerische Behandlung des Integrals möglich. Folgende Fälle sind dabei denkbar:

- *Elementarer Integrand, eine einfache Stammfunktion existiert.*
  In diesen Fällen ist eine numerische Behandlung nicht erforderlich.
  (Beispiele: einfache stetige Funktionen, zum Beispiel Polynome, Exponential-funktionen, trigonometrische Funktionen).
- *Elementarer Integrand, die Stammfunktion ist ein komplizierter Ausdruck.*
  Auch wenn analytische Ausdrücke für die Stammfunktion existieren, können sie nur schwer zu handhaben sein. Insbesondere könnten bei ihrer Berechnung Fehler entstehen, beispielsweise Rundungsfehler. In diesen Fällen kann eine numerische Integration von Vorteil sein.
- *Eine analytische Stammfunktion existiert nicht.*
  Analytische Ausdrücke von Stammfunktionen gibt es nur sehr wenige. Schon für die einfache Funktion $f(x) = e^{-x^2}$, die GAUßsche Fehlerfunktion, gibt es keine „elementare" Stammfunktion. In einem solchen Fall können wir üblicherweise das Integral nur noch numerisch berechnen. In manchen Fällen ist allerdings auch diese Stammfunktion tabelliert und als numerischer Ausdruck verfügbar. Dies trifft gerade für die Stammfunktion von e^{-x^2} zu, die als `erf(x)` vorhanden ist.
- *$f(x)$ liegt von vornherein lediglich als tabellierte Funktion vor.*
  Eine numerische Integration ist dann ebenfalls die einzige Möglichkeit zur Berechnung der Stammfunktion.

Integrationen werden in zahlreichen Situationen benötigt. Daher ist es unumgänglich, die Technik der numerischen Integration gut zu beherrschen. Im Gegensatz hierzu wird die numerische Differentiation nur selten gebraucht. Dies liegt daran, dass von sehr vielen Funktionen analytische Ableitungen bekannt sind, man kann also mit der abgeleiteten Funktion selbst arbeiten. Im Grunde ist eine numerische Differentiation nur erforderlich, wenn die Ausgangsfunktion selbst nicht bekannt ist und nur eine tabellierte Reihe von Werten vorliegt.

Eine numerische Differentiation kann leicht ungenau werden, während der Fehler, der durch numerische Integrationen entsteht, in der Regel klein gehalten werden kann. Diese Argumente sprechen dafür, dass wir uns recht ausführlich mit Integrationsproblemen befassen und der Differentiation weniger Aufmerksamkeit widmen werden.

Ein Lösungsansatz zur numerischen Integration könnte beispielsweise darin bestehen, die zu integrierende Funktion durch ein Polynom zu approximieren. Da die Stammfunktion von Polynomen leicht zu bestimmen ist, kann eine solche Approximation durchaus ein brauchbares Ergebnis liefern. Diesen Ansatz wollen wir nun zuerst verfolgen.

8.2   Einfache Quadraturverfahren

8.2.1   Mittelpunktsregel

Im Rahmen der Integralrechnung wird bewiesen, dass die Fläche $\int_a^b f(x)dx$ unter einer Kurve $f(x)$ durch das Produkt aus Intervalllänge $(b - a)$ und einem Wert $f(\xi)$ im Innern dargestellt werden kann:

$$\int_a^b f(x)dx = (b-a)f(\xi) \tag{8.1}$$

Für mögliche praktische Berechnungen ist jedoch ärgerlich, dass man diesen Wert $x = \xi$ nicht kennt. Man kann sich helfen und näherungsweise einfach den Funktionswert in der Mitte des Intervalls benutzen (Abb. 8.1):

$$\int_a^b f(x)dx = (b-a)f\left(\frac{a+b}{2}\right)$$

Wenn man dieses Verfahren zugrunde legt, spricht man von der *Mittelpunktsregel*.

Bei der einfachen Mittelpunktsregel wird das gesamte Integrationsintervall durch ein Rechteck angenähert, dessen Höhe vom Funktionswert in der Intervallmitte bestimmt wird.

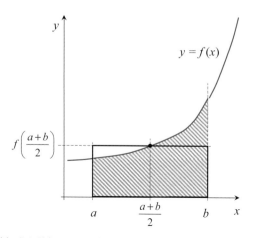

Abb. 8.1 Skizze zur Mittelpunktsregel

Natürlich möchte man gern wissen, wie groß etwa der Fehler werden kann, den man mit einer solchen Näherung machen kann. Um ihn mit dem anderer Integrationsverfahren vergleichen zu können, gibt man dazu ein Korrekturglied an. Für die tatsächliche Berechnung wird es jedoch nicht benötigt. Wir können die Mittelpunktsregel unter Einschluss dieses Korrektur- oder Fehlergliedes dann wie folgt schreiben:[1]

$$\boxed{\int_a^b f(x)\mathrm{d}x = (b-a)f\left(\frac{a+b}{2}\right)} \ldots + \underbrace{\frac{f''(\xi)}{24}(b-a)^3}_{\substack{\text{Fehlerglied} \\ \text{(nicht zur Berechnung} \\ \text{heranziehen)}}} \tag{8.2}$$

Das hier eingeführte Fehlerglied gibt Auskunft über die Approximationsgenauigkeit in Abhängigkeit von dem gewählten Integrationsintervall – in unserem Fall ist es die Differenz $(b-a)$. Warum das so ist, wollen wir hier nicht erörtern. Die Fläche, für die das Integral berechnet wird, kann nur für sehr kleine Intervalle gut approximiert werden. Bei einer Verkleinerung dieses Intervalls verbessert sich das Ergebnis quadratisch und der Fehler wird erst mit der dritten Potenz kleiner. Voraussetzung ist dabei, dass das Intervall $(b-a)$ hinreichend klein ist und dadurch dessen wachsende Potenzen noch kleiner werden. Daher gilt die Faustregel: Je höher die Potenz des Fehlergliedes und je höher die Ableitung, desto genauer wird im Allgemeinen die Approximationsformel sein.

---

[1] Wir haben den Term, der allein zur Berechnung benötigt wird, eingerahmt.

Bei der Mittelpunktsregel handelt es sich natürlich nur um ein sehr grobes Integrationsverfahren. Wir werden deshalb noch schauen, wie wir diese Approximation verbessern können. Eine Möglichkeit besteht darin, statt der Konstanten eine Gerade oder ein Polynom zu benutzen, um dadurch eine bessere Anpassung der Kurve zu erreichen. Alternativ könnten wir auch den gesamten Integrationsbereich in viele kleinere Intervalle teilen und jedes nach der Mittelpunktsregel oder einer anderen Regel berechnen. Das macht man sich ja auch schon bei der Definition des Integrals in der Analysis zunutze. Diese zusammengesetzten Quadraturverfahren behandeln wir im Abschnitt 6.3.

Wenn wir jedoch eine geeignete Methode hätten, um den Funktionswert $f(x)$ nicht in der Intervallmitte wie in (8.2), sondern an einer geeigneten Stelle $f(\xi)$ wie in (8.1) zu finden, dann hätten wir das Problem gelöst. An diesen Wert ξ kann man sich mit einem Zufallsverfahren herantasten. Diese Technik ist als *Monte-Carlo-Integration* bekannt, allerdings ist der damit verbundene Aufwand bei eindimensionalen Problemen unverhältnismäßig groß. Die Monte-Carlo-Integration ist aber ein brauchbares Verfahren, wenn man mehrdimensionale Integrale berechnen möchte.

An dieser Stelle soll sie zur Illustration trotzdem einmal zur Berechnung eines Integrals über nur eine Dimension x herangezogen werden. Wir schauen uns also ein Beispiel für die eindimensionale Monte-Carlo-Integration an. Gesucht ist das Integral

$$I = \int_{1}^{2} \frac{1}{x} \, dx \tag{8.3}$$

Datei auf Webseite

Für dessen Lösung bauen wir uns die Datei `mcarlo.m` (`mcarlo.sce`) zusammen. In dieser Datei erzeugt das Kommando `x = a + (b-a)*rand(n,1)` einen Vektor von Zufallszahlen, die homogen über das Integrationsintervall $[a\ b] = [1\ 2]$ verteilt sind. Die somit erhaltenen Werte werden fortlaufend neu berechnet und die Ergebnisse gemittelt.

Die Lösung finden wir schließlich wie folgt:

■   Codetabelle 8.1

MATLAB, Octave	Scilab
function ynmax=mcarlo(fun,a,b,n,nmax)	function ynmax=mcarlo(fun,a,b,n,nmax)
% Funktion mcarlo.m	// Funktion mcarlo.sce
% Monte-Carlo-Integration von fun(x)	// Monte-Carlo-Integration von fun(x)
% Initialisierung	// Initialisierung
avg = 0;	avg = 0;

MATLAB, Octave	Scilab
``% Rechnung
for ii = 1:nmax
  x = a + (b-a)*rand(n,1);
  intgr_ii = sum(feval(fun,x))/n;
  avg = ((ii-1)*avg + intgr_ii)/ii;
  % Mittelwert bis ii
  y(ii) = (b-a)*avg;
  % Integralwert bis ii
end

% Ergebnis
N = (1:nmax);
plot (N,y); grid on;
title('Monte-Carlo-Berechnung des Integrals Int(fun)')
xlabel('Schritt N'); ylabel('Mittelwert(1 bis N)');
ynmax = y(nmax);``` | ```// Rechnung
for ii = 1:nmax
  x = a + (b-a)*rand(n,1);
  intgr_ii = sum(feval(x,fun))/n;
  avg = ((ii-1)*avg + intgr_ii)/ii;
  // Mittelwert bis ii
  y(ii) = (b-a)*avg;
  // Integralwert bis ii
end

// Ergebnis
N = (1:nmax);
plot (N,y); xgrid;
title('Monte-Carlo-Berechnung des Integrals Int(fun)')
xlabel('Schritt N'); ylabel('Mittelwert(1 bis N)');
ynmax = y(nmax);``` |

Das Ergebnis nach **500** Iterationen mit je 2000 Zufallswerten im Intervall entnehmen wir aus der Abbildung.

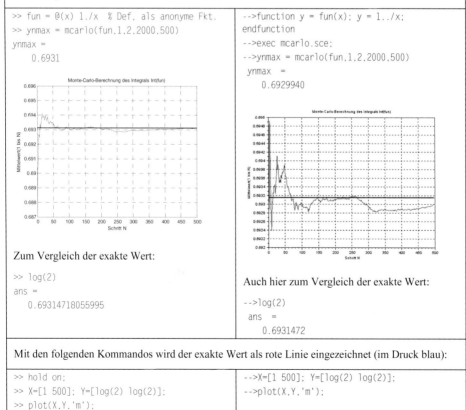

``>> fun = @(x) 1./x % Def. als anonyme Fkt.
>> ynmax = mcarlo(fun,1,2,2000,500)
ynmax =
0.6931```	```-->function y = fun(x); y = 1../x;
endfunction
-->exec mcarlo.sce;
-->ynmax = mcarlo(fun,1,2,2000,500)
ynmax =
0.6929940```

Zum Vergleich der exakte Wert:

```
>> log(2)
ans =
    0.69314718055995
```

Auch hier zum Vergleich der exakte Wert:

```
-->log(2)
 ans  =
     0.6931472
```

Mit den folgenden Kommandos wird der exakte Wert als rote Linie eingezeichnet (im Druck blau):

``>> hold on;
>> X=[1 500]; Y=[log(2) log(2)];
>> plot(X,Y,'m');```	```-->X=[1 500]; Y=[log(2) log(2)];
-->plot(X,Y,'m');```

Wie man sieht, pegelt sich mit wachsender Zahl der Iterationen die Lösung tatsächlich gegen einen Grenzwert ein, aber die Zahl der benötigten Rechenschritte ist extrem hoch.

8.2.2 Trapezregel

Betrachten wir die grafische Darstellung der Mittelpunktsregel in Abb. 8.1, so fällt uns sofort eine Modifikation ein: Statt die Fläche unter der Kurve $f(x)$ durch ein Rechteck zu approximieren, könnte man die beiden Randpunkte durch eine Gerade verbinden. Die entstehende Fläche ist dann ein Trapez, wie es Abb. 8.2 zeigt.

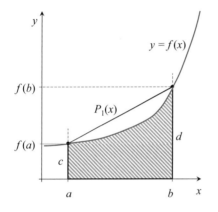

Abb. 8.2 Skizze zur Trapezregel

Der Inhalt einer Trapezfläche mit der Basis $(b - a)$ und den Höhen c und d ist durch $A_{\text{Trapez}} = (b-a)\dfrac{c+d}{2}$ gegeben. Daraus resultiert die folgende Approximation für das Integral unter der Kurve $f(x)$:

$$\boxed{\int_a^b f(x)\mathrm{d}x = (b-a)\frac{f(a)+f(b)}{2}} \dots \underbrace{-\frac{f''(\xi)}{12}(b-a)^3}_{\text{Fehlerglied}} \qquad (8.4)$$

Bei der einfachen Trapezregel wird das gesamte Integrationsintervall durch ein Trapez angenähert, welches durch die Funktionswerte an den Enden des Intervalls aufgespannt wird.

Erstaunlicherweise ergibt die Abschätzung ein Fehlerglied, das sogar leicht größer als bei der Mittelpunktsregel ist – statt des Faktors 1/24 in (8.2) haben wir in (8.4) einen Vorfaktor 1/12. Es liegt daran, dass die Wahl der Stützstellen in der

Mitte des Intervalls günstiger ist als an den Rändern. Allerdings bedeutet dies nicht, dass der Fehler im konkreten Fall auch tatsächlich größer sein muss. Seine *Größenordnung* ist in beiden Fällen die gleiche – sie wird durch die Ordnung der Ableitung bestimmt. In unserem Fall handelt es sich wegen der 2. Ableitung f'' um eine Größe 2. Ordnung.

An dieser Stelle sollten wir vielleicht auch ein paar Worte verlieren, was genau mit der Ordnung einer Integrationsformel gemeint ist. Anschaulich ist es wohl klar: Je höher die Ordnung, umso geringer der wahrscheinlich zu erwartende Fehler. Genau genommen bezieht sich die Fehlerordnung jedoch nur auf Polynome. Ein Fehlerglied n-ter Ordnung besagt zum Beispiel, dass alle Polynome bis einschließlich $(n-1)$-ter Ordnung exakt integriert werden. So hat die Trapezregel die Fehlerordnung 2, denn mit ihr werden alle Polynome 1. Ordnung (also Geraden) exakt integriert. Folglich enthält das Fehlerglied eine Potenz, die um einen Grad höher ist als die Ordnung der Approximationsformel. Bei Verwendung der SIMPSON-Formel, die wir im nächsten Abschnitt behandeln, werden alle Polynome 3. Ordnung exakt integriert und so weiter. Wie dieses Fehlerglied genau ermittelt wird, soll hier jedoch nicht interessieren, es dient uns lediglich zur groben Orientierung hinsichtlich der Genauigkeit.

> Die Fehlerordnung der Trapezregel ist 2, wie auch bei der Mittelpunktsregel. Demnach werden alle Polynome 1. Ordnung noch exakt integriert.

Die Gerade zwischen den beiden Randpunkten a und b kann man auch als Interpolationspolynom 1. Ordnung auffassen. In der Abbildung ist das durch die Bezeichnung $P_1(x)$ angedeutet. Eine Interpretation als Polynom ist günstig, wenn wir nach möglichen Erweiterungen suchen, die durch Interpolationspolynome höherer Ordnung gebildet werden.

8.2.3 SIMPSONsche Regel

Im vorigen Abschnitt haben wir zur Kurvenanpassung eine Gerade, also ein Polynom 1. Ordnung, benutzt. Stattdessen könnten wir auch ein Polynom 2. Ordnung heranziehen. Im Zusammenhang mit Interpolationsverfahren haben wir ja bereits erfahren, dass eine Kurve $f(x)$ damit besser approximiert wird, folglich wird auch die so berechnete Fläche genauer sein. Wir starten also damit, den Integranden mit den drei Funktionswerten $f_0 = f(x_0), f_1 = f(x_1)$ und $f_2 = f(x_2)$ wie folgt zu approximieren (vgl. Abschnitt 6.4.1):

$$f(x) = f_0 + \frac{f_2 - f_0}{x_2 - x_0}(x - x_0) + \frac{\dfrac{f_2 - f_1}{x_2 - x_1} - \dfrac{f_1 - f_0}{x_1 - x_0}}{x_2 - x_0}(x - x_0)(x - x_2) \tag{8.5}$$

$x_0 = a$ und $x_2 = b$ liegen an den Rändern des Integrationsintervalls, der dritte Wert $x_1 = (a + b)/2$ in der Mitte. Indem wir diese Werte in die obige Formel einsetzen und geeignet zusammenfassen – was wir hier allerdings nicht im Detail nachvollziehen wollen –, gelangen wir zur *SIMPSONschen Regel* (Abb. 8.3), auch *KEPLERsche Fassregel* genannt:[2]

$$\int_a^b f(x)\,dx = \frac{(b-a)}{6}\left[f(a) + 4f\left(\frac{a+b}{2}\right) + f(b)\right] \dots \underbrace{-\frac{f^{(4)}(\xi)}{2880}(b-a)^5}_{\text{Fehlerglied}} \qquad (8.6)$$

Der innere Funktionswert wird hier mit einem Faktor 4 gewichtet. Das scheint auch anschaulich plausibel, da er mehr über den Kurvenverlauf aussagt als die beiden Werte am Rand. Insgesamt wird also über sechs Werte gemittelt, daher die 6 im Nenner.

> Bei der einfachen SIMPSONschen Regel wird der Verlauf des Integranden durch ein Parabelstück genähert. Dieses wird durch die beiden Funktionswerte an den Intervallenden und den Wert in der Intervallmitte bestimmt.

Der Fehler äußert sich nicht wie bei der Trapezregel in zweiter, sondern erst in 4. Ordnung, das SIMPSON-Verfahren ist der Trapezregel also deutlich überlegen.

> Die Fehlerordnung der SIMPSONschen Regel ist 4, demnach werden alle Polynome 3. Ordnung noch exakt integriert.

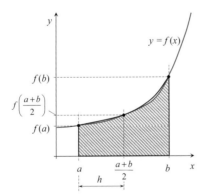

Abb. 8.3 Skizze zur SIMPSONschen Regel

---

[2] Bei Wikipedia finden Sie unter dem Stichwort „KEPLERsche Fassregel" die Erklärung, wodurch dieser Name wahrscheinlich zustande gekommen ist.

Indem man den Stützstellenabstand $h = (b-a)/2$ einführt und kurz $f_0 = f(a)$, $f_1 = f\left(\dfrac{a+b}{2}\right)$, $f_2 = f(b)$ schreibt, kann man die Formel auch darstellen als:

$$\int_a^b f(x)\mathrm{d}x = \frac{h}{3}\left[f_0 + 4f_1 + f_2\right] \qquad (8.7)$$

Damit ist der genauere Name *SIMPSONsche 1/3-Regel* verbunden. In der Gestalt (8.7) wird sie häufig verwendet.

Eine weitere Integrationsregel kann man erhalten, wenn man statt eines Polynoms 2. Ordnung ein *Polynom 3. Ordnung* zur Approximation verwendet. Hierzu werden dann vier Stützstellen $f_0 \ldots f_3$ benötigt. Ohne Herleitung geben wir die Formel an (*SIMPSONsche 3/8-Regel*):

$$\int_a^b f(x)\mathrm{d}x = \frac{3}{8}h\left[f_0 + 3f_1 + 3f_2 + f_3\right]\ldots \underbrace{-\frac{3}{80}f^{(4)}(\xi)h^5}_{\text{Fehlerglied}} \qquad (8.8)$$

Erstaunlicherweise ist das Fehlerglied von derselben Größenordnung wie bei der SIMPSONschen 1/3-Regel. Trotzdem hat die 3/8-Regel Vorteile, nämlich dann, wenn eine gerade Zahl von Stützstellen vorgegeben ist. Ansonsten wird man die 1/3-Regel bevorzugen, da sie dieselbe Genauigkeit mit einer Stützstelle weniger erzielt.

8.2.4 Approximation durch Polynome höherer Ordnung

Durch Erhöhung der Zahl der Stützstellen ließe sich der Integrand mit Hilfe von Polynomen noch höherer Ordnung approximieren. Diese Verfeinerung mündet in dem sogenannten *NEWTON-COTES-Integrationsschema*.

Eine Fünf-Punkte-Integration zum Beispiel entsteht durch Halbierung der Drei-Punkte-Intervalle und ergibt die sogenannte *BOOLEsche Formel*:

$$\int_a^b f(x)\mathrm{d}x = (b-a)\frac{7f_0 + 32f_1 + 12f_2 + 32f_3 + 7f_4}{90}\ldots \underbrace{-\frac{3}{945}f^{(6)}(\xi)h^7}_{\text{Fehlerglied}} \qquad (8.9)$$

Theoretisch sind Integrationen durch Polynome noch höherer Ordnung möglich. Dabei haben jeweils, wie wir im Fall der SIMPSONschen Regel bereits gesehen haben, eine ungerade und die nächsthöhere gerade Zahl von Stützstellen dieselbe Fehlerordnung.

Wie wir bereits wissen, wird jedoch die Genauigkeit bei der Approximation mit Polynomen höherer Ordnung nicht mehr unbedingt besser. Praktisch haben deshalb Integrationen auf dieser Grundlage nur geringe Bedeutung. Sie dienen eher als theoretische Basis für andere Verfahren wie die ROMBERG-Integration, die wir später besprechen werden.

Wenn man zu einer größeren Zahl von Stützstellen übergehen möchte, verwendet man stattdessen

- die eben erwähnte ROMBERG-Integration,
- die GAUßsche Integration oder
- zusammengesetzte Quadraturverfahren.

Diesem letzten Punkt wenden wir uns im nächsten Abschnitt zu.

Aufgabe 1   Vergleich der einzelnen Integrationsverfahren

Berechnen Sie mit MATLAB/Scilab/Octave die folgenden Integrale näherungsweise nach der Mittelpunktsregel, der Trapezregel und der SIMPSONschen Regel (einfache Quadratur, also nur ein Intervall).

a) $\int_0^2 e^x dx$, b) $\int_0^2 \sin x \, dx$, c) $\int_1^2 x \ln x \, dx$, d) $\int_1^3 \frac{x dx}{x^2 + 4}$ ∎

8.3 Zusammengesetzte Quadraturverfahren

Selbst die Anwendbarkeit der soeben behandelten SIMPSONschen Regel, die doch das genaueste der mit vernünftigem Aufwand betriebenen „kompakten" Quadraturverfahren darstellt, ist sehr begrenzt. Bei Vergrößerung des Intervalls oder starken Schwankungen des Integranden nimmt die Genauigkeit der gewonnenen Ergebnisse erheblich ab. Abhilfe kann eine Aufteilung des Integrationsintervalls in Teilintervalle mit individuellen Polynomapproximationen schaffen. Damit gelangen wir zu den zusammengesetzten Quadraturverfahren. Sie basieren meist auf der Trapezregel oder der SIMPSONschen Regel.

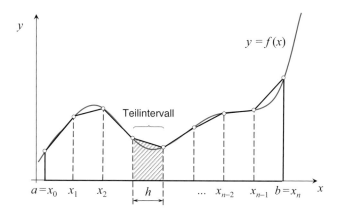

Abb. 8.4 Skizze zur zusammengesetzten Trapezregel

Mit der Abkürzung $h = (b - a)/n$ und geradzahligem n ergibt sich die *zusammengesetzte Trapezregel* (Abb. 8.4):

$$\int_a^b f(x)\mathrm{d}x = \frac{h}{2}\left[f(x_0) + 2f(x_1) + 2f(x_2) + 2f(x_3) + \ \dots\ + 2f(x_{n-1}) + f(x_n)\right]$$

$$\dots - \underbrace{\frac{f''(\xi)}{12}(b-a)h^2}_{\text{Fehlerglied}} \tag{8.10}$$

Man erhält sie durch fortlaufende Anwendung von (8.7). Der Fehler ist zwar auch von 2. Ordnung, wird jedoch trotzdem wegen der viel kleineren Intervallbreite h gegenüber der einfachen Quadratur bedeutend kleiner sein.

Zusammengesetzte Quadraturverfahren erlauben es, die einzelnen Intervalle so klein zu halten, dass der Fehler viel geringer als bei der einfachen Quadratur werden kann. Theoretisch kann die Intervallbreite beliebig klein gewählt werden, je nach beabsichtigtem numerischen Aufwand.

Wenn man sich damit zufriedengibt, den Stützstellenabstand von vornherein festzulegen, kann man zur Berechnung die MATLAB-Funktion `trapz` benutzen (bei Scilab: `inttrap`). Als Beispiel wollen wir die Fläche unter der durch

$$y = f(x) = \exp(-x^2) \tag{8.11}$$

gegebenen GAUßschen Fehlerkurve in den Intervallgrenzen $0 \le x \le 4$ bestimmen. Dazu können wir nach folgendem Schema vorgehen:

■ Codetabelle 8.2

MATLAB, Octave	Scilab
1. Zu Beginn legen wir einzelne Funktionswerte fest, indem wir die *x*-Achse geeignet unterteilen.	

MATLAB, Octave	Scilab

```>> Gaußfun = inline('exp(-x.^2)')```
 ```Gaußfun =```
 	
 ```   Inline function:```
 ```   Gaußfun(x) = exp(-x.^2)```
 ```>> x = 0:.1:4;```
 ```>> y = Gaußfun(x);```
	```-->deff('y = Gaußfun(x)','y = exp(-x.^2)')```
	 ```-->x = 0:.1:4;```
	 ```-->y = Gaußfun(x);```

2. Jetzt werden die Teilflächen aufsummiert. Hierzu kann die genannte Funktion `trapz` beziehungsweise `inttrap` benutzt werden. Das damit gelieferte Ergebnis muss mit dem Stützstellenabstand, also mit der Breite der Trapezflächen, multipliziert werden. In unserem Fall haben wir deren Breite als $\Delta x = 0,1$ gewählt.

MATLAB, Octave	Scilab

```>> s = trapz(y)*0.1```
 ```s =```
 ```   0.88623```
	```-->s = inttrap(y)*0.1```
	 ```s =```
	 ``` 0.8862269```

Die Bedeutung des Kommandos `trapz/inttrap` liegt vor allem darin, dass damit auch über Werte integriert werden kann, die nicht wie bei uns durch eine analytisch gegebene Funktion erzeugt werden. Das können zum Beispiel solche sein, die aus einem Experiment gewonnen wurden. In vielen Fällen wird jedoch eine Funktion gegeben sein und man möchte die Werte nicht erst umständlich selbst erzeugen, sondern dies dem Integrationsprogramm überlassen. Dazu eignen sich die Dateien, die auf unserer Webseite bereitgestellt werden.

Datei auf Webseite

Ein Programm, das die Trapezregel auf eine beliebige *Funktion* anwendet, ist `trap.m` (MATLAB) beziehungsweise `trap.sce` (Scilab). Der Code ist in der folgenden Tabelle zu finden.

■ Codetabelle 8.3

MATLAB, Octave	Scilab

```function quads = trap(fun,a,b,n)```
 ```%*********************************```
 ```%```
 ```% Funktion trap.m```
 ```% Trapezregel zur Integration über eine Funktion fun```
 	
 ```h = (b-a)/n;   % Intervallbreite```
 ```quads = 0;   % Startwert = 0```
 ```for k = 1:(n-1)```
 ``` x = a + h*k;```
 ``` quads = quads + feval(fun,x);```
 ```end```
 ```quads = h/2*(feval(fun,a) + feval(fun,b)) + h*quads;```
	```function quads = trap(fun,a,b,n)```
	 ```//*********************************```
	
	 ```// Funktion trap.sce```
	 ```// Trapezregel zur Integration über eine Funktion fun```
	
	 ```h = (b-a)/n; // Intervallbreite```
	 ```quads = 0; // Startwert = 0```
	 ```for k = 1:(n-1)```
	 ``` x = a + h*k;```
	 ``` quads = quads + feval(x,fun);```
	 ```end```
	 ```quads = h/2*(feval(a,fun) + feval(b,fun)) + h*quads;```

MATLAB, Octave	Scilab
Das Integral über unsere schon weiter oben definierte Inline(Online)-Funktion können wir mittels `trap` direkt bestimmen. Dabei sucht sich `trap` die erforderlichen Stützstellen selbst. Damit wir die gleiche Stützstellenzahl wie eben benutzen können, suchen wir diese zuvor mit dem Kommando `length`.	

MATLAB, Octave	Scilab

`>> length(x)`
`ans =`
`    41`
`>> quads = trap(Gaußfun,0,4,41)`
`quads =`
`    0.88623`
 	
Wir erinnern uns, dass im Argument von `trap` die Hochkommas entfallen, da wir Gaußfun als Inline-Funktion definiert haben.
	`-->exec trap.sce;`
	`-->length(x)`
	`ans  =`
	`    41.`
	`-->quads = trap(Gaußfun,0,4,41)`
	`quads  =`
	`    0.8862269`

Das Integral

$$I = \int_0^x e^{-t^2}\,\mathrm{d}x = \frac{\sqrt{\pi}}{2}\,\mathrm{erf}(x) \tag{8.12}$$

ist übrigens als *Fehlerintegral* oder *error function* bekannt. Es ist in MATLAB und Scilab direkt abrufbar, wodurch Sie Ihre Ergebnisse kontrollieren können.

■   Codetabelle 8.4

MATLAB, Octave	Scilab

`>> erf(4)*sqrt(pi)/2`
`ans =`
`    0.88623`
	`-->erf(4)*sqrt(%pi)/2`
	`ans  =`
	`    0.8862269`

Im folgenden Beispiel wollen wir die Trapezregel auch einmal „zu Fuß" anwenden, das heißt, wir berechnen die einzelnen Funktionswerte unmittelbar ohne Programm. Zur Illustration wählen wir das Integral

$$I = \int_0^\infty e^{-x^2}\,\mathrm{d}x \left(= \frac{\sqrt{\pi}}{2} \right)$$

und wollen dieses numerisch auf drei gültige Stellen berechnen. Eine kleine Komplikation ergibt sich diesmal durch die unendliche Integrationsgrenze, die durch eine endliche Grenze ersetzt werden muss. Wo diese Grenze liegt, probieren wir einfach aus. Wir nehmen an, dass bei $x = 4$ die Funktionswerte schon deutlich genug abgefallen sind. Folglich beginnen wir mit einer Intervallbreite von 4 und reduzieren dann entsprechend.

Zunächst bestimmen wir die erforderlichen Funktionswerte für die Stützstellen.

Tabelle 8.1 Stützstellen für die Funktion $\exp(-x^2)$

x	$\exp(-x^2)$
0	1
0,5	0.77880078307140
1	0.36787944117144
1,5	0.10539922456186
2	0.01831563888873
2,5	0.00193045413623
3	0.00012340980409
3,5	0.00000478511739
4	0.00000011253517

Die allgemeine Formel

$$T = \frac{h}{2}\left(f(0) + 2f(1) + 2f(2) + \ldots + f(n)\right)$$

soll jetzt auf eine wachsende Zahl von Intervallen angewandt werden.

Benutzen wir für den gesamten Bereich zwischen 0 und 4 lediglich ein Intervall, so benötigen wir nur die beiden Endpunkte und erhalten mit der Intervallbreite $h = 4$ als erste Näherung (ein Intervall)

$$T_1 = \frac{4}{2}\left(f(0) + f(4)\right) = 2,00000022507035\,.$$

Das Ergebnis wird sicher noch sehr ungenau sein. Bei zwei Intervallen erhalten wir die nächste Näherung in der Form

$$T_2 = \frac{2}{2}\left(f(0) + 2f(2) + f(4)\right) = 1,03663139031264\,.$$

So unterteilen wir weiter und erhalten der Reihe nach:

$$T_3 = \frac{1}{2}\left(f(0) + 2f(1) + 2f(2) + 2f(3) + f(4)\right) = 0,88631854613185$$

$$T_4 = \frac{0,5}{2} \{ f(0) + 2f(0,5) + 2f(1) + 2f(1,5) + 2f(2) + 2f(2,5) +$$

$$2f(3) + 2f(3,5) + f(4) \} =$$

$$= 0,88622689650937$$

Schließlich bekommen wir

$$T_5 = 0,88622690736425 ,$$

wobei wir jetzt die Zwischenschritte fortlassen. Wenn wir die Details aufschreiben würden, sähen wir, dass der Funktionswert $f(4)$ keinen wesentlichen Beitrag mehr zum Ergebnis liefert und deshalb als obere Integrationsgrenze geeignet ist.

Die Ergebnisse unter Verwendung der MATLAB- oder Scilab-Funktion f(x) = exp(-x^2) in trap führten auf genau den gleichen Wert. Für genügend große x kann die obere Grenze bis ins Unendliche ausgedehnt werden.

Bei der *zusammengesetzten SIMPSONschen Regel* geht man folgendermaßen vor: Für die Anwendung der einfachen SIMPSONschen Regel wurden je drei Stützstellen benötigt, d.h., je zwei Teilintervalle zwischen den Stützstellen werden mit einem festen Approximationspolynom integriert. Wenn wir solche Teile aneinanderfügen, muss die Gesamtzahl n der Intervalle gerade bleiben, die Zahl der Stützstellen $x_0 \ldots x_n$ ist demzufolge gleich $n + 1$ und damit ungerade.

Als zusammengesetzte SIMPSONsche Regel ergibt sich daher (Abb. 8.5):

$$\int_a^b f(x)\mathrm{d}x = \frac{h}{3} \left[f(x_0) + 4f(x_1) + 2f(x_2) + 4f(x_3) + \ldots + 4f(x_{n-1}) + f(x_n) \right]$$

$$\ldots - \underbrace{\frac{f^{(4)}(\xi)}{180}(b-a)h^4}_{\text{Fehlerglied}}$$

(8.13)

In diesem Ausdruck wechseln also die Gewichtsfaktoren der Stützstellen immer zwischen 4 und 2 hin und her – letzteres ist die Folge zusammentreffender Intervallränder zweier benachbarter SIMPSON-Formeln.

Professionelle Programme verfeinern die Intervallbreiten schrittweise so lange, bis die Genauigkeit innerhalb von vorgegebenen Toleranzgrenzen liegt.

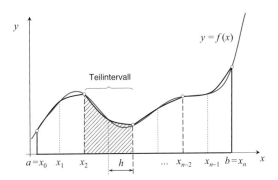

Abb. 8.5 Skizze zur zusammengesetzten SIMPSONschen Regel

Datei auf Webseite

Um für unsere Zwecke die Arbeitsweise bei den zusammengesetzten iterativen Quadraturverfahren deutlich zu machen, haben wir die beiden Funktionen trap_iter.m/sce und simps_iter.m/sce zur Verfügung gestellt. Diese Programme enthalten eine Variable flag als Eingabeparameter. Setzen wir flag = 1, so werden alle Zwischenergebnisse der Iteration mit ausgegeben und auch grafisch angezeigt. Wird dagegen die Variable flag weggelassen oder ungleich 1 gesetzt, dann wird nur das Ergebnis ausgegeben.

Die iterative Verwendung der zusammengesetzten Trapezregel bietet übrigens den Vorteil, dass man auf bereits berechnete Funktionswerte wiederholt zurückgreifen kann. Es muss also bei jeder neu hinzukommenden Intervallhalbierung nur noch jeder zweite Wert neu berechnet werden, dadurch lässt sich die Rechenzeit bedeutend verkürzen. Dies ist in unserem Programm trap_iter1.m/sce realisiert.

Die auf der Webseite angebotenen Programme ermöglichen zwar die Berechnung des Integrals. Sie sind jedoch vor allem zur Illustration der Verfahren geschrieben worden, dienen also vorwiegend didaktischen Zwecken. Bei professionellen Anwendungen, in denen es um Rechensicherheit und vor allem um Schnelligkeit geht, sollten Sie jedoch in jedem Fall die von MATLAB oder Scilab bereitgestellten, umfangreich geprüften und optimierten Standardprogramme verwenden.

Die zusammengesetzte SIMPSONsche Regel stellt eines der am häufigsten verwendeten Quadraturverfahren dar.

In MATLAB wird die SIMPSONsche Regel durch die Funktion quad verwirklicht. In Scilab gibt es analog eine Funktion intg. Wir zeigen ihre Anwendung wieder am Beispiel der GAUß-Funktion mit den Integrationsgrenzen 0 und 2.

■ Codetabelle 8.5

MATLAB, Octave	Scilab

```>> I = quad(Gaußfun,0,4)```
```I =```
```   0.88623```
	```-->I = intg(0,4,Gaußfun)```
	``` I =```
	``` 0.8862269```

Zum Test der Verfahren stehen uns, wie schon erwähnt, verschiedene MATLAB- oder Scilab-Funktionen im Quelltext zur Verfügung.[3] Wir tragen sie hier noch einmal zusammen.

- Zusammengesetzte Trapezregel:
  `trap(fun,a,b,n)`
  Darin ist `fun` der Name der Funktion, die in einem m/sce-File oder als Inline-/Online-Funktion zur Verfügung gestellt werden muss, `a` und `b` sind die Integrationsgrenzen, `n` die Zahl der Integrationsintervalle.
- Zusammengesetzte SIMPSONsche Regel:
  `simps(fun,a,b,n)`
- Iterative Trapezregel und iterative SIMPSON-Regel:
  `trap_iter(fun,a,b,nmax,tol,flag)` `simps_iter(fun,a,b,nmax,tol,flag)`
  `nmax` ist hier die maximale Zahl der Rekursionsschritte, `tol` die gewünschte Toleranz und `flag = 1` dient zur Ausgabe und Anzeige von Zwischenwerten.
- Iterative Trapezregel mit optimierter Berechnung der Zwischenwerte:
  `trap_iter1(fun,a,b,nmax,tol,flag)`

Darüber hinaus haben wir die folgenden mit MATLAB beziehungsweise Scilab mitgelieferten Standardfunktionen kennengelernt:

■ Codetabelle 8.6

Programmierpraxis mit Standardfunktionen	
MATLAB, Octave	Scilab
- Trapezregel mit vorzugebendem Stützstellenabstand `trapz(y)` - Eine kumulative, also aufsummierende Trapezregel bieten MATLAB und Octave mit der Funktion `cumtrapz(y)` an. - Optimierte Quadraturverfahren: `quadxy(fun,a,b,tol)` (benutzt ein rekursives SIMPSON-Verfahren, dessen Subintervalle sich selbst einstellen, ein sogenanntes *adaptives Verfahren*). `fun` ist dabei der Name der zu integrierenden Funktion, die in einer separaten Datei zur Verfügung gestellt wird. Dann ist der	- Trapezregel mit vorzugebendem Stützstellenabstand `inttrap (y)` - Optimierte Quadraturverfahren: `intg(a,b,fun,tol)` (Algorithmus nicht bekannt) `fun` ist dabei der Name der zu integrierenden Funktion, die in einer separaten Datei oder als Online-Funktion zur Verfügung gestellt wird. Die Parameter `a` und `b` sind die Integrationsgrenzen, `tol` ist die Angabe der Toleranz. Wird sie bei der Eingabe fortgelassen, legt das Programm einen Default-Wert fest. - Darüber hinaus existiert in Scilab noch eine

---

[3] Dabei handelt es sich *nicht* um in MATLAB oder Scilab implementierte Standardfunktionen! Laden Sie sich bitte diese Dateien von unserer Webseite im Internet herunter.

Programmierpraxis mit Standardfunktionen	
MATLAB, Octave	Scilab
Name mit einem *function handle* einzugeben oder, bei MATLAB, in Hochkommas einzuschließen. Wird die Funktion als Inline-Funktion angegeben, dann entfallen Handle oder Hochkommas. Die Parameter a und b sind die Integrationsgrenzen, tol ist die Angabe der Toleranz. Wird sie bei der Eingabe fortgelassen, legt das Programm einen Default-Wert fest.	weitere Funktion integrate, die benutzt werden kann, um die zu integrierende Funktion direkt in Hochkommas einzugeben. Dies geschieht in der Form integrate (Ausdruck,Variablenname,a,b), zum Beispiel: ``` -->x = integrate('1/x','x',1,2) x = 0.6931472. ```

Aufgabe 2   Nochmals ein Vergleich der Integrationsverfahren

Berechnen Sie das Integral $\quad I = \int\limits_{0}^{2} e^x\, dx \quad$ numerisch

a) mit Hilfe der *einfachen Trapezregel* als $\ I \approx T_1\ $ (die Intervallbreite sei $h = h_0 = 2$),

b) mit Hilfe der *Trapezregel unter Berücksichtigung von zwei Teilintervallen* als $\ I \approx T_2$ (Intervallbreite $h = h_0/2 = 1$),

c) mit Hilfe der *einfachen SIMPSONschen Regel* als $\ I \approx S_1\ $ (Intervallbreite $h = h_0 = 2$).

(In dieser Aufgabe sind alle Zahlenwerte mit mindestens sechs gültigen Stellen anzugeben.) Vergleichen Sie das Ergebnis mit dem exakten Wert, den Sie ja für diese Funktion ebenfalls ermitteln können. ∎

Aufgabe 3   Integration von Tabellenwerten

Gegeben sei eine Tabelle von Funktionswerten.

x	0	1	2	3	4	5
$f(x)$	0	0,7930	4,0828	10,9900	22,9870	42,3830

Berechnen Sie numerisch das Integral

$$I = \int\limits_{0}^{5} f(x)\, dx$$

weitgehend mit Hilfe der SIMPSONschen Regel. Dies gelingt nicht vollständig, denn dazu müsste eine ungerade Anzahl von Stützstellen zur Verfügung stehen. Zur Ergänzung soll für das letzte Intervall die Trapezregel benutzt werden. ∎

8.4 ROMBERG-Verfahren

8.4.1 Vorbetrachtungen

Im vorigen Abschnitt haben wir gelernt, dass ein sukzessives Halbieren der Integrationsintervalle stetig bessere Ergebnisse liefert. Dort hatten wir das anhand eines Beispiels bei Anwendung auf die GAUßsche Fehlerfunktion gesehen. Die Intervallbreite h wird von Schritt zu Schritt kleiner, wir drücken sie als Teil der anfänglichen Intervallbreite h_0 aus. Das heißt, h nimmt nacheinander die Werte h_0, $h_0/2$, $h_0/4 \ldots$ an.

Wir wollen dies noch einmal demonstrieren, und zwar für das Integral

$$I = \int_a^b \frac{1}{x}\,\mathrm{d}x = \int_1^2 \frac{1}{x}\,\mathrm{d}x\,, \tag{8.14}$$

dessen Wert wir zum Vergleich auch direkt berechnen können. Er ergibt sich aus

$$I = \int_1^2 \frac{1}{x}\,\mathrm{d}x = \ln x\big|_1^2 = \ln 2 = 0{,}693147\,.$$

In der folgenden Tabelle 8.2 sind die mit der Trapezformel

$$\int_a^b f(x)\mathrm{d}x = \frac{h}{2}\big[f(x_0) + 2f(x_1) + \ldots + f(x_n)\big] \tag{8.15}$$

berechneten Werte für abnehmende Intervallbreiten angegeben.

Tabelle 8.2 Werte des Integrals (8.14), berechnet mit der Trapezformel (8.15)

Zahl der Intervalle	Intervallbreite	Formel entsprechend (8.10)	Wert des Integrals
1 Intervall	$h = h_0 = b - a =$ $= 2 - 1 = 1$	$I \approx T_1 = \int_1^2 \frac{1}{x}\,\mathrm{d}x = \frac{1}{2}\left(\frac{1}{1} + \frac{1}{2}\right)$	$T_1 = 0{,}75$
2 Intervalle	$h = h_0/2 =$ $= (2-1)/2 = 0{,}5$	$I \approx T_2 = \int_1^2 \frac{1}{x}\,\mathrm{d}x = \frac{0{,}5}{2}\left(\frac{1}{1} + 2\cdot\frac{1}{1{,}5} + \frac{1}{2}\right)$	$T_2 = 0{,}70833$
4 Intervalle	$h = h_0/4 =$ $= (2-1)/4 = 0{,}25$	$I \approx T_3 = \frac{0{,}25}{2}\cdot$ $\cdot\left(\frac{1}{1} + 2\cdot\frac{1}{1{,}25} + 2\cdot\frac{1}{1{,}5} + 2\cdot\frac{1}{1{,}75} + \frac{1}{2}\right)$	$T_3 = 0{,}69702$

Wir bemerken, dass die Ergebnisse, die uns die Trapezformel liefert, zwar von Schritt zu Schritt genauer werden, die Konvergenz ist jedoch recht bescheiden. (Den letzten Wert würden wir übrigens bereits mit der ersten Näherung der SIMPSON-Formel erhalten.)

Wir könnten jetzt eine „Genauigkeitsfunktion" aufschreiben, in der wir den Integralwert $I(h)$ über der Intervallbreite darstellen. Man darf vermuten, dass sich diese Funktion in einer bestimmten Weise fortsetzt. Je kleiner h wird, desto genauer strebt offensichtlich $I(h)$ dem tatsächlichen Integralwert zu. Könnten wir die Integrationen bis zur Intervallbreite $h \to 0$ ausführen, so würden wir sicher das genaue Ergebnis finden. Da das nicht realisierbar ist, genügt es vielleicht, wenigstens die Funktion $I(h)$ dorthin zu extrapolieren. Nun haben wir jedoch bereits früher eine solche Möglichkeit gefunden, Approximationen numerisch zu behandeln: In Abschnitt 6.4 benutzten wir dazu den NEWTONschen Polynomansatz mit der Methode der dividierten Differenzen. In diesem Abschnitt wollen wir uns damit befassen, ob sich nach diesem Verfahren die Genauigkeit der Integration steigern lässt. Dies führt auf das von dem Mathematiker ROMBERG entwickelte Berechnungsverfahren.

8.4.2 RICHARDSON-Extrapolation

Wir stellen das gesuchte Integral, wie oben schon gesagt, als Funktion abnehmender Intervallwerte $I(h)$ dar. Hierbei hat sich gezeigt – worauf wir nicht detailliert eingehen wollen –, dass I lediglich von h^2 abhängt und nicht von h selbst. Dies hängt unter anderem damit zusammen, dass sich der Wert der Approximation nicht ändern darf, wenn man statt positiver Intervallbreiten negative Intervalle nimmt. Wir führen deshalb vorteilhaft eine neue Variable $\delta = h^2$ ein und setzen an [Oelschlägel 1974]:

$$I(\delta) = c_1 + c_2(\delta - \delta_1) + c_3(\delta - \delta_1)(\delta - \delta_2) + c_4(\delta - \delta_1)(\delta - \delta_2)(\delta - \delta_3) + \ldots \quad (8.16)$$

Die Koeffizienten c_i sind hier die jeweiligen Integralwerte, die wir nach der Methode der dividierten Differenzen aus den aufeinanderfolgenden Näherungen der Trapezregel erhalten. Dabei bedenken wir, dass stets

$$\delta_1 = h_0^2, \ \delta_2 = \left(\frac{h_0}{2}\right)^2 = \frac{h_0^2}{4^1}, \ \delta_3 = \left(\frac{h_0}{4}\right)^2 = \frac{h_0^2}{4^2}, \ \delta_4 = \left(\frac{h_0}{16}\right)^2 = \frac{h_0^2}{4^4}, \ \ldots$$

ist. Im Abschnitt 6.4.1 hatten wir diesen Ansatz zur Interpolation benutzt, also zum Ermitteln von Zwischenwerten. Es muss auch erlaubt sein, damit in gewissen Grenzen nach außen zu gehen, mit anderen Worten, zu extrapolieren. In unserem

Fall extrapolieren wir zur Grenze $h \to 0$ beziehungsweise $\delta \to 0$. Das setzen wir so in (8.16) ein und erhalten:

$$I(\delta) = c_1 + c_2(0 - h_0^2) + c_3(0 - h_0^2)(0 - \frac{h_0^2}{4}) + c_4(0 - h_0^2)(0 - \frac{h_0^2}{4})(0 - \frac{h_0^2}{4^2}) + ... =$$

$$= c_1 - c_2 \frac{h_0^2}{4^0} + c_3 \frac{h_0^2}{4^0} \cdot \frac{h_0^2}{4^1} - c_4 \frac{h_0^2}{4^0} \cdot \frac{h_0^2}{4^1} \cdot \frac{h_0^2}{4^2} + ...$$

(8.17)

Wir können schon ahnen, wie die nächsten Glieder dieser Reihe aussehen werden.

Aus den früheren Überlegungen zur NEWTONschen Interpolation wissen wir, wie die verschiedenen Koeffizienten c_i zu berechnen sind. Sie lassen sich als Diagonalelemente der Matrix der dividierten Differenzen $D(i,i)$ gemäß (6.20) schreiben:[4]

$$I(\delta) = D(1,1) - D(2,2) \frac{h_0^2}{4^0} + D(3,3) \frac{h_0^2}{4^0} \cdot \frac{h_0^2}{4^1} - D(4,4) \frac{h_0^2}{4^0} \cdot \frac{h_0^2}{4^1} \cdot \frac{h_0^2}{4^2} + ...$$

(8.18)

Damit hätten wir unser Problem eigentlich schon gelöst, denn (8.18) gibt eine klare Vorschrift zur Berechnung des Extrapolationswertes an. Die Ermittlung der $D(i,i)$ ist zugegebenermaßen etwas unübersichtlich. Deshalb wollen wir sie im folgenden Abschnitt für unser Beispiel aus 8.4.1 suchen und danach einen Algorithmus finden, mit dem sie numerisch berechnet werden können.

8.4.3 Beispiel für die ersten Glieder der Integralnäherungen

Um die RICHARDSON-Extrapolation zu illustrieren, greifen wir auf das Beispiel aus 8.4.1 zurück, wo wir die Trapezregel auf die Funktion $y = 1/x$ angewendet haben. Mit den dortigen Werten T_1, T_2 und T_3 bestimmen wir die ersten Koeffizienten aus (8.18). Sie sind in der zweiten Spalte von Tabelle 8.3 aufgelistet. In der ersten Spalte stehen die „x-Werte", das ist in unserem Fall $\delta = h^2$.

---

[4] Wir beachten dabei, dass $4^0 = 1$ ist.

Tabelle 8.3 Dividierte Differenzen der Integralnäherungen mit Zahlenwerten für die Näherungen

von $I = \int\limits_1^2 \frac{1}{x}\,dx$

δ	$D(i,j)$	erste dividierte Differenzen	zweite dividierte Differenzen
$\delta_1 = h_0^2$	$\begin{array}{l}D(1,1)=T_1\\=0{,}75\end{array}$		
$\delta_2 = (h_0/2)^2$	$\begin{array}{l}D(2,1)=T_2\\=0{,}70833\end{array}$	$D(2,2)=\dfrac{D(2,1)-D(1,1)}{\dfrac{h_0^2}{4^1}-\dfrac{h_0^2}{4^0}}=4\dfrac{T_1-T_2}{3}\cdot\dfrac{1}{h_0^2}$	
$\delta_3 = (h_0/4)^2$	$\begin{array}{l}D(3,1)=\\T_3=0{,}69702\end{array}$	$D(3,2)=\dfrac{D(3,1)-D(2,1)}{\dfrac{h_0^2}{4^2}-\dfrac{h_0^2}{4^1}}=16\dfrac{T_2-T_3}{3}\cdot\dfrac{1}{h_0^2}$	$D(3,3)=\dfrac{D(3,2)-D(2,2)}{\dfrac{h_0^2}{4^2}-\dfrac{h_0^2}{4^0}}=\dfrac{64}{45}(4T_3-5T_2+T_1)\cdot\dfrac{1}{h_0^2}$

Die NEWTONschen Polynome bestimmen wir entweder „zu Fuß" oder mit unserem Programm newt_intp.m/sce. Nach der „Zu-Fuß-Methode" erhalten wir beispielsweise das Element $D(2,2)$ wie folgt:

$$D(2,2)=\frac{D(2,1)-D(1,1)}{\dfrac{h_0^2}{4^1}-\dfrac{h_0^2}{4^0}}=\frac{T_2-T_1}{\dfrac{1}{4}-1}\cdot\frac{1}{h_0^2}=4\frac{T_2-T_1}{1-4}\cdot\frac{1}{h_0^2}=-4\frac{T_2-T_1}{3}\cdot\frac{1}{h_0^2}$$

$$=-4\frac{0{,}70833-0{,}75}{3}\cdot\frac{1}{h_0^2}=0{,}05556\cdot\frac{1}{h_0^2}$$

In unserem Fall hatten wir $h_0 = 1$ gewählt, so dass $D(2,2) = 0{,}05556$ ist. Der extrapolierte Integralwert wird damit:

$$I(\delta)=D(1,1)-D(2,2)h_0^2=T_1+\left(\frac{T_2-T_1}{\dfrac{1}{4}-1}\cdot\frac{1}{h_0^2}\right)h_0^2=$$

$$=T_1-\frac{4}{3}(T_1-T_2)\cdot\frac{1}{h_0^2}\,h_0^2= \tag{8.19}$$

$$=\frac{4T_2-T_1}{3}=0{,}75-0{,}05556=0{,}69444$$

Das können wir auch mittels Programm erhalten:

■   Codetabelle 8.7

MATLAB, Octave	Scilab

`>> delta = [1 .5^2]`
`delta =`
`    1.0000    0.2500`
`>> F = [0.75 0.70833];`
`>> [P,D] = newt_intp(delta,F)`
`P =`
`    0.0556    0.6944`
`D =`
`    0.7500         0`
`    0.7083    0.0556`
	`-->delta = [1 .5^2]`
	`delta  =`
	`    1.    0.25`
	`-->F = [0.75 0.70833];`
	`-->exec newt_intp.sce;`
	`-->[P,D] = newt_intp(delta,F)`
	`D  =`
	`    0.75        0.`
	`    0.70833     0.05556`
	`P  =`
	`    0.69444 + 0.05556x`

Das erhaltene Polynom müssen wir für $\delta \to 0$ (bei Scilab steht im Polynom P symbolisch x für δ) auswerten und erhalten damit $I = 0{,}69444$.

Mit einer weiteren Unterteilung nach der Trapezregel bekommen wir:

MATLAB, Octave	Scilab

`>> delta = [1 .5^2 0.25^2]`
`>> delta =`
`    1.0000    0.2500    0.0625`
`>> F = [0.75 0.70833 0.69702];`
`>> [P,D] = newt_intp(delta,F)`
`P =`
`   -0.0051    0.0619    0.6932`
`D =`
`    0.7500         0         0`
`    0.7083    0.0556         0`
`    0.6970    0.0603   -0.0051`
	`--> delta = [1 .5^2 0.25^2]`
	`delta  =`
	`    1.    0.25    0.0625`
	`-->F = [0.75 0.70833 0.69702];`
	`-->[P,D] = newt_intp(delta,F)`
	`D  =`
	`    0.75       0.        0.`
	`    0.70833    0.05556   0.`
	`    0.69702    0.06032  - 0.0050773`
	`P  =`
	`                                    2`
	`    0.6931707 + 0.0619067x - 0.0050773x`

Hier ergibt sich für $\delta \to 0$ nun $I = 0{,}6931707$.

8.4.4   Rekursionsschema

Bei einer systematischen Berechnung muss man natürlich nicht alle Stützstellenwerte in der Trapezformel neu berechnen, sondern kann die in einer früheren Approximationsstufe schon ermittelten Werte wiederverwenden. Dadurch wird der Rechenaufwand deutlich geringer. Im Detail heißt dies, dass bei jeder Verfeinerung des Integrationsintervalls jeweils eine weitere Stützstelle dazwischen kommt und dort die Funktion neu berechnet werden muss. Daraus lässt sich eine Rekursionsformel gewinnen.

Wir sehen auch, dass in allen dividierten Differenzen (wie in Tabelle 8.3) die Größen h_0^2, h_0^4, h_0^6 usw. auftreten. Genau diese Größen kommen auch in der Interpolationsformel (8.17) vor. Es ist deshalb für die iterative Berechnung günstiger, die jeweiligen h-Potenzen gegeneinander zu kürzen. Gleichzeitig erweist es sich als sinnvoll, die einzelnen Terme von (8.18) zusammenzufassen. Damit gelangen wir zu einer erneuten Approximationsformel, in der wir statt der $D(j,k)$ neue Koeffizienten $R(j,k)$ einführen. Diese gehorchen dem folgenden Schema:

$$R(j,k) = R(j,k-1) + \frac{R(j,k-1) - R(j-1,k-1)}{4^{k-1} - 1} \qquad (8.20)$$

Die Details der Herleitung wollen wir uns hier nicht anschauen, man findet sie in [Knorrenschild 2003], [Mathews 1999]. Diese Koeffizienten sind nun direkt die Teilergebnisse des jeweiligen Iterationsschritts. Die erste Spalte der **R**-Matrix ist dabei mit der **D**-Matrix identisch und wird genau durch die einzelnen Folgen der Trapez-Näherungen bestimmt (Tabelle 8.4).

Tabelle 8.4 Berechnungsschema der ROMBERG-Koeffizienten

Schritt	$R(i,j)$		
1	$R(1,1) = T_1$		
2	$R(2,1) = T_2$	$R(2,2)$	
3	$R(3,1) = T_3$	$R(3,2)$	$R(3,3)$

Die aus den Werten der Trapez-Näherung in Tabelle 8.3 berechneten Werte der dividierten Differenzen können nun mit Hilfe von (8.20) so dargestellt werden, dass sofort die ROMBERG-Koeffizienten abzulesen sind. Sie sind in Tabelle 8.5 zusammengestellt. Wir werden sie jedoch im Allgemeinen nicht von Hand berechnen, sondern dies einem geeigneten Integrationsprogramm überlassen.

Tabelle 8.5 Erste Näherungen für die ROMBERG-Koeffizienten

δ	$R(i,j)$	zweite ROMBERG-Koeffizienten	dritte ROMBERG-Koeffizienten
$\delta_1 = h_0^2$	$R(1,1) = T_1$		
$\delta_2 = (h_0/2)^2$	$R(2,1) = T_2$	$R(2,2) = R(2,1) + \dfrac{R(2,1) - R(1,1)}{4^1 - 1} = \dfrac{4T_2 - T_1}{3}$	
$\delta_3 = (h_0/4)^2$	$R(3,1) = T_3$	$R(3,2) = R(3,1) + \dfrac{R(3,1) - R(2,1)}{4^1 - 1} = \dfrac{4T_3 - T_2}{3}$	$R(3,3) = R(3,2) + \dfrac{R(3,2) - R(2,2)}{4^2 - 1} = \dfrac{1}{45}(64T_3 - 20T_2 + T_1)$

Beim ROMBERG-Integrationsverfahren werden aufeinanderfolgende Näherungen mit der Trapezregel auf die Grenze unendlich kleiner Intervallbreite extrapoliert. Hierfür kann ein einfaches Iterationsschema benutzt werden.

Datei auf Webseite

Als Datei zum praktischen Arbeiten mit dem ROMBERG-Algorithmus haben wir die Programme romberg.m (MATLAB) und romberg.sce (Scilab) bereitgestellt. Falls eine Grafikausgabe mittels flag = 1 gewünscht wird, müssen bei Scilab zur Bearbeitung die Dateien polyfit.sce und polyval.sce im gleichen Verzeichnis stehen.

Das Ergebnis der numerischen ROMBERG-Integration wird an folgendem Beispiel deutlich, in dem wir wieder als Integrand die Funktion $y = 1/x$ wählen:

■ Codetabelle 8.8

MATLAB, Octave	Scilab
```\n>> fun = inline('1./x');\n>> [quads,err,R,h] = romberg(fun,1,2,2,1e-3,0)\nquads =\n 0.6932\nerr =\n 0.0013\nR =\n 0.7500 0 0\n 0.7083 0.6944 0\n 0.6970 0.6933 0.6932\nh =\n 0.2500\n```	```\n-->exec romberg.sce;\n-->deff('y = fun(x)','y=1./x');\n-->[quads,err,R,h] = romberg(fun,1,2,2,1e-3,0)\n h =\n 0.25\n R =\n 0.75 0. 0.\n 0.7083333 0.6944444 0.\n 0.6970238 0.6932540 0.6931746\n err =\n 0.0012698\n quads =\n 0.6931746\n```
Mit Ausgabe von Zwischenwerten und Grafikausgabe erhalten wir:	
```\n>> [quads,err,R,h] = romberg(fun,1,2,2,1e-3,1)\nBei Unterbrechung Grafikanzeige, weiter mit\nbelieb. Taste\nTeilergebnis, siehe Grafik - mit beliebiger\nTaste weiter\nTeilergebnis, siehe Grafik - mit beliebiger\nTaste weiter\nquads =\n 0.6932\nerr =\n 0.0013\nR =\n 0.7500 0 0\n 0.7083 0.6944 0\n 0.6970 0.6933 0.6932\n```	Bei Scilab müssen die Dateien romberg.sce und polyfit/polyval.sce im aktuellen Verzeichnis stehen. ```\n-->[quads,err,R,h] = romberg(fun,1,2,2,1e-3,1)\nBei Unterbrechung Grafikanzeige, weiter mit\nbelieb. Taste\nTeilergebnis - mit beliebiger Taste weiter\nhalt\n-->\n Teilergebnis - mit beliebiger Taste weiter\nhalt\n-->\n h =\n 0.25\n```

MATLAB, Octave	Scilab

h =
 	
    0.2500
	R =
	
	    0.75 0. 0.
	    0.7083333 0.6944444 0.
	    0.6970238 0.6932540 0.6931746
	err =
	    0.0012698
	quads =
	    0.6931746

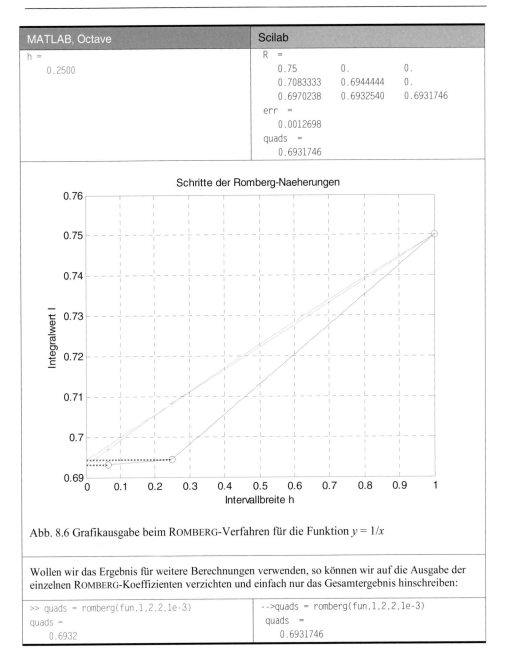

Abb. 8.6 Grafikausgabe beim ROMBERG-Verfahren für die Funktion $y = 1/x$

Wollen wir das Ergebnis für weitere Berechnungen verwenden, so können wir auf die Ausgabe der einzelnen ROMBERG-Koeffizienten verzichten und einfach nur das Gesamtergebnis hinschreiben:

| `>> quads = romberg(fun,1,2,2,1e-3)`
`quads =`
`    0.6932` | `-->quads = romberg(fun,1,2,2,1e-3)`
`    quads  =`
`        0.6931746` |

Aufgabe 4   Berechnung der ROMBERG-Koeffizienten „zu Fuß"

Rechnen Sie die soeben mittels Programm romberg erhaltenen ROMBERG-Koeffizienten des

Integrals $I = \int\limits_1^2 \dfrac{1}{x}\,\mathrm{d}x$ anhand von Tabelle 8.5 nach. ∎

Aufgabe 5   Ergänzung zum Vergleich der Integrationsverfahren

Berechnen Sie ergänzend zu Aufgabe 2 das Integral $I = \int_0^2 e^x\, dx$ numerisch nach dem

ROMBERG-Verfahren bis zu $R(2,2)$ (ebenfalls wieder mit sechs gültigen Stellen).

Aufgabe 6   Vergleich von SIMPSON- und ROMBERG-Integration

Der extrapolierte Wert für I nach dem ROMBERG-Verfahren aus 8.4.1 ist mit dem Ergebnis der SIMPSON-Regel (Aufgabe 1 c) identisch: $I_2(0) = S_1$. Beweisen Sie, dass dies *prinzipiell* so sein muss. ■

Aufgabe 7   Mit Hilfe der Trapezformel zur ROMBERG-Integration

Mit Hilfe der Trapezformel seien nacheinander die folgenden Näherungen für das Integral

$$T_n = \int_0^{h_0} f(x)dx$$

ermittelt worden:

T_1	T_2	T_3
0.7854	0.9481	0.9871

a) Zeichnen Sie diese Werte in die nachfolgende Skizzenvorlage ein und führen Sie grafisch die RICHARDSON-Extrapolation aus, um einen noch genaueren Integralwert zu erhalten. (Eine Kopie dieser Vorlage, die sich zum Ausfüllen eignet, finden Sie auf der Webseite des Verlags.)

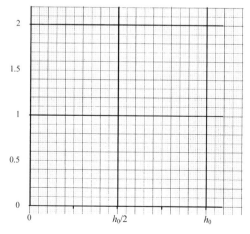

b) Berechnen Sie numerisch ohne MATLAB/Scilab-Programm die ROMBERG-Integrale R_{22} und R_{33}. ■

8.5 Gaußsche Quadratur

Bis hierher haben wir stets Stützstellen für die Integration benutzt, die die Ränder des Integrationsintervalls einbeziehen und im Innern gleichmäßig verteilt sind. Hierzu gibt es zwei Erweiterungsmöglichkeiten. Zum einen kann man die Schrittweite im Innern je nach Funktionsverlauf kleiner oder größer zu wählen. Dies führt zu dem bereits erwähnten adaptiven Integrationsverfahren, wie es auch bei MATLAB verwendet wird.

Auf der anderen Seite kann man auch überlegen, ob die Approximation besser wird, wenn die Stützstellen nicht mehr gleichmäßig verteilt sind. Wir erinnern uns, dass eine Kurvenanpassung durch Polynome höherer Ordnung besser wird, wenn die Stützstellen untereinander nicht gleichmäßig verteilt sind, sondern an den Rändern des Intervalls dichter liegen (Abschnitt 6.4.5). Diese Erkenntnis wollen wir nun auch bei der Integration nutzen. Das Gaußsche Quadraturverfahren wählt die Stützstellen gerade so aus, dass der mögliche Fehler bei der Approximation des Integranden durch Polynome minimal wird. Dazu werden Gewichte a_i definiert, mit denen die n Stützstellen x_i unterschiedlich stark bewertet werden. Der Ansatz für die Integrationsformel lautet in diesem Fall:

$$\boxed{I = \int_a^b f(x)\,\mathrm{d}x \approx \sum_{i=1}^n a_i f(x_i)} \qquad (8.21)$$

Wir demonstrieren dies am Beispiel einer Integration im Intervall $-1 \le x \le 1$. Durch geeignete Transformation lässt sich, wie wir noch sehen werden, eine Funktion so umstellen, dass das gesuchte Integrationsintervall in diesem Bereich liegt. Die Zahl n der Stützstellen soll dabei gewährleisten, dass ein Polynom möglichst hoher Ordnung exakt approximiert wird. Arbeiten wir also mit zwei Stützstellen x_1 und x_2, so haben wir wegen

$$I = \int_{-1}^1 f(x)\,\mathrm{d}x \approx a_1 f(x_1) + a_2 f(x_2) \qquad (8.22)$$

insgesamt vier wählbare Parameter, nämlich x_1, x_2 sowie a_1 und a_2. Mit vier Parametern lässt sich, wie wir wissen, ein Polynom bis maximal zur 3. Ordnung exakt anpassen. Die Approximation muss insbesondere auch für vier spezielle, einfache Polynome möglich sein. Wir wählen für $f(x)$ die folgenden Ausdrücke und schreiben der Reihe nach ihre Stammfunktionen I_i auf. So muss jeweils gelten:

Polynom 0. Grades $P_0 = 1 \;\Rightarrow\; I_0 = \int\limits_{-1}^{1} dx = x\Big|_{-1}^{1} = 2 \overset{!}{=} a_1 \cdot 1 + a_2 \cdot 1$

Polynom 1. Grades $P_1 = x \;\Rightarrow\; I_1 = \int\limits_{-1}^{1} x\,dx = \frac{1}{2}x^2\Big|_{-1}^{1} = 0 \overset{!}{=} a_1 \cdot x_1 + a_2 \cdot x_2$

Polynom 2. Grades $P_2 = x^2 \;\Rightarrow\; I_2 = \int\limits_{-1}^{1} x^2\,dx = \frac{1}{3}x^3\Big|_{-1}^{1} = \frac{2}{3} \overset{!}{=} a_1 \cdot x_1^2 + a_2 \cdot x_2^2$

Polynom 3. Grades $P_3 = x^3 \;\Rightarrow\; I_3 = \int\limits_{-1}^{1} x^3\,dx = \frac{1}{4}x^4\Big|_{-1}^{1} = 0 \overset{!}{=} a_1 \cdot x_1^3 + a_2 \cdot x_2^3$

Zur Bestimmung der vier Koeffizienten haben wir also die vier Gleichungen

$$a_1 \cdot 1 + a_2 \cdot 1 = 2$$
$$a_1 \cdot x_1 + a_2 \cdot x_2 = 0$$
$$a_1 \cdot x_1^2 + a_2 \cdot x_2^2 = \frac{2}{3}$$
$$a_1 \cdot x_1^3 + a_2 \cdot x_2^3 = 0$$

zur Verfügung. Aus Symmetrieüberlegungen sollte $x_1 = -x_2$ sein, so dass sich die Lösungssuche vereinfacht. Das Ergebnis schreiben wir hier sofort auf; es lässt sich durch Einsetzen verifizieren:

$$x_1 = -x_2 = \frac{1}{\sqrt{3}}$$
$$a_1 = a_2 = 1$$

Daraus folgt die Näherungsformel

$$\boxed{I = \int\limits_{-1}^{1} f(x)\,dx \approx f\left(-\frac{1}{\sqrt{3}}\right) + f\left(\frac{1}{\sqrt{3}}\right)} + \underbrace{\frac{f^{(4)}(\xi)}{4320}(b-a)^5}_{\text{Fehlerglied}} . \qquad (8.23)$$

(Im Fehlerglied hätten wir natürlich auch $b - a = 1 - (-1) = 2$ schreiben können.)

Sie ist für jedes Polynom 3. Ordnung und darunter exakt – dies wird durch die Fehlerordnung 4 ausgedrückt. Deshalb hofft man, dass sie auch für andere Funktionen als Polynome noch hinreichend genau sein wird. Die Koeffizienten für eine andere Zahl von Stützstellen sind in der folgenden Tabelle angegeben. Da man diese Koeffizienten auch mit Hilfe sogenannter LEGENDREscher Polynome erhält, spricht man auch vom GAUß-LEGENDREschen Integrationsverfahren.

Tabelle 8.6 Stützstellen und Gewichte für die GAUßsche Integration im Intervall $[-1,1]$

Zahl der Stützstellen	x_i	a_i	Integralformel
1	0	2	$I_1 = 2f(0)$
2	$-\dfrac{1}{\sqrt{3}}, \dfrac{1}{\sqrt{3}}$	1, 1	$I_2 = f\left(-\dfrac{1}{\sqrt{3}}\right) + f\left(\dfrac{1}{\sqrt{3}}\right)$
3	$-\sqrt{0{,}6}, 0, \sqrt{0{,}6}$	$\dfrac{5}{9}, \dfrac{8}{9}, \dfrac{5}{9}$	$I_3 = \dfrac{5}{9}f\left(-\sqrt{0{,}6}\right) + \dfrac{8}{9}f(0) + \dfrac{5}{9}f\left(\sqrt{0{,}6}\right)$

Für die numerische Behandlung ist es einfacher, die Koeffizienten gleich als Gleitkommawerte einzugeben. Diese findet man beispielsweise bei Wikipedia unter [Wikipedia: Gauß-Quadratur 2012] für bis zu fünf Stützstellen.

Um ein beliebiges Integrationsintervall auf die geforderten Grenzen zu transformieren, ist eine Variablensubstitution erforderlich. Wir versuchen es mit

$$\eta = \frac{2x - a - b}{b - a} \tag{8.24}$$

und erhalten damit tatsächlich

$$\int_a^b f(x)\,\mathrm{d}x = \int_{-1}^1 f\left(\frac{(b-a)\eta + b + a}{2}\right)\frac{(b-a)}{2}\,\mathrm{d}\eta. \tag{8.25}$$

Bei der GAUß-Integration wird von vornherein mit einer festen Stützstellenzahl gearbeitet. Alle Stützstellen liegen inmitten des Integrationsbereichs. Die erzielte Genauigkeit ist in der Regel viel größer als bei äquidistant verteilten Stützstellen.

Als Beispiel wollen wir unsere schon oft strapazierte Funktion $f(x) = 1/x$ heranziehen und das Integral $\int_1^2 \frac{1}{x}\,dx$ mittels GAUßscher Quadratur lösen. Wir schreiben es als

$$\int_1^2 \frac{1}{x}\,dx = \int_{-1}^1 f\left(\frac{(2-1)\eta+2+1}{2}\right)\frac{(2-1)}{2}\,d\eta = \int_{-1}^1 \frac{2}{\eta+3}\cdot\frac{1}{2}\,d\eta = \int_{-1}^1 \frac{d\eta}{\eta+3}.$$

Diese Funktion berechnen wir nach der Formel

$$I_2 = f\left(-\frac{1}{\sqrt{3}}\right) + f\left(\frac{1}{\sqrt{3}}\right) = \frac{1}{-\frac{1}{\sqrt{3}}+3} + \frac{1}{\frac{1}{\sqrt{3}}+3} = 0,692308.$$

Vergleichen wir dies mit dem Ergebnis des ROMBERG-Verfahrens aus dem vorigen Abschnitt, so verblüfft uns sicher die bereits mit einem Schritt erhaltene Genauigkeit. Ärgerlich ist lediglich die zuvor erforderliche Transformation der Integrationsvariablen. Allerdings ist es leider bei diesem Verfahren nicht möglich, einfache sukzessive Verfeinerungen zu erhalten, da mit jedem neuen Schritt die Koeffizienten komplett neu berechnet werden müssen. Das GAUßsche Verfahren ist deshalb insbesondere dort nützlich, wo es darauf ankommt, bereits mit einem Integrationsschritt möglichst genaue Integralwerte zu erhalten.

Nach einem ähnlichen Verfahren arbeitet die MATLAB-Funktion quadl. Das L in dieser Bezeichnung rührt von der Bezeichnung LOBATTO-Formel her, deren Koeffizienten ähnlich wie die der GAUß-LEGENDRE-Beziehung bestimmt werden.

■ Codetabelle 8.9

MATLAB, Octave

```
>> fun = inline('1./x');
>> quadl(fun,1,2)
ans =
    0.693147186147186
```

Datei auf Webseite

Zum Ausprobieren des GAUß-Verfahrens haben wir für MATLAB/Octave und Scilab die Datei gaussquad(fun,a,b,n) bereitgestellt. Darin ist wieder fun der Name der Funktion, die in einem m/sce-File oder als Inline-/Online-Funktion definiert werden muss, a und b sind die Integrationsgrenzen, n ($n < 6$) bezeichnet die Zahl der Integrationsintervalle. Die Transformation des Integrationsbereichs und die Auswahl der passenden Koeffizienten werden dann von unserem Programm selbstständig vorgenommen.

Wir wollen den Umgang mit diesen Dateien an folgendem Beispiel zeigen.

MATLAB, Octave	Scilab
| ```
>> fun = inline('1./x');
>> gaussquad(fun,1,2,2)
ans =
   0.692307692307727
>> gaussquad(fun,1,2,5)
ans =
   0.693147157853040
``` | ```
-->deff('y = fun(x)','y=1./x');
-->exec gaussquad.sce;
-->gaussquad(fun,1,2,2)
 ans  =
   0.6923077
-->gaussquad(fun,1,2,5)
 ans  =
   0.6931472
``` |

Aufgabe 8   Integration über ein Beispiel-Polynom

Gegeben sei das Polynom $P(x) = x^3 + 2x^2 - 1$.

a) Berechnen Sie nach dem Standardverfahren $\int_{-1}^{1} P(x)\mathrm{d}x$ analytisch.

b) Berechnen Sie als Nächstes das gleiche Integral nach der Näherungsformel (8.23) und zeigen Sie damit, dass das Ergebnis für dieses Beispiel tatsächlich mit dem Ergebnis von a) identisch ist. ■

Aufgabe 9   GAUßsche Integration

Berechnen Sie analog zu unserem Beispiel das Integral

$$\int_{1}^{2} \frac{1}{x}\mathrm{d}x$$

mit drei Stützstellen. ■

8.6   Numerische Differentiation

Wie bereits eingangs dieses Kapitels erwähnt, ist die numerische Differentiation unter Umständen problematischer als die Integration. Dies kann man sich klarmachen, wenn man sich vorstellt, dass die zu differenzierende Funktion mit Mess- oder Approximationsfehlern behaftet ist. Wie aus Abb. 8.7 (oben) zu erkennen ist, weichen die Steigungen der Verbindungslinien zwischen den einzelnen fehlerbehafteten Funktionswerten teilweise erheblich von der tatsächlichen Steigung der Funktion ab. Im Gegensatz hierzu ist die Integration viel toleranter. Die in Abb. 8.7 (unten) gezeigte Fläche zwischen der x-Achse und dem approximierten Funktionsverlauf weicht von der tatsächlichen Fläche nur wenig ab, da sich die Fehler teilweise aufheben.

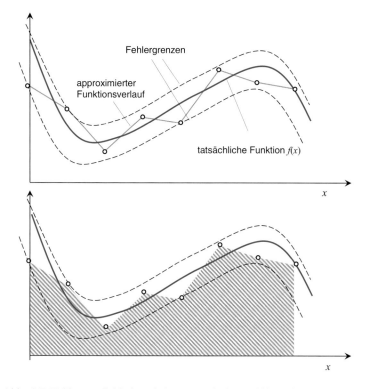

Abb. 8.7 Fehlermöglichkeiten beim numerischen Differenzieren (oben) und beim Integrieren (schraffierte Fläche, unten)

Glücklicherweise existieren für die meisten Funktionen analytische Ableitungen. Dennoch ist es zuweilen erforderlich, auch numerisch zu differenzieren. Dies geschieht im einfachsten Fall tatsächlich in der Weise, dass einfach der Differenzenquotient anstelle des Differentialquotienten gebildet wird. Man bildet die Differenz zwischen zwei aufeinanderfolgenden Funktionswerten x_i und x_{i-1}:

$$f'(x_i) \approx \frac{f(x_i) - f(x_{i-1})}{x_i - x_{i-1}} \tag{8.26}$$

Diese Art der Ableitung nennt man *Rückwärtsdifferenz*, das heißt, neben dem aktuellen Funktionswert wird als Zweites der rückwärtige (vorherige) Funktionswert hinzugezogen. Die *Vorwärtsdifferenz* ist dagegen folgendermaßen definiert:

$$f'(x_i) \approx \frac{f(x_{i+1}) - f(x_i)}{x_{i+1} - x_i} \tag{8.27}$$

Die numerische Differentiation geschieht über den Differenzenquotienten.

MATLAB und Scilab stellen zur Berechnung der Differenz die Funktion `diff` zur Verfügung. An einem Beispiel wollen wir die Handhabung erläutern – wir berechnen die Ableitung der Sinusfunktion, die wir ja als Kosinusfunktion kennen. Da bei der Differenzbildung ein Funktionswert verloren geht, muss dieser Wert von den Abszissenwerten abgezogen werden, wenn wir Wertepaare $(x_i, f(x_i))$ bilden wollen. Wird dies vergessen, so erscheint die Fehlermeldung „`Error using ==> plot, Vectors must be the same lengths`" bei MATLAB beziehungsweise „`plot: Wrong size for input arguments 'X' and 'Y': Incompatible dimensions`" bei Scilab.

■ Codetabelle 8.11

MATLAB, Octave	Scilab
`>> step = 0.001;`	`-->step = 0.001;`
`>> t = 0:step:10;`	`-->t = 0:step:10;`
`>> y = sin(t);`	`-->y = sin(t);`
`>> dy = diff(sin(t))/step;`	`-->dy = diff(sin(t))/step;`
`>> plot(t,y);grid on; hold on;`	`-->plot(t,y);xgrid;`
`>> x = t(1:length(t)-1);`	`-->x = t(1:length(t)-1);`
`>> plot(x,dy,'r'); grid on;`	`-->plot(x,dy,'r'); xgrid;`

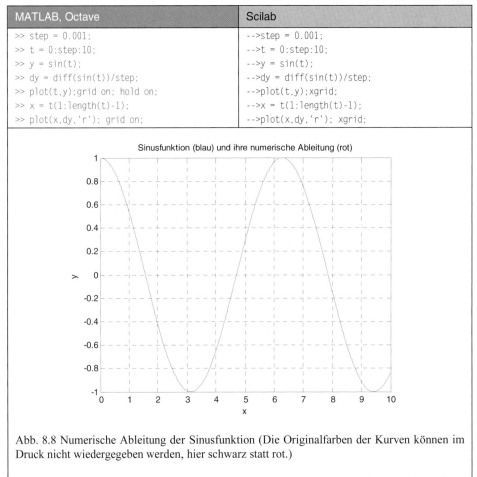

Abb. 8.8 Numerische Ableitung der Sinusfunktion (Die Originalfarben der Kurven können im Druck nicht wiedergegeben werden, hier schwarz statt rot.)

Aufgabe 10   Vorwärts- und Rückwärtsdifferenz

Wurde bei dem soeben behandelten Beispiel (Ableitung der Sinusfunktion) die Vorwärts- oder die Rückwärtsdifferenz gebildet? ■

Zusammenfassung zu Kapitel 8

Problemstellung

Eine numerische Integration (Quadratur) kann in folgenden Fällen erforderlich werden:

- Der Integrand führt auf eine analytisch sehr komplizierte Stammfunktion.

- Ein analytischer Ausdruck für die Stammfunktion existiert nicht.

- Der Integrand liegt nur in Tabellenform vor.

Wir unterscheiden einfache und zusammengesetzte Quadraturverfahren. Bei Letzteren wird das gesamte Intervall in Teilintervalle aufgeteilt. Diese Aufteilung kann bis zum Erreichen der gewünschten Genauigkeit noch verfeinert werden.

Elementare Quadraturverfahren

- Mittelpunktsregel (Intervall wird durch Rechteck approximiert)

$$\int_a^b f(x)\mathrm{d}x = (b-a)f\left(\frac{a+b}{2}\right)$$

- Trapezregel (Intervall wird durch Trapez approximiert)

$$\int_a^b f(x)\mathrm{d}x = (b-a)\frac{f(a)+f(b)}{2}$$

- SIMPSONsche Regel oder KEPLERsche Fassregel (Intervall wird durch Streifen mit oberem Parabelbogen approximiert)

$$\int_a^b f(x)\mathrm{d}x = \frac{(b-a)}{6}\left[f(a)+4f\left(\frac{a+b}{2}\right)+f(b)\right]$$

Zusammengesetzte Quadraturverfahren

(Summation über Teilintervalle)

- Zusammengesetzte Trapezregel

$$\int_a^b f(x)\mathrm{d}x = \frac{h}{2}\left[f(x_0)+2f(x_1)+2f(x_2)+2f(x_3)+\ \dots\ +2f(x_{n-1})+f(x_n)\right]$$

- Zusammengesetzte SIMPSON-Regel

$$\int_a^b f(x)\mathrm{d}x = \frac{h}{3}\left[f(x_0)+4f(x_1)+2f(x_2)+4f(x_3)+\ \dots\ +4f(x_{n-1})+f(x_n)\right]$$

ROMBERG-Verfahren

Die Genauigkeit der Integration lässt sich steigern, indem man einen Polynomansatz zur Extrapolation der sukzessiven Integralwerte $I(h)$ hin zur Grenze $h \to 0$ benutzt. Das Berechnungsschema ist in der folgenden Tabelle dargestellt.

Schritt	$R(i,j)$		
1	$R(1,1) = T_1$		
2	$R(2,1) = T_2$	$R(2,2)$	
3	$R(3,1) = T_3$	$R(3,2)$	$R(3,3)$

Die Koeffizienten werden rekursiv nach folgender Formel berechnet:

$$R(j,k) = R(j,k-1) + \frac{R(j,k-1)-R(j-1,k-1)}{4^{k-1}-1}$$

GAUßsche Quadratur

Beim GAUßschen Quadraturverfahren werden die Stützstellen so gewählt, dass der Fehler möglichst minimal wird. Alle Stützstellen liegen dabei im Innern des Intervalls. Für zwei Stützstellen ergibt sich folgende Formel:

$$I = \int_{-1}^1 f(x)\mathrm{d}x \approx f\left(-\frac{\sqrt{3}}{3}\right)+f\left(\frac{\sqrt{3}}{3}\right)$$

Zur Transformation auf das gewählte Integrationsintervall muss eine neue Variable mittels

$$\eta = \frac{2x - a - b}{b - a}$$

eingeführt werden.

MATLAB/Scilab-Integrationsprogramme

- Trapezregel mit vorzugebendem festemn Stützstellenabstand:
  trapz(y) (MATLAB) und inttrap(y) (Scilab)
  Darin sind y die bereitgestellten, vorher zu berechnenden Funktionswerte.

- Optimierte Quadraturverfahren (ausgehend von einer gegebenen Funktion):
  MATLAB: quad(fun,a,b,tol)
  Scilab:
       intg(a,b,fun,tol) oder integrate(Ausdruck,Variablenname,a,b)

- GAUß-Integration mittels MATLAB-Funktion quadl

Numerische Differentiation

Die numerische Differentiation kann problematischer sein als die Integration. Der Differentialquotient wird numerisch durch einen Differenzenquotienten genähert.

- Rückwärtsdifferenz

$$f'(x_i) \approx \frac{f(x_i) - f(x_{i-1})}{x_i - x_{i-1}}$$

- Vorwärtsdifferenz

$$f'(x_i) \approx \frac{f(x_{i+1}) - f(x_i)}{x_{i+1} - x_i}$$

Differentiation bei MATLAB/Scilab

- Bildung der Differenz mittels diff und danach des Differentialquotienten durch einfache Division

Testfragen zu Kapitel 8

1. Wie viele Intervallpunkte benötigen Sie zur Anwendung der Mittelpunktsregel, der einfachen Trapezregel und der einfachen SIMPSONschen Regel? → 8.2
2. Warum ist die Integration, die auf der Anpassung mit Polynomen höherer Ordnung nach dem NEWTON-COTES-Integrationsschema beruht, nicht vorteilhaft? → 8.2.4
3. Welchen Vorteil bringt die ROMBERG-Integration gegenüber den übrigen bekannten Integrationsverfahren? → 8.4.1
4. Welche Integrationsformel liefert die genauesten Ergebnisse: die Mittelpunktsregel, die Trapezregel oder die SIMPSONsche Regel? → 8.2.3
5. In welcher Weise unterscheidet sich die Anordnung der Stützstellen beim GAUß-Verfahren von der bei der Trapez- oder SIMPSON-Regel? → 8.2, 8.5
6. Warum liefert die numerische Differentiation im Allgemeinen schlechtere Ergebnisse als die numerische Integration? → 8.1, 8.6

Literatur zu Kapitel 8

[Knorrenschild 2003]
Knorrenschild M, *Numerische Mathematik. Eine beispielorientierte Einführung*, Fachbuchverlag Leipzig im Carl Hanser Verlag, München 2003

[Mathews 1999]
Mathews J H, Fink K D, *Numerical Methods Using MATLAB*, Prentice Hall, Upper Saddle River 1999

[Oelschlägel 1974]
Oelschlägel M, Matthäus W-G, *Numerische Methoden. Reihe Mathematik für Ingenieure, Naturwissenschaftler, Ökonomen und Landwirte*, Bd. 18, Vieweg+Teubner, Wiesbaden 1974

[Wikipedia: Gauß-Quadratur 2012]
Gauß-Quadratur, http://de.wikipedia.org/wiki/Gauß-Quadratur, Stand 30.12.2012

9 Gewöhnliche Differentialgleichungen

9.1 Arten von Differentialgleichungen

Unter einer Differentialgleichung (häufig abgekürzt als Dgl.) versteht man eine solche Gleichung, die neben der Funktion selbst, beispielsweise $y(x)$, $y(t)$ oder $x(t)$, auch ihre Ableitungen enthält. Die folgenden Zeilen zeigen einige Beispiele von Differentialgleichungen.[1]

$$\dot{y}(t) = 2t^4 \tag{9.1}$$

$$\dot{y}(t) = \frac{dy(t)}{dx} = -ry \tag{9.2}$$

$$\ddot{x}(t) + \omega^2 x(t) = 0 \tag{9.3}$$

$$\ddot{x}(t) + 2\delta\dot{x}(t) + \omega^2 x(t) = A\cos(\omega_a t) \tag{9.4}$$

Unterschieden wird zwischen gewöhnlichen und partiellen Differentialgleichungen. Während *gewöhnliche Differentialgleichungen* Funktionen beinhalten, die lediglich von einer Variablen abhängen, beispielsweise in der Form $y(x)$ oder $x(t)$, enthalten *partielle Differentialgleichungen* Funktionen, die von mehreren Variablen abhängen. Ihre Lösung gestaltet sich um Größenordnungen komplizierter. Entsprechend kommen in ihnen auch mehrere Ableitungen vor. Ein (vielleicht nahezu abschreckendes) Beispiel ist die Wärmeleitungsgleichung der Physik:

$$\frac{\partial T(x,y,z,t)}{\partial t} = c \cdot \left(\frac{\partial^2}{\partial x^2} + \frac{\partial^2}{\partial y^2} + \frac{\partial^2}{\partial z^2} \right) T(x,y,z,t)$$

Partielle Differentialgleichungen sollen in diesem Buch nicht in unserem Blickfeld stehen. Wir haben bereits mit gewöhnlichen Differentialgleichungen eine Menge zu tun. Im Englischen spricht man von *ordinary differential equations*, abgekürzt ODE.

---

[1] Die Ableitung nach der Zeit t wird wie üblich durch einen Punkt dargestellt. Wir werden von jetzt an die unabhängige Variable durch t darstellen.

Einige Gleichungen, wie beispielsweise oben (9.1), hängen nur von der unabhängigen Variablen allein ab, ihre Lösung lässt sich durch Integration unmittelbar finden. Wir ermitteln dazu in bekannter Weise analytisch die Stammfunktion, zum Beispiel:

$$y = \int 2t^4 \mathrm{d}x = \frac{2}{5}t^5 + c \qquad\qquad (9.5)$$

Darin ist c eine Integrationsvariable, die aus den Anfangsbedingungen zu bestimmen ist. Zum Ermitteln der Stammfunktion könnten wir auch die Verfahren zur numerischen Integration aus Kapitel 8 heranziehen. Allerdings haben wir dort das bestimmte Integral berechnet. Es ergibt sich, wenn die Integrationsgrenzen fest gewählt werden. Wollten wir den Verlauf der Stammfunktion (9.5) grafisch auftragen, müssten wir nacheinander die Integrationen für unterschiedliche Endwerte x, in diesem Fall als

$$y = \int_a^x 2t^4 \mathrm{d}x, \qquad\qquad (9.6)$$

berechnen. Dabei ist die bereits erwähnte Anfangsbedingung ganz wichtig. Sie muss bei jeder Lösung von Differentialgleichungen beachtet werden. In unserem Fall lautet sie $x_0 = a$. Im folgenden Beispiel wird als Startwert $a = 1$ verwendet.

Analytische Lösungen der wichtigsten Differentialgleichungen findet man durch einen geeigneten Ansatz. Uns interessieren hier nur numerische Lösungen. Für die numerische Integration gemäß (9.6) benutzen wir unsere bereits früher in Abschnitt 8.3 verwendete Standardfunktion `trapz/inttrap` sowie unter MATLAB/Octave auch `cumtrapz`). Da wir die Stammfunktion (9.5) kennen, können wir das Ergebnis der numerischen Integration damit vergleichen. Um die Eingaben zu vereinfachen, haben wir hierfür ein Programm `int_x_4_trapz.m/sce` geschrieben.

■ Codetabelle 9.1, *Datei auf Webseite*

MATLAB, Octave	Scilab
% M-File int_t_4_trapz.m	// Script-File int_t_4_trapz.sce
% numerische Loesung der Dgl. mit Funktion y'(t) = 2*t^4	// numerische Loesung der Dgl. mit Funktion y'(t) = 2*t^4
% mittels trapz und cumtrapz	// mittels inttrap
%********************************	//********************************
% Funktionseingabe	// Funktionseingabe
%********************************	//********************************
fun = inline('2*t.^4');	deff('y=fun(t)','y=2*t^4');

---

[2] Im Druck sind natürlich die Farben nicht zu erkennen. Dazu müssen Sie die Grafiken am Computer erzeugen.

MATLAB, Octave	Scilab

``
%*********************************
% Startwerte
%*********************************
t0 = 1; X = t0;   % Intervallanfang
Y = 0;   % Y-Werte fuer t0;
y0 = 2/5;   % Anfangswert der analyt. Naeherung
dt =.1;   % Intervallgroesse
Y1 = 0;
 	
%*********************************
% Rechnung
%*********************************
for tt = t0+dt : dt : 4;
    % Zum Vergleich: Analytische Berechnung der
Stammfunktion
    y = 2.*tt.^5./5 - y0;
    Y = [Y, y]; X = [X,tt]; % an Ausgangsdaten anhaengen
    y1 = trapz(feval(fun,X))*dt;
    % Trapezregel auf alle Funktionswerte bis hierher
anwenden
    Y1 = [Y1,y1]; % an Ausgangsdaten anhaengen
end
% Verlauf der Stammfunktion mittels cumtrapz ermitteln:
ya = feval(fun,X);
Ycum = cumtrapz(ya)*dt;
%*********************************
% Grafische Darstellung
%*********************************
plot(X,Y,'r', X,Y1,'g', X,Ycum,'m');
grid on;
``
	``
	//********************************
	// Startwerte
	//********************************
	t0 = 1; X = t0; // Intervallanfang
	Y = 0; // Y-Werte fuer t0;
	y0 = 2/5; // Anfangswert der analyt. Naeherung
	dt =.1; // Intervallgroesse
	Y1 = 0;
	
	//********************************
	// Rechnung
	//********************************
	for tt = t0+dt : dt : 4;
	    // Zum Vergleich: Analytische Berechnung der
	Stammfunktion
	    y = 2.*tt.^5./5 - y0;
	    Y = [Y, y]; X = [X,tt]; // an Ausgangsdaten anhaengen
	    y1 = inttrap(feval(X,fun))*dt;
	    // Trapezregel auf alle Funktionswerte bis hierher
	anwenden
	    Y1 = [Y1,y1]; // an Ausgangsdaten anhaengen
	end
	//********************************
	// Grafische Darstellung
	//********************************
	plot(X,Y,'r', X,Y1,'g');
	xgrid;
	``

Beim Aufruf mittels

```
>> int_t_4_trapz
```

wird unter MATLAB folgendes Bild ausgegeben (wobei wir beachten müssen, dass die
beiden Kurven für die analytische Näherung (im
Original rote Kurve) und die Näherung mittels
trapz und cumtrapz übereinanderfallen)[2]:

Eine zu cumtrapz analoge Funktion, die auch die
Teilergebnisse direkt wiedergibt, existiert in
Scilab nicht.

Beim Aufruf mittels

```
-->exec int_t_4_trapz.sce;
```

wird folgendes Bild ausgegeben (wobei wir
beachten müssen, dass die beiden Kurven für
die analytische Näherung (im Original rote
Kurve) und die Näherung mittels inttrap
übereinanderfallen)[2]:

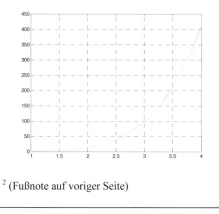

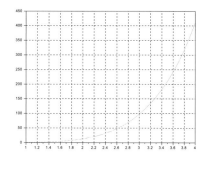

[2] (Fußnote auf voriger Seite)

Obwohl das gerade beschriebene Beispiel wie andere vom Typ $\dot{y} = f(t)$ im strengen Sinne schon eine Differentialgleichung darstellt, sind doch diejenigen Differentialgleichungen interessanter (und aufwendiger), bei denen auch auf der rechten Seite die Funktion $y(t)$ vorkommt. Manche dieser Gleichungen lassen sich mittels Umformung direkt lösen. Dazu gehört zum Beispiel die Funktion

$$\boxed{\dot{y} = \frac{dy}{dt} = -ry}$$
(9.7)

wie in (9.2) oder ähnliche (in (9.2) war lediglich x die unabhängige Variable.) Das sind Funktionen, die unter anderem Wachstums- und Zerfallsprozesse, das zeitliche Abklingen von Kondensatorladungen in der Elektrotechnik sowie das Zinsverhalten beschreiben. Ihre Lösungen finden wir nach der Methode des „Trennens der Variablen",

$$\int \frac{dy}{y} = -r \int dt \text{ , woraus folgt: } \ln y = -rt + c \text{ und somit } y = ae^{-rt}$$
(9.8)

mit einer noch zu bestimmenden Integrationskonstanten c oder $a = \exp(c)$.

Andere Typen von Differentialgleichungen lassen sich in der Regel nicht so einfach lösen. Eine besondere Gruppe bilden jedoch die *linearen Differentialgleichungen*. Das sind solche, die die gesuchte Funktion und ihre Ableitungen nur linear enthalten, also nicht zum Beispiel als y^2 oder $\dot{y}^3$ und so weiter. Solche Differentialgleichungen lassen sich mit Hilfe eines Ansatzes in Form einer Sinus- oder Kosinusfunktion oder noch besser einer komplexen Exponentialfunktion lösen. Darin tauchen Koeffizienten auf, die auf eine algebraische Gleichung führen und mit Hilfe der Anfangsbedingungen zu ermitteln sind.

Ein Beispiel stellt die bereits anfangs in (9.3) vorgestellte Schwingungsgleichung

$$\boxed{\ddot{x} + \omega^2 x = 0}$$
(9.9)

dar, die zum Beispiel durch eine Kosinusfunktion $x(t) = \cos(\omega t)$ gelöst wird. Eine solche Differentialgleichung heißt *homogen*, wenn sie (auf der rechten Seite) keine direkte Funktion $x(t)$ enthält. Dagegen ist die Gleichung

$$\boxed{\ddot{x} + 2\delta\dot{x} + \omega^2 x = A\cos(\omega_a t)}$$
(9.10)

wegen ihrer Abhängigkeit von $A \cos(\omega_a t)$ eine *inhomogene Differentialglei-chung*. Gleichungen dieses Typs sind in der Physik und Technik besonders wichtig. Sie beschreiben gedämpfte Schwingungen und Abklingprozesse unter dem Einfluss einer äußeren periodischen Störung. In der Mechanik wird dadurch die gedämpfte Schwingung einer Masse mit der Dämpfungskonstante δ und einer äußeren Anregung $A \cos(\omega_a t)$ beschrieben. In der Elektrotechnik gilt eine solche Beziehung für elektrische Schwingkreise.

Die Lösung einer Differentialgleichung wird auch als *Integration* oder *Quadra-tur* bezeichnet. Obwohl wir schon einige Beispiele erwähnt haben, die eine analytische Lösung erlauben, ist doch die Mehrzahl der Differentialgleichungen nur numerisch lösbar. Die numerischen Lösungsverfahren beruhen allerdings auf ganz anderen Algorithmen als die Quadratur von einfachen Funktionen, die wir im vorigen Kapitel und auch in diesem anfangs besprochen haben.

Nun müssen wir noch einige weitere Begriffe klären.

Als *Ordnung* oder *Grad* einer Differentialgleichung bezeichnet man die höchste in ihr vorkommende Ableitung der Funktion $y(x)$. In Physik und Technik ist die unabhängige Variable häufig die Zeit t. Der Ortsverlauf x in Abhängigkeit von der Zeit wird dann durch eine Funktion $x(t)$ dargestellt. Die Schwingungsglei-chung ist demzufolge von 2. Ordnung, denn in ihr taucht maximal die 2. Ableitung $d^2 x / dt^2 = \ddot{x}(t)$ auf. Für die Lösung müssen so viele Anfangswerte zur Verfü-gung stehen, wie der Grad der Differentialgleichung ist. Solche Aufgaben werden als *Anfangswertprobleme* bezeichnet. Darüber hinaus gibt es auch *Randwertprob-leme*. Mit ihnen wollen wir uns hier aber nicht befassen.

Für die numerische Lösung von Differentialgleichungen 1. Ordnung stehen leistungsfähige Standardverfahren zur Verfügung. Sollen Gleichungen höherer Ordnung numerisch gelöst werden, so müssen diese zuvor stets auf ein Glei-chungssystem 1. Ordnung zurückgeführt werden. Dies geschieht, indem man die Ableitungen durch neue Funktionen ersetzt. Am Beispiel der *Schwingungs-Differentialgleichung* (9.4) wollen wir das kurz erläutern. Wir ersetzen $\dot{x}$ durch die Geschwindigkeit v und erhalten anstelle von

$$\ddot{x} + 2\delta \dot{x} + \omega^2 x = A \cos(\omega_a t)$$

das Differentialgleichungssystem

$$\boxed{\begin{aligned} \dot{x} &= v(t) \\ \dot{v} &= -2\delta v - \omega^2 x + A \cos(\omega_a t) \end{aligned}} \quad . \tag{9.11}$$

Links stehen in beiden Gleichungen die Ableitungen (nach der Zeit) und rechts die beiden gesuchten Funktionen $x(t)$ und $v(t)$ selbst, die den Ort und die Geschwin-digkeit jeweils als Funktion der Zeit darstellen.

Die existierenden numerischen Lösungsverfahren sind in der Lage, nicht nur eine einzelne, sondern ein ganzes System von Differentialgleichungen 1. Ordnung zu lösen.

Auf diese Weise kann auch die Lösung der Schwingungs-Differentialgleichung ermittelt werden. Dies wollen wir später noch illustrieren.

Aufgabe 1   Trennen der Variablen

Lösen Sie die Differentialgleichung

$$y'(t) = \frac{3y}{t}$$

mit der Methode des Trennens der Variablen. ∎

9.2 EULER-Verfahren

Das EULER-Verfahren ist das einfachste Verfahren zur Lösung von Differential-gleichungen. Es besteht in einer schrittweisen Tangentenkonstruktion. Wir wissen ja aus der Differentialrechnung, dass der Zuwachs einer Funktion $y = f(t)$ nähe-rungsweise durch die folgende Formel bestimmt werden kann:

$$f(b) = f(a) + hf'(a) = f(a) + (b-a)f'(a) \tag{9.12}$$

Diese kann als erstes Glied einer Potenzreihenentwicklung um a aufgefasst wer-den. Umgestellt nach $f'(a)$ finden wir

$$f'(a) \approx \frac{f(b) - f(a)}{(b-a)} .$$

Es handelt sich dabei um nichts anderes als die Näherung für die Ableitung einer Funktion. Von jedem Wertepaar $(a, f(a))$ ausgehend ziehen wir die Tangente und finden daraus den nächsten Approximationspunkt der gesuchten Funktion. Das ist in Abb. 9.1 dargestellt. Wir ersetzen also den wirklichen Funktionsverlauf durch aufeinanderfolgende Geradenelemente. Das erklärt die Bezeichnung *EULERsches Polygonverfahren*. Aus der Abbildung erkennt man, wie diese Näherung von Schritt zu Schritt ungenauer wird. Jeder neue Funktionswert kann unter Umstän-den vom wirklichen Wert immer weiter abweichen.

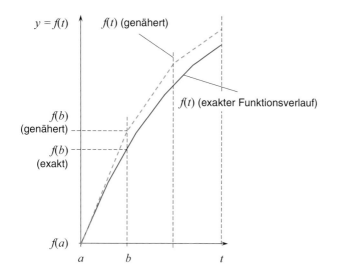

Abb. 9.1 Schrittweise Approximation einer Funktion $f(t)$ durch Tangentenkonstruktion

9.2.1 Differentialgleichung 1. Ordnung mit EULER-Verfahren

Datei auf Webseite

Um das EULER-Verfahren praktisch auszuführen, schreiben wir ein Programm `dgl_euler.m/sce` und wenden es auf eine Beispielfunktion gemäß (9.7)

$$\dot{y}(t) = -ry = -\frac{y}{3} \tag{9.13}$$

im Bereich zwischen $x = 0$ und 10 an. Den Parameter haben wir dabei als $r = 1/3$ festgelegt. Als Startbedingung wählen wir $y(0) = 1$. Wie wir bereits wissen, besitzt diese Differentialgleichung eine analytische Lösung, nämlich

$$y(t) = \exp\left(-rt\right) \quad \text{mit} \quad r = 1/3. \tag{9.14}$$

Es handelt sich dabei um eine Ausschaltfunktion (auch Abklingfunktion genannt). Mit der analytischen Lösung können wir unsere numerischen Ergebnisse überprüfen, indem wir sie in die gleiche Grafik einzeichnen.

MATLAB, Octave	Scilab

`function [t,X] = dgl_euler(fun,intv,X_0,n)`
 `% Loesung einer Dgl. nach dem Eulerschen Verfahren`
 `...`
 	
 `h = (intv(2)-intv(1))/n;`
 `  % Breite der Teilintervalle`
 `t = linspace(intv(1),intv(2),n+1);`
 `xx = X_0; X = X_0;`
 `for t_i = t(1:length(t)-1)`
 `  xx = xx + h*feval(fun,t_i,xx);`
 `  X = [X, xx];`
 `end`
	`function [t, X]=dgl_euler(fun, intv, X_0, n)`
	 `// Loesung einer Dgl. nach dem Eulerschen Verfahren`
	 `...`
	
	 `h = (intv(2)-intv(1))/n;`
	 `  // Breite der Teilintervalle`
	 `t = linspace(intv(1),intv(2),n+1);`
	 `xx = X_0; X = X_0;`
	 `for t_i = t(1:length(t)-1)`
	 `  xx = xx + h*feval(t_i,xx,fun);`
	 `  X = [X, xx];`
	 `end`

Bild der exakten Lösung
 	
 `>> t = 0:.01:10;`
 `>> plot(t, exp(-t/3),'r'); grid on;hold on;`
 	
 Definition einer Inline-Funktion und grobe
 Lösung der Differentialgleichung:
 	
 `>> fun = inline('-y/3','t','y');`
 `>> [t,y] = dgl_euler(fun,[0 10],1,50);`
 `>> plot(t,y);`
 	
 Jetzt wählen wir kleinere Intervalle:
 	
 `>> [t,y] = dgl_euler(fun,[0 10],1,100);`
 `>> plot(t,y,'k');`
	Bild der exakten Lösung
	
	 `-->t = 0:.01:10;`
	 `-->plot(t,exp(-t/3),'r'); xgrid;`
	
	 Definition einer Online-Funktion und grobe
	 Lösung der Differentialgleichung:
	
	 `-->deff('y = fun(t,y)','y=-y/3');`
	 `-->exec dgl_euler.sce;`
	 `-->[t,y] = dgl_euler(fun,[0, 10],1,50);;`
	 `-->plot(t,y,'b')`
	
	 Wir wählen auch hier kleinere Intervalle:
	
	 `-->[t,y] = dgl_euler(fun,[0, 10],1,100);`
	 `-->plot(t,y,'k');`

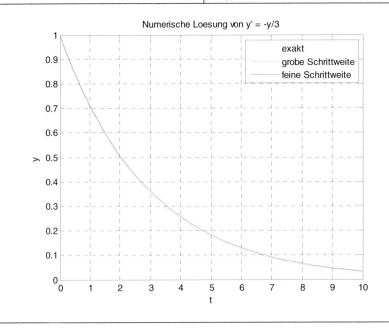

Es ist gut zu erkennen, wie sich die Lösung verbessert, wenn die Intervalle verfeinert werden.

Schreiben wir unsere Gleichung (9.13) in der Form

$$\dot{y}(t) + ry = 0 \quad \text{mit} \quad r = \frac{1}{3}, \tag{9.15}$$

so erkennen wir unschwer, dass es sich um eine homogene lineare Differentialgleichung handelt. Sie enthält lediglich die Funktion $y(t)$ selbst und ihre Ableitung, und zwar beide nur linear. Auf der rechten Seite steht eine Null. Eine inhomogene Differentialgleichung würde dann zum Beispiel wie folgt aussehen:

$$\dot{y}(t) + ry = a \tag{9.16}$$

Diese hat, wie wir leicht durch Einsetzen nachprüfen können, die Lösung

$$y(t) = \frac{a}{r} - \exp(-rt), \tag{9.17}$$

also eine ansteigende Exponentialfunktion. Im Gegensatz zu (9.15) werden damit Einschaltvorgänge beschrieben. Wir lösen diese Gleichung mit der Anfangsbedingung $y(0) = 0$ und wählen für a den Wert 1/3.

■ Codetabelle 9.3

MATLAB, Octave	Scilab
Exakte Lösung	Bild der exakten Lösung
`>> t = 0:.01:10;` `>> plot(t,1-exp(-t/3),'r');grid on;hold on;`	`-->t = 0:.01:10;` `-->plot(t,1-exp(-t/3),'r'); xgrid;`
Numerische Lösung mit EULER	Definition einer Online-Funktion und grobe Lösung der Differentialgleichung.

`>> fun = inline('-y/3+1/3','t','y');`
`>> [t,y] = dgl_euler(fun,[0 10],0,100);`
`>> plot(t,y,'b');`
	`-->deff('y = fun(t,y)','y=-y/3+1/3');`
	`-->exec dgl_euler.sce;`
	`-->[t,y] = dgl_euler(fun,[0, 10],0,100);;`
	`-->plot(t,y,'b')`

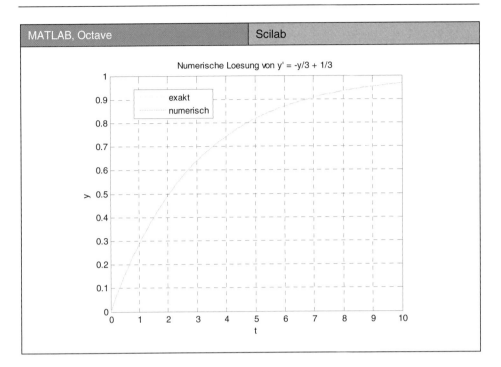

Um nun auch ein Beispiel zu betrachten, das sich bereits ohne Computerwerkzeuge mit dem EULERschen Verfahren lösen lässt, kommen wir noch einmal auf die Differentialgleichung $\dot{y} = ry$ gemäß (9.2) zurück. Ihre exakte Lösung haben wir bereits gefunden. Wir wollen sie nun jedoch zur Illustration im t-Intervall $[0, 1]$ noch einmal näherungsweise per Hand lösen. Dazu starten wir bei $t = 0$ mit dem Anfangswert $y(0) = y_0$ und schreiben gemäß (9.12)

$$y(t_1) = y(0) + h\dot{y}(0) \overset{(\dot{y}=ry)}{=} y(0)(1 + hr)\,.$$

Die zweite Näherung setzen wir am Punkt t_1 an und erhalten dort analog

$$y(t_2) = y(t_1)(1 + hr) = y(0)(1 + hr)(1 + hr) = y(0)(1 + hr)^2\,.$$

Die weitere Fortsetzung führt uns schließlich auf

$$y(x_n) = y(0)(1 + hr)^n\,. \tag{9.18}$$

Um ein konkretes Beispiel zu haben, wählen wir jetzt als Parameter $r = 0{,}5$ und $y(0) = 1$ und teilen das oben gewählte Gesamtintervall zwischen $t = 0$ und $t = 1$ in 100 Teile auf. Mit diesen Werten finden wir mit $n = 100$ das Ergebnis

$$y(t_{100}) = y(0)(1 + 0,5h)^{100} = 1 \cdot (1 + 0,5 \cdot \frac{1}{100})^{100} = 1,005^{100} = 1,6467 .$$

Hätten wir 1000 Intervalle anstelle der 100 gewählt, so wären wir bei $y(t_{1000}) = 1,0005^{1000} = 1,6485$ angekommen. Der exakte Wert, den wir aus Gl. (9.8) erhalten, beträgt übrigens $y = e^{rt} = e^{0,5 \cdot 1} = 1,6487$.

Vergleichen wir (9.18) mit (9.8), so finden wir die bekannte Reihenentwicklung der Exponentialfunktion bestätigt:

$$e^{rt} = \lim_{t \to \infty} \left(1 + \frac{rt}{n}\right)^n \tag{9.19}$$

9.2.2 Fehlerordnung des EULER-Verfahrens

Welche Fehler bei der EULERschen Näherung entstehen können, wird anhand des folgenden Beispiels deutlich. Wir lösen die Differentialgleichung

$$\dot{y}(t) = t - y \tag{9.20}$$

der Reihe nach für 3, 5, 10 und 100 Intervalle. Hierzu benutzen wir wieder die soeben eingeführte Funktion dgl_euler. Je nach Zahl der verwendeten Näherungsschritte ist zu erkennen, dass die Ergebnisse deutlich voneinander abweichen.

Auch für diese Differentialgleichung gibt es eine analytische Lösung. Man könnte sie mit Hilfe von Substitutionen nach der Methode der Trennung der Variablen gewinnen, was uns aber hier nicht interessieren soll. Die Lösung lautet:

$$y = t - 1 - Ce^{-t} \tag{9.21}$$

Mit der Konstanten $C = -2$ starten wir beim Anfangswert $y(0) = 1$. Die analytische Lösung, zum Beispiel im Bereich $0 \le t \le 2$, können wir dann mit den numerischen Ergebnissen vergleichen.

■ Codetabelle 9.4

MATLAB, Octave	Scilab
```>> t = 0:.01:2;```	```-->t = 0:.01:2;```
```>> plot(t,t-1+2*exp(-t),'r');```	```-->plot(t,t-1+2*exp(-t),'r');xgrid;```
```>> grid on;hold on;```	```-->exec dgl_euler.sce;```
```fun = inline('t-y','t','y');```	```-->deff('y = fun(t,y)','y=t-y')```
```>> [t,X] = dgl_euler(fun,[0, 2],1,3);```	```-->[t,X] = dgl_euler(fun,[0, 2],1,3);```
```% 3 Intervalle```	```// 3 Intervalle```

MATLAB, Octave	Scilab

`>> plot(t,X);`
`>> [t,X] = dgl_euler(fun,[0, 2],1,5);`
`% 5 Intervalle`
`>> plot(t,X);`
`>> [t,X] = dgl_euler(fun,[0, 2],1,10);`
`% 10 Intervalle`
`>> plot(t,X);`
`>> [t,X] = dgl_euler(fun,[0, 2],1,100);`
`% 100 Intervalle`
`>> plot(t,X,'g');`
	`-->plot(t,X);`
	`-->[t,X] = dgl_euler(fun,[0, 2],1,5);`
	`// 5 Intervalle`
	`-->plot(t,X);`
	`-->[t,X] = dgl_euler(fun,[0, 2],1,10);`
	`// 10 Intervalle`
	`-->plot(t,X);`
	`-->[t,X] = dgl_euler(fun,[0, 2],1,100);`
	`// 100 Intervalle`
	`-->plot(t,X,'g');`

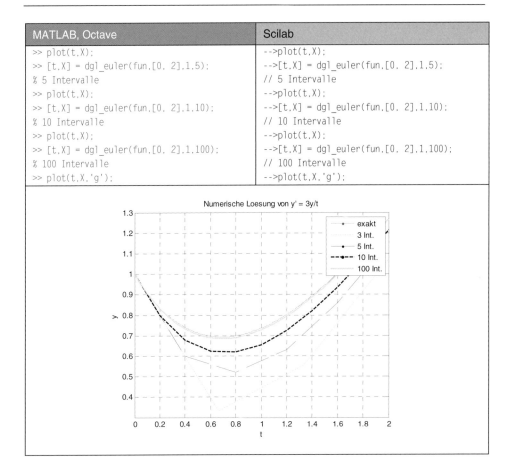

Die obere Kurve zeigt die exakte Lösung, darunter finden sich die Ergebnisse für 100, 10, 5 und 3 Schritte im betrachteten Intervall.

Als *lokalen Fehler* bezeichnet man die Differenz zweier benachbarter Funktionswerte, die zur Näherung herangezogen werden. Die Potenzreihenentwicklung berücksichtigt beim EULER-Verfahren nur das lineare Glied in h, der Fehler liegt demzufolge bei einem Term der Größenordnung h^2.

Als *Gesamtfehler* oder *globalen Fehler* sieht man dagegen die Differenz zwischen exakter Lösung und numerischer Lösung im gesamten Intervall an. Da zur Gesamtlösung n Schritte benötigt werden, summieren sich die Fehler auf, so dass sich insgesamt ein Fehler der Größenordnung nh^2 ergibt. Es ist aber $nh = (b - a)$, also gleich der Intervallbreite, so dass ein h-Term schon hierfür benötigt wird. Für den Fehler verbleibt demnach nur noch die Größenordnung h allein. Das lässt sich verallgemeinern:

Die Fehlerordnung des Gesamtfehlers bei der numerischen Lösung eines Anfangswertproblems ist um eine Potenz kleiner als die Fehlerordnung des lokalen Fehlers.

Der lokale Fehler des EULER-Verfahrens ist von der Größenordnung 2, der globale Fehler von der Größenordnung 1.

9.3 RUNGE-KUTTA-Verfahren

9.3.1 Einschrittverfahren

Das EULER-Verfahren ist zwar sehr instruktiv und auch einfach anzuwenden, aber nicht allzu genau, wenn sich die Funktion im betrachteten Intervall stark ändert und die Schrittweite größer ist. Deshalb wollen wir nach einer verbesserten Methode Ausschau halten. Gleichung (9.12) kann als erster Schritt einer Potenzreihenentwicklung angesehen werden. Jetzt fragen wir uns, ob das Verfahren verbessert werden kann, wenn man noch weitere Glieder dieser Entwicklung berücksichtigt. Damit landet man bei dem sogenannten RUNGE-KUTTA-Verfahren. Es erweist sich als die Verallgemeinerung des EULER-Verfahrens. Dabei werden die Tangenten auch an Zwischenpunkten des Intervalls ausgewertet. Wir wollen hier auf die Einzelheiten nicht eingehen und lediglich erwähnen, dass diese Methode in den Standardverfahren von MATLAB und Scilab verwendet wird.

Die Fehlerordnung beim RUNGE-KUTTA-Verfahren 4. Ordnung beträgt für den lokalen Fehler 5, das heißt, die Größenordnung des vernachlässigten Beitrags liegt bei h^5. Demzufolge ist die Größenordnung des Gesamtfehlers um eine Potenz kleiner, sie liegt also bei 4. Das ist weit besser als beim EULER-Verfahren.

Alle hier detailliert besprochenen numerischen Lösungsverfahren für Differentialgleichungen werden als Einschrittverfahren bezeichnet. Bei ihnen wird die Näherungslösung für einen Folgeschritt allein auf der Basis des jeweils vorhergehenden Schrittes berechnet. Frühere Lösungsschritte bleiben dabei unberücksichtigt.

9.3.2 Numerische Integration mit Standardfunktionen

Die am häufigsten benutzten MATLAB-Standardfunktionen sind ode23 und ode45. Sie beruhen auf RUNGE-KUTTA-Verfahren unterschiedlicher Ordnung und variabler Schrittweite.

Auch bei Scilab finden sich RUNGE-KUTTA-Routinen ähnlicher Ordnung. Unter dem Funktionsnamen ode wird hier eine Sammlung verschiedener Methoden zur Lösung von Differentialgleichungssystemen angeboten, die alle aus dem Programmpaket ODEPACK stammen. ODEPACK wurde für FORTRAN entwickelt, das ist die älteste naturwissenschaftlich-technische Programmiersprache überhaupt. Heute noch wird FORTRAN in den Natur- und Ingenieurwissenschaften benutzt, schon wegen seiner großen Vielfalt bewährter und getesteter Lösungsverfahren. Auch MATLAB wurde ursprünglich aus FORTRAN heraus entwickelt.

Während bei MATLAB die Stützstellen von der Lösungsroutine selbstständig gewählt werden, müssen sie bei Octave und Scilab bereits vorher durch den Anwender festgelegt sein. Hier weichen MATLAB und Octave voneinander ab. Octave benutzt anstelle von `ode23/45` das Programm `lsode`, das von FORTRAN übernommen wurde.

Um das Lösen von Differentialgleichungen mit den Standardfunktionen `ode23/ode45` von MATLAB oder `ode` von Scilab zu illustrieren, wenden wir uns in diesem Abschnitt nun konkreten Anwendungen zu.

Programmierpraxis mit Standardfunktionen	
MATLAB, Octave	Scilab

• MATLAB
  `[t,y] = ode23 (fun,tspan,y0)`
 	
• Die Syntax für die MATLAB-Routinen `ode45` und `ode23` ist identisch.
 	
Die Bezeichnung `fun` steht für den Namen der Funktion, deren Nullstelle gesucht wird. Sie kann vorliegen
- als äußere Funktion (als M-File),
- als Inline-Funktion,
- als Funktionsstring,
- als „function handle" oder
- als anonyme Funktion..
 	
Der Vektor `tspan = [t0, tfinal]` kennzeichnet die Integrationsgrenzen. `y0` ist der Anfangswert an der Stelle `t0`.
 	
`t` und `y` sind die Argumente und Funktionswerte der gesuchten Lösungsfunktion.
 	
Weitere Möglichkeiten sind über die MATLAB-Hilfe zu finden.
 	
• Octave
  `y = lsode (fun,y0,t)`
 	
Im Gegensatz zur MATLAB-Funktion werden bei Octave die `t`-Werte bereits in das Programm eingespeist.
	• `y = ode (y0, t0, t, fun)`
	
	Die Bezeichnung `fun` steht für den Namen der Funktion, deren Nullstelle gesucht wird. Sie kann vorliegen
	- als äußere Funktion (als sce-File),
	- als (über `deff` definierte) Online-Funktion oder
	- als unmittelbar über das Kommando `function` … `endfunction` definierte Funktion.
	
	`y0` ist der Anfangswert an der Stelle `t0`. Der Vektor `t` enthält die Zwischenwerte, an denen die Funktionswerte `y` berechnet werden. Im Gegensatz zu `ode23/45` bei MATLAB werden die Zwischenwerte bei Scilab fest vorgegeben.
	
	Weitere Möglichkeiten sind in der Hilfefunktion von Scilab beschrieben.

9.3.3 Wachstums- und Zerfallsprozesse

Mit den eben eingeführten Standardfunktionen ode23/ode45/ode/lsode lösen wir noch einmal die Differentialgleichung (9.13) aus Abschnitt 1.1, die wir dort bereits mit der EULERschen Methode untersucht hatten.

■ Codetabelle 9.5

MATLAB, Octave	Scilab
• Exakte Funktionswerte zum Vergleich	• Exakte Funktionswerte zum Vergleich

```
>> t = 0:.01:10;
>> plot(t,exp(-t/3),'r'); grid on; hold on;
```

```
-->t = 0.01:10;
-->plot(t,exp(-t/3),'r');xgrid;
```

• Definition der Inline-Funktion und Lösung der Differentialgleichung mittels EULER-Verfahren, jetzt mit 100 Teilintervallen

Definition einer Online-Funktion und grobe Lösung der Differentialgleichung

```
>> fun = inline('-y/3','t','y');
>> [t,y] = dgl_euler(fun,[0 10],1,100);
>> plot(t,y,'b');
```

```
-->deff('y = fun(t,y)','y=-y./3');
-->exec ../dgl_euler.sce;
-->[t,y] = dgl_euler(fun,[0 10],1,100);
-->plot(t,y,'b');
```

• Lösung mittels ode45 (nur MATLAB)

Lösung mittels ode

```
>> [t1, y1] = ode45(fun,[0 10],1);
```

```
-->y1 = ode(1,0,t,fun);
-->plot(t,y1,'k');
```

• Lösung mittels lsode (nur Octave)

Hier muss jetzt auch die Reihenfolge der Argumente für die Inline-Funktion vertauscht werden.

```
>> t=0:.01:10;
>> fun1 = inline('-y/3','y','t')
fun1 = f(y, t) = -y/3
>> y2=lsode(fun1,1,t);
>> plot(t,y2,'k');
>>
```

Die hier ausgewertete Differentialgleichung beschreibt, wie wir schon zu Beginn dieses Kapitels erwähnt haben, Wachstums- und Zerfallsprozesse. Die eben gefundene Lösungsfunktion zeigt das exponentielle Abklingverhalten. In der analytischen Lösung $y = \exp(-t/3)$ drückt sich das sehr deutlich aus. Die Konstante 3 im Nenner des Exponenten stellt dabei eine sogenannte Zerfallszeit dar. Sie gibt an, wie groß die Zeit ist, bis der anfängliche Wert $y(0) = 1$ auf das $1/e$-Fache abgeklungen ist: $y(3) = \exp(-3/3) = \exp(-1) = 1/e$.

9.3.4 Schwingungsgleichung mit Standardfunktionen

Nun wenden wir uns einem etwas komplizierteren Problem zu. Wir wollen die Schwingungsgleichung

$$\ddot{x} + 2\delta\dot{x} + \omega^2 x = A\cos(\omega_a t) \tag{9.4}$$

aus Abschnitt 9.1 lösen. Diese Gleichung ist eine lineare Differentialgleichung 2. Ordnung – sie reicht bis zur 2. Ableitung. Wir erinnern uns noch einmal, dass der Parameter δ eine Dämpfungskonstante darstellt und ω die Schwingungs-Kreisfrequenz ist, sie hängt mit der Schwingungsdauer

$$T = \frac{2\pi}{\omega}$$

zusammen.

In einem elektrischen Schwingkreis, bei dem die Ladung zwischen Spule und Kondensator hin und her schwingt, wird die Kreisfrequenz ω zum Beispiel durch die Induktivität L der Spule und die Kapazität C des Kondensators bestimmt, $\omega = 1/\sqrt{LC}$. Die Dämpfungskonstante ist $\delta = \dfrac{R}{2L}$ mit R als OHMschem Widerstand.

Die Parameter der rechten Seite von (9.4) betreffen eine von außen aufgezwungene Schwingung mit der Frequenz ω_a und der Amplitude A. Zunächst betrachten wir jedoch die Lösungen in Fällen, in denen diese äußere Schwingung fehlt.

Alle linearen Differentialgleichungen können analytisch durch Ansätze gelöst werden. Dafür verwendet man am besten eine Lösungsfunktion, die komplexe Exponenten erlaubt. Sie hat dann zum Beispiel die Form

$$y(t) = \exp(\lambda t). \tag{9.22}$$

Durch Einsetzen in die Differentialgleichung und Berücksichtigung der Anfangsbedingungen bekommt man Bedingungen für λ und erhält somit die zulässigen
Lösungen. Im Falle der Schwingungsgleichung gibt es, je nach Verhältnis von δ
und ω, folgende Fälle (vgl. zum Beispiel [Thuselt 2010]):

- ohne Dämpfung ($\delta = 0$): $x(t) = \mathrm{Re}\{\hat{x}\,e^{i\omega_0 t}\} = \hat{x}\cos(\omega_0 t)$

  ω_0 ist die Schwingungskreisfrequenz der ungedämpften Schwingung, sie unterscheidet sich von ω.

- für kleine Dämpfung ($\delta < \omega_0$): $x(t) = \mathrm{Re}\{\hat{x}\,e^{-\delta t + i\omega_0 t}\} = \hat{x}\,e^{-\delta t}\cos(\omega t)$

- für große Dämpfung ($\delta > \omega_0$): $x(t) = \hat{x}e^{-\lambda t}$ mit einem reellen λ, für dessen
  genauen Wert wir uns hier nicht näher interessieren müssen.

Die Tatsache, dass wir lineare Differentialgleichungen exakt lösen können, soll
uns nicht davon abhalten, dies auch numerisch in Angriff zu nehmen. Dabei wollen wir schauen, ob wir das Verhalten, welches wir soeben qualitativ beschrieben
haben, wiederfinden.

Bereits früher haben wir darauf hingewiesen, dass für die numerische Herangehensweise zwei gekoppelte Differentialgleichungen zu lösen sind, eine für die
Geschwindigkeit $v(t) = \dot{x}(t)$ und eine für den Ort $x(t)$. Wir suchen also zunächst
die Lösung der homogenen Gleichung

$$\ddot{x} + 2\delta\dot{x} + \omega^2 x = 0 \tag{9.23}$$

und legen als Anfangsbedingungen fest: $x(0) = 1$ und $v(0) = \dot{x}(0) = 0$.

Datei auf Webseite

Die Schwingungs-Differentialgleichungen werden von unserem Programm
`dschwing.m/sce` erfasst und wieder mittels `ode45` (oder `ode23`) (MATLAB),
`lsode` (Octave) oder `ode` (Scilab) gelöst.[3] Die Eingabeparameter und die grafische
Darstellung werden durch das zugehörige Programm `input_schw.m/sce`
festgelegt. In der folgenden Codetabelle ist der Code von `dschwing.m/sce`
dargestellt. Da unser Programm auch die inhomogene Gleichung lösen kann,
müssen wir zunächst deren Amplitude auf $A = 0$ setzen.

---

[3] Bei Octave müssen wir `inp_schw_oct.m` und `dschwing_oct.m` benutzen.

■ Codetabelle 9.6

MATLAB

Schwingungsgleichung

```
function dX = dschwing(t,X,omega,delta,A,omega_a)
% Input
%   t - Zeit (unabh. Variable)
%   X - Vektor der Funktionswerte: X(1): Ort x / X(2): Geschwindigkeit v
%   omega - Schwingungs-Kreisfrequenz
%   delta - Daempfung
%   A - Amplitude der aeusseren Schwingung
%   omega_a - Schwingungs-Kreisfrequenz der aeusseren Schwingung
% Output
%   X - Vektor der Ableitungen: dX(1): Ort dx / dX(2): Geschwindigkeit dv
dX1 = X(2);
dX2 = -omega.^2.*X(1) - 2*delta.*X(2) + A*cos(omega_a*t);
dX = [dX1;dX2];
```

Octave

Die Übergabe der Parameter an die Schwingungsgleichung erfolgt hier über globale Variablen.
Achtung: Die Reihenfolge von t und X ist gegenüber der MATLAB-Funktion vertauscht!

```
function dX = dschwing_oct(X,t)
% Funktion zur numerischen Berechnung der Schwingungs-Dgl
% Variante fuer Octave mit globalen Parametern
% Input
%   t - Zeit (unabh. Variable)
%   X - Vektor der Funktionswerte: X(1): Ort x / X(2): Geschwindigkeit v
% Output
%   dX - Vektor der Ableitungen: dX(1): Ort dx / dX(2): Geschwindigkeit dv
% Globale Variablen
%   omega - Schwingungs-Kreisfrequenz
%   delta - Daempfung
%   A - Amplitude der aeusseren Schwingung
%   omega_a - Schwingungs-Kreisfrequenz der aeusseren Schwingung
global omega delta A omega_a
dX1 = X(2);
dX2 = -omega.^2.*X(1) - 2*delta.*X(2) + A*cos(omega_a*t);
dX = [dX1;dX2];
```

Scilab

Schwingungsgleichung

```
function dX=dschwing(t, X, omega, delta, A, omega_a)
// Input
//   t - Zeit (unabh. Variable)
//   X - Vektor der Funktionswerte: X(1): Ort x / X(2): Geschwindigkeit v
//   omega – Schwingungs-Kreisfrequenz
//   delta - Daempfung
//   A - Amplitude der aeusseren Schwingung
//   omega_a - Schwingungs-Kreisfrequenz der aeusseren Schwingung
// Output
//   X - Vektor der Ableitungen: dX(1): Ort dx / dX(2): Geschwindigkeit dv
dX1 = X(2);
dX2 = -omega.^2.*X(1) - 2*delta.*X(2) + A*cos(omega_a*t);
dX = [dX1; dX2];
```

MATLAB, Octave	Scilab
Aufruf des Script-Files `input_schw` mit Parametereingabe für die homogene Schwingungsgleichung. Für Octave ist das leicht modifizierte Script-File `input_schw_oct` vorgesehen.	

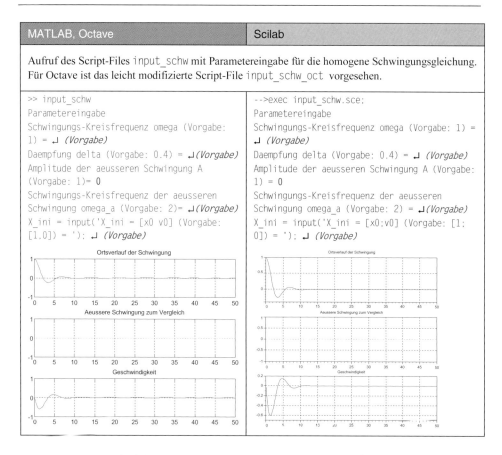

```
>> input_schw                              -->exec input_schw.sce;
Parametereingabe                           Parametereingabe
Schwingungs-Kreisfrequenz omega (Vorgabe:  Schwingungs-Kreisfrequenz omega (Vorgabe: 1) =
1) = ↵ (Vorgabe)                           ↵ (Vorgabe)
Daempfung delta (Vorgabe: 0.4) = ↵(Vorgabe) Daempfung delta (Vorgabe: 0.4) = ↵ (Vorgabe)
Amplitude der aeusseren Schwingung A       Amplitude der aeusseren Schwingung A (Vorgabe:
(Vorgabe: 1)= 0                            1) = 0
Schwingungs-Kreisfrequenz der aeusseren    Schwingungs-Kreisfrequenz der aeusseren
Schwingung omega_a (Vorgabe: 2)= ↵(Vorgabe) Schwingung omega_a (Vorgabe: 2) = ↵(Vorgabe)
X_ini = input('X_ini = [x0 v0] (Vorgabe:   X_ini = input('X_ini = [x0;v0] (Vorgabe: [1;
[1,0]) = '); ↵ (Vorgabe)                   0]) = '); ↵ (Vorgabe)
```

In unserem Beispiel haben wir eine Lösung für den Fall $\delta < \omega_0$ gefunden. Die übrigen Fälle können Sie einmal im Rahmen der Übungsaufgaben durchspielen.

Nun schauen wir uns eine Lösung der inhomogenen Gleichung an. Dazu wählen wir die Vorgabe-Parameter[4] $\omega = 1$, $\delta = 0,4$, $A = 1$ und $\omega_a = 2$.

■   Codetabelle 9.7

MATLAB, Octave	Scilab
Aufruf des Script-Files `input_schw` mit Parametereingabe für die inhomogene Schwingungsgleichung (bei Octave ist auch hier wieder `input_schw_oct` zu benutzen)	

```
>> input_schw                              -->exec input_schw.sce;
Parametereingabe                            Parametereingabe
Schwingungs-Kreisfrequenz omega (Vorgabe: 1) Schwingungs-Kreisfrequenz omega (Vorgabe: 1)
= ↵ (Vorgabe)                              = ↵ (Vorgabe)
Daempfung delta (Vorgabe: 0.4) = ↵ (Vorgabe) Daempfung delta (Vorgabe: 0.4) = ↵ (Vorgabe)
```

[4] Das sind die Parameter, die voreingestellt sind und allein durch Drücken der Return-Taste eingelesen werden.

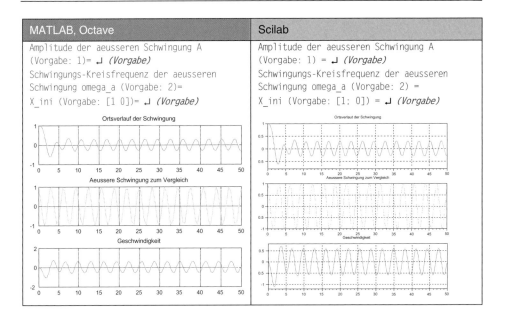

Aufgabe 2   Vergleich einzelner Integrationsverfahren

Lösen Sie die Differentialgleichung $y'(t) = 3y/t$ aus Aufgabe 1 mit der Standardmethode ode45 (MATLAB, Octave) beziehungsweise ode (Scilab) und vergleichen Sie die Lösung mit dem nach der EULERschen Methode gefundenen sowie mit dem exakten Ergebnis aus Aufgabe 1 . Die gesuchte Stammfunktion soll außerdem im Bereich zwischen $x = -1$ und 0 grafisch dargestellt werden. Als Startbedingung wählen wir $x(0) = -1$. ∎

Aufgabe 3   Lösung der Schwingungsgleichung

Lösen Sie die Schwingungsgleichung mit dem Programm input_schw numerisch für folgende Fälle:

a) ohne äußere Anregung, Dämpfungsparameter $\delta = 0$; 0,5; 2 ($\omega = 1$)

b) mit äußerer Anregung, $\omega_a = 5$, Dämpfungsparameter $\delta = 0,5$

   mit äußerer Anregung, $\omega_a = 0,8$, Dämpfungsparameter $\delta = 1,2$

   mit äußerer Anregung, $\omega_a = 5$, Dämpfungsparameter $\delta = 2$

   In jedem Fall sollten bei b) für ω und A die Vorgabewerte ($\omega = 1$, $A = 1$) verwendet werden. ∎

Aufgabe 4   Aperiodischer Grenzfall der Schwingungsgleichung

In der Messtechnik ist der aperiodische Grenzfall bei der Behandlung der homogenen Schwingungsgleichung wichtig, da er zu schnellstem Abklingen des Ausschlags eines Messgeräts auf die Ruhelage führt. Dieser Fall tritt für die Parameter $\delta = \omega$ ein. Zeigen Sie, dass

$$x(t) = \hat{x}(1 + \delta t)e^{-\delta t}$$

eine Lösung für diese Situation darstellt. ∎

Aufgabe 5   Wurf mit Reibung (etwas schwieriger)

Aus der Physik ist bekannt, dass die Flugbahn beim Wurf durch eine Parabel der Form

$$z = -\frac{g}{2}\left(\frac{x}{v_0 \cos\alpha}\right)^2 + x\tan\alpha$$

beschrieben wird. α ist der Startwinkel, unter dem geworfen wird, und v_0 die Startge-schwindigkeit. Außerdem nehmen wir ein Koordinatensystem an, in dem z die vertikale Richtung (nach oben) und x die horizontale Richtung beschreibt. Der Wert der Fallbe-schleunigung ist $g = 9,81$ m/s^2. Der genannten Parabelgleichung liegen dann Bewegungsge-setze der Form

$$\ddot{x} = 0 \qquad\qquad\qquad \ddot{z} = -g$$

$$\dot{x} = v_x = v_0\cos\alpha \qquad\qquad \dot{z} = v_z = -gt + v_0\sin\alpha$$

zugrunde [Thuselt 2010]. Hierin ist der Luftwiderstand noch nicht enthalten. Dieser verur-sacht eine Reibungskraft $F_R = -kv^2 = -k(v_x^2 + v_z^2)$.

a) Zeigen Sie, dass die x- und z-Komponenten der Reibungskraft lauten:

$$F_{R,x} = -kvv_x \qquad\qquad F_{R,z} = -kvv_z$$

b) Mit Reibung ändern sich die Bewegungsgleichungen wie folgt (wir setzen der Einfach-heit halber die Masse, die in der Bewegungsgleichung eigentlich auftritt, auf $m = 1$).
Damit ändert sich die Bewegungsgleichung und wird zu:

$$\ddot{x} = -kvv_x \qquad\qquad\qquad \ddot{z} = -g - kvv_z$$

$$\dot{x} = v_x(t)\cos\alpha \qquad\qquad \dot{z} = v_z = -gt + v(t)\sin\alpha$$

Sie lässt sich nun nur noch numerisch lösen. Berechnen Sie die Bahnkurve $z = z(x)$ und vergleichen Sie sie mit jener für den Wurf ohne Reibung. Die Startbedingungen sind:

$$\ddot{x}(0) = 0 \qquad\qquad\qquad \ddot{z}(0) = -g$$

$$\dot{x}(0) = v_x(0) = v_0\cos\alpha \qquad\qquad \dot{z}(0) = v_z(0) = v_0\sin\alpha \quad\blacksquare$$

9.4 Simulink und Xcos

9.4.1 Allgemeine Einführung in Simulink und Xcos

Für das Simulieren von Schaltungen, Bauelementen oder Regelkreisen stellt MATLAB mit Simulink [Simulink 2013], [Grupp 2007], [Pietruszka 2005] ein eigenes Tool zur Verfügung. Dies ist ein sehr umfassendes Werkzeug, das eng verzahnt mit MATLAB arbeitet und dessen Routinen zur grafischen Ausgabe nutzt. Im Grunde ist Simulink ein Programm zur grafischen Darstellung von Dif-ferentialgleichungen. Dies stellt jedoch eine zu einfache Charakterisierung dar. Simulink ist eigentlich ein interaktives Tool zur Modellierung, Simulation und Analyse von dynamischen Systemen. Es erlaubt die Erstellung von anschaulichen Blockdiagrammen und deren nachfolgende Simulation. Dabei fügt es sich in die

MATLAB-Umgebung, die für seinen Start unbedingt erforderlich ist, nahtlos ein. Seine Hauptanwendungsgebiete liegen in der Regelungstechnik, der Signalverarbeitung und der Nachrichtentechnik.

Simulink wird mit dem Befehl `simulink` von der MATLAB-Kommandozeile aus gestartet. Unter Simulink erzeugte Programme lassen sich als Dateien abspeichern. Sie tragen die Endung `.slx` (in älteren Versionen `.mdl`). Leider sind die Dateien, die mit einer neueren Simulink-Version erstellt wurden, nicht abwärtskompatibel zu früheren Versionen; sie lassen sich also nicht auf älteren Umgebungen starten. Das ist bedauerlich für eine Nutzung in unterschiedlichen Arbeitsumgebungen.

Ein zu Simulink ähnliches Programm existiert bei Scilab unter dem Namen Xcos. Hier sind Verwechslungen leider schon vorprogrammiert. Xcos wurde nämlich in früheren Versionen unter dem Namen Scicos (*Scilab Connected Object Simulator*) angeboten. Scicos existiert auch heute noch, wird allerdings getrennt von Xcos unter der Regie von ScicosLab weiterentwickelt [ScicosLab 2011]. In diesem Buch beziehen wir uns auf Xcos unter Scilab. Unter diesem Begriff wird es ab Version 5.4 angeboten. Seitdem haben sich auch die Benutzeroberfläche und die grafische Darstellung erheblich geändert. Xcos wird mit dem Kommando `xcos` (x kleingeschrieben!) oder durch das Pull-down-Menü `Anwendungen > Xcos` aufgerufen.

Simulink und Xcos verwenden Blöcke, die untereinander durch Wirkungslinien verbunden sind, um dynamische Systeme grafisch darzustellen. Diese Blöcke werden Bibliotheken entnommen und ihre Parameter können den jeweiligen Erfordernissen angepasst werden. Sowohl Simulink als auch Xcos stellen eine große Menge an Standard-Blöcken bereits in eigenen Bibliotheken bereit. Erfahrene Anwender können Blöcke auch selbst generieren.

Xcos läuft wie auch Scilab selbst unter der GNU General Public License, ist also von jedermann benutzbar. In früheren Versionen von Scilab (bis zu Version 4) wurde Xcos noch unter dem Namen Scicos geführt. Dieser Name wird von ScicosLab noch immer benutzt. Weiterführende Literatur zu Scicos findet man zum Beispiel in [Campbell 2006] oder [eBookaktiv 2012]. Scicos-Dateien wurden und werden mit der Endung `.cos` gespeichert. Xcos-Dateien können sowohl als `.xcos` wie auch als `.zcos` gespeichert werden, wobei das letztere Dateiformat zu bevorzugen ist, da diese Dateien stark komprimiert sind.

Unter Octave gibt es bedauerlicherweise kein Äquivalent zu Simulink oder Xcos. Das ist auch verständlich, denn der Entwicklungsaufwand, der hinter Simulink steckt, ist erheblich und kann von einer freien Benutzergemeinde kaum erbracht werden. Auch Xcos bietet weit weniger Möglichkeiten als Simulink, ist aber für einfache Anwendungen dennoch brauchbar. Die Möglichkeiten, Simulationsparameter zu ändern, sind zum Beispiel bei Weitem geringer. Das kann für den Anfänger von Vorteil sein, schränkt aber auch die Nutzungsmöglichkeiten erheblich ein.

Anhand eines Beispiels soll die Vorgehensweise zur Erstellung einer Simulati-on mittels Blockdiagrammen vorgestellt werden. Um das prinzipielle Vorgehen zu illustrieren, wollen wir zunächst nur eine einfache Sinusfunktion erzeugen und auch sofort darstellen. Wir verfolgen hier also zunächst noch nicht das Ziel, eine Differentialgleichung zu lösen.

■   Codetabelle 9.8

MATLAB mit Simulink	Scilab mit Xcos
Simulink wird aus der Kommandozeile von MATLAB heraus mit `simulink` aufgerufen, alternativ auch durch den Button `Simulink Library` in der MATLAB-Werkzeugleiste. Dabei öffnet sich sofort das Fenster des Simulink Library Browser. In diesem wird nun `File > New > Model` angewählt. Daraufhin wird das Fenster eines neuen Simulink-Modells geöffnet, es trägt den Namen `untitled`. Dieses Modell sollte am besten gleich unter einem eigenen Namen gespeichert werden. Für ein erstes Beispiel nennen wir es `check_1.slx`. *(Datei auf Webseite)*	Xcos wird aus der Kommandozeile von Scilab heraus mit `xcos` aufgerufen (bei diesem Kom-mando wird `xcos` kleingeschrieben!), alternativ auch durch einen entsprechenden Button in der Xcos-Werkzeugleiste. Damit wird sofort ein neues Projekt angelegt (Name: `untitled`). Um dieses Projekt mit Leben zu erfüllen, benö-tigen wir als Erstes den Paletten-Browser, der unter dem Pull-down-Menü `Ansicht` zu finden ist. Er entspricht dem Library Browser von Simulink. Aus dem Paletten-Browser ziehen wir uns die benötigten Blöcke in das aktuelle Pro-jekt. Dieses Projekt sollte am besten gleich zu Be-ginn unter einem eigenen Namen gespeichert werden. Für ein erstes Beispiel nennen wir es `check_1.zcos`. *(Datei auf Webseite)*

MATLAB mit Simulink	Scilab mit Xcos
Jetzt sind im Simulink Library Browser `Sources` und `Sinks` anzuklicken. Für unser Beispiel ist aus `Sources` der Sinusgenerator `Sine Wave` in das Grafikfenster hinüberzuziehen und analog aus `Sinks` der Block `Scope`. Dieser soll ein Oszilloskop modellieren. Beide Elemente werden durch eine Linie verbunden: *(Datei auf Webseite)*	Als Nächstes sind die benötigten Blöcke zu laden. Dazu ist es zumindest erforderlich, die Paletten `Quellen` und `Senken` aufzurufen. Der Sinusgenerator trägt den Namen `GENSIN_f`. Ihn kann man einfach in das Arbeitsfenster herüberziehen. Zusätzlich wird aus der Palette `Quellen` die Uhr `CLOCK_c` benötigt, mit welcher der Takt erzeugt wird.

Modell "check_1"

Wir wollen die maximale Zeit für die Messung auf 50 verändern (der Wert 10 ist wahrscheinlich vorgegeben). Das ist in dem kleinen Eingabefeld in der Menüleiste des Modellfensters möglich. Unter `Simulation > Parameters` können die Simulationsparameter eingestellt oder verändert werden.

Mit

`Simulation > Run`

wird nun die Simulation gestartet. Warnungen, die auf der MATLAB-Konsole ausgegeben werden, sollten wir zunächst getrost ignorieren. Das Ergebnis sehen wir durch Doppelklick auf das Fenster `Scope`. Es stellt ein Oszilloskop dar. Wenn wir in dessen Menüleiste das Symbol *Autoscale* (früher: Fernglas) betätigen, passt sich die Grafik optimal ins Fenster ein.

Die Simulationsparameter lassen sich im Menü

`Simulation > Model Configuration Parameters`

Um ein geeignetes Anzeigeelement zu finden, wählen wir im Paletten-Browser den Menüpunkt `Senken`. Leider werden die Funktionen der einzelnen Blöcke bei Xcos nicht deutlich angezeigt. Es bleibt nur die Möglichkeit, die benötigten Beschreibungen über die Hilfefunktion von Scilab aufzurufen.

Die einzelnen Elemente werden nun durch Links verbunden. In Xcos gibt es zwei Sorten von Links: *regular links* (reguläre Links, schwarze Dreiecke, üblicherweise an den Seiten der Diagramme positioniert) und *activation links* (rote Dreiecke, üblicherweise an den Oberkanten positioniert). Letztere leiten zum Beispiel unseren Uhrentakt an das Oszilloskop weiter.

Zur Anzeige verwenden wir ein solches Oszilloskop, das die Zeitabhängigkeit wiedergibt (im Gegensatz zu einer XY-Darstellung, die prinzipiell auch möglich ist). Diese Palette trägt die Bezeichnung

`CSCOPE – Single Display scope`

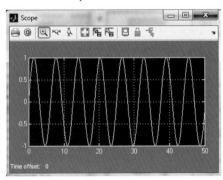

(Datei auf Webseite)

Nachdem die Symbole durch Links verbunden sind, lässt sich die Simulation starten. Dazu müssen wir im Pull-down-Menü

MATLAB mit Simulink	Scilab mit Xcos

einrichten. Hier wird es zunächst erforderlich sein, die Simulationsdauer etwas zu verändern. Damit unsere Sinuskurve auch nicht zu eckig ausschaut, werden wir die maximale Schrittweite auf 0,01 einstellen:
 	
`Simulation > Model Configuration`
`Parameters > Max step size`
	`Simulation > Start`
	
	bedienen oder den entsprechenden Button in der Menüleiste drücken. Dadurch wird automatisch ein Fenster geöffnet, auf dem die Grafik erscheint. Sie wird fortlaufend aktualisiert, bis `Stop` gedrückt wird. Falls die entstehende Kurve noch zu eckig ist, muss im Menü `Simulation >` `Einstellungen` die Toleranz verringert werden.
	
	Wenn unüberlegt zu viele Daten geladen werden, erscheint das Signal `Overloading`. Wichtig ist deshalb, möglichst sofort nach Aufruf von Xcos die Simulationsparameter geeignet einzustellen. Dies kann im Menü
	
	`Simulate > Setup`
	
	erledigt werden (Abbildung unten). Die `Finale` `Integrationszeit` sollte für die Tests nicht zu hoch gewählt werden, der voreingestellte Wert ist unhandlich groß, nämlich 100 000.

Während des Arbeitens mit Simulink oder Xcos kann stets auch gleichzeitig auf das Kommandofenster zugegriffen werden.

Noch eine kleine Ergänzung sei hier eingefügt: Häufig steht man vor der Aufgabe, Grafiken aus Simulink oder Xcos in andere Dateien, zum Beispiel in Word-Texte, zu exportieren. Dazu kann man wie folgt vorgehen:

■ Codetabelle 9.9

MATLAB mit Simulink	Scilab mit Xcos

In Simulink wird das Blockschaltbild über
 	
`Edit > Copy model to clipboard`
 	
ins Clipboard aufgenommen – das funktioniert jedoch nicht beim Menü Scope. Um dieses zu kopieren, hilft nur der Weg über das Snipping Tool von Windows, das heißt ein Bildschirm-Screenshot.
	Der Export von Xcos-Grafiken sollte eigentlich über die Zwischenablage möglich sein. Dies funktioniert in der vorliegenden Version leider noch nicht. Stattdessen müssen wir das Snipping Tool von Windows benutzen und einen Bildschirm-Screenshot erstellen. Die Speicherung der Grafik direkt in eine Grafikdatei ist allerdings auch über das Menü
	
	`Datei > Exportieren nach…`
	
	oder
	
	`Vectorial Export to…`
	
	möglich.

9.4.2 Differentialgleichung 1. Ordnung mit Simulink/Xcos

Nun wollen wir unsere erste Differentialgleichung mit Simulink/Xcos lösen. Dazu erinnern wir uns wieder an die Gleichung (9.13) aus Abschnitt 1.1, die Abkling- und Zerfallsprozesse mit einer Abklingkonstanten $r = 1/3$ beschreibt. Diese Gleichung $y'(t) + y/3 = 0$ (es ist eine homogene Differentialgleichung) wollen wir nun durch Blöcke darstellen.

■ Codetabelle 9.10

MATLAB mit Simulink	Scilab mit Xcos
Dazu generieren wir die Datei `Abklingverhalten_0.slx`, indem wir die Blöcke in der unten gezeigten Anordnung aus dem Library Browser in die Modellpalette ziehen und verbinden. *(Datei auf Webseite)*	Bei Xcos generieren wir auf analoge Weise aus dem Paletten-Browser die Datei `Abklingverhalten_0.zcos`. *(Datei auf Webseite)*

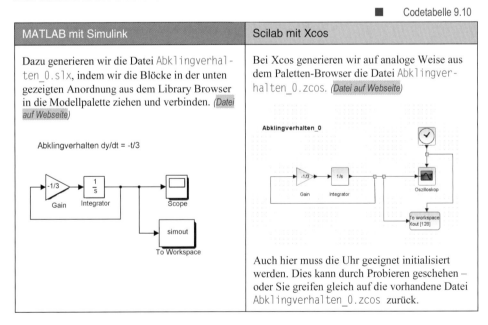

Auch hier muss die Uhr geeignet initialisiert werden. Dies kann durch Probieren geschehen – oder Sie greifen gleich auf die vorhandene Datei `Abklingverhalten_0.zcos` zurück.

MATLAB mit Simulink	Scilab mit Xcos

Vergessen wir zunächst den Block To Workspace auf der rechten Seite – seine Bedeutung klären wir am Schluss. Die Funktion des Integrators ist aber sicher sofort zu verstehen: Er stellt einfach die Integration über die Zeit t dar. Wir befassen uns weiter unten damit, woher die Schreibweise mit dem s im Nenner kommt. Da die Variable t, wie auch schon beim EULERschen Verfahren, nach jedem Integrationsschritt wieder auf die linke Seite zurückgeführt werden muss, wird eine Schleife vom Ausgang des Integrators auf seinen Eingang gelegt. Dazwischen steckt noch die Multiplikation mit dem Faktor $-1/3$. Die Anfangsbedingung der Simulation (Initial condition: 1) legen wir durch Doppelklick auf den Integrator fest.

Nachdem der Run-Button betätigt wurde, finden wir das Simulationsergebnis im Oszilloskop.

Durch Doppelklick auf das Oszilloskop und Skalierung mit Autoscale erscheint das Bild wie folgt:	Bei Xcos müssen wir die Skalierung des Oszilloskops selbst festlegen. Durch Doppelklick auf das Symbol werden diese Parameter eingestellt, wie im folgenden Bild gezeigt.

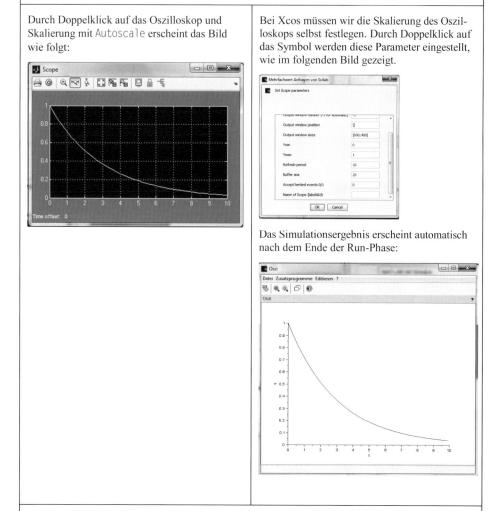

Das Simulationsergebnis erscheint automatisch nach dem Ende der Run-Phase:

Offensichtlich erzeugt die Simulink-Berechnung den gleichen Verlauf wie die Kurve, die wir bereits früher in Abschnitt 9.3.2 mit der Standard-Integration erhalten haben (vgl. Codetabelle 9.5).

Allerdings möchten wir unser jetziges Ergebnis gern noch detaillierter mit dem früheren vergleichen.

MATLAB mit Simulink	Scilab mit Xcos

Übergabe von Daten an MATLAB oder Scilab (Block `To Workspace`)

Mit dem Block `To Workspace`, den wir ja bereits vorsorglich in das Modell eingefügt haben, ist es möglich, die Simulationsergebnisse zur Kommandooberfläche (Workspace) von MATLAB/Scilab zu exportieren. Damit können sie im aufrufenden MATLAB/Scilab-Programm weiter verwendet werden, beispielsweise für anschließende Berechnungen oder um eine Grafik zu zeichnen. Für diesen Zweck wird im Workspace-Block ein Variablenname festgelegt.

In unserem Fall wurde der Variablenname bei der bereits als Vorgabe-Name vorgeschlagenen Bezeichnung `simout` belassen.

Im Gegensatz zu Xcos lässt sich bei MATLAB durch `Save Format` die Art der Übergabe festlegen. In unserem Fall haben wir `Arrays` gewählt. Auf diese Weise wird die Variable `simout` als Matrix ausgegeben, zusätzlich auch die beiden Vektoren `tout` und `xout`. Beide Variablen enthalten allerdings die gleichen Daten. Wir überzeugen uns davon durch Eingabe des Kommandos `whos`.

```
>> whos
  Name       Size      Bytes   Class
Attributes
  simout     52x1        416   double
  tout       52x1        416   double
  xout       52x1        416   double
>> tout
tout =
         0
    0.0603
    0.2603
    0.4603
```

...usw.

```
>> xout
xout =
    1.0000
    0.9801
    0.9169
```

...usw.

Damit kann nun sofort eine MATLAB-Grafik erzeugt werden.

```
>> plot(tout,xout); grid on;
```

Mit dem von uns gewählten Variablennamen `Xout` wird auf diese Weise automatisch ein sogenanntes Struktur-Array[5] geliefert, das wir auf der Scilab-Kommandoebene identifizieren und nutzen können:

```
-->Xout
 Xout  =
    values: [100x1 constant]
    time: [100x1 constant]
```

Damit alle zu übertragenden Daten darin Platz finden, muss der Übergabepuffer hinreichend groß gewählt werden. Die einzelnen Daten rufen wir dann als Elemente dieser Struktur auf und können sie auf diese Weise zur grafischen Ausgabe heranziehen:

```
-->Xout.time
 ans  =
    0.
    0.1
    0.2
    0.3
```

...usw.

```
-->Xout.values
 ans  =
    1.
    0.9672334
    0.9355408
    0.9048869
```

...usw.

Die Simulink-Grafik erzeugen wir wie üblich mit dem `plot`-Kommando:

```
-->plot(Xout.time,Xout.values);xgrid;
-->title('Loesung von y'' = -y/3 mit Xcos')
-->xlabel('t');ylabel('x');
```

[5] Mit Arrays haben wir uns in diesem Buch noch nicht befasst. Für unsere Zwecke genügt es zu wissen, wie man ihre Daten aufruft.

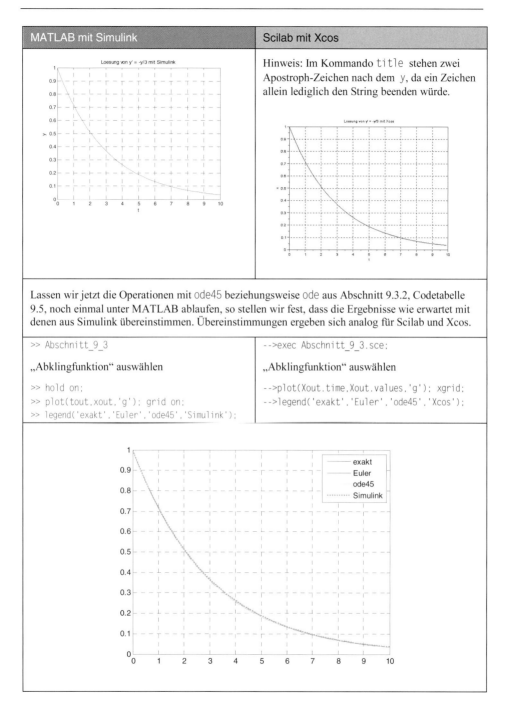

MATLAB mit Simulink	Scilab mit Xcos
	Hinweis: Im Kommando `title` stehen zwei Apostroph-Zeichen nach dem y, da ein Zeichen allein lediglich den String beenden würde.

Lassen wir jetzt die Operationen mit `ode45` beziehungsweise `ode` aus Abschnitt 9.3.2, Codetabelle 9.5, noch einmal unter MATLAB ablaufen, so stellen wir fest, dass die Ergebnisse wie erwartet mit denen aus Simulink übereinstimmen. Übereinstimmungen ergeben sich analog für Scilab und Xcos.

`>> Abschnitt_9_3`	`-->exec Abschnitt_9_3.sce;`
„Abklingfunktion" auswählen	„Abklingfunktion" auswählen

`>> hold on;`
`>> plot(tout,xout,'g'); grid on;`
`>> legend('exakt','Euler','ode45','Simulink');`
	`-->plot(Xout.time,Xout.values,'g'); xgrid;`
	`-->legend('exakt','Euler','ode45','Xcos');`

Mit nur wenig mehr Mühe können wir nun auch ein Modell generieren, das die inhomogene Differentialgleichung $\dot{y}(t) + ry = a$ (mit $a = 1/3$) gemäß (9.16) beschreibt.

■   Codetabelle 9.11

MATLAB mit Simulink	Scilab mit Xcos

Wenn wir die Gleichung (9.16) eins zu eins grafisch umsetzen, landen wir bei dem folgenden Modell, welches die durch Datei Einschaltverhalten_0.slx/zcos (in unserem Fall mit dem Parameter $a = 1/3$) repräsentiert wird. *(Datei auf Webseite)*

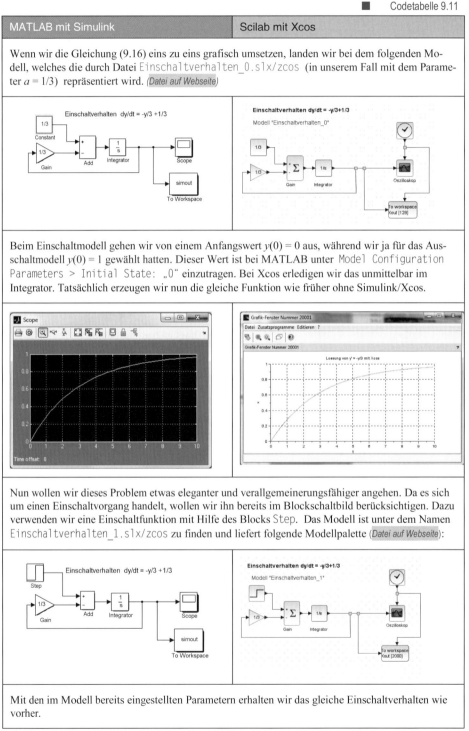

Beim Einschaltmodell gehen wir von einem Anfangswert $y(0) = 0$ aus, während wir ja für das Ausschaltmodell $y(0) = 1$ gewählt hatten. Dieser Wert ist bei MATLAB unter Model Configuration Parameters > Initial State: „0" einzutragen. Bei Xcos erledigen wir das unmittelbar im Integrator. Tatsächlich erzeugen wir nun die gleiche Funktion wie früher ohne Simulink/Xcos.

Nun wollen wir dieses Problem etwas eleganter und verallgemeinerungsfähiger angehen. Da es sich um einen Einschaltvorgang handelt, wollen wir ihn bereits im Blockschaltbild berücksichtigen. Dazu verwenden wir eine Einschaltfunktion mit Hilfe des Blocks Step. Das Modell ist unter dem Namen Einschaltverhalten_1.slx/zcos zu finden und liefert folgende Modellpalette *(Datei auf Webseite)*:

Mit den im Modell bereits eingestellten Parametern erhalten wir das gleiche Einschaltverhalten wie vorher.

Wir wollen noch ergänzen, dass die Zahlenwerte, die in den einzelnen Simulink- oder Xcos-Blöcken stehen, auch durch Variablennamen ersetzt werden können. Die Zuordnung von Zahlenwerten zu diesen Variablen geschieht allerdings in MATLAB und Scilab auf leicht unterschiedliche Weise. In Simulink kann ein Variablenname sofort in den Block eingetragen werden, in Xcos dagegen nur dann, wenn er zuvor in Scilab definiert und mit einem Zahlenwert belegt wurde. Weiterhin gibt es in Xcos die Möglichkeit, die Variablen bei der Übergabe sozusagen durch eine „Datenschleuse" zu leiten. Dort kann einer Scilab-Variablen eine Xcos-Variable mit anderer Bezeichnung zugeordnet werden. Dies geschieht im Menü Simulation > Kontext setzen mit Hilfe einer einfachen Zuordnung, zum Beispiel über omega = om. Darin ist omega die Xcos-Variable, om die Scilab-Variable, welche die Zahlenwerte an Xcos übergibt.

Von dieser Möglichkeit, Variablennamen in einem Block zu benutzen, machen wir im folgenden Abschnitt Gebrauch.

9.4.3 Schwingungsgleichung mit Simulink und Xcos

Ein für die Praxis wichtiges Beispiel, dem wir uns nun widmen wollen, arbeitet mit einer Parametereingabe von der Konsole aus und mit der weiteren Möglichkeit, Simulationswerte an die Konsole zurückzugeben. Der eigentliche Rechenalgorithmus wird aber nach wie vor durch Blöcke dargestellt, die eine sehr anschauliche Interpretation zulassen. Dies ermöglicht gleichzeitig den Bezug zu Übertragungsgliedern in der Regelungstechnik. Sowohl Simulink als auch Xcos verwenden bei der Lösung von Schwingungsgleichungen die Schreibweise, die auch in der Regelungstechnik verwendet wird. Dort arbeitet man sehr häufig mit der LAPLACE-Transformation. Bei ihr wird die Schwingungs-Differentialgleichung in einem Bildraum dargestellt, in dem Ableitungen und Integrale zu schlichten algebraischen Ausdrücken werden. Damit lässt sich sehr schnell eine Lösung gewinnen, allerdings muss diese anschließend in den Originalraum zurücktransformiert werden.

Wir wollen uns in dieser Einführung nicht mit Details befassen, sondern lediglich die Vorgehensweise bei der Umsetzung grob skizzieren. Hierzu wird die Lösung der inhomogenen Schwingungsgleichung mit Dämpfung als Beispiel herangezogen. Dies geschieht mit Hilfe eines Übertragungsglieds (unter Simulink: *Transfer Fcn*, unter Xcos: *CLR*, *Continuous Transfer Function*; woher das *L* in der Bezeichnung kommt, das wissen nur die Götter). Es wird als Quotient eines Polynoms dargestellt. In der Sprache der Regelungstechnik handelt es sich dabei um ein sogenanntes PT2-Glied. Etwas „volkstümlicher" kann man dieses Übertragungsglied durch folgende Festlegungen charakterisieren (Abb. 9.2):

- Im Nenner steht der homogene Teil der Differentialgleichung. Darin werden alle Ableitungen durch einen Parameter s dargestellt:

$$\boxed{\frac{\mathrm{d}}{\mathrm{d}t} \leftrightarrow s} \tag{9.24}$$

Diese auf den ersten Blick „seltsame" Zuordnung resultiert aus der Theorie der LAPLACE-Transformation. Wir müssen uns dafür an dieser Stelle nicht weiter interessieren – es genügt, diese Korrespondenz zur Kenntnis zu nehmen.
- Im Zähler der Transfer-Funktion steht bei uns eine Eins, wenn man die üblichen Anfangsbedingungen als null annimmt. Mit ihr wird der Eingang der Funktion (der inhomogene Teil der Differentialgleichung, also üblicherweise die rechte Seite) multipliziert.

Die Korrespondenz lautet demnach wie folgt:

$$\underbrace{\frac{\mathrm{d}^2}{\mathrm{d}t^2}x + 2\delta \cdot \frac{\mathrm{d}}{\mathrm{d}t}x + \omega_0^2 x}_{\text{homogener Teil der Dgl.}} = 1 \cdot \underbrace{A\cos\omega_a t}_{\substack{\text{inhomogener Teil} \\ \text{der Dgl.}}}$$

$$\leftrightarrow \quad \underbrace{s^2 \cdot x + 2\delta \cdot s \cdot x + \omega_0^2 x}_{\text{Nenner}} = \underbrace{1}_{\text{Zähler}} \cdot \underbrace{A\cos\omega_a t}_{\substack{\text{Eingang} \\ \text{des Simulationsblocks}}} \tag{9.25}$$

In Simulink und Xcos wird das sehr schön veranschaulicht: Die Form der Übertragungsfunktion (mit anderen Worten: die Gestalt der Differentialgleichung) erscheint direkt als Text im Übertragungsblock (Abb. 9.2 rechts).

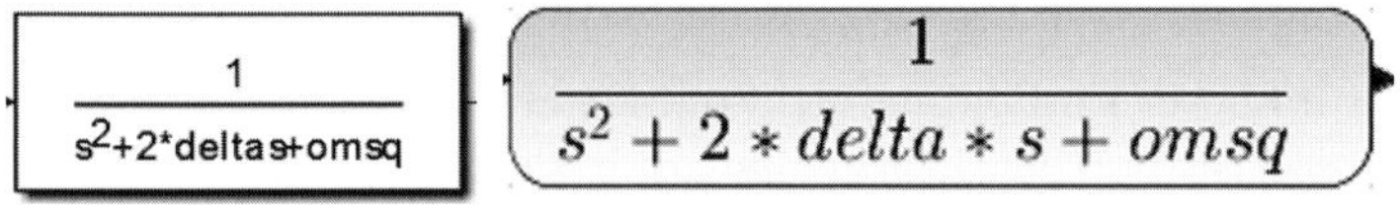

Abb. 9.2 Darstellung des Übertragungsblocks der Differentialgleichung 2. Ordnung in Simulink (links) und in Xcos (rechts)

Mit diesen Zuordnungen gelangen wir nun zu unserem Modell Schwingung.slx/zcos:

■   Codetabelle 9.12

MATLAB mit Simulink	Scilab mit Xcos
• Erstellen des Modells (Datei auf Webseite)	

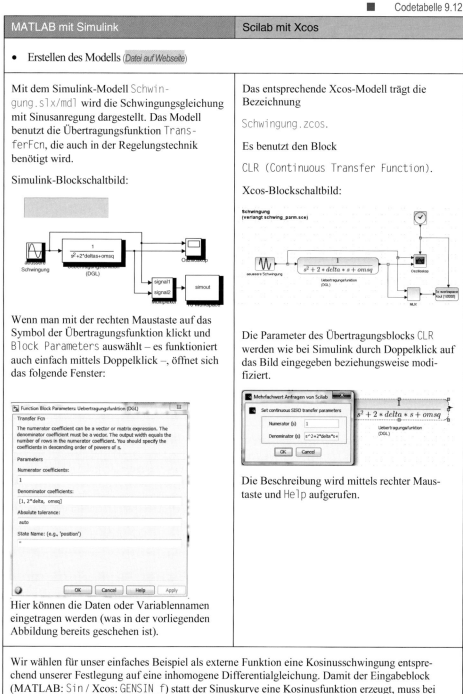

Mit dem Simulink-Modell Schwingung.slx/mdl wird die Schwingungsgleichung mit Sinusanregung dargestellt. Das Modell benutzt die Übertragungsfunktion TransferFcn, die auch in der Regelungstechnik benötigt wird.

Simulink-Blockschaltbild:

Das entsprechende Xcos-Modell trägt die Bezeichnung

Schwingung.zcos.

Es benutzt den Block

CLR (Continuous Transfer Function).

Xcos-Blockschaltbild:

Wenn man mit der rechten Maustaste auf das Symbol der Übertragungsfunktion klickt und Block Parameters auswählt – es funktioniert auch einfach mittels Doppelklick –, öffnet sich das folgende Fenster:

Die Parameter des Übertragungsblocks CLR werden wie bei Simulink durch Doppelklick auf das Bild eingegeben beziehungsweise modifiziert.

Die Beschreibung wird mittels rechter Maustaste und Help aufgerufen.

Hier können die Daten oder Variablennamen eingetragen werden (was in der vorliegenden Abbildung bereits geschehen ist).

Wir wählen für unser einfaches Beispiel als externe Funktion eine Kosinusschwingung entsprechend unserer Festlegung auf eine inhomogene Differentialgleichung. Damit der Eingabeblock (MATLAB: Sin / Xcos: GENSIN_f) statt der Sinuskurve eine Kosinusfunktion erzeugt, muss bei ihm für den Parameter Phase der Wert $\pi/2$ eingetragen werden.

MATLAB mit Simulink	Scilab mit Xcos
<div></div>	<div></div>

- Übertragung von Daten aus der MATLAB/Scilab-Kommandoebene nach Simulink/Xcos

(Datei auf Webseite)

Die Simulationsparameter sind in unserem Modell nicht als Zahlenwerte, sondern als Variablen eingetragen. Sie müssen vorher über die Konsole zur Verfügung gestellt werden. Dies kann über die Kommandozeile geschehen oder über ein vorher zu startendes M-File (bei Scilab: sce-Datei). Eine solche Datei soll im Folgenden vorgestellt werden.

Zur Parametereingabe wird vor der Simulation das M-File `schwing_parm.m` aufgerufen. δ und ω² (entsprechend `delta` und `om_sq`) sind die Parameter, die im Modell `Schwingung.slx` benötigt werden. Darüber hinaus werden die Amplitude *A* der äußeren Schwingung und deren Kreisfrequenz ω_a festgelegt. Die Datei `schwing_parm.m` rufen wir wie folgt auf:	Die sce-Datei `schwing_parm.sce` ermöglicht die Parametereingabe für das Modell `Schwingung.zcos`.
	
	Diese Datei muss vor dem Aufruf des Xcos-Modells in Scilab ausgeführt werden.
	
	`-->exec schwing_parm.sce;`
	`Daempfung delta (Vorgabe: 0.4) = ` ↵*(Vorgabe)*
	` Mit (A > 1) oder ohne (A = 0) aeussere`
	`Anregung`
	`A = 1`
	`Frequenz  der aeusseren Schwingung omega_a`
	`(Vorgabe: 2)=.5`
	
	Für `delta` und A lassen wir die Vorgabewerte stehen, bei omega_a haben wir uns für 0,5 entschieden.

```
>> schwing_parm
Daempfung delta (Vorgabe: 0.4) = ↵(Vorgabe)
Mit (A > 0 ,Vorgabe: 1) oder ohne (A = 0)
aeussere Anregung
A = 1
Frequenz  der aeusseren Schwingung omega_a
(Vorgabe: 2)= .5
```

Für `delta` und A lassen wir die Vorgabewerte stehen, bei `omega_a` haben wir uns anhand des nachfolgend vorgestellten BODE-Diagramms für den Wert 0,5 entschieden.

Um eine Vorstellung zu bekommen, welchen Wert wir für ω_a sinnvollerweise wählen können, haben wir noch ein Extra hinzugefügt: Aus der Theorie der inhomogenen Schwingungsgleichungen weiß man, wie sich Amplitude und Phase ihrer Lösung verhalten, wenn die „Einschwingzeit" abgeklungen ist. Dies wird durch das sogenannte BODE-Diagramm dargestellt. Es stellt den Verlauf von Amplitude und Phase als Funktion der Anregungsfrequenz ω_a dar, und zwar in einem logarithmischen Maßstab. Damit bekommen wir ein Gefühl dafür, bei welcher Kreisfrequenz wir den Wert ω_a sinnvoll wählen können. Er wird nach der Eingabe von ω_a als kleiner Kreis angezeigt. Für die von uns in `schwing_parm` gewählten Werte ergibt sich anschließend das folgende Bild.

MATLAB mit Simulink	Scilab mit Xcos
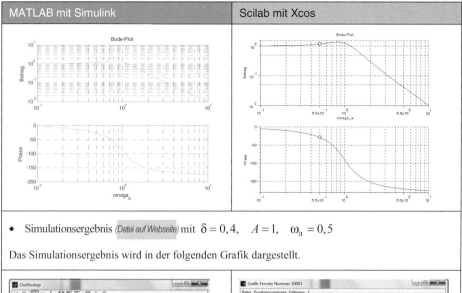	

- Simulationsergebnis *(Datei auf Webseite)* mit $\delta = 0,4, \quad A = 1, \quad \omega_a = 0,5$

Das Simulationsergebnis wird in der folgenden Grafik dargestellt.

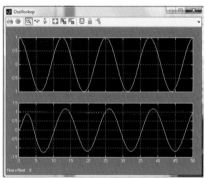 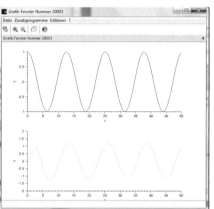

Oben wird die äußere Schwingung gezeigt, unten die Lösungsfunktion. Diese können wir mittels To Workspace an die MATLAB-Kommandoebene übertragen. Wir haben diesmal für die Übergabe den Datentyp Structure With Time mit dem Namen simout gewählt und prüfen dies wieder mit whos auf der Kommandoebene.

```
>> simout
simout =
        time: [435x1 double]
     signals: [1x1 struct]
   blockName: 'Schwingung/To Workspace'
```

Die einzelnen Daten rufen wir dann als Elemente dieser Struktur auf und können sie nun zur grafischen Ausgabe heranziehen:

```
>> plot(simout.time,simout.signals.values);
>> grid on;
```

Dieses Ergebnis können wir wieder mit Hilfe des Blocks To workspace an die Scilab-Kommandoebene übertragen und dort als Elemente des Struktur-Arrays Xout ausgeben.

```
-->Xout
 Xout  =
    values: [499x2 constant]
    time: [499x1 constant]
-->plot(Xout.time,Xout.values);
-->xgrid;
```

MATLAB mit Simulink	Scilab mit Xcos

Die von MATLAB beziehungsweise Simulink erzeugte Grafik zeigt sowohl die äußere Schwingung (in unserem Fall als blaue Linie) als auch die Lösungsfunktion (grüne Linie). Dies wird auch in der Darstellung des Oszilloskops (oben) deutlich. (Im Druck ist dies leider wieder nur eingeschränkt zu erkennen.)

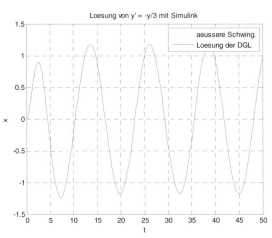

Damit die Darstellung der Ausgabewerte schneller geht, haben wir die Kommandos in einem Script-File `schwing_out.m/sce` zusammengefasst. Wir wollen es hier nicht wiedergeben, die Datei kann aber einfach von unseren Webseiten abgerufen werden. Das Ergebnis liefert im Wesentlichen die gleiche Grafik.

Wir können abschließend auch wieder die Ergebnisse dieser Simulationen mit den früheren Berechnungen unter Benutzung von `ode45` beziehungsweise `ode` vergleichen.

■ Codetabelle 9.13

MATLAB mit Simulink	Scilab mit Xcos

- Vergleich mit `ode/ode45`

Berechnungen mit `ode/ode45` haben wir bereits in Abschnitt 9.3.4 durchgeführt. Dort haben wir unsere Funktion `input_schw` benutzt, um die Startparameter vorzugeben. Diesmal geben wir für `X_ini` die Startwerte `[0 0]` vor.

```
>> input_schw
Parametereingabe
Schwingungs-Kreisfrequenz omega (Vorgabe: 1)
= ↵ (Vorgabe)
Daempfung delta (Vorgabe: 0.4) = ↵(Vorgabe)
Amplitude der aeusseren Schwingung A
(Vorgabe: 1)= ↵ (Vorgabe)
Schwingungs-Kreisfrequenz der aeusseren
Schwingung omega_a (Vorgabe: 2)= 0.5
X_ini (Vorgabe: [1 0])= [0 0]
```

```
-->exec input_schw.sce;
 Parametereingabe
Schwingungs-Kreisfrequenz omega (Vorgabe: 1)
= ↵ (Vorgabe)
Daempfung delta (Vorgabe: 0.4) =
Amplitude der aeusseren Schwingung A
(Vorgabe: 1) = ↵ (Vorgabe)
Schwingungs-Kreisfrequenz der aeusseren
Schwingung omega_a (Vorgabe: 2) = 0.5
X_ini (Vorgabe: [1; 0]) = [0;0]
```

MATLAB mit Simulink	Scilab mit Xcos

Nun rufen wir mit `schwing_out` noch einmal die Ergebnisse der Simulink/Xcos-Operationen auf und zeichnen die zugehörige Grafik. Anschließend stellen wir in dieser die Ergebnisse aus `input_schwing` dar:

`>> schwing_out; hold on;` `>> plot(t_sol, X_sol(:,1),'r');grid on;`	`-->exec schwing_out.sce;` `-->plot(t_sol, X_sol(1,:),'r');xgrid;`

Während das Programm `schwing_out` die Daten aus der `ode`-Simulation (im Original, leider nicht im Druck) als grüne Kurve erzeugt, werden durch das `plot`-Kommando in der zweiten Zeile die Werte aus Simulink beziehungsweise Xcos übernommen und im Original rot dargestellt. Wie wir sehen können, wird die grüne Kurve komplett überschrieben – beide Ergebnisse sind also identisch.

Häufig möchte man die Simulationen direkt vom „Mutterprogramm" MATLAB oder Scilab aus starten, ohne die Blockdiagramme selbst aufrufen zu müssen. Hierzu ist es nötig, ein sogenanntes Batchfile zu starten. Von MATLAB aus ist dafür `sim (Dateiname)` einzugeben, beispielsweise

`sim Schwingung`.

Das Simulink-Blockschaltbild selbst wird dann nicht dargestellt, sondern nur das Simulationsergebnis im MATLAB-Kommandofenster angezeigt. In unserem Beispiel ist es die bereits oben gezeigte Grafik. Der analoge Aufruf eines Xcos-Batch-Modells erfolgt, allerdings bei Weitem weniger übersichtlich, mit dem Kommando `scicos_simulate`.

Eine so perfekte Übereinstimmung zwischen Simulationsergebnis und numerischer Lösung der Differentialgleichung erhalten wir jedoch nicht immer. Bei der homogenen Differentialgleichung, wenn also in obigem Parameter-File $A = 0$ gewählt wird, versagt das von uns verwendete einfache Modell. Zum Beispiel gelingt es nur bedingt, eine homogene Differentialgleichung zu simulieren. Wir könnten dazu statt des Sinus-Blocks etwa einen Block einfügen, der eine bei $t = 0$ nach null abfallende Stufe repräsentiert. Für $t > 0$ haben wir dann auch keine äußere Einwirkung mehr, doch die Nachwirkung der Stufe bleibt immer noch bestehen. Damit haben wir für den Einschwingvorgang immer noch nicht genau die gleichen Verhältnisse geschaffen, wie sie die Anfangsbedingungen der homogenen Differentialgleichung verlangen. Für den Einsatz von Simulink/Xcos in den üblichen Anwendungen der Regelungstechnik ist das kein Problem, da dort in der Regel die inhomogene Differentialgleichung benötigt wird und zudem die Ergebnisse in der Regel im eingeschwungenen Zustand relevant sind. In diesem Fall sind die Lösungen nicht von den Startbedingungen abhängig.

Zum Abschluss soll nun einmal ein Beispiel vorgestellt werden, bei dem das Übertragungsverhalten vom Eingangs- zum Ausgangssignal etwas komplizierter ist. Dabei handelt es sich um einen Regelkreis, eine sehr häufig benötigte Anwendung. Ein typisches Modell ist in Abb. 9.3 zu sehen. Wir wollen uns hier aber nicht für Details interessieren und stattdessen nur kurz die Bedeutung der einzelnen Blöcke erwähnen.

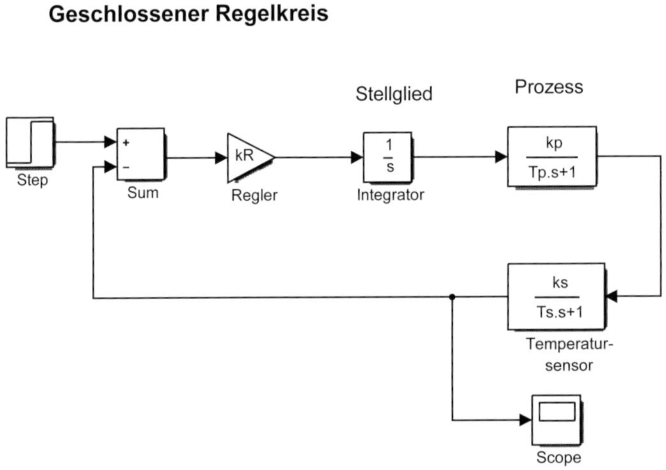

Geschlossener Regelkreis

Abb. 9.3 Schaltbild eines geschlossenen Regelkreises mit zwei Transfer-Blöcken, Stellglied und Regler, gezeigt am Beispiel von Simulink

Datei auf Webseite

Das Programm ist als Datei `Regler.slx` auf der Webseite abrufbereit, bei Xcos ist es `Regler.zcos`. Hauptteil ist ein Transfer-Block, der einen einfachen technischen Prozess simulieren soll, zum Beispiel einen Heizvorgang. Dieser kann wiederum durch ein Stellglied (hier ein „Integrierglied") gesteuert werden, seine Werte werden durch einen Temperatursensor (ebenfalls ein Transfer-Block) ausgelesen und auf einem Oszilloskop wie gewohnt angezeigt. Das typische Verhalten einer Regelung besteht nun darin, auf eine Sollwert-Änderung, hier geliefert durch eine stufenförmige Anregung (also: „Step"), möglichst schnell zu reagieren, diese auszugleichen und auf den Ausgang zu transformieren. Dazu wird der Ist-Wert, geliefert vom Temperatursensor, mit dem Sollwert verglichen. Der anschließende Regler versucht diese Differenz bestmöglich zu reduzieren. In unserem Fall ist dieser Regler nur sehr einfach ausgelegt[6], doch auch damit können wir bereits das Wirkungsprinzip verdeutlichen.

Aus mathematischer Sicht handelt es sich bei diesem Regelkreis offensichtlich um mehrere miteinander gekoppelte Differentialgleichungen, zu erkennen an den Transfer-Blöcken und am Integrator. Unser einfaches Modell stellt dafür nur ein einfaches Verstärkungsglied kR zur Verfügung, in der Regelungstechnik werden noch weitere Glieder verwendet.

Unsere Parameterwerte werden durch das kleine Programm Reglervorgaben.m eingestellt. Anhand dieses Simulink-Beispiels zeigt sich nun, wie eine mögliche Veränderung der Reglerparameter auf den Prozessausgang in ganz unterschiedlicher Weise wirkt. Vergleichen wir dazu einmal den vorgegebenen Verstärkungsfaktor kR = 50, die „Reglerverstärkung" mit einem zweiten Wert kR = 300. Während im ersten Fall der Ausgangswert relativ schnell gegen den vorgesehenen Wert 1 läuft, baut sich im zweiten Fall eine Oszillation auf, die sich immer weiter verstärkt. Ein solches instabiles Verhalten muss in der Praxis natürlich vermieden werden, und die Simulation leistet hierzu hervorragende Dienste. Die anschließende Aufgabe 6 kann genutzt werden, um erste Erfahrungen dazu zu sammeln.

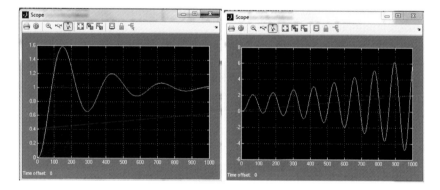

Abb. 9.4 Auswirkungen unterschiedlicher Reglerverstärkungen auf das Ausgangssignal eines Prozesses (links mit kR = 50, rechts mit kR = 300). Die Bilder unter Xcos geben das gleiche Verhalten wieder.

Mit diesen wenigen Beispielen wollen wir die Besprechung von Simulink und Xcos abschließen. Wir haben an dieser Stelle leider nicht die Möglichkeit, noch weiter in die Materie einzudringen, und beide Programme leisten natürlich viel mehr, als hier dargestellt werden konnte. Verständlicherweise ist der Einarbeitungsaufwand allerdings recht groß. Für umfangreiche Simulationen haben wir mit Simulink/Xcos jedoch ein wirksames grafisches Hilfsmittel zur Hand. Es bleibt nun zu hoffen, dass die bisherigen Beispiele wenigstens einen kleinen Einblick in

---

[6] Ein sogenannter P-Regler.

die Arbeitsweise dieser Plattformen gegeben haben und damit Motivation für eine tiefer gehende Beschäftigung sein konnten.

Aufgabe 6   Arbeiten mit dem Regelkreis

Sammeln Sie einige Erfahrungen mit dem im Text beschriebenen Simulationsprogramm Regler.slx/zcos. Finden Sie insbesondere durch Probieren heraus, von welchem Wert kR an das System instabil wird, weil sich die entstehenden Schwingungen aufschaukeln.

Zusammenfassung zu Kapitel 9

Problemstellung

Unter einer Differentialgleichung versteht man eine solche Gleichung, die neben der Funktion selbst, beispielsweise $y(x)$ oder $x(t)$, auch ihre Ableitungen enthält.

Wir unterscheiden gewöhnliche und partielle sowie homogene und inhomogene Differentialgleichungen.

Eine besondere Gruppe bilden die *linearen Differentialgleichungen*. Sie enthalten die gesuchte Funktion und ihre Ableitungen nur linear und lassen sich mit Hilfe eines Ansatzes in Form einer Sinus- oder Kosinusfunktion (oder einer komplexen Exponentialfunktion) unter Beachtung von Anfangsbedingungen lösen. Ein Beispiel stellt die Schwingungsgleichung dar.

Als *Ordnung* oder *Grad* einer Differentialgleichung bezeichnet man die höchste in ihr vorkommende Ableitung der Funktion $y(x)$.

Zur numerischen Lösung von Gleichungen höherer Ordnung müssen diese zuvor auf ein Gleichungs*system* 1. Ordnung zurückgeführt werden.

Euler-Verfahren

Das Euler-Verfahren zur Lösung von Differentialgleichungen beruht auf einer schrittweisen Tangentenkonstruktion.

Runge-Kutta-Verfahren

Das Runge-Kutta-Verfahren stellt eine Verallgemeinerung des Euler-Verfahrens dar. Dabei werden die Tangenten auch an Zwischenpunkten des jeweiligen Intervalls ausgewertet.

Numerische Integration mit Standardfunktionen

Standardfunktionen arbeiten mit Runge-Kutta-Verfahren unterschiedlicher Ordnung und variabler Schrittweite:

- MATLAB: ode23 und ode45
- Scilab: ode
- Octave: lsode

Wachstums- und Zerfallsprozesse

Differentialgleichungen des Typs

$$y'(t) + ry = a$$

beschreiben Wachstums- und Zerfallsprozesse. Ihre Lösung führt auf Exponentialfunktionen.

Schwingungsgleichung mit Standardfunktionen

Die inhomogene Schwingungsgleichung

$$\ddot{x} + 2\delta\dot{x} + \omega^2 x = A\cos(\omega_a t)$$

spielt in Physik und Technik eine große Rolle. Sie könnte wie alle linearen Differentialgleichungen analytisch durch Ansätze der Form

$$x(t) = \exp(\lambda t)$$

gelöst werden. Die numerische Lösung erfolgt mit Hilfe der Funktionen ode23/45, ode beziehungsweise lsode.

Simulink und Xcos

Simulink und Xcos sind Programme zur grafischen Darstellung von Differentialgleichungen. Sie erlauben die Erstellung von anschaulichen Diagrammen und deren nachfolgende Simulation. Um dynamische Systeme grafisch darzustellen, verwenden sie Blöcke, die untereinander durch Wirkungslinien verbunden sind. Differentialgleichungen werden dazu auf den Formalismus der Laplace-Transformationen abgebildet.

Solche Systeme finden ihre Anwendung vor allem in der Regelungstechnik und Signalverarbeitung.

Testfragen zu Kapitel 9

1. Definieren Sie die Begriffe
   - gewöhnliche und partielle Differentialgleichungen,
   - homogene und inhomogene Differentialgleichungen,
   - lineare Differentialgleichungen. → 9.1
2. Beschreiben Sie die Vorgehensweise zur Lösung von Differentialgleichungen mit dem EULER-Verfahren. → 1.1

3.   Was verstehen Sie unter der Trennung der Variablen? → 9.2.2

4.   Wie unterscheiden sich EULER-Verfahren und RUNGE-KUTTA-Verfahren? → 1.1 und 1.1

5.   Skizzieren Sie die Lösungsfunktionen eines Wachstums- und eines Zerfallsprozesses. →9.3.3

6.   Von welchen Parametern hängen die homogene und die inhomogene Schwingungsgleichung ab? → 9.3.4

7.   Welche Standardfunktionen stehen für die numerische Lösung von Differentialgleichungen bereit?
     a) in MATLAB
     b) in Octave
     c) in Scilab → 9.3.4

8.   Welche Bedeutung haben die Angaben in einem Transfer-Block bei Simulink oder Xcos? → 9.4.3

Literatur zu Kapitel 9

[Campbell 2006]
Campbell S L, Chancelier J-P, Nikoukhah R, *Modeling and Simulation in Scilab/Scicos*, Springer, New York 2006

[eBookAktiv 2012]
Grundlagen digitale Regelungstechnik und Mechatronik mit Scilab Xcos, http://www.ebookaktiv.de, Stand 30.12.2012

[Grupp 2007]
Grupp F, Grupp F, *Simulink – Grundlagen und Beispiele*, Oldenbourg, München 2007

[Pietruszka 2005]
Pietruszka W D, *MATLAB in der Ingenieurspraxis*, Teubner, Wiesbaden 2005

[Scicos 2012]
Scicos: *Block diagram modeler/simulator*, http://www.scicos.org/, Stand 30.12.2012

[ScicosLab 2011]
ScicosLab Introduction, http://www.scicoslab.org/, Stand 11.04.2011

[Simulink 2013]
Simulink, http://www.mathworks.de/products/simulink/, Stand 25.07.2013

[Thuselt 2010]
Thuselt F, *Physik*, Vogel Buchverlag, Würzburg 2010

Kurzreferenzen

MATLAB/Octave-Kurzreferenz[1]

Die vorliegende Referenz stellt eine Auswahl der gebräuchlichsten Kommandos und Funktionen aus MATLAB und Octave dar. Der Schwerpunkt liegt vor allem auf solchen Kommandos, die wir in diesem Kurs auch genutzt haben. Verwenden Sie bitte die Referenz lediglich als Übersicht, eben als „erste Hilfe". Nutzen Sie sie, wenn Sie eine Aufgabe aus einem bestimmten Themengebiet lösen wollen, jedoch nicht wissen, mit welchem Kommando sie bearbeitet werden kann. In jedem Fall sollten Sie anschließend noch die ausführlicheren Hilfefunktionen von MATLAB beziehungsweise Octave oder die Online-Hilfe zu Rate ziehen.

Ergänzend werden zum jeweiligen Thema die Dateien angegeben, die online zum Buch verfügbar sind. Dabei sind jedoch nur solche Programme aufgeführt, die nicht lediglich einfache Illustrationen anhand von Beispielen darstellen.

Allgemeine Kommandos

Allgemeine Informationen und Hilfe

`help`	- Online-Hilfe, Text erscheint auf der Kommandozeile
`helpwin`	- Online-Hilfe, es öffnet sich ein separates Windows-Navigationsfenster (nicht unter Octave)
`format`	- gibt das Ausgabeformat auf dem Bildschirm an
`echo`	- zeigt die Kommandos einer Script-Datei bei deren Ausführung an
`clc`	- löscht das Kommandofenster

Arbeiten mit dem Workspace

`who`	- Liste der vom Anwender benutzten Variablen
`whos`	- Liste der vom Anwender benutzten Variablen. Langform, liefert zusätzliche Informationen zu diesen Variablen (z.B. Speichergröße)
`clear`	- löscht Variablen und Funktionen aus dem Speicher
`quit`	- beendet die MATLAB-Sitzung

Arbeiten mit Kommandos und Funktionen

`what`	- listet alle MATLAB-spezifischen Dateien im aktuellen Verzeichnis auf

---

[1]. Beruht auf der Hilfe von MATLAB

`type`	- listet das spezifizierte M-File auf
`edit`	- erlaubt das Editieren des M-Files
`lookfor`	- durchsucht alle M-Files nach dem entsprechenden Suchbegriff
`which`	- lokalisiert Funktionen und Files

Organisieren des Suchpfades

`path`	- zeigt den Suchpfad an bzw. legt ihn neu fest
`addpath`	- fügt ein Verzeichnis zum Suchpfad hinzu
`rmpath`	- entfernt ein Verzeichnis vom Suchpfad
`editpath`	- ermöglicht es, den Suchpfad zu modifizieren
`pwd`	- zeigt das aktuelle Arbeitsverzeichnis an

Daten laden oder speichern

`load`	- lädt Daten einer binären MAT- oder ASCII- Datei in den Workspace
`save`	- speichert Daten aus dem Workspace in eine binäre MAT- oder ASCII- Datei

Operatoren und spezielle Zeichen

Arithmetische Operatoren und Matrixoperatoren

`+`	Plus
`-`	Minus
`*`	Matrixmultiplikation
`.*`	Array-Multiplikation
`.^`	Potenzieren von Arrays („normales" Potenzieren)
`^`	Potenzieren von Matrizen
`\`	Backslash oder linksseitige Division (Lösung von Gleichungssystemen)
`/`	Slash oder rechtsseitige Division (Lösung von Gleichungssystemen)
`./`	Division von Arrays („normale" Division)
`.\`	linksseitige Division von Arrays
`'`	Transponieren einer Matrix

Relationale Operatoren

`==`	gleich
`~=`	ungleich
`<`	kleiner als
`>`	größer als
`<=`	kleiner als oder gleich
`>=`	größer als oder gleich

Logische Operatoren und Funktionen

`&&`	logisches UND
`||`	logisches ODER
	(sogenannte „Short-circuit-Operationen" mit verkürzter Auswertung; bei Arrays sind stattdessen die Operationen & beziehungsweise | zu verwenden)
`~`	logisches Komplement (NOT)
`xor`	logisches EXCLUSIV-ODER
`any`	Aussage ist wahr, wenn mindestens ein Element ungleich null ist

`all` Aussage ist wahr, wenn alle Elemente ungleich null sind

Spezielle Zeichen

`[ ]`   - eckige Klammern für Darstellung von Matrizen
`...`   - Fortsetzung auf nächster Zeile
`;`   - Semikolon, verhindert als Abschluss der Befehlszeile die Ausgabe auf der Kommando-
           zeile (bei Octave auch # möglich)
`%`   - Beginn eines Kommentars
`'`   - Transposition. `X'` ist die konjugiert komplexe Matrix zu `X`,
           `X.'` ist die nichtkonjugierte Transponierte.
`=`   - Zuweisung. `B = A` speichert die Elemente von `A` in `B`.
`@`   - „function handle“, ermöglicht indirekten Funktionsaufruf

Punktuation

`.`   Dezimalpunkt: `325/100`, `3.25` und `.325e1` bedeuten dasselbe.

`.`   Array-Operationen.
       Elementweises Multiplizieren, Potenzieren, Dividieren usw.: `*`, `.^`, `./`.
       Zum Beispiel ist `C = A ./ B` die Matrix mit den Elementen `c(i,j) = a(i,j)/b(i,j)`.
`:`   Doppelpunkt
       `J:K` ist dasselbe wie `[J, J+1, ..., K]`.
       `J:K` ist leer, wenn `J > K`.
       `J:D:K` ist dasselbe wie `[J, J+D, ..., J+m*D]`, wobei `m = fix((K-J)/D)`.
       `J:D:K` ist leer, wenn `D > 0` und `J > K` oder wenn `D < 0` und `J < K`.

       Doppelpunkt (`colon`) als Separator
       `COLON(J,K)` ist dasselbe wie `J:K` und `colon(J,D,K)` ist dasselbe wie `J:D:K`.
          - Die Darstellung mittels Doppelpunkt kann benutzt werden, um Zeilen, Spalten und Ele-
            mente eines Vektors, einer Matrix oder eines Arrays herauszuheben.
       `A(:)` sind alle Elemente eines Vektors, geschrieben als einzelne Spalte.
          - Auf der *linken* Seite einer Zuordnung kann der Doppelpunkt benutzt werden, um be-
            stimmte Zeilen, Spalten oder Elemente eines Vektors, einer Matrix oder eines Arrays her-
            auszuheben, wobei die Gestalt von `A` erhalten bleibt:
       `A(:,J)` ist die J-te Spalte von `A`,
       `A(J:K)` ist `[A(J);A(J+1);...;A(K)]`,
       `A(:,J:K)` ist `[A(:,J),A(:,J+1),...,A(:,K)]` usw.

Elementare mathematische Funktionen

`sqrt`   - Quadratwurzel

Trigonometrie

`sin`   - Sinus
`sind`   - Sinus, wenn das Argument in Grad („degree“) angegeben wird
`cos`   - Kosinus
`cosd`   - Kosinus, wenn das Argument in Grad angegeben wird
`tan`   - Tangens
`tand`   - Tangens, wenn das Argument in Grad angegeben wird
`asin`   - Arkussinus (Inverse des Sinus)
`asind`   - Arkussinus, Ausgabe in Grad

acos	-	Arkuskosinus (Inverse des Kosinus)
acosd	-	Arkuskosinus, Ausgabe in Grad
atan	-	Arkustangens (Inverse des Tangens)
atand	-	Arkustangens, Ausgabe in Grad

Exponentialfunktionen, Logarithmen und Hyperbelfunktionen

exp	-	Exponentialfunktion
sinh	-	Hyperbelsinus
cosh	-	Hyperbelkosinus
tanh	-	Hyperbeltangens
asinh	-	Areasinus (Inverse des Hyperbelsinus)
acosh	-	Areakosinus (Inverse des Hyperbelkosinus)
atanh	-	Areatangens (Inverse des Hyperbeltangens)
log	-	natürlicher Logarithmus
log10	-	dekadischer Logarithmus (Basis 10)
log2	-	dualer Logarithmus (Basis 2)

Weitere wichtige Funktionen

erf	-	Fehlerintegral
gamma	-	Gamma-Funktion
besselj	-	BESSEL-Funktion erster Art

Komplexe Zahlen und Funktionen

real	-	Realteil
imag	-	Imaginärteil
abs	-	Absolutwert (Betrag)
conj	-	komplex konjugierter Wert
angle	-	Phasenwinkel

Runden und Rest

fix	-	Runden zum nächstniedrigeren Wert hin
round	-	Runden zum nächsten Nachbarn
mod	-	Modulus (vorzeichenbehafteter Rest nach der Division)
rem	-	Rest nach der Division
sign	-	Vorzeichen

Matrizen und Manipulationen mit Matrizen

Elementare Matrizen

zeros	-	Array aus Nullen
ones	-	Array aus Einsen
eye	-	Einsmatrix (Diagonalelemente eins, sonst null)
rand	-	erzeugt gleichförmig verteilte Zufallszahlen
sprand	-	erzeugt gleichförmig verteilte Zufallszahlen einer schwach besetzten Matrix
randn	-	normal verteilte Zufallszahlen
linspace	-	Vektor mit linear verteilten Abständen

```
logspace  - Vektor mit logarithmisch verteilten Abständen
meshgrid  - xy-Array für 3D-Plots
:         - Vektor mit linear verteilten Abständen und Index in einer Matrix
magic     - erzeugt ein magisches Quadrat
toeplitz  - erzeugt eine TOEPLITZ-Matrix
```

Elementare Array-Information

```
size      - Größe einer Matrix
length    - Länge eines Vektors
diag      - listet die Diagonalelemente einer Matrix auf
trace     - Summe der Diagonalelemente einer Matrix
disp      - Anzeige einer Matrix oder eines Textes
isempty   - wahr für eine leere Matrix
isequal   - wahr, wenn Arrays gleich sind
isnumeric - wahr für numerische Arrays
sum       - Summe der Elemente einer Matrix
cumsum    - kumulative Summe der Elemente einer Matrix (mit Angabe der Zwischenergebnisse)
end       - letzter Index in einer Variablenreihe oder Matrix (auch Abschluss einer Ablaufstruktur)
max       - größte Komponente einer Matrix oder eines Vektors
min       - kleinste Komponente einer Matrix oder eines Vektors
rank      - Zahl der linear unabhängigen Zeilen oder Spalten einer Matrix
det       - Determinante einer quadratischen Matrix
```

Matrixmanipulation

```
fliplr    - Umkehrung einer Matrix von links nach rechts
flipud    - Umkehrung einer Matrix von oben nach unten
rot90     - Drehung einer Matrix um 90 Grad
find      - findet zugehörige Indizes zu einem Element einer Matrix (das von null verschieden ist)
inv       - inverse Matrix
```

Schwach besetzte Matrizen

```
sparse    - erzeugt eine schwach besetzte Matrix
full      - wandelt eine schwach besetzte Matrix in eine volle Matrix um
spy       - visualisiert eine schwach besetzte Matrix
sprand    - erzeugt gleichförmig verteilte Zufallszahlen einer schwach besetzten Matrix
```

Spezielle Variablen und Konstanten

```
ans       - letzte Antwort
eps       - Genauigkeit der Gleitkommarechnung (Abstand zweier Gleitkommazahlen)
realmax   - größte positive Gleitkommazahl
realmin   - kleinste positive Gleitkommazahl
pi        - Zahl π (= 3.141592...)
i oder j  - imaginäre Einheit
inf       - unendlich, z.B. bei 1/0
NaN       - Not-a-Number, Ergebnis undefinierter Operationen wie 0/0 (keine gültige Zahl)
isnan     - wahr für Not-a-Number
nargin    - Zahl der Eingangsargumente einer Funktion (kann genutzt werden, um unterschiedliche
            Zahlen von Eingaben abzufragen)
```

Polynome

poly   - erzeugt ein Polynom aus den angegebenen Wurzeln
roots   - Berechnung der Wurzeln eines Polynoms
conv   - Convolution (Faltung) und Polynommultiplikation
deconv   - Deconvolution und Polynomdivision
polyder - Ableitung eines Polynoms
polyfit - Kurvenanpassung durch ein Polynom
polyint - analytische Polynomintegration
polyval - Berechnung des Wertes (der Werte) eines Polynoms

Funktionen von Funktionen

(Der Name der externen Funktion muss in Hochkommas oder als Handle @ angegeben werden, bei Inline-Funktionen ohne Hochkommas.)

fzero   - Nullstellensuche bei Funktionen einer Variablen
fminbnd - Minimumsuche bei Funktionen einer Variablen
fplot   - Grafische Darstellung einer Funktion zwischen spezifizierten Grenzen (Unterschied zu plot!)
ode23   - Lösungsverfahren für Differentialgleichungen, geringere Genauigkeit (unter Octave nur im Paket odepkg)
ode45   - Lösungsverfahren für Differentialgleichungen, höhere Genauigkeit (unter Octave nur im Paket odepkg)
lsode   - Lösungsverfahren für Differentialgleichungen (nur unter Octave)
quad   - numerische Integration, adaptive SIMPSONsche Regel

Integration und Differentiation, Differentialgleichungen

trapz   - Integration von Einzelwerten mit Trapezregel
cumtrapz - kumulative Integration von Einzelwerten mit Trapezregel (mit Angabe der Zwischenergebnisse)
quad   - numerische Integration, adaptive SIMPSONsche Regel
           (Der Name der Funktion muss in Hochkomma oder als Handle angegeben werden)
quadl   - numerische Integration nach dem GAUß-LOBATTO-Verfahren
diff   - Differenz; benutzt zur Bildung der Ableitung
ode23   - Lösungsverfahren für Differentialgleichungen, geringere Genauigkeit (nicht unter Octave)
ode45   - Lösungsverfahren für Differentialgleichungen, höhere Genauigkeit (nicht unter Octave)
lsode   - Lösungsverfahren für Differentialgleichungen (nur unter Octave)

Datei auf Webseite

trap.m   - Trapezregel, angewandt auf beliebige Funktion
trap.m   - Trapezregel, angewandt auf beliebige Funktion
trap_iter.m - iterative Trapezregel, mit möglicher Ausgabe von Zwischenergebnissen und Grafik
simps_iter.m - iterative SIMPSONsche Regel, mit möglicher Ausgabe von Zwischenergebnissen und Grafik
romberg.m – numerische Integration nach ROMBERG, mit möglicher Ausgabe von Zwischenergebnissen und Grafik

gaussquad.m - numerische Integration nach GAUß-Verfahren, bis zu fünf Integrationsintervalle möglich

dgl_euler.m - Lösung einer Dgl. nach dem EULERschen Verfahren

Datenanalyse, Interpolation und Approximation

max   - größte Komponente einer Matrix oder eines Vektors

min   - kleinste Komponente einer Matrix oder eines Vektors

interp1 - Interpolation

sort   - sortiert Elemente einer Matrix nach steigender Größe

cgs   - iterative Lösungsmethode für lineare Gleichungssysteme (LGS) mit „konjugierter Gradientenmethode" (für unsere Zwecke empfohlen für MATLAB)

gmres   - iterative Lösungsmethode für LGS mit der „Methode der Residuen" (für unsere Zwecke empfohlen für Octave)

Datei auf Webseite

newt_intp.m - Berechnung von dividierten Differenzen und NEWTON-Polynomen

lagrange.m - Berechnung von LAGRANGE-Polynomen

FOURIER-Transformation und Wavelets

fft   - Diskrete Fourier-Transformation, basierend auf dem schnellen Fast-FOURIER-Algorithmus

fftshift - verschiebt die Null-Frequenz-Komponente in die Mitte des Spektrums

hamming - liefert einen Vektor mit den Werten des HAMMING-Fensters (Signal Processing Toolbox notwendig!)

spectrogram - Kurzzeit-(ST-)FOURIER-Transformation eines Signavektors (unter MATLAB: Signal Processing Toolbox notwendig, nicht unter Octave)

specgram - Kurzzeit-(ST-)FOURIER-Transformation eines Signalvektors (nur unter Octave, Signal-Paket von Octave-Forge oder UPM R7 notwendig!)

pkg load PAKETNAME - lädt ein bereits installiertes Octave-Forge-Paket

cwt   - kontinuierliche Wavelet-Transformation eines Signalvektors (nicht unter Octave, unter MATLAB: Wavelet Toolbox notwendig)

scal2frq - liefert die zu einem Wavelet-Skalenparameter gehörigen (Pseudo-)Frequenzvektoren (unter MATLAB: Wavelet Toolbox notwendig, nicht unter Octave)

Ablaufstrukturen („Kontrollstrukturen")

Flusssteuerung

if   - bedingte Ausführung eines Kommandos:
          if... else ... elseif ... elseif... end

else   - alternative Entscheidung zu if

elseif - weitere alternative Entscheidung zu if

end   - Abschluss eines Blocks, der mit einem der Befehle for, while, switch, try oder if beginnt

for   - Beginn einer Zählschleife (Endwert steht fest): for ... end

while   - Beginn einer Wiederholschleife (Endwert unbestimmt): while ... end

break   - Abbruch einer while- oder for-Schleife

switch - Fallunterscheidung: Umschalten zwischen verschiedenen Fällen eines Ausdrucks:
          switch ... case ... case... ... otherwise ... end

case   - mögliche Schalterstellung. Gehört zur `switch`-Anweisung
otherwise - Default-Ausführung innerhalb einer `switch`-Anweisung (alle sonstigen Schalterstellungen)
return   - Rückkehr aus der aktuellen Funktion

Berechnung und Ausführung

eval   - führt einen String als einen MATLAB-Befehl aus
feval   - führt eine Funktion aus, die in einem String beschrieben ist (Der Name der Funktion muss in Hochkommas oder als Handle angegeben werden.)
pause   - Unterbrechung, wartet auf eine Eingabe von der Tastatur
clock   - startet eine Zeitmessung
etime   - gibt den aktuellen Zeitwert aus

Debugging

dbstop   - setzt einen Breakpoint
dbstatus - zeigt alle Breakpoints an
dbclear   - löscht alle Breakpoints

Scripts, Funktionen und Variablen

function - fügt eine neue Funktion hinzu
global   - Definition einer globalen Variablen
exist   - prüft, ob die angegebenen Variablen oder Funktionen definiert sind und ob es sich um eine Standard-Funktion handelt
nargn   - gibt die Zahl der Eingabe-Argumente in einem Funktionsaufruf an
nargout   - gibt die Zahl der Ausgabe-Argumente in einem Funktionsaufruf an

Zeichenketten-(String-)Funktionen (einschließlich Zahlenkonversion)

eval   - führt das als String hinterlegte Kommando aus
str2num   - wandelt String in Zahl um
dec2hex   - wandelt ganzzahlige Dezimalzahl in String um
hex2dec   - wandelt String in ganzzahlige Dezimalzahl um
hex2num   - wandelt Hex-String in Gleitkommazahl um
sprintf   - wandelt formatierte Daten in einen String um
sscanf   - liest aus einen String formatierte Daten aus

Datei auf Webseite

dechex.m - wandelt eine Dezimalzahl in eine Hexadezimalzahl um (Nachkommastellen sind erlaubt)
dec_fraction.m - Umwandlung der Nachkommastellen einer Dezimalzahl in eine Hexadezimalzahl

Dateneingabe und -ausgabe

disp   - Anzeige einer Matrix oder eines Textes
fprintf   - schreibt formatierte Daten in eine Datei
fscanf   - liest formatierte Daten aus einer Datei
audiowrite - schreibt Daten in eine Wave-Datei (nicht unter Octave)
audioread - liest Daten aus einer Wave- Datei (nicht unter Octave)

Grafik

Elementare xy-Graphen

plot	-	grafische Darstellung von Funktionen in kartesischen Koordinaten
fplot	-	grafische Darstellung einer Funktion zwischen spezifizierten Grenzen (Unterschied zu plot!)
ezplot	-	einfach zu bedienender Funktionsplot
loglog	-	grafische Darstellung von doppelt-logarithmischer Darstellung
semilogx	-	grafische Darstellung in halblogarithmischer Darstellung (x-Achse logarithmisch)
semilogy	-	grafische Darstellung in halblogarithmischer Darstellung (y-Achse logarithmisch)
polar	-	grafische Darstellung in Polarkoordinaten
compass	-	Kompass-Plot (Vektoren in komplexer Ebene)
figure	-	erzeugt ein neues Grafikfenster ohne Inhalt
close	-	schließt das aktuelle Grafikfenster (close all: alle Grafikfenster)
clf	-	löscht den Inhalt des aktuellen Grafikfensters, ohne es zu schließen
text	-	schreibt einen Text in das aktuelle Grafikfenster
axis	-	Steuerung der Achsenskalierung (siehe unter Achsensteuerung, unten)
stem	-	diskrete Grafik, Darstellung als Zapfen („stem")
grid	-	Gitterlinien in der Grafik
hold	-	hält die vorhandene Grafik auch beim nächsten plot-Befehl fest
image	-	stellt eine Matrix als Bild dar
imagesc	-	zweidimensionale grafische Darstellung („Farbplot") der passend zur Farbtabelle skalierten Werte einer Matrix
get	-	liest Objekteigenschaften aus (z.B. liest get(gca,'XLim') die Achsenskalierung einer gegebenen Grafik aus)
set	-	setzt Objekteigenschaften fest (z.B. legt set(gca,'XLim',[0 600]) die Achsenskalierung einer gegebenen Grafik neu fest)
spy	-	visualisiert eine schwach besetzte Matrix

Dreidimensionale Grafik

plot3	-	dreidimensionale Liniengrafik
stem3	-	diskrete 3D-Grafik, Darstellung als Zapfen („stem")
shading	-	Schattierungsmodus einer 3D-Grafik

Darstellung von Flächen

meshgrid	-	erzeugt Punktgitter auf der xy-Ebene
mesh	-	erzeugt ein 3D-Gitter
surf	-	erzeugt eine Oberfläche
ezsurf	-	einfach zu bedienender 3D-Funktionsplot
colormap	-	verändert die Farbe der Oberfläche
contour	-	erzeugt Höhenlinien in der xy-Ebene
contour3	-	erzeugt dreidimensionale Höhenlinien
view	-	Koordinaten des Betrachtungswinkels einer Fläche im Raum
shading	-	Schattierungsmodus einer 3D-Grafik

Achsensteuerung

`axis`	-	Steuerung der Achsenskalierung einer Grafik. *Beispiele*:

`axis([xmin xmax ymin ymax]` legt Minimal- und Maximalwerte für *x*- und *y*-Achse fest.

`axis tight` beschränkt die Achsen auf den Datenbereich der Ausgabewerte.

`axis equal` bewirkt eine gleiche Achseneinteilung für *x*- und *y*-Achse.

`grid`   - Gitterlinien in der Grafik

`hold`   - behält das Bild des Graphen bei der nächsten Darstellung bei

`axes`   - erzeugt Achsen in beliebigen Lagen

`subplot` - erzeugt Graphen in bestimmten Positionen

`xlim`   - Grenzen des x-Bereichs

`ylim`   - Grenzen des y-Bereichs

Bezeichnungen an Graphen

`legend` - Legende eines Graphen

`title`   - Titel

`xlabel` - Beschriftung der x-Achse

`ylabel` - Beschriftung der y-Achse

`text`   - Platzierung von Text

Einfache Dialogboxen

`menu`   - erzeugt ein Auswahlmenü

`listdlg` - erzeugt eine Auswahl-Dialogbox (nicht unter Octave)

Detaillierte Funktionsbeschreibung des plot-Kommandos

`plot`   - Graph in kartesischen Koordinaten
          (Wir geben hier im Wesentlichen den Hilfe-Ausdruck von MATLAB wieder.)

- `plot(x,y)` gibt eine Grafik aus, die den Vektor `y` über dem Vektor `x` darstellt .
- `plot(x,y,x,y1)` gibt eine Grafik aus, die den Vektor `y` über dem Vektor `x` und `y1` über `x` darstellt.
- `plot(y)` zeichnet die Spalten von `y` über ihren Indizes.
- Wenn `y` komplex ist, dann ist `plot(y)` äquivalent zu `plot(real(y),imag(y))`.
- In allen anderen Fällen von plot wird der Imaginärteil ignoriert.
- Unterschiedliche Linienformen, Symbole und Farben können dargestellt werden mittels `plot(x,y,S)`, wobei *S* eine Zeichenkette (String) ist, die aus einem der folgenden Elemente besteht (in Hochkommas eingeschlossen):

y	gelb („**y**ellow")	.	Punkt	-	durchgezogene Linie
m	magenta	o	Kreis	:	punktierte Linie
c	cyan	+	Plus	-.	strichpunktierte Linie
r	rot	*	Stern	--	gestrichelte Linie
g	grün	s	Quadrat („square")		
b	blau	d	Rhombus („diamond")		
w	weiß	x	liegendes Kreuz		
k	schwarz („blac**k**")				
^	Dreieck (nach oben weisend)				
<	Dreieck (nach links weisend)				
>	Dreieck (nach rechts weisend)				
p	Pentagramm				

Um detailliertere Informationen zu erhalten, sollten Sie unbedingt die Hilfefunktion in MATLAB aufrufen.

Beispiele: `plot(x,y,'c+:')` zeichnet eine punktierte cyanfarbene Linie, bei der zusätzlich jeder Datenpunkt ein Pluszeichen erhält.

`plot(x,y,'bd')` zeichnet blaue „Diamant"-Symbole an jedem Datenpunkt, aber keine Linie.

MATLAB/Octave-Colormaps für dreidimensionale Oberflächen

Aufruf mittels `colormap xx`.

xx steht für eines der nachfolgenden Kommandos (Die zugehörigen Farbskalen sind in der MATLAB-Online-Hilfe oder auf unseren Webseiten in der PDF-Datei zu finden): `jet`, `HSV`, `hot`, `cool`, `spring`, `summer`, `autumn`, `winter`, `gray`, `bone`, `copper`, `pink`

Scilab-Kurzreferenz[2]

Die vorliegende Scilab-Referenz stellt eine Auswahl der gebräuchlichsten Kommandos und Funktionen dar. Der Schwerpunkt liegt auch hier vor allem auf solchen Kommandos, die wir in diesem Kurs auch genutzt haben. Verwenden Sie bitte die Referenz lediglich als Übersicht, eben als „erste Hilfe". Nutzen Sie sie, wenn Sie eine Aufgabe aus einem bestimmten Themengebiet lösen wollen, jedoch nicht wissen, mit welchem Kommando sie bearbeitet werden kann. In jedem Fall sollten Sie anschließend noch die ausführlicheren Hilfefunktionen von Scilab oder die Online-Hilfe zu Rate ziehen.

Ergänzend werden zum jeweiligen Thema die Dateien angegeben, die online zum Buch verfügbar sind. Dabei sind jedoch nur solche Programme aufgeführt, die nicht lediglich einfache Illustrationen anhand von Beispielen darstellen.

Allgemeine Kommandos

Allgemeine Informationen und Hilfe

`help` - Online-Hilfe, Text erscheint im Hilfe-Browser
`format` - gibt das Ausgabeformat auf dem Bildschirm an

Das Kommando `format` erlaubt im Gegensatz zu MATLAB nur zwei Einstellungen: `type` für variables Format, `long` für die Zahl der auszugebenden Stellen. Umstellungen sind möglich durch Eingabe des Befehls `format([type],[long])`. Die Einstellung `type` kann bedeuten:

`v` - variables Format (voreingestellt, d.h. je nach Zweckmäßigkeit Exponential- oder Gleitkommadarstellung) oder

---

[2] Beruht auf dem Hilfe-Browser von Scilab.

e - immer Exponentialdarstellung.

Die Einstellung `long` gibt die Zahl der Stellen an (voreingestellt sind zehn Stellen).

```
-->format('v',16),
-->format('v',12),
-->format('e',12),
```

Wenn der Formatstring weggelassen wird, wird nur die Zahl der angezeigten Ziffern verändert, der Typ des Formats bleibt bestehen:

```
-->format(12) //12 Ziffern zur Anzeige
```

Mittels `format()` ohne Bezeichner wird nur das gerade eingestellte Format angezeigt.

`exec`   - veranlasst die Ausführung einer Script-Datei
`mode`   - gibt an, ob ein Echo der Befehle angezeigt wird
`clc`   - löscht das Kommandofenster
`pause`   - Programmunterbrechung, ermöglicht den Aufruf lokaler Variablen (Rückkehr mit
             `resume`, `abort`, `quit` oder `return`
`abort`   - Programmabbruch
`resume`   - äquivalent zu `return`
`stacksize` - legt die Größe des Arbeitsspeichers (stack) fest

Arbeiten mit dem Workspace

`who`   - Liste aller verfügbaren Variablen
`whos`   - Liste der vom Anwender benutzten Variablen. Langform, liefert zusätzliche Informationen zu diesen Variablen (z.B. Speichergröße)
`who_user`   - Liste der vom Anwender benutzten Variablen
`clear`   - löscht Variablen und Funktionen aus dem Speicher
`quit`   - beendet die Scilab-Sitzung oder die Programmunterbrechung
`pwd`   - zeigt das aktuelle Arbeitsverzeichnis an

Arbeiten mit Kommandos und Funktionen

`what`   - listet alle Scilab-Kommandos auf (Kurzform)
`edit`   - erlaubt das Editieren der sce/sci-Dateien

Daten laden oder speichern

`load`   - lädt Daten aus einer binären Datei
`save`   - speichert Daten in eine binäre Datei
`loadmatfile` - lädt Daten einer binären MAT- oder ASCII-Datei in den Workspace
`savematfile` - speichert Daten aus dem Workspace in eine binäre MAT- oder ASCII-Datei

Operatoren und spezielle Zeichen

Arithmetische Operatoren und Matrixoperatoren

`+`   Plus
`-`   Minus
`*`   Matrixmultiplikation
`.*`   Array-Multiplikation
`.^`   Potenzieren von Arrays („normales" Potenzieren)

^   oder hat Potenzieren von Matrizen
\   Backslash oder linksseitige Division (Lösung von Gleichungssystemen)
/   Slash oder rechtsseitige Division (Lösung von Gleichungssystemen)
./   Division von Arrays („normale" Division)
.\   linksseitige Division von Arrays
'   Transponieren einer Matrix

Relationale Operatoren

==   gleich
~=   ungleich
<   kleiner als
>   größer als
<=   kleiner als oder gleich
>=   größer als oder gleich

Logische Operatoren

&&   logisches UND
|| logisches ODER
       (sogenannte „Short-circuit-Operationen" mit verkürzter Auswertung; bei Arrays sind
       stattdessen die Operationen & beziehungsweise | zu verwenden)
~   logisches Komplement (NOT)
xor   logisches EXCLUSIV-ODER
or   Aussage ist wahr, wenn mindestens ein Element ungleich null ist
and   Aussage ist wahr, wenn alle Elemente ungleich null sind

Spezielle Zeichen

[ ]   - eckige Klammern für Darstellung von Matrizen
...   - Fortsetzung in nächster Zeile
;   - Semikolon, verhindert als Abschluss der Befehlszeile die Ausgabe auf der Kommando-
         zeile
//   - Beginn eines Kommentars
'   - Transposition. X' ist die konjugiert komplexe Matrix zu X,
         X.' ist die nichtkonjugierte Transponierte.
=   - Zuordnung. B = A speichert die Elemente von A in B.
%   - spezielle vordefinierte Zeichen, z.B. %pi, %e, %inf
$ - letzter Index

Punktuation

.   Dezimalpunkt: 325/100, 3.25 und .325e1 bedeuten dasselbe.

.   Array-Operationen. Elementweises Multiplizieren, Potenzieren, Dividieren usw.: *, .^, ./ .
       Zum Beispiel ist C = A ./ B die Matrix mit den Elementen
       c(i,j) = a(i,j)/b(i,j).
:   Doppelpunkt
       J:K ist dasselbe wie [J, J+1, ..., K].
       J:K ist leer, wenn J > K.
       J:D:K ist dasselbe wie [J, J+D, ..., J+m*D], wobei m = fix((K-J)/D).
       J:D:K ist leer, wenn D > 0 und J > K oder wenn D < 0 und J < K.

Doppelpunkt (`colon`) als Separator

`COLON(J,K)` ist dasselbe wie `J:K` und `colon(J,D,K)` ist dasselbe wie `J:D:K`.

- Die Darstellung mittels Doppelpunkt kann benutzt werden, um Zeilen, Spalten und Elemente eines Vektors, einer Matrix oder eines Arrays herauszuheben.

`A(:)` sind alle Elemente eines Vektors, geschrieben als einzelne Spalte.

- Auf der *linken* Seite einer Zuordnung kann der Doppelpunkt benutzt werden, um bestimmte Zeilen, Spalten oder Elemente eines Vektors, einer Matrix oder eines Arrays herauszuheben, wobei die Gestalt von A erhalten bleibt:

`A(:,J)` ist die J-te Spalte von A,

`A(J:K)` ist `[A(J);A(J+1);...;A(K)]`,

`A(:,J:K)` ist `[A(:,J),A(:,J+1),...,A(:,K)]` usw.

Elementare mathematische Funktionen

`sqrt`   - Quadratwurzel

Trigonometrie

`sin`	- Sinus
`sind`	- Sinus, wenn das Argument in Grad („degree") angegeben wird
`cos`	- Kosinus
`cosd`	- Kosinus, wenn das Argument in Grad angegeben wird
`tan`	- Tangens
`tand`	- Tangens, wenn das Argument in Grad angegeben wird
`asin`	- Arkussinus (Inverse des Sinus)
`asind`	- Arkussinus, Ausgabe in Grad
`acos`	- Arkuskosinus (Inverse des Kosinus)
`acosd`	- Arkuskosinus, Ausgabe in Grad
`atan`	- Arkustangens (Inverse des Tangens)
`atand`	- Arkustangens, Ausgabe in Grad

Exponentialfunktionen, Logarithmen und Hyperbelfunktionen

`exp`	- Exponentialfunktion
`sinh`	- Hyperbelsinus
`cosh`	- Hyperbelkosinus
`tanh`	- Hyperbeltangens
`asinh`	- Areasinus (Inverse des Hyperbelsinus)
`acosh`	- Areakosinus (Inverse des Hyperbelkosinus)
`atanh`	- Areatangens (Inverse des Hyperbeltangens)
`log`	- natürlicher Logarithmus
`log10`	- dekadischer Logarithmus (Basis 10)
`log2`	- dualer Logarithmus (Basis 2)

Weitere wichtige Funktionen

`erf`	- Fehlerintegal
`gamma`	- Gamma-Funktion
`besselj`	- BESSEL-Funktion erster Art

Komplexe Zahlen und Funktionen

real   - Realteil
imag   - Imaginärteil
abs   - Absolutwert (Betrag)
conj   - komplex konjugierter Wert
polar   - Polarkoordinaten einer komplexen Zahl (Winkel in Radiant)
phasemag - Polarkoordinaten einer komplexen Zahl (Winkel in Grad, Logarithmus des Betrags)

Runden und Rest

fix   - Runden zum nächstniedrigeren Wert hin
round   - Runden zum nächsten Nachbarn
modulo   - Modulus (vorzeichenbehafteter Rest nach der Division)
pmodulo   - positiver Modulus (positiver Rest nach der Division)
sign   - Vorzeichen

Matrizen und Manipulationen mit Matrizen

Elementare Matrizen

zeros   - Array aus Nullen
ones   - Array aus Einsen
eye   - Einsmatrix (Diagonalelemente eins, sonst null)
rand   - erzeugt gleichförmig verteilte Zufallszahlen:
            rand(t,'uniform') liefert Matrix der Dimension t mit gleichverteilten Zufallszahlen.
            rand(t,'normal') liefert Matrix der Dimension t mit normalverteilten Zufallszahlen.
sprand   - erzeugt gleichförmig verteilte Zufallszahlen einer schwach besetzten Matrix
linspace - Vektor mit linear verteilten Abständen
logspace - Vektor mit logarithmisch verteilten Abständen
meshgrid - X-Y-Array für 3-D-Plots
:   - Vektor mit linear verteilten Abständen und Index in einer Matrix
toeplitz - erzeugt eine TOEPLITZ-Matrix

Elementare Array-Information

size   - Größe einer Matrix
length   - Länge eines Vektors
diag   - listet die Diagonalelemente einer Matrix auf
trace   - Summe der Diagonalelemente einer Matrix
disp   - Anzeige einer Matrix oder eines Textes
isempty   - wahr für eine leere Matrix
isequal   - wahr, wenn Arrays gleich sind
type   - zeigt den Variablentyp an (z.B. reell, komplex, Boole, String)
sum   - Summe der Elemente einer Matrix
cumsum   - kumulative Summe der Elemente einer Matrix (mit Angabe der Zwischenergebnisse)
$ - letzter Index in einer Variablenreihe oder Matrix (auch Abschluss einer Ablaufstruktur)
max   - größte Komponente einer Matrix oder eines Vektors
min   - kleinste Komponente einer Matrix oder eines Vektors
rank   - Zahl der linear unabhängigen Zeilen oder Spalten einer Matrix
det   - Determinante einer quadratischen Matrix
sort   - sortiert Elemente einer Matrix nach steigender Größe

Matrixmanipulation

mtlb_fliplr - Umkehrung einer Matrix von links nach rechts
rot90   - Drehung einer Matrix um 90 Grad im mathematisch positiven Drehsinn (entgegen dem Uhrzeiger)
find   - findet zugehörige Indizes zu einem Element einer Matrix (das von null verschieden ist)
inv   - inverse Matrix

Schwach besetzte Matrizen

sparse   - erzeugt eine schwach besetzte Matrix
mtlb_sparse - wandelt die Ausgabe einer schwach besetzten Matrix in das MATLAB-Format um
full   - wandelt eine schwach besetzte Matrix in eine volle Matrix um
sprand   - erzeugt gleichförmig verteilte Zufallszahlen einer schwach besetzten Matrix
PlotSparse - visualisiert eine schwach besetzte Matrix (Default-Farbe der Matrixpunkte ist weiß!)

Datei auf Webseite

Scilab_spy - visualisiert eine schwach besetzte Matrix

Spezielle Variablen und Konstanten

ans   - letzte Antwort
mtlb_realmax - größte positive Gleitkommazahl
mtlb_realmin - kleinste positive Gleitkommazahl
number_properties - Eigenschaften der Gleitkommazahlen
%eps   - Genauigkeit der Gleitkommarechnung (Abstand zweier Gleitkommazahlen)
%pi   - Zahl π (= 3.141592...)
%i   - imaginäre Einheit
%inf   - unendlich, z.B. bei $1/0$
%nan   - Not-a-Number, Ergebnis undefinierter Operationen wie $0/0$ (keine gültige Zahl)
isnan   - wahr für Not-a-Number
%t   - True
%f   - False
%e   - EULERsche Konstante e (= 2.718281…)

Polynome

poly   - erzeugt ein halbsymbolisches Polynom aus den angegebenen Wurzeln oder aus den Koeffizienten
inv_coeff - erzeugt die halbsymbolische Darstellung eines Polynoms aus seinen Koeffizienten
convol   - Polynommultiplikation, Ausgabe als Polynomkoeffizienten (einer der Vektoren muss transponiert vorliegen: convol(pa',pb))
*   - Polynommultiplikation in halbsymbolischer Darstellung
pdiv   - Polynomdivision
             oder
/   - Polynomdivision
numer   - Zähler einer halbsymbolischen Polynommatrix
denom   - Nenner einer halbsymbolischen Polynommatrix
roots   - Berechnung der Wurzeln eines Polynoms
horner   - Berechnung des Wertes (der Werte) eines Polynoms (Polynom muss in halbsymbolischer Darstellung vorliegen)
derivat   - Ableitung eines Polynoms

datafit - Anpassung von Messdaten mit Hilfe eines Polynoms

      polyfit - Kurvenanpassung durch ein Polynom

      polyval - Berechnung des Wertes (der Werte) eines Polynoms

      Beide Funktionen sind nicht Bestandteil des Scilab-Pakets, sondern gehören zur Statistik-Toolbox und können als Freeware getrennt erworben werden [3]

      intpoly - analytische Polynomintegration

      Diese Funktion ist ebenfalls nicht Bestandteil des Scilab-Pakets und kann als Freeware getrennt erworben werden [4].

Funktionen von Funktionen

(Der Name der Funktion muss als Funktionsstring angegeben werden.)

fsolve   - Nullstellensuche bei Funktionen einer Variablen

fminsearch - Minimumsuche bei Funktionen einer Variablen

fplot2d   - grafische Darstellung einer Funktion zwischen spezifizierten Grenzen (Unterschied zu plot!)

feval   - führt eine Funktion aus, die in einem String beschrieben ist

execstr   - führt den Code aus, der durch einen String dargestellt wird

ode   - Lösungsverfahren für Differentialgleichungen

intg   - bestimmtes Integral einer Funktion

Integration und Differentiation

inttrap   - Integration von Einzelwerten mit Trapezregel

intg   - bestimmtes Integral einer Funktion

integrate - bestimmtes Integral, Funktion wird in Formel direkt eingegeben

diff   - Differenz, benutzt zur Bildung der Ableitung

ode   - Lösungsverfahren für Differentialgleichungen

Datei auf Webseite

trap.sce - Trapezregel, angewandt auf beliebige Funktion

trap_iter.sce - iterative Trapezregel, mit möglicher Ausgabe von Zwischenergebnissen und Grafik

simps_iter.sce - iterative SIMPSONsche Regel, mit möglicher Ausgabe von Zwischenergebnissen und Grafik

romberg.sce - numerische Integration nach ROMBERG, Mit möglicher Ausgabe von Zwischenergebnissen und Grafik

gaussquad.sce - numerische Integration nach GAUß-Verfahren, bis zu fünf Integrationsintervalle möglich

dgl_euler.sce - Lösung einer Dgl. nach dem EULERschen Verfahren

----

[3] Baudin M, Holtsberg A, *stixbox* (Statistik-Toolbox zu Scilab), http://forge.scilab.org/index.php/p/stixbox/source/tree/master/macros/polyfit.sci

[4] Urroz G E, *my SCILAB page*, http://www.neng.usu.edu/cee/faculty/gurro/Scilab.html

Datenanalyse, Interpolation und Approximation

max   - größte Komponente einer Matrix oder eines Vektors
min   - kleinste Komponente einer Matrix oder eines Vektors
interp1 - Interpolation
gsort   - sortiert Elemente einer Matrix nach steigender Größe
cgs   - iterative Lösungsmethode für lineare Gleichungssysteme (LGS) mit „konjugierter Gradientenmethode"
gmres   - iterative Lösungsmethode für LGS mit der „Methode der Residuen" (für unsere Zwecke empfohlen)

Datei auf Webseite

newt_intp.sce - Berechnung von dividierten Differenzen und NEWTON-Polynomen
lagrange.sce - Berechnung von LAGRANGE-Polynomen

FOURIER-Transformation und Wavelets

fft   - Diskrete FOURIER-Transformation, basierend auf dem schnellen Fast-FOURIER-Algorithmus
fftshift - verschiebt die Null-Frequenz-Komponente in die Mitte des Spektrums
Ctfrstft - Kurzzeit-(ST-)FOURIER-Transformation eines Signalvektors (Time Frequency Toolbox notwendig)
cwt   - Kontinuierliche Wavelet-Transformation eines Signalvektors (Wavelet Toolbox notwendig)

Ablaufstrukturen („Kontrollstrukturen")

Flusssteuerung

if   - Bedingte Ausführung eines Kommandos:
                if ... elseif ... else ... end
else   - alternative Entscheidung zu if
elseif   - weitere alternative Entscheidung zu if
end   - Abschluss eines Blocks, der mit einem der Befehle for, while, select, oder if beginnt
for   - Beginn einer Zählschleife (Endwert steht fest): for ... end
while   - Beginn einer Wiederholschleife (Endwert unbestimmt): while ... end
break   - Abbruch einer while- oder for-Schleife
select   - Fallunterscheidung: Umschalten zwischen verschiedenen Fällen eines Ausdrucks:
                select ... case ... case... ... else ... end
case   - mögliche Schalterstellung, gehört zur select-Anweisung
return   - Rückkehr aus der aktuellen Funktion oder Rückkehr vom pause-Modus zum nächstniedrigeren Niveau

Berechnung und Ausführung

eval   - führt einen String als ein Scilab-Kommando aus
feval   - führt eine Funktion aus, die in einem String beschrieben ist (Der Name der Funktion muss in Hochkommas oder als Handle angegeben werden.)
halt   - wartet auf eine Eingabe von der Tastatur
tic()   - startet eine Zeitmessung
toc()   - gibt den aktuellen Zeitwert aus

Debugging

setbpt   - setzt einen Breakpoint
dispbpt - zeigt alle Breakpoints an
delbpt   - löscht alle Breakpoints

Scripts, Funktionen und Variablen

function - fügt eine neue Funktion hinzu
global   - Definition einer globalen Variablen
exists   - prüft, ob die angegebenen Variablen oder Funktionen definiert sind
argn   - gibt die Zahl der Eingabe-/Ausgabe-Argumente in einem Funktionsaufruf an

Zeichenketten-(String-)Funktionen

evstr   - führt das als String hinterlegte Kommando aus
execstr - führt das als String hinterlegte Kommando aus (ähnlich wie evstr, aber für mehr als
           einen Ausgang geeignet)
sprintf - wandelt Zahl in String um (emuliert die aus C bekannte sprintf-Funktion)
msprintf - wandelt und formatiert Daten in einen String
dec2hex - wandelt ganzzahlige Dezimalzahl in String um
hex2dec - wandelt String in ganzzahlige Dezimalzahl um
hex2num - wandelt Hex-String in Gleitkommazahl um
msprintf - wandelt formatierte Daten in einen String um
mscanf, mfscanf, msscanf - liest formatierte Daten ein (aus der Standard-Eingabe, aus einem
           Datenstrom oder aus einem String)

Datei auf Webseite

dechex.sce - wandelt eine Dezimalzahl in eine Hexadezimalzahl um (Nachkommastellen sind er-
           laubt)
dec_fraction.sce - Umwandlung der Nachkommastellen einer Dezimalzahl in eine Hexadezimal-
           zahl n

Dateneingabe und -ausgabe

disp   - Anzeige einer Matrix oder eines Textes
mfprintf - schreibt formatierte Daten in eine Datei
mfscanf - liest formatierte Daten aus einer Datei
savewave - schreibt Daten in eine Wave-Datei
loadwave - liest Daten aus einer Wave-Datei

Grafik

Elementare xy-Graphen:

plot   - Darstellung von diskreten Werten in kartesischen Koordinaten
plot2d   - grafische Darstellung von Funktionen in kartesischen Koordinaten, alternatives Kom-
           mando
fplot2d - grafische Darstellung einer Funktion zwischen spezifizierten Grenzen (Unterschied zu
           plot!)

logflag   - Parameter innerhalb des Kommandos plot2d und anderer Grafikfunktionen zur Festle-
            gung der Achsenskalierung:
            nn - beide Achsen linear
            ll - beide Achsen logarithmisch
            ln und nl - eine Achse logarithmisch
figure   - erzeugt ein neues Grafikfenster ohne Inhalt, speziell:
            figure('background',-2) mit weißem Hintergrund
close   - schließt das aktuelle Grafikfenster
xdel   - löscht ein Grafikfenster, speziell:
            xdel(winsid()) löscht alle vorhandenen Grafiken.
clf   - löscht den Inhalt des aktuellen Grafikfensters oder setzt es auf Default-Werte
polarplot - Zeichnung in Polarkoordinaten
xgrid   - Gitterlinien in der Grafik
grayplot - zweidimensionale grafische Darstellung („Farbplot") der Werte einer Matrix
get   - liest Objekteigenschaften aus (z.B. liest get(gca(),'data_bounds') die Achsenskalie-
            rung einer gegebenen Grafik aus)
gca   - liest Objekteigenschaften des Achsensystems einer vorhandenen Abbildung aus:
            Mit dem Kommando da.auto_clear = 'on' werden vorhandene Grafiken
            automatisch gelöscht, bevor eine neue Grafik generiert wird (wie in MATLAB).
            Mit da.auto_clear = 'off' bleiben die Grafiken generell erhalten (Default).
set   - setzt Objekteigenschaften fest
            (z.B. legt set(gca(),'data_bounds',[x_start,y_start;x_end,y_end]) die Ach-
            senskalierung einer gegebenen Grafik neu fest)
PlotSparse - visualisiert eine schwach besetzte Matrix (Default-Farbe der Matrixpunkte ist weiß!)

Datei auf Webseite

comp.sce - Kompass-Plot (Vektoren in komplexer Ebene)
Scilab_spy - visualisiert eine schwach besetzte Matrix

Dreidimensionale Grafik

param3d   - dreidimensionale Parameterdarstellung einer Linie

Darstellung von Flächen

meshgrid - erzeugt Punktgitter auf der xy-Ebene
surf   - erzeugt eine Oberfläche
plot3d   - erzeugt eine Oberfläche
colormap - verändert die Farbe der Oberfläche (Benutzug anders als in MATLAB!)
contour2d - erzeugt Höhenlinien in der xy-Ebene
contour   - erzeugt dreidimensionale Höhenlinien
rotate_axes - interaktive Drehung von Achsen einer Grafik

Achsensteuerung

xgrid   - Gitterlinien
subplot   - erzeugt Graphen in bestimmten Positionen
zoom_rect - Steuerung der Achsenskalierung einer Grafik
mtlb_axis - Steuerung der Achsenskalierung einer Grafik (emuliert die MATLAB-Funktion)
square   - steuert die Achsen einer Grafik in einem quadratischen Fenster

Bezeichnungen an Graphen

legend - Legende eines Graphen
title   - Titel
xlabel - Beschriftung der x-Achse
ylabel - Beschriftung der y-Achse
xtitle - fasst title, xlabel und ylabel zusammen
text   - Platzierung von Text
get   - liefert die Eigenschaften eines Grafikobjekts

Einfache Dialogboxen

x_choose - erzeugt eine Auswahl-Dialogbox

Detaillierte Funktionsbeschreibung des plot-Kommandos

plot   - Graph in kartesischen Koordinaten

- plot(x,y) gibt eine Grafik als durchgezogene Linie aus, die den Vektor y über dem Vektor x darstellt.
- plot(x,y,x,y1) gibt eine Grafik aus, die den Vektor y über dem Vektor x und y1 über x darstellt.
- plot(y) zeichnet die Spalten von y über ihren Indizes.
  Unterschiedliche Linienformen, Symbole und Farben werden mittels plot(x,y,S) erzeugt, wobei S eine Zeichenkette (String) ist, die aus einem der folgenden Elemente besteht (in Hochkommas eingeschlossen):

k	schwarz („black")				
y	gelb („yellow")	.	Punkt	-	durchgezogene Linie
m	magenta	o	Kreis	:	punktierte Linie
c	cyan	+	Plus	-.	strichpunktierte Linie
r	rot	*	Stern	--	gestrichelte Linie
g	grün	s	Quadrat („square")		
b	blau	d	Rhombus („diamond")		
w	weiß	x	liegendes Kreuz		
k	schwarz („black")				
^	Dreieck (nach oben weisend)				
<	Dreieck (nach links weisend)				
>	Dreieck (nach rechts weisend)				
p	Pentagramm				

Um detailliertere Informationen zu erhalten, sollten Sie unbedingt die Hilfefunktion in Scilab unter dem Stichwort GlobalProperty aufrufen.

Beispiele:
- plot(x,y,'c+:') zeichnet eine punktierte cyanfarbene Linie, bei der zusätzlich jeder Datenpunkt ein Pluszeichen erhält.
- plot(x,y,'bd') zeichnet blaue „Diamant"-Symbole an jedem Datenpunkt, aber keine Linie.

plot2d - Graph in kartesischen Koordinaten (alternatives Scilab-Kommando)

- plot2d(x,y) gibt eine Grafik als durchgezogene Linie aus, die den Vektor y über dem Vektor x darstellt.
- plot2d([x,x], [y,y1]) gibt eine Grafik aus, die den Vektor y über dem Vektor x und y1 über x darstellt. x, y und y1 müssen hierbei *Spaltenvektoren* sein.
- plot2d(y) zeichnet die Spalten von y über ihren Indizes.
  Unterschiedliche Linienformen, Symbole und Farben werden mittels plot2d(x,y,*opt_args*)erzeugt, wobei *opt_args* optionale Argumente symbolisiert, die folgende Eigenschaften festlegen (in Hochkommas eingeschlossen):

  logflag - logarithmische Darstellung
  logflag='ll' - beide Achsen logarithmisch
  logflag='ln' - x-Achse logarithmisch
  logflag='nl' - y-Achse logarithmisch
  logflag='nn' - keine Achse logarithmisch

  style - falls positiv, wird die Linienfarbe festgelegt, falls negativ, wird die Form der Einzelpunkte festgelegt (plot2d(x,y,style=*xx*).

  Positive Werte:

1 schwarz	2 dunkelblau	
3 hellgrün	4 himmelblau	5 hellrot
6 purpur	7 hellrot	8 weiß
9 hellblau	10 blau	11 dunkelblau
12 himmelblau	13 dunkelgrün	14 dunkelgrün
15 hellgrün	16 dunkelgrün	17 dunkelblaugrün
18 blaugrün	19 dunkelrot	20 dunkelrot
21 rot	22 dunkelpurpur	23 hellpurpur
24 dunkelrotbraun	25 dunkelrotbraun	26 rotbraun
27 dunkelorange	28 pink	29 pink

(Unterschiedliche Zahlen bedeuten auch leicht unterschiedliche Linienfarben, trotz evtl. gleicher Bezeichnung.)

Negative Werte:

● + × ⊕ ◆ ◇ △ ▽ ⬨ ○ ∗ □ ▷ ◁ ☆
xx = -0, -1, -2, -3, -4, -5, -6, -7, -8, -9,-10,-11,-12,-13,-14

Weitere Details sind der Hilfedatei zu plot2d zu entnehmen.

Beispiele: plot2d(x,y, style=17) zeichnet eine punktierte dunkelblaugrüne Linie.
plot2d(x,y, style=-7) zeichnet einzelne Datenpunkte aus kleinen´, auf der Spitze stehenden Dreiecken.
plot2d(x,y, style=21,logflag='ll') zeichnet eine rote Linie in doppelt-logarithmischer Darstellung.

Scilab-Colormaps für dreidimensionale Oberflächen

Aufruf mittels „figure handle" (hier h1) in der Form.
h1 = figure(1,'background',-2); surf(Xgrid,Ygrid,z); h1.color_map = xx(n);
xx steht für eine der Farbschattierungen
autumncolormap, bonecolormap, coolcolormap, coppercolormap, graycolormap, hotcolormap, hsvcolormap, jetcolormap, oceancolormap, pinkcolormap, rainbowcolormap, springcolormap, summercolormap, whitecolormap, wintercolormap,

n kennzeichnet die Farbbreite.

Anhang: Einige mathematische Formeln

Ableitungen der wichtigsten Funktionen

Potenzfunktionen:
$$\frac{d}{dx}x^n = nx^{n-1}$$

Winkelfunktionen:
$$\frac{d}{dx}\sin x = \cos x$$

$$\frac{d}{dx}\cos x = -\sin x$$

$$\frac{d}{dx}\tan x = \frac{1}{\cos^2 x}$$

$$\frac{d}{dx}\cot x = -\frac{1}{\sin^2 x}$$

Arkusfunktionen (Umkehrung der Winkelfunktionen):
$$\frac{d}{dx}\arcsin x = \frac{1}{\sqrt{1-x^2}} \qquad \text{für } |x| < 1$$

$$\frac{d}{dx}\arccos x = -\frac{1}{\sqrt{1-x^2}} \qquad \text{für } |x| < 1$$

$$\frac{d}{dx}\arctan x = \frac{1}{1+x^2}$$

$$\frac{d}{dx}\text{arccot}\, x = -\frac{1}{1+x^2}$$

Hyperbelfunktionen:

$$\frac{d}{dx}\sinh x = \cosh x$$

$$\frac{d}{dx}\cosh x = \sinh x$$

$$\frac{d}{dx}\tanh x = \frac{1}{\cosh^2 x}$$

$$\frac{d}{dx}\coth x = -\frac{1}{\sinh^2 x}$$

Areafunktionen (Umkehrung der Hyperbelfunktionen):

$$\frac{d}{dx}\text{Arsinh } x = \frac{1}{\sqrt{1+x^2}}$$

$$\frac{d}{dx}\text{Arcosh } x = \frac{1}{\sqrt{x^2-1}} \qquad\qquad \text{für } x>1$$

$$\frac{d}{dx}\text{Artanh } x = \frac{1}{1-x^2} \qquad\qquad \text{für } |x|<1$$

$$\frac{d}{dx}\text{Arcoth } x = \frac{1}{1-x^2} \qquad\qquad \text{für } |x|>1$$

Exponentialfunktion:

$$\frac{d}{dx}e^x = e^x$$

Logarithmusfunktion:

$$\frac{d}{dx}\ln x = \frac{1}{x}$$

Stammfunktionen (unbestimmte Integrale) der wichtigsten Funktionen

$$\int dx = x$$

Potenzfunktionen:

$$\int x^n dx = \frac{x^{n+1}}{n+1}, \qquad\qquad \text{falls } n \neq -1$$

$$\int \frac{dx}{x} = \ln|x| \qquad\qquad \text{falls } x \neq 0$$

Winkelfunktionen:

$$\int \sin x \, dx = -\cos x$$

$$\int \cos x \, dx = \sin x$$

$$\int \tan x \, dx = -\ln|\cos x|$$

$$\int \cot x \, dx = \ln|\sin x|$$

Arkusfunktionen (Umkehrung der Winkelfunktionen):

$$\int \arcsin x \, dx = x \arcsin x + \sqrt{1-x^2}$$

$$\int \arccos x \, dx = x \arccos x - \sqrt{1-x^2}$$

$$\int \arctan x \, dx = x \arctan x - \frac{1}{2} \ln\left(1+x^2\right)$$

$$\int \text{arc}\cot x \, dx = x \, \text{arc}\cot x + \frac{1}{2} \ln\left(1+x^2\right)$$

Hyperbelfunktionen:

$$\int \sinh x \, dx = \cosh x$$

$$\int \cosh x \, dx = \sinh x$$

$$\int \tanh x \, dx = \ln|\cosh x|$$

$$\int \coth x \, dx = \ln|\sinh x|$$

Areafunktionen (Umkehrung der Hyperbelfunktionen):

$$\int \text{Arsinh}\, x \, dx = x \,\text{Arsinh}\, x - \sqrt{x^2+1}$$

$$\int \text{Arcosh}\, x \, dx = x \,\text{Arcosh}\, x - \sqrt{x^2-1}$$

$$\int \text{Artanh}\, x \, dx = x \,\text{Artanh}\, x + \frac{1}{2} \ln\left(1-x^2\right)$$

$$\int \text{Arcoth}\, x \, dx = x \,\text{Arcoth}\, x + \frac{1}{2} \ln\left(x^2-1\right)$$

Exponentialfunktion:

$$\int e^x \, dx = e^x$$

$$\int e^{ax} \, dx = \frac{1}{a} e^{ax}$$

Logarithmusfunktion:

$$\int \ln x \, dx = x\left(\ln x - 1\right)$$

Potenzreihenentwicklungen der wichtigsten Funktionen

Binomische Reihen:

$$(1+x)^m = 1 + mx + \frac{m(m-1)}{2!}x^2 + \frac{m(m-1)(m-2)}{3!}x^3 \dots \text{ für } |m| > 0 \text{ und } |x| < 1$$

zum Beispiel $(1 \pm x)^2 = 1 \pm 2x + x^2$

$$\frac{1}{1 \pm x} = (1 \pm x)^{-1} = 1 \mp x + x^2 \dots$$

$$\sqrt{1 \pm x} = (1 \pm x)^{1/2} = 1 \pm \frac{1}{2}x - \frac{1}{8}x^2 \dots$$

Winkelfunktionen:

$$\sin x = \frac{x}{1!} - \frac{x^3}{3!} + \frac{x^5}{5!} \dots$$

$$\cos x = 1 - \frac{x^2}{2!} + \frac{x^4}{4!} \dots$$

$$\tan x = x + \frac{x^3}{3} + \frac{2x^5}{15} \dots$$

Arkusfunktionen (Umkehrung der Winkelfunktionen):

$$\arcsin x = x + \frac{1}{2 \cdot 3}x^3 + \frac{1 \cdot 3}{2 \cdot 4 \cdot 5}x^5 \dots \qquad \text{für } |x| < 1$$

$$\arccos x = \frac{\pi}{2} - \left[x + \frac{1}{2 \cdot 3}x^3 + \frac{1 \cdot 3}{2 \cdot 4 \cdot 5}x^5 \dots \right] \quad \text{für } |x| < 1$$

$$\arctan x = x - \frac{x^3}{3} + \frac{x^5}{5} \dots \qquad \text{für } |x| < 1$$

Hyperbelfunktionen:

$$\sinh x = \frac{x}{1!} + \frac{x^3}{3!} + \frac{x^5}{5!} \dots$$

$$\cosh x = 1 + \frac{x^2}{2!} + \frac{x^4}{4!} \dots$$

$$\tanh x = x - \frac{x^3}{3} + \frac{2x^5}{15} \dots$$

Areafunktionen (Umkehrung der Hyperbelfunktionen):

$$\text{Arsinh } x = x - \frac{1}{2 \cdot 3} x^3 + \frac{1 \cdot 3}{2 \cdot 4 \cdot 5} x^5 ... \qquad \text{für } |x| < 1$$

$$\text{Artanh } x = x + \frac{x^3}{3} + \frac{x^5}{5} ... \qquad \text{für } |x| < 1$$

Exponentialfunktion:

$$e^x = 1 + \frac{x}{1!} + \frac{x^2}{2!} + \frac{x^3}{3!} ...$$

Logarithmusfunktion:

$$\ln(1+x) = x - \frac{x^2}{2} + \frac{x^3}{3} ... \qquad \text{für } |x| < 1$$

FOURIER-Entwicklungen einiger periodischer Funktionen

(mit $\omega = 2\pi/T$)

Rechteckfunktion ($y = 1$ zwischen $t = 0$ und $T/2$):

$$f(t) = \frac{4h}{\pi}\left(\sin(\omega t) + \frac{1}{3}\sin(3\omega t) + \frac{1}{5}\sin(5\omega t)... \right)$$

Sägezahnfunktion ($y = x$ zwischen $t = 0$ und T):

$$f(t) = \pi - 2\left(\frac{\sin \omega t}{1} + \frac{\sin 2\omega t}{2} + \frac{\sin 3\omega t}{3} + ... \right)$$

Sägezahnfunktion ($y = x$ zwischen $t = -T/2$ und $T/2$)

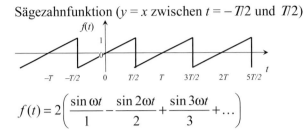

$$f(t) = 2\left(\frac{\sin \omega t}{1} - \frac{\sin 2\omega t}{2} + \frac{\sin 3\omega t}{3} + \ldots\right)$$

Symmetrische Dreiecksfunktion ($y = x$ zwischen $t = 0$ und $T/2$)

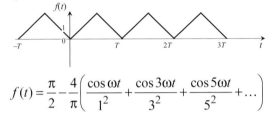

$$f(t) = \frac{\pi}{2} - \frac{4}{\pi}\left(\frac{\cos \omega t}{1^2} + \frac{\cos 3\omega t}{3^2} + \frac{\cos 5\omega t}{5^2} + \ldots\right)$$

Antisymmetrische Dreiecksfunktion ($y = x$ zwischen $t = -T/2$ und $T/2$):

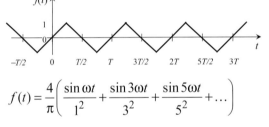

$$f(t) = \frac{4}{\pi}\left(\frac{\sin \omega t}{1^2} + \frac{\sin 3\omega t}{3^2} + \frac{\sin 5\omega t}{5^2} + \ldots\right)$$

Literatur für weitergehende Studien

[Campbell 2006]
Campbell S L, Chancelier J-P, Nikoukhah R, *Modeling and Simulation in Scilab/Scicos*, Springer, New York 2006

[Etter 1997]
Etter D M, *Engineering Problem Solving with MATLAB*, Prentice Hall, Upper Saddle River 1997

[Faires 1994]
Faires J D, Burden R L, *Numerische Methoden: Näherungsverfahren und ihre praktische Anwendung*, Spektrum Akademischer Verlag, Heidelberg 1994

[Gustafsson 2005]
Gustafsson F, Bergmann N, *MATLAB for Engineers Explained*, Springer, London 2005

[Hanselman 2011]
Hanselman D, Littlefield B: *Mastering Matlab*, Prentice Hall, Upper Saddle River 2011

[Knorrenschild 2003]
Knorrenschild M, *Numerische Mathematik. Eine beispielorientierte Einführung*. Fachbuchverlag Leipzig im Carl Hanser Verlag, München 2003

[Mathews 1999]
Mathews J H, Fink K D, *Numerical Methods Using MATLAB*, Prentice Hall, Upper Saddle River 1999

[Moler 2013]
Moler C B, *Numerical Computing with MATLAB*, SIAM, Philadelphia 2004. Elektronische Ausgabe unter: http://www.mathworks.de/moler/index_ncm.html2001

[Preuß 2001]
Preuß W, Wenisch, G, *Numerische Mathematik*, Fachbuchverlag Leipzig 2001

[Quarteroni 2006]
Quarteroni A, Saleri F, *Wissenschaftliches Rechnen mit MATLAB*, Springer, Berlin/Heidelberg 2006

[Stein 2007]
Stein U, *Einstieg in das Programmieren mit MATLAB*, Fachbuchverlag, Leipzig 2007

[Schweizer 2007]
Schweizer W, *MATLAB® kompakt*, Oldenbourg, München/Wien 2007

[Urroz 2011]
Urroz G E, *my SCILAB page*, http://www.neng.usu.edu/cee/faculty/gurro/Scilab.html,
    Stand 11.04.2011

Index

(Verweise auf Kommandos werden in dieser Schriftart dargestellt.)

Printing and Binding: Stürtz GmbH, Würzburg